Behavioral Economics

Hanno Beck

Behavioral Economics

Eine Einführung

Springer Gabler

Hanno Beck
Hochschule Pforzheim
Pforzheim
Baden-Württemberg
Deutschland

ISBN 978-3-658-03366-8
ISBN 978-3-658-03367-5 (eBook)
DOI 10.1007/978-3-658-03367-5

Die Deutsche Nationalbibliothek verzeichnet diese Publikation in der Deutschen Nationalbibliografie; detaillierte bibliografische Daten sind im Internet über http://dnb.d-nb.de abrufbar.

Springer Gabler

Gedruckt auf säurefreiem und chlorfrei gebleichtem Papier

Springer Gabler ist eine Marke von Springer DE. Springer DE ist Teil der Fachverlagsgruppe Springer Science+Business Media
www.springer-gabler.de

Vorwort

Der Beginn aller Wissenschaften ist das Erstaunen, dass die Dinge so sind, wie sie sind, hat Aristoteles gesagt. Am Beginn der Wissenschaft, die in diesem Buch beschrieben wird, steht das Erstaunen über das menschliche Verhalten in all seinen Facetten und seiner Widersprüchlichkeit: Menschen fliegen zum Mond, bauen Computer, Smartphones oder Wolkenkratzer, aber sie meistern einfachste Aufgaben nicht, überschätzen ihre eigenen Fähigkeiten, versagen bei Diäten und ignorieren bisweilen die einfachsten Regeln der Logik. Nichts ist widersprüchlicher als menschliches Verhalten. Nachdem die Aufklärung über Jahrhunderte vor allem die Findigkeit und Brillanz des menschlichen Geistes in den Vordergrund gestellt hat, ist spätestens seit dem 20. Jahrhundert (wieder?) die Unzulänglichkeit des menschlichen Geistes in den Fokus der Wissenschaft gerückt. Sigmund Freud beschrieb es einst als eine der drei Demütigungen der Menschheit, dass der Mensch bisweilen nicht immer Herrscher seines eigenen Seelenlebens ist (die anderen beiden Demütigungen sind die Tatsache, dass sich die Erde um die Sonne dreht und der Mensch vom Affen abstammt).

Es ist die Unzulänglichkeit menschlichen Handelns und Denkens, das seit den Siebziger Jahren, spätestens aber nach den Wirtschaftskrisen des ersten Jahrzehnt unseres Jahrhunderts wieder stärker in den Fokus der Wissenschaft gerückt ist. Vor allem in den Wirtschaftswissenschaften hat sich heftige Kritik an der Annahme des rationalen Menschen, des legendären Homo Oeconomicus, entzündet. Die Forschungen der Behavioral Economics, die versuchen, die psychologischen Grundlagen menschlichen Handelns in die ökonomische Theorie einzuflechten, haben diese Kritik befeuert – in den Augen der Kritiker der Ökonomen basieren ökonomische Modelle auf einem falschen Menschenbild. Sie stützen diese Kritik auf

Forschungsergebnisse, welche die Rationalität des Menschen auf den ersten Blick infrage stellen – nach dieser Lesart können Menschen zwar zum Mond fliegen, scheitern aber an einfachen Fragen der Logik. Wenn dies so zutreffen würde, bräuchte eine ganze Wissenschaft eine theoretische Generalüberholung.

Diese Lesart ist mit Sicherheit so zu einfach. Nach mehr als 40 Jahren Forschung auf diesem Gebiet zeigt sich, dass die Vorstellung vom Menschen als kognitiver Versager zu kurz greift. Die Forschung der Behavioral Economics hat wertvolle Einsichten in das Entscheidungsverhalten von Menschen gebracht, welche die ökonomische Disziplin sicherlich bereichert haben – was aber nicht bedeutet, dass die Wirtschaftswissenschaften neu erfunden werden müssen. Die Forschungen der verhaltenswissenschaftlichen Ökonomie sind faszinierend, erhellend und bereichern jeden, der sich ihnen widmet – nicht nur, weil man über manche Denkfehler staunen kann, bei denen man auch sich selbst ertappt, sondern auch, weil man dadurch lernt, besser zu entscheiden, und weil man bei näherem Hinsehen erkennt, wie brillant der menschliche Geist wirklich arbeitet.

In diesem Buch sollen die wichtigsten Ideen und Konzepte einer neuen Strömung der Wirtschaftswissenschaften vorgestellt werden, welche die ökonomischen Modelle sicherlich bereichern können – aber beileibe nicht überflüssig machen. Zunächst werden im ersten Kapitel die grundlegenden Überlegungen zu diesem Forschungsprogramm vorgestellt. Das zweite Kapitel beschäftigt sich mit Verhaltens- und Entscheidungsstrategien von Menschen und möglichen Verzerrungen in der Entscheidungsfindung, die dadurch entstehen können. Das dritte Kapitel erläutert zunächst die verschiedenen Theorien zur Nutzenmaximierung und Entscheidungsfindung, inklusive der mittlerweile nobelpreisgeadelten Prospect Theory; mit Hilfe dieser Theorie werden dann weitere psychologische Phänomene wie das Framing oder das Anchoring erläutert. Das vierte Kapitel beschäftigt sich mit dem Umgang der Menschen mit Zeit – es erläutert, warum Menschen bei Diäten versagen, ihre guten Vorsätze nicht einhalten und beispielsweise bereit sind, dafür zu bezahlen, den Kuss eines Filmstars erst ein paar Tage später zu bekommen. Das fünfte Kapitel schildert weitere alternative, psychologisch geprägte Forschungsansätze wie Fairness, Emotionen, Glücksforschung und beschreibt ein paar grundlegende Ideen der Neuroökonomie. Das sechste Kapitel zeigt einige Anwendungen der Ideen dieses Buches, das siebte Kapitel enthält ein Fazit.

Ein Lehrbuch zu so einem vielfältigen Forschunsgfeld zu schreiben, das sich permanent weiter entwickelt, ist ein ambitioniertes Unterfangen – Vollständigkeit kann dieses Buch sicherlich nicht für sich reklamieren, dafür ist der Umfang der Literatur bereits viel zu groß, die Entwicklung der Forschung zu dynamisch. Es soll einen einführenden Einblick in diese Ideen geben, der es dem interessierten Leser ermöglicht, sich ein erstes Bild zu machen. Die angeführte Literatur soll den Einstieg in weitere, vertiefende Foschungen erleichtern.

Mit dem Wissen wächst der Zweifel – so auch der Zweifel des Verfassers, dass dieses Buch alle relevante Literatur und Aspekte des Themas berücksichtigt hat; erst eine Terminvereinbarung mit dem Verlag hat vermutlich überhaupt den Abschluss für dieses Projekt ermöglicht, das sich nun über fast zehn Jahre erstreckt hat. Ein herzliches Dankeschön gebührt meinem Kollegen Prof. Dr. Helmut Wienert, der das Manuskript Korrektur gelesen hat, ebenso wie meiner Kollegin Prof. Dr. Kirsten Wüst und Frau Stefanie Brich vom Springer Verlag, die das Projekt professionell betreut hat sowie Frau Eva-Maria Hartmann, die die Grafiken für dieses Buch angefertigt hat. Nicht zuletzt gilt mein Dank der Hochschule Pforzheim, die dieses Projekt unterstützt hat, meinem Freund und akademischen Lehrer Univ.-Prof. Dr. Aloys Prinz und meiner Famillie und meinen Freunden, die mich all die Jahre – direkt und indirekt – unterstützt haben.

Ob es rational war, dieses Buch zu schreiben? Schwer zu sagen. Es war lehrreich, arbeitsintensiv, unterhaltsam, anstrengend und aufregend. Am Anfang stand Erstaunen – ebenso wie am Ende. Genau das ist Wissenschaft. Ich hoffe, dass dieses Buch ein wenig von diesem Erstaunen vermitteln kann.

im Januar 2014

Hanno Beck

Inhaltsverzeichnis

Was ist Behavioral Economics? 1

1.1 Ein großer Mythos: Der Homo Oeconomicus

Der Homo Oeconomicus ist die zentrale Annahme der klassischen Ökonomie: Er ist rational, maximiert seinen Eigennutz, ist frei von Emotionen und macht keine Fehler in der Informationsaufnahme und –Verarbeitung. Mit anderen Worten er ist ungefähr so realistisch wie der legendäre Mr. Spock aus der Fernsehserie „Raumschiff Enterprise".

So unrealistisch die Idee eines Homo Oeconomicus ist, so hilfreich ist diese Fiktion – erst dieses (vereinfachte) Menschenbild hat der modernen Nationalökonomie die enormen Fortschritte bei der Ausarbeitung ökonomischer Theorien und Modelle ermöglicht. Für die Modellbildung und die mathematische Formalisierung der ökonomischen Theorie, die zweifelsohne große Erkenntnisfortschritte gebracht hat, war die Annahme eines rationalen Menschen unabdingbar – ein Mensch mit irrationalen respektive unberechenbaren Charaktereigenschaften lässt sich nicht formalisieren; Modelle mit unberechenbaren Akteuren liefern keine verwertbaren Ergebnisse, da in diesem Fall alles möglich ist. Modelle sind gerade deswegen so nützlich, weil sie vereinfachen und die Realität auf wenige Annahmen reduzieren – ein Modell, das die Realität exakt nachbildet wäre so nützlich und möglich wie eine Landkarte im Maßstab 1:1.

Eine der zentralen Vereinfachungen ökonomischer Modelle ist dabei die Annahme des Homo Oeconomicus: Unterstellt man, dass Menschen beständig irrational sind, wird die wirtschaftstheoretische und –politische Modellbildung unmöglich; man müsste dann auch jeden Versuch planvol-

H. Beck, *Behavioral Economics*,
DOI 10.1007/978-3-658-03367-5_1,

ler Wirtschaftspolitik einstellen. Doch die Theorie hat für die Rationalitätsannahme einen hohen Preis gezahlt: Der Mensch der klassischen Ökonomie ist ein perfekter, kalter Rechenautomat ohne Emotionen.

Es sind drei zentrale Annahmen, auf denen sich dieses Menschenbild der Ökonomie gründet:

- *Unbegrenzte Rationalität*: Menschen sind rationale Nutzenmaximierer, die immer nach dem Optimum streben. Sie unterliegen keinen kognitiven Beschränkungen, ihre Urteilskraft ist nicht durch Fehler in der Wahrnehmung oder in der Informationsverarbeitung getrübt. Im Menschenbild der Ökonomen gibt es damit – im Gegensatz zu den Ideen der Behavioral Economics, von denen dieses Buch handelt – keine systematischen Fehlentscheidungen, die aus Mangel an Rationalität entstehen.
- *Unbegrenzte Willenskraft*: Der Homo Oeconomicus hat keine Emotionen und Selbstkontrollprobleme – er verfolgt die Optimierung seines Nutzens ohne Einschränkung. Wer sich einmal dazu entschlossen hat, das Rauchen aufzugeben, weil der Nutzen des Nichtrauchens den Nutzen des Rauchens überwiegt, wird Nichtraucher – im Gegensatz zur Realität, wo unsere guten Vorsätze oft an unserer Willensschwäche scheitern.
- *Unbegrenztes Eigennutzstreben:* Menschen sind Eigennutzmaximierer; sie streben danach, ihren eigenen Nutzen zu maximieren – das Wohlergehen anderer Menschen oder auch Vorlieben für Fairness oder Bestrafung unfairer Mitmenschen spielen für die Entscheidungen des Homo Oeconomicus keine Rolle.

Man muss kein außergewöhnlicher Skeptiker sein, um die Probleme zu sehen: Diese Annahmen machen den Menschen in einer mathematischen Modellwelt beherrschbarer, entfremden ihn aber zugleich der Realität, denn Menschen sind nicht nur kalte, eigennutzmaximierende Rechenmaschinen. Die menschliche Realität sieht anders aus:

- *Begrenzte Rationalität*: Menschen machen Fehler bei der Informationsaufnahme und –Verarbeitung. Aufgrund ihrer begrenzten Fähigkeiten, Informationen aufzunehmen und zu verarbeiten, greifen sie zu sogenannten Heuristiken, also einfachen Problemlösungsmechanismen. Bei der Anwendung dieser Heuristiken, so eine Idee der Behavioral Economics, kann es zu Verhaltensweisen kommen, die von der ökonomischen Rationalität abweichen und unter Umständen zu systematischen Fehlern führen können. Diese Abweichungen werden wir in Kap. 2.2 kennenlernen. In der Literatur spricht man hier von Verhaltensanomalien oder Biasses. Allerdings lässt sich über die Wertung dieser Verhaltensweisen als Anomalien oder Verzerrungen streiten, möglicherweise sind viele dieser Heuristiken angesichts der Grenzen des menschlichen Geistes recht effizient – und damit sehr ökonomisch. Dieser Punkt wird in Kap. 2.3 näher erörtert.

- *Begrenzte Willenskraft*: Menschen vertagen unbequeme Entscheidungen, sie verschieben Diäten, vernachlässigen ihre Altersvorsorge und drücken sich vor unangenehmen Entscheidungen. Auch wenn sie um die langfristigen Folgen ihres Tuns wissen, entscheiden sie kurzfristig anders – man weiß, dass Rauchen langfristig der Gesundheit schadet, schafft es aber nicht, damit aufzuhören. Aber es gibt auch Belege dafür, dass Menschen unangenehme Dinge lieber gleich erledigen wollen statt sie aufzuschieben: Wer einen Strafzettel bezahlen muss, sollte dies mit Blick auf den Zinsgewinn so spät wie möglich tun. Und doch zahlen viele Menschen den Strafzettel sofort, um ihn loszuwerden. Dieses Verhalten scheint den Regeln des ökonomischen Umgangs mit Zeit zu widersprechen, wir werden es näher in Kap. 4 erörtern.
- *Begrenzter Eigennutz*: Menschen sind nicht ausschließlich egoistisch, sie sorgen sich um andere Menschen, sind auf Fairness bedacht und bereit, für die Bestrafung unfairer Mitmenschen zu bezahlen. Diesem Verhalten widmet sich Kap. 5.1.

Kasten 1: Bauernschlau oder unökonomisch?

In Rheinhessen kann man eine recht einfache Verkaufsmethode der dortigen Bauern beobachten: Sie legen ihre Erzeugnisse – Äpfel, Pflaumen oder Birnen – in fertig abgepackten Beuteln in ein Regal, das sie vor ihrer Hofeinfahrt aufbauen. Wer einen Beutel kaufen will, fährt vor, nimmt sich einen Beutel und wirft sein Geld in einen beigestellten Briefkasten. Im ökonomischen Menschenbild scheint das keine sinnvolle Strategie, da niemand kontrolliert, ob die Kunden wirklich zahlen, anstatt einfach mit dem Obst auf und davon zu brausen. Die Tatsache, dass diese Methode des Verkaufs dennoch von vielen Bauern praktiziert wird, deutet darauf hin, dass das Vertrauen der Bauern in ihre Mitmenschen gerechtfertigt ist – ihr Appell an die Ehrlichkeit scheint zu funktionieren. Nur bei dem Geld sind sie vorsichtiger: Die Briefkästen sind so gestaltet, dass niemand in Versuchung kommt, sich zu viel Wechselgeld mitzunehmen. Diese Verkaufsmethode hat sich vermutlich kein Ökonom ausgedacht, sie dürfte sich evolutorisch entwickelt haben – ein paar Bauern versuchen es mit dieser Strategie, und wenn es funktioniert ziehen die anderen nach. Die Idee einer evolutorischen Entwicklung ökonomisch sinnvoller Lösungen für Praxisprobleme wird sich durch dieses Buch ziehen; in den abschließenden Bemerkungen unter Kap. 7 wird sie auch als Resümee dieses Buches noch einmal vertieft behandelt.

Der Befund eines (scheinbar?) nicht immer rationalen Menschen passt nicht zu den Annahmen der ökonomischen Theorie, die vom Homo Oeconomicus ausgeht. Dieser Befund ist Anlass genug, die Annahmen der traditionellen ökonomischen Theorie infrage zu stellen – wenn die Annahmen der Ökonomen durch die Realität infrage gestellt werden, muss man dann die Theorie revidieren? Und wie geht die traditionelle ökonomische Theorie mit dieser Kritik um? Hier gibt es mehrere Argumente:

Der F-Twist Dieses Argument hat ein Nobelpreisträger, Paul Samuelson, einem anderen Nobelpreisträger, Milton Friedman, zugeschrieben (deswegen „F"-Twist für Friedman, vgl. Boland 1997). Theorien, so das Argument, müsse man erstens daran messen, wie gut und präzise ihre Vorhersagen seien; zweitens dürfe man Theorien nicht nach der Güte ihrer Annahmen beurteilen. Deswegen sei die Kritik an den Annahmen des Homo Oeconomicus nicht weiter von Bedeutung. Während Argument Nummer eins unbestritten ist, widersprechen verhaltensorientierte Ökonomen dem zweiten Argument: Wer realistische und präzise Vorhersagen haben wolle, müsse auch realistische und präzise Annahmen machen. Durch die Einführung neuer, realistischerer Annahmen der Behavioral Economics in ökonomische Modelle könnten diese in ihrer Prognosekraft deutlich gesteigert werden. Allerdings kann auch das Gegenteil passieren: Je spezifischer und spezieller die Annahmen einer Theorie sind, umso spezieller werden auch ihre Ergebnisse – das reduziert die Prognosekraft einer Theorie.

Survival of the fittest In der perfekten Welt der Ökonomie werden nur rationale Agenten überleben – wer irrational handelt, wird von den rationalen Mitmenschen quasi aus dem Markt gedrängt: Ein Unternehmer, der nicht rational kalkuliert, wird von der richtig rechnenden Konkurrenz vom Markt verdrängt. Damit bleiben am Ende nur rationale Akteure am Markt. Es kann also zeitweise zu irrationalem Verhalten kommen, auf Dauer aber setzen sich jedoch rationale Akteure durch – Verhalten, das nicht der ökonomischen Theorie entspricht, wäre dann nur ein temporäres Problem. Allerdings muss das nicht passieren – vielleicht geht es weniger rationalen Menschen nicht so gut wie ihren rationaleren Mitmenschen (sie haben beispielsweise geringere Einkommen), aber sie werden nicht alle aus dem Markt gefegt. Märkte können Anreize zu rationalem Verhalten setzen, aber sie können niemanden zwingen, sich rational zu verhalten. Also wird der einzelne Mensch vielleicht Kunstgeschichte studieren, obwohl er weiß, dass er als Investmentbanker mehr verdienen könnte (allerdings wird diese Entscheidung noch durch hunderte anderer Faktoren bestimmt, so dass die Entscheidung gegen eine Karriere als Investmentbanker alles andere als irrational sein muss). Dieses Argument spricht dafür, dass einige der bei Menschen beobachteten Verhaltensweisen, die auf den ersten Blick irrational erscheinen, es möglicherweise nicht sind: Vielleicht haben sie sich in vielen Jahren evolutorisch entwickelt und bewährt und denjenigen, die sie befolgt haben, Vorteile verschafft – dann wären sie kaum als irrational zu werten. Ein Beispiel dafür findet sich in Kasten 1.

Arbitrage Irrationales Verhalten, so die Idee, bietet Möglichkeiten zur Arbitrage. Wenn jemand sich irrational verhält, eröffnet dieses irrationale Verhalten jemand anderem die Chance, davon zu profitieren. Beispielhaft dafür sind die Geschehnisse am Aktienmarkt: Wenn einige Anleger zu hohe Preise für eine Aktie zahlen, so bietet dieses Verhalten rationalen Marktteilnehmern Gelegenheit, gegen diese irrationalen Akteure zu spekulieren, indem sie diese Aktie beispielsweise leer verkaufen – sie verkaufen die Aktie, ohne sie zu besitzen und hoffen, sie später, wenn die Übertreibung im Kurs der Aktie vorbei ist, billiger einzukaufen. Arbitrage bietet den rationalen Marktteilnehmern die Möglichkeit, aus der Irrationalität anderer Menschen Profit zu schlagen, zugleich dämpfen sie mit ihrer Spekulation die irrationalen Marktausschläge – je mehr Menschen gegen eine irrational hoch bewertete Aktie spekulieren, umso eher wird diese auf den Boden der Rationalität zurückgeholt. Damit kann irrationales Verhalten nicht lange von Bestand sein – es wird von rationalen Akteuren ausarbitriert. Wo immer also irrationales Verhalten auftritt, werden sich rationale Akteure finden, die aus diesem Verhalten Kapital schlagen und damit die Irrationalitäten beseitigen.

Kasten 2: Das blaue Trompetentierchen

Das blaue Trompetentierchen (stentor Coeroleus), so darf man vermuten, ist ein eher schlichter Geselle, es hat beinahe nichts, was man als Gehirn oder Nervensystem identifizieren könnte. Dennoch ist das Verhalten dieses Tierchens bemerkenswert rational: Stellt man es vor die Wahl zwischen billigem und teurem Futter, wobei der Preis des Futters sich über die Mühe bestimmt, welche das Tier aufwenden muss, um an das Futter zu gelangen, so achtet es auf den Preis des Futters. Ist sein bevorzugtes Futter teuer, gibt es sich mit dem billigen, zweitklassigen Futter zufrieden, wird das bevorzugte Menü billiger, so spuckt es das bereits verzehrte zweitklassige Futter aus und wendet sich der günstiger gewordenen Lieblingsspeise zu. Ähnliche Versuche haben Ökonomen und Biologen mit vielen Tieren – Tauben, Ratten, Schlangen – angestellt, mit stets ähnlichen Ergebnissen: Tiere verhalten sich, wenn es um Futter geht, bemerkenswert rational, als hätten sie die Einführung in die VWL gelesen, speziell das Kapitel „Konsumentenverhalten". Während Forscher also bei Tieren Hinweise auf rationales Verhalten suchen, dreht sich die Debatte bei Menschen eher darum, dass sie irrational sind – die Annahme des Homo Oeconomicus gerät vor allem in der Presse immer mehr unter Beschuss. Diese publizistische Kritik am Homo Oeconomicus leidet oft an einem falschen Wissenschaftsverständnis – ohne Kunstgriffe wie den Homo Oeconomicus ist keine Wissenschaft, keine Modellbildung möglich. So funktioniert Wissenschaft: Man macht vereinfachende Annahmen, eliminiert Umwelteinflüsse, beispielsweise durch die Schaffung von Laborbedingungen, und entwickelt auf der Basis dieser Annahmen ein Modell. Dieses Modell erklärt dann einen Ausschnitt aus der Realität, gerade deswegen, weil es die Realität reduziert. Kein Modell hat den Anspruch die gesamte Welt erklären zu können – das wäre die Landkarte im

Maßstab 1:1. Der Homo Oeconomicus ist nicht das Weltbild der Ökonomen, er ist ihr Versuch, gedankliche Laborbedingungen herzustellen, unter denen man neue Erkenntnisse über die Welt gewinnt. Wer diese Annahme wegen ihrer Realitätsferne kritisiert, verfehlt den entscheidenden wissenschaftstheoretischen Punkt dieses Modells, er müsste dann auch Physiker dafür kritisieren, dass sie Versuche im Vakuum vornehmen statt unter normalen Bedingungen (zu diesem Abschnitt vgl. auch Beck 2012).

Allerdings hat auch dieses Argument Schwächen: Zum einen kann es lange dauern, bis Arbitrage rationaler Marktakteure dem irrationalen Treiben auf den Kapitalmärkten ein Ende setzt – oft sind die Märkte länger irrational als Arbitrageure liquide sind. Zudem kann es an den Kapitalmärkten durchaus rational sein, auf einer irrationalen Spekulationswelle mitzuschwimmen – man muss nur rechtzeitig aussteigen. Doch nicht nur das: Manche irrationale Entscheidungen lassen sich nicht ausarbitrieren: Entscheidet sich jemand beispielsweise für das falsche Studium oder die falsche Ausbildung, so lässt sich das nicht von anderen Menschen mittels Arbitrage ausnutzen.

Lernen Wer Fehler begeht, lernt aus diesen Fehlern und kann sein Verhalten ändern – also kann irrationales Verhalten nicht von langer Dauer sein. Aber lernen Menschen immer aus ihrem Fehlverhalten? Leider lassen sich nicht alle Entscheidungen nach einem Lernprozess revidieren: Die Entscheidung für eine Ausbildung, die Berufswahl, Sparentscheidungen für das Alter – diese Entscheidungen lassen sich nicht nachträglich verbessern; zudem sind sie oft einmaliger Natur, so dass man aus den Lehren seines Fehlverhaltens keine entsprechenden Konsequenzen ziehen kann. Fehlt zudem die Rückmeldung, die dem Entscheider mitteilt, ob er richtig entschieden hat, so fehlt das für das Lernen notwendige Korrektiv. Dies kann der Fall sein, wenn beispielsweise zwischen der Entscheidung und ihren Konsequenzen ein großer Zeitraum liegt und die Konsequenzen nicht mit Sicherheit einer bestimmten Entscheidung zu geordnet werden können, weil sich nach der Entscheidung die relevante Umwelt verändert hat.

Als ob Möglicherweise wenden Menschen nicht bewusst und einsichtig die Theorien der Ökonomen an, sondern intuitiv. Man muss sich das vorstellen wie einen Billard-Spieler: Er weiß vielleicht wenig über die Gesetze der Physik, die seine Stöße bestimmen, aber er weiß intuitiv und aus Erfahrung, wie er stoßen muss, um die Kugel in die gewünschte Richtung zu lenken. Wenn ein Mensch einen Ball fängt, dann verhält er sich so, als ob er die komplizierten Gleichungen gelöst hat, die zur Berechnung eines fliegenden Balles nötig sind – das sagt aber nichts darüber aus, wie er das Problem tatsächlich gelöst hat. Vereinfacht gesagt: Die Theorie blendet aus, wie die Entscheidungen von Menschen zustande kommen – Rationalität wird also als Zustand betrachtet, nicht als Prozess.

In den Augen der Kritiker dieser Verteidigungslinie ist eine Theorie, die keine Aussagen darüber treffen kann, wie rationales Entscheiden zustande kommen kann, unvollständig. Sicher lassen sich neue Erkenntnisse gewinnen, wenn man weiß, wie Entscheidungen zustande kommen. Das Ziel der Behavioral Economics soll es auch sein, diesen Prozess zu beleuchten und damit die ökonomische Theorie zu erweitern – nicht zu ersetzen. In der Tat haben die Behavioral Economics wichtige Einsichten hervorgebracht, wie Menschen entscheiden – was wiederum das Weltbild der Ökonomen bereichert hat. Allerdings ist die grundsätzliche Idee nicht von der Hand zu weisen, sie entspricht dem, was im letzten Kapitel dieses Buches als ökologische Rationalität bezeichnet wird: Menschen wenden Problemlösungsstrategien an, die evolutorisch entstanden sind und deswegen durchaus sehr gute Ergebnisse liefern – wie und warum dies der Fall ist, kann ihnen dann egal sein. Sie tun das, was sich in vielen Jahrhunderten bewährt hat, ohne es zu hinterfragen. Man benötigt dann keine detaillierten Kenntnisse einer Theorie oder eines Modells, um Probleme zu lösen.

Normative und deskriptive Theorie Eine weitere Verteidigungslinie der traditionellen Ökonomie besteht darin, den Homo Oeconomicus als normative Vorgabe zu verstehen – Menschen sollten so handeln, um ihre Wohlfahrt zu maximieren, niemand zwingt sie aber, so zu handeln. Ökonomen agieren in diesem Fall eher als Berater denn als Beobachter, indem sie Empfehlungen im Sinne eines „wenn… dann…“ geben („Wenn Du Deinen Nutzen maximieren willst, dann solltest Du eine Ausbildung machen“).

Vereinfachung zwecks Modellbildung Dieser Punkt dürfte unumstritten sein: Wer mit wenigen Variablen und Annahmen aussagekräftige Modelle bilden will, muss sich mittels vereinfachender Annahmen das wissenschaftliche Leben leichter machen. Die Sinnhaltigkeit von Vereinfachungen in Modellen bestreitet wohl niemand, die Frage ist lediglich, ob die Erkenntnisse der Behavioral Economics dazu beitragen können, die ökonomischen Modelle durch sparsame Verwendung weiterer Annahmen zu bereichern. So wie man in der Ökonomie anfangs mit vollkommenem Wettbewerb und vollständiger Information operierte, dann überging zu unvollkommenem Wettbewerb und unvollständiger Information, die Modelle also zunehmend vielfältiger (und damit auch komplizierter) gestaltete, könnte man nun die Modelle der Ökonomen um unvollkommene Rationalität (*bounded rationality*) bereichern. Vereinfachte Modelle sind sowohl aus Erkenntnisgründen als auch aus didaktischen Gründen sinnvoll und hilfreich – das sollte die Wissenschaft aber nicht davon abhalten, diese bei Bedarf und angesichts neuer Erkenntnisse auszubauen.

Unter dem Strich spricht viel dafür, die traditionellen Modelle der Ökonomie um die Erkenntnisse der Psychologie zu bereichern. Wohlgemerkt geht es hier nicht darum, die alten Modelle zu ersetzen oder zu verwerfen, es geht darum, sie zu ergänzen, auszubauen, sie realitätsnäher und damit leistungsfähiger zu machen. Dazu wollen wir uns nun in einem ersten Schritt einen Überblick über den Instrumentenkasten der Behavioral Economics verschaffen.

1.2 Traditionelle Ökonomik versus Behavioral Economics

Behavioral Economics ist der Versuch, das Menschenbild der Ökonomie mit dem Menschenbild der Psychologie wieder zu versöhnen. Man kann statt von einem neuen Ansatz bewusst von einer Wiedervereinigung der Psychologie mit der Ökonomie (Camerer (1999), S. 10575) sprechen – denn die Ursprünge der Ökonomie hatten viel mit Psychologie zu tun. Adam Smith war von Haus aus Moralphilosoph, und in seiner ersten Schrift, der *Theory of moral sentiments*, beschrieb er auch die Motivationen der Menschen. Auch andere Ökonomen der Klassik hatten ein durchaus psychologisches Menschenbild (vergleichen Sie bitte mit Kasten 3). Die Behavioral Economics sucht im Verhalten von Menschen nach psychologischen Motiven und versucht zu zeigen, wo diese im ökonomischen Kontext relevant sind.

Kasten 3: Adam Smith, behavioral economist[1]

Alle wirklich guten Ideen sind nicht neu, sagt der Volksmund, und zumindest einige der Ideen der Behavioral Economics finden sich bereits beim Urvater der Nationalökonomie, Adam Smith. So enthält seine *Theory of moral sentiments* Ideen zu dem Konflikt zwischen den kurzfristigen Leidenschaften und den langfristigen, vernünftigen Absichten der Menschen – was wir in Abschn. 4.3.1 unter dem Stichwort „hyperbolisches Diskontieren" kennenlernen werden. Auch finden sich Sätze zum Phänomen der Selbstüberschätzung (*overconfidence*, vgl. Abschn. 2.2.4): Menschen, so glaubt Smith, schätzen die Möglichkeit eines Gewinnes stets höher ein als die Gefahr eines Verlustes. Auch finden sich bei Smith Bemerkungen zum Phänomen der Verlustaversion: Eigentumsdelikte wie Diebstahl oder Raub, die uns etwas nehmen, was wir besitzen, sind für Smith schlimmere Verbrechen als Vertragsbrüche, die uns nur etwas nehmen, was wir erwartet haben. Zudem sei Schmerz stets schlimmer als ein entsprechender Gewinn – das geht sehr konform mit den Ideen der Prospect Theory, die wir in Abschn. 3.2 kennenlernen werden. Auch Altruismus und Fairness waren für Smith wichtige menschliche Triebfedern – die wir in Abschn. 4.4 kennenlernen werden.

Die Modelle, die Ökonomen benutzen, sind mit vielen Befunden der Psychologie auf den ersten Blick nur schwer vereinbar, so dass man fast schon darüber erstaunt sein muss, wie robust diese Modelle in Bezug auf ihre Prognosekraft sind. Das Menschenbild der klassischen Ökonomie ist in der Literatur sogar als „anti-behavioral", also anti-verhaltenswissenschaftlich, bezeichnet worden (Mullainathan, Thaler, 2000). Tabelle 1.1 gibt einen vergleichenden Überblick über die verschiedenen Menschenbilder der Ökonomie und der Psychologie:

- *Erwartungsnutzen versus Prospect Theory*. In der Ökonomie maximieren Menschen ihren Erwartungsnutzen U_i, indem sie die einzelnen Optionen x_i bewerten und mit der jeweiligen Eintrittswahrscheinlichkeit p_i multiplizieren. Der Nutzen einer Handlung ergibt sich damit aus der Summe

[1] Man muss nicht jeden Klassiker im Original lesen, oft tun das auch andere Menschen für uns, in diesem Fall: Ashraf, Camerer und Loewenstein (2004).

Tab. 1.1 Modellprinzipien in der Ökonomie und Psychologie. (Quelle: Camerer 1999, S. 10576)

Traditionelle Ökonomie	Behavioral Economics
Erwartungsnutzentheorie	*Prospect Theory*
Menschen maximieren ihren Nutzen gemäß des erwarteten Nutzens	Menschen haben Angst vor Verlusten, bewerten Eintrittswahrscheinlichkeiten unterschiedlich und orientieren sich an Referenzwerten
Exponentielles Diskontieren	*Hyperbolisches Diskontieren*
Zukünftiger Nutzen wird abgezinst; der Zeitpunkt der Diskontierung spielt keine Rolle, Menschen verhalten sich konsistent: wer einmal einen Entschluss gefasst hat (mit dem Rauchen aufzuhören), tut dies auch	Zukünftiger Nutzen ist zeitpunktabhängig; Menschen erliegen Versuchungen, sie beschließen, morgen mit dem Rauchen aufzuhören, tun es dann aber nicht
Eigennutzmaximierung	*Sozialer Nutzen*
Menschen denken nur an ihren eigenen Nutzen	Menschen achten auch auf das Wohlergehen anderer Menschen, legen Wert auf Fairness

der mit den jeweiligen Eintrittswahrscheinlichkeiten gewichteten Handlungsoptionen, formal gilt $U_i = \sum_{i=1}^{n} x_i p_i$ (vgl. dazu auch Abschn. 3.1). Also: Wenn man Ihnen anbietet, bei einem Münzwurf bei Kopf einen Euro zu gewinnen und bei Zahl einen Euro zu verlieren, so ist der Erwartungswert dieser Wette gleich 0,5 mal ein Euro Gewinn plus 0,5 mal ein Euro Verlust, macht Null Euro. Diese Berechnung des Erwartungsnutzens ist Basis für die Berechnung von Vermögenspreisen, Versicherungskalkulationen oder für persönliche Investments in Bildung oder Ähnliches. Diesem Optimierungskalkül setzt die Psychologie die Prospect Theory entgegen (Abschn. 3.2): Menschen gewichten laut dieser Theorie Wahrscheinlichkeiten nicht-linear, gewöhnen sich an ein Referenzlevel r, und der Nutzen einzelner Optionen hängt ab von Gewinnen und Verlusten, bezogen auf dieses Referenzlevel r, und nicht vom Gesamtvermögen. Zudem versehen Menschen Entscheidungen mit einem Entscheidungsgewicht (*decision weight*), einer nicht-linearen Transformation der Eintrittwahrscheinlichkeit. Dabei zeigen Experimente, dass Menschen niedrige Wahrscheinlichkeiten überschätzen. Im Münzwurfbeispiel bedeutet das, dass man erstens die Wahrscheinlichkeiten von 0,5 (50 %) subjektiv anders gewichtet („Bei so etwas habe ich nie Glück, da ist Zahl wahrscheinlicher"), und es macht für die Bereitschaft zur Wette einen Unterschied, ob man bereits ein paar Euro gewonnen oder verloren hat.

- *Exponentielles Diskontieren versus hyperbolisches Diskontieren.* In der traditionellen Ökonomie wird der zukünftige Nutzen einer Option auf die Gegenwart durch exponentielles Diskontieren berechnet (vgl. Abschn. 4.2) – zukünftige Beträge werden mittels eines Diskontierungssatzes auf die Gegenwart abgezinst. Der erwartete Gegenwartsnutzen einer Option berechnet sich durch $U_t = \sum_{t=1}^{n} \delta_t u_t(x_t)$ wobei t der Zeitindex und der Faktor δ der Diskont- oder Wertminderungsfaktor ist. Da δ kleiner eins ist, werden zukünftige Nutzen u_t geringer gewichtet als Nutzen, die zeitlich näher liegen (ist δ beispielsweise 0,9, so wird der Nutzen in der Periode t = 1 mit dem Faktor 0,9 gewichtet, der Nutzen in der Periode t = 2 nur noch mit dem Faktor 0,9 ∗ 0,9 = 0,81 < 0,9). Wenn ein Mensch in diesem Modell eine Entscheidung über zukünftigen Konsum oder Nicht-Konsum trifft, so ist sie unabhängig vom Zeitpunkt seiner Entscheidung stets konsistent. Die Vertreter der Behavioral Economics stellen diesem Modell der Berechnung des Gegenwartsnutzens die Idee des sogenannten hyperbolischen Diskontierens gegenüber (vgl. Abschn. 4.3.1). Bei dieser Form der Diskontierung wird der Nutzen aus einer zukünftigen Option zeitpunktabhängig – man entscheidet sich heute für eine zukünftige Option, weil sie zeitlich weit weg liegt, rückt diese Option aber näher, wird sie unattraktiver. Damit ist hyperbolisches Diskontieren eine Möglichkeit, die Willensschwäche von Menschen zu formalisieren, die am 1. Dezember noch fest entschlossen sind, zu Sylvester mit ihrer Diät zu beginnen oder mit dem Rauchen aufzuhören, kurz nach Neujahr aber ihre guten Vorsätze über Bord werfen.
- *Eigennutzmaximierung versus soziale Präferenzen.* Viele Studien zeigen, dass Menschen vom strikten Eigennutzkalkül abweichen. Ein einfaches Beispiel bilden die sogenannten Ultimatum-Spiele, die wir in Abschn. 5.1 näher untersuchen werden. Der Grundaufbau ist einfach: Mitspieler A erhält einen Euro und kann darüber entscheiden, wie viel davon er an Mitspieler zwei abgeben will. Mitspieler B hat keinen direkten Einfluss auf die Entscheidung von Spieler A, darf aber, nachdem A seine Entscheidung verkündet hat, das Angebot von A annehmen oder ablehnen.

Nimmt er an, erhält er genau jenen Anteil, den ihm A zugestehen will, den Rest behält A. Lehnt er hingegen ab, erhalten beide Spieler nichts. Im Weltbild der Ökonomie ist es für B rational, jedes Angebot von A anzunehmen – ein Cent ist besser als kein Cent. In der Realität hingegen „bestrafen" die Mitspieler in der Position von B den Mitspieler A, wenn er ihrer Meinung nach nicht fair teilt, indem sie das Angebot von A ablehnen. Zwar erhalten sie dann kein Geld, aber auch A geht leer aus, zur Strafe für seine unfaire Entscheidung. Menschen sind also bereit, für die Bestrafung von unkooperativem Verhalten Geld zu zahlen – ein Befund, der vordergründig nicht so gut zum egoistischen, nutzenmaximierenden Homo Oeconomicus passt.

Eine Möglichkeit, die unterschiedlichen Sichtweisen der Ökonomen und Psychologen zu erklären, besteht in der Idee, dass menschliches Denken über zwei verschiedene Systeme funktioniert (Kahneman 2011): System I funktioniert automatisch, schnell und unbewusst – es ist zuständig für rasche, eher unbewusste Handlungen und Entscheidungen. System II hingegen ist ein bewusstes, konzentriertes System, das zuständig ist für bewusste, aufwendige Entscheidungs- und Denkprozesse. System I beispielsweise ist dafür zuständig, dass wir sehen, dass zwei Objekte in unterschiedlicher Distanz stehen; System II arbeitet, wenn wir beispielsweise beim Einkauf zwei Waschmaschinen miteinander vergleichen. Im Fokus der Psychologen steht eher System I, während die ökonomische Realität und ökonomisches Denken eher auf System II abstellt, bewusste, kognitiv aufwendigere Denk- und Entscheidungsprozesse. Der Homo Oeconomicus arbeitet mit System II, der emotionale Mensch der Psychologen, dem wir bei der Diskussion um die Heuristiken, den Umgang mit Zeit und das Sozialverhalten kennen lernen werden, entspringt eher System I.

Diese Überlegungen zeigen, dass die Psychologen die Überlegungen und Modelle der Ökonomen ergänzen und bereichern können – nicht mehr und nicht weniger. In den folgenden Kapiteln wollen wir versuchen, einen Überblick über die Erkenntnisse der Behavioral Economics zu gewinnen und zu sehen, wo diese Erkenntnisse für die traditionelle Ökonomie relevant sind. Zuvor müssen wir uns ansehen, mit welchen Methoden die Ideen der Behavioral Economics gewonnen werden – ein wichtiges Instrument sind dabei Experimente.

1.3 Experimente in der Ökonomik

Die traditionelle Ökonomie ging davon aus, dass Wirtschaftswissenschaftler im Gegensatz zu den Naturwissenschaften keine kontrollierten Experimente machen können, weil man die Umweltbedingungen nicht hinreichend kontrollieren kann. Ein Physiker kann einen physikalischen Prozess immer wieder messen, Umweltbedingungen isolieren oder ausschalten – seine Ergebnisse sind jederzeit replizierbar. Menschliche Entscheidungen hingegen unterliegen so vielen (teilweise unbekannten) Einflüssen, dass man niemals alle identifizieren und ausschalten kann; zudem sind die Versuchsobjekte nicht immer identisch – Menschen sind verschieden, dementsprechend können die Versuchsergebnisse variieren. Jedes Kohleatom ist identisch, weswegen man mit jedem Kohleatom die gleichen experimentellen Ergebnisse erzielt – bei Menschen wird dies nicht der Fall sein.

In den vergangenen Jahren allerdings wurden zunehmend Methoden entwickelt, mit deren Hilfe man auch experimentelle Wirtschaftsforschung betreiben kann, man kann also die Ideen und Modelle der Forscher in Experimenten testen – ähnlich wie in den Naturwissenschaften. Mittlerweile sind Experimente ein fester Bestandteil des Forschungskanons der Ökonomen geworden, mit all ihren Vorteilen und Problemen. Smith (o. J.) nennt verschiedene Motive für Experimente in der Ökonomie; mit Experimenten kann man

- Theorien überprüfen,
- Ursachen finden, warum und wann eine Theorie versagt,
- aus den empirischen Befunden der Experimente neue Theorien generieren,
- die Robustheit von Institutionen testen, indem man die Umwelt variiert, in der man das Funktionieren einer solchen Institution testet,
- die Leistungsfähigkeit von Institutionen vergleichen, indem man diese in einem identischen Umfeld testet,
- Politikkonzepte auf ihre Tragfähigkeit untersuchen und
- neue institutionelle Designs testen.

Bereits in den 1930er Jahren gab es Experimente, um die Form und Lage von Indifferenzkurven zu erforschen (für einen Überblick vgl. Roth 1995), in den Folgejahren gab es weitere Experimente zum Entscheidungsverhalten von Menschen. Ein weiterer Zweig von Experimenten wurde von den Ideen der Spieltheorie beeinflusst. Die ersten ökonomischen Experimente zu Märkten stammen von Chamberlin (1948), der in seinen Vorlesungen mit Hilfe seiner Studenten Märkte simulierte. Die Studenten wurden unterteilt in Käufer und Verkäufer, und ihnen wurde der Höchstpreis (Mindestpreis) vorgeschrieben, zu dem sie kaufen (verkaufen) wollen, und den sie nicht überschreiten (unterschreiten) dürfen. Chamberlin zeigte, dass die tatsächlich gehandelte Menge größer war als die in einem perfekten Markt gehandelte Menge und dass der tatsächlich gezahlte Durchschnittspreis höher war als der Gleichgewichtspreis in einem perfekten Markt, was er auf Marktunvollkommenheiten zurückführte.

Smith (1962) setzte diese Experimente fort, er zeigte, dass – verhindert man Absprachen und macht die Gebote öffentlich – selbst bei kleinen Zahlen eine Tendenz zum theoretisch erwarteten Gleichgewicht entsteht. Schwächer wird die Tendenz zum Gleichgewicht, wenn nur die Verkäufer ihre Preise öffentlich machen. Verändert man diese Marktbedingungen, so ändern sich auch Preis und Transaktionsvolumen, allerdings kann es zu einer vorübergehenden Periode kommen, in der die Preise erratisch schwanken. Mit Hilfe solcher Experimente wurden viele institutionelle Änderungen auf Märkten und ihre Folgen für Gleichgewichtspreis und -menge untersucht (vgl. bspw. Plott, Smith 1978). Weitere Experimente gab es in der Folge zum Verhalten in Duopolen und Oligopolen.

Mittlerweile werden Experimente zu allen Forschungsfragen durchgeführt, auch inspiriert vom psychologisch beeinflussten Forschungsprogramm der Behavioral Economics, für die Experimente oft eine zentrale Rolle spielen. Man kann mit Hilfe von Experimenten beispielsweise untersuchen, welche Auktionsform (beispielsweise bei der Auktion von Lizenzen für UMTS-Frequenzen) die höchsten Erträge generiert, ob der Staat ein ertragreicheres Verfahren findet, um Staatsanleihen zu verkaufen, wie man knappe Güter (Parkflächen, Landeplätze) vergibt oder welche politischen Instrumente zu einer besseren Zielerreichung führen. Weiterhin kann man so Präferenzen der Bürger ermitteln, welche sich das Marketing, aber auch die Politik zunutze machen kann. Dabei gibt es drei verschiedene Arten von Experimenten: Labor-Experimente, Feldexperimente und natürliche Experimente.

Labor-Experimente Hier wird in einer künstlichen Umgebung eine Situation erzeugt, die eine Überprüfung einer zuvor aufgestellten Hypothese ermöglicht. Die Versuchspersonen werden zu einem vereinbarten Zeitpunkt an einen vereinbarten Ort eingeladen und wissen in der Regel, dass sie an einem Experiment teilnehmen, aber sie wissen nicht immer, welche Hypothese überprüft werden soll. Die kritische Frage bei Laborexperimenten besteht darin, ob Ergebnisse aus dem Labor ohne weiteres übertragbar sind auf die Realität jenseits der Laborwände – was als „externe Validität" oder „ökologische Validität" bezeichnet wird.

Feld-Experimente Hier werden Ergebnisse in einer natürlichen Umgebung generiert, in der Regel wissen die Beteiligten nicht, dass sie Teil eines Experiments sind. Erste Feldexperimente in der Ökonomie gab es bereits in den zwanziger und dreißiger Jahren des vergangenen Jahrhunderts (vgl. auch im Folgenden und für einen Überblick über Feld-Experimente Levitt, List 2008), als man untersuchte, wie verschiedene Arten und Dosierungen von Dünger sich auf die Ernte auswirkten. In den sechziger Jahren gab es umfangreiche Experimente mit Menschen, bei denen man beispielsweise die Wirkungen verschiedener Preisgestaltungen auf den Verbrauch von Energie oder die Effektivität verschiedener arbeitsmarktpolitischer Maßnahmen testete (beispielsweise, indem man die Versuchspersonen verschiedenen Ausbildungsprogrammen zuordnete). Hier wurden also verschiedene Instrumente (Preispolitik, Arbeitsmarktpolitik, Gesundheitspolitik, Wohnungspolitik) auf ihre Tauglichkeit getestet, um dann Politikempfehlungen zu geben.

In jüngster Zeit verwendet man Feldstudien, die das natürliche Umfeld besser nutzen; oftmals wissen die Versuchspersonen gar nicht, dass sie Gegenstand eines Experiments sind. Im Unterschied zu natürlichen Experimenten, bei denen man lediglich vorhandene Daten einsammelt und auswertet, versucht man hier auch Daten zu generieren, indem man das natürliche Umfeld beeinflusst. Ein Beispiel für solche Experimente sind die Untersuchungen von List (2006), der das Verhalten von Baseball-Karten-Verkäufern zuerst im Labor beobachtete und dann bei echten Transaktionen, ohne dass die Verkäufer wussten, dass auch ihre echten Verkäufe beobachtet werden (vgl. Abschn. 5.1.3).

Natürliche Experimente Bisweilen ermöglichen echte Daten aus der Realität die Überprüfung bestimmter Hypothesen. Ein bekanntes Beispiel stammt von Johnson, Hershey, Meszaros, Kunreuther (1993): Die Staaten New Jersey und Pennsylvania führten unterschiedliche Varianten für die Autoversicherung ein – beide Staaten boten identische Policen, die sich letztlich nur in ihrer Darstellung unterschieden. Damit konnte man das Verhalten der Menschen in einem echten Umfeld testen und feststellen, welche Folgen die unterschiedliche Darstellung der Versicherung für das Verhalten der Versicherten hat (vgl. Abschn. 6.3).

Als Vorteile experimenteller Methoden werden genannt (vgl. auch Graboyes 1998, Levitt, List 2007):

- Man kann Daten generieren, die speziell zur eigenen Forschung passen. Offizielle, jedermann zugängliche Daten haben zumeist den Nachteil, dass sie nicht zu dem speziellen Forschungsgegenstand passen, den man untersuchen will. Will man dennoch eine empirische Datengrundlage, so kann man durch Experimente eigene Daten generieren.
- Mit Hilfe von Experimenten kann man zwar nicht alle, aber einige externe Faktoren ausschalten, welche die Ergebnisse verwässern. So wie Naturwissenschaftler in Experimenten Licht vermeiden oder ein Vakuum herstellen, um externe Einflüsse auf ein Experiment auszuschließen, versuchen Ökonomen in Experimenten, einzelne Störfaktoren durch das Versuchsdesign auszuschließen, um bestimmte Zusammenhänge exakter zu untersuchen.
- Experimente können als Spielwiese dienen, wo man neue Theorien erst testet, bevor man sie in echte Politik umsetzt. Irrt man sich bei einer Theorie, so ist das deutlich billiger, wenn es nur ein Experiment war – auf diesem Weg kann man vermeiden, dass man die Fehler dann begeht, wenn es richtig teuer wird, nämlich bei der politischen Umsetzung einer Theorie in die Praxis. So kann man beispielsweise mit Experimenten verschiedene Auktionsdesigns testen, um das Design zu finden, das die größten Erträge generiert – anschließend setzt man dieses in der Realität ein.
- Viele ökonomische Mechanismen, beispielsweise Institutionen in Märkten, sind in ihrer Wirkung so vielschichtig und komplex, dass die Theorie keine eindeutigen Vorhersagen über ihre Wirkung machen kann. Hier

können Ökonomen Experimente nutzen wie Ingenieure einen Windkanal: Man versucht anhand der experimentellen Daten herauszufinden, unter welchen Umständen welche Wirkungsmechanismen die größte Wirkung entfalten.
- Experimente können auch neue Daten generieren, die neue Fragestellungen aufwerfen, was zum Ausgangspunkt einer neuen Forschung werden kann.

Damit Experimente sinnvoll sind, müssen sie verschiedene Kriterien erfüllen. So muss ein Experiment replizierbar sein, d. h. bei einer Wiederholung unter möglichst gleichen Umständen müssen auch ähnliche respektive gleiche Ergebnisse vorliegen. Weiterhin müssen Verzerrungen in der Auswahl der Stichprobe oder der Zuordnung zu einer Versuchsgruppe vermieden werden – beides sollte also möglichst zufällig geschehen. Zudem muss stets eine Kontrollgruppe vorliegen, um andere mögliche Erklärungsfaktoren für einen Befund auszuschließen.

Ein einfaches Beispiel dazu: Man will testen, ob Kenntnisse in Finanzdingen den Umgang mit den persönlichen Finanzen verbessern. Dazu wählt man eine Gruppe von Versuchspersonen aus, denen man Lektüre zum Thema gibt, um anschließend zu überprüfen, wie sich deren Verhalten in Sachen Finanzen ändert. Damit die Ergebnisse dieses Experiments aussagekräftig sind, muss man erstens eine Gruppe von Personen auswählen, die möglichst repräsentativ für den Bevölkerungsdurchschnitt ist (nimmt man also beispielsweise nur Studenten der Wirtschaftswissenschaften, so ist die Stichprobe nicht zufällig gewählt und verzerrt, die Ergebnisse dürften also nicht repräsentativ sein), zweitens benötigt man eine Kontrollgruppe, der man keine Literatur gibt, und deren Verhalten man anschließend beobachtet – auf diesem Weg versucht man auszuschließen, dass andere Einflussfaktoren als die Lektüre für die beobachteten Ergebnisse verantwortlich sind (kommt es beispielsweise nach dem Versuch zu einer öffentlichen Rentendebatte, die das Bewusstsein aller Versuchspersonen für die Notwendigkeit der Altersvorsorge erhöht, so würde das auch das Verhalten der Kontrollgruppe beeinflussen). Erst wenn das Verhalten der Gruppe, welche die Literatur gelesen hat, signifikant anders ist als das Verhalten der Kontrollgruppe, kann man auf die Wirksamkeit dieser Maßnahme schließen.

Ein wichtiger Punkt bei Experimenten sind die Anreize der Versuchspersonen. In vielen Experimenten werden die Versuchspersonen bezahlt, um sicherzustellen, dass sie einen Anreiz haben, sich so zu verhalten, wie sie es in der Realität tun würden – ohne Bezahlung, so die Vermutung, würden die Versuchspersonen die Experimente nicht hinreichend ernst nehmen oder aber andere Motive als ökonomische würden ihr Verhalten beeinflussen. Mittlerweile gehen Forscher davon aus, dass sie Artikel mit ökonomischen Experimenten in hochrangigen Journals nur veröffentlichen können, wenn sie den Versuchspersonen finanzielle Anreize gegeben haben.

Camerer und Hogarth (1999) untersuchen die Auswirkungen finanzieller Anreize auf die Ergebnisse von insgesamt 74 Experimenten und finden gemischte Ergebnisse: Bei Aufgaben zur Urteils- und Entscheidungsfindung zeigen monetäre Anreize Wirkung, sie verbessern die Urteilskraft der Versuchspersonen, die Erinnerung und Fähigkeit, Probleme zu lösen und korrekte Vorhersagen zu machen. In einigen Fällen komme es aber dazu, dass Anreize schaden, allerdings seien hier die Effekte oft unklar. Gneezy und Rustichini (2000) argumentieren, dass zu geringe Anreize die Versuchspersonen beleidigen könnten – man müsse also entweder ordentlich bezahlen oder lieber gar nicht. Zumeist, so fassen Camerer und Hogarth zusammen, hätten Anreize im Durchschnitt die Leistung der Versuchspersonen nicht geändert, beispielsweise bei Studien zu Verhandlungen, auf experimentellen Märkten und bei einigen Versuchen zu Entscheidung unter Risiko. Allerdings finden sie auch, dass finanzielle Anreize die Varianz der Versuchsergebnisse reduzieren, dass also die Ergebnisse dichter beieinander liegen – dies kann man als Hinweis darauf verstehen, dass Anreize extremes Verhalten reduzieren, was man auch dahingehend interpretieren kann, dass Fehlverhalten reduziert wird, was wiederum bedeutet, dass sich die Versuchspersonen nun mehr anstrengen. Man muss die Idee, dass Bezahlung notwendig ist, aber nicht teilen – robuste Verhaltensweisen sollten auch ohne finanzielle Anreize nachweisbar sein, sonst wären sie nicht sonderlich robust.

Ein weiteres Problem ist die Kontrolle der individuellen Präferenzen der Versuchspersonen – diese sollen in manchen Experimenten neutralisiert werden. In den Experimenten zu Märkten beispielsweise gibt man den Käufern ihre Reservationspreise vor (also ihre maximale Zahlungsbereitschaft). Nun kann der Nutzen des Geldes und des gekauften Produktes für jede Versuchsperson unterschiedlich sein, wie setzt man also einen Anreiz, dass eine Versuchsperson sich immer bemüht, zum günstigsten Preis zu kaufen? Dazu verspricht man den Versuchspersonen, dass sie die gekauften Produkte weiterverkaufen können zu einem festen Erlös R(q). Die R(q)-Funktion verspricht also einen persönlichen Gewinn beim Weiterverkauf, und je billiger man das Gut auf dem experimentellen Markt kauft, umso höher ist der Erlös beim Weiterverkauf. Damit wird der Preis, zu dem man das Gut kauft, für den persönlichen Nutzen der Versuchsperson relevant. Als Gewinnfunktion ergibt sich $G = R(q) - pq$. Damit hat man nun ein Interesse, möglichst günstig zu kaufen – egal, wie hoch der persönliche Nutzen des Geldes oder des Gutes ist.

Formalisiert hat Smith (1976) diesen Gedanken in der sogenannten *induced value theory*: Man möchte, dass die Versuchspersonen eine Nachfrage zeigen gemäß einer einfachen Nachfragefunktion D(p); zu einem Preis von p sollen sie $D(p) = q$ Einheiten nachfragen. Das Problem ist, dass man nicht den individuellen Nutzen des Geldes U(w) der einzelnen Versuchspersonen kennt. Also bezahlt man die Versuchspersonen nach einer Erlösfunktion R(q), und zwar, indem sie $R(q) - qp$ Euro bekommen, wenn sie q Einheiten zum Preis p einkaufen. Maximieren die Versuchspersonen ihren Nutzen, so werden sie die Funktion $U(R(q) - pq)$ maximieren und die Menge $q = q^*$ so wählen, dass die erste Ableitung der Erlösfunktion $R'(q^*)$ gleich dem Preis p sein wird. Aus $R'(q^*) = p$ kann man die Nachfragefunktion D(p) ableiten, es gilt $D(p) = q = R^{-1}\, p$; damit ist die Nachfrage unabhängig vom individuellen Nutzen U der Versuchspersonen. Für Käufer kann man ein identisches Verfahren wählen, indem man ihnen eine Kostenfunktion vorgibt, zu der sie das Gut, das sie verkaufen sollen, produzieren. Ihr Gewinn ergibt sich dann aus dem Verkaufserlös minus die Kostenfunktion.

Darüber hinaus gibt es noch weitere Probleme experimenteller Methoden (vgl.u. a. Levitt, List 2008, 2007):

- Kann man überhaupt eine repräsentative oder eine rein zufallsbedingte Stichprobe zu Experimenten zusammenstellen? Wer sind die Menschen, die sich bereit erklären, an einem Experiment teilzunehmen – ist die Bereitschaft zur Teilnahme an solchen Experimenten gleichmäßig über die gesamte Bevölkerung verteilt? Viele der Experimente werden mit Studenten durchgeführt – alleine diese Auswahl kann zu deutlichen Verzerrungen führen.

- Haben die Versuchspersonen in Experimenten genügend Anreize, sich so zu verhalten, wie sie es in der Realität tut würden? Vor allem bei kleinen Beträgen und hypothetischen Fragen muss man vermuten, dass man sich mit der Beantwortung von Fragebögen nicht allzu viel Mühe gibt. Um diesem Mangel abzuhelfen, werden in einigen Versuchsdesigns, sofern das möglich ist, Versuchspersonen für „korrekte" Antworten oder „korrektes" Verhalten bezahlt. Aber auch hier bleibt die Frage offen, ob die dort gezahlten Summen eine ausreichende Motivation darstellen (bei Experimenten mit dem Ultimatum-Spiel allerdings hat man Versuchspersonen in ärmeren Ländern teilweise Monatslöhne als Anreiz gegeben, vgl. Henrich et al. 2005).
- Bei Studien, die sich über einen längeren Zeitraum erstrecken, kann es zu Ermüdungserscheinungen der Versuchspersonen kommen, so dass sie das Experiment verlassen (*attrition bias*). Das dürfte ebenfalls zu Verzerrungen in den Ergebnissen führen – diejenigen Versuchspersonen, die bis zum Ende des Experiments dabei bleiben, sind möglicherweise nicht mehr repräsentativ.
- Wissen die Versuchspersonen, dass sie beobachtet werden, so kann das möglicherweise ihr Verhalten ändern – sie versuchen, in einem möglichst positiven Licht vor den Versuchsleitern dazustehen, oder wollen den Versuchsleitern die Ergebnisse liefern, von denen sie glauben, dass diese erwünscht sind. Bisweilen wird dieser Effekt in der Literatur als „John-Henry-Effekt"[2] bezeichnet.
- Geht es bei den Experimenten darum, bestimmte Verhaltensweisen zu ändern, so besteht die Gefahr, dass die Versuchspersonen zu Substituten greifen – man raucht vielleicht weniger, weicht aber auf andere gesundheitsschädliche Genussmittel aus. Entgeht dem Versuchsleiter dieses Ausweichen auf Substitute, kommt man zu verfälschten Ergebnissen.
- Oftmals wird auch kritisiert, dass die Versuchspersonen das Versuchsdesign nicht richtig verstanden haben und deswegen falsch agieren. Ein Beispiel dafür ist die von Plott und Zeiler (2005) durchgeführte Studie zum Eigentumseffekt: Bei entsprechender Variation der Versuchsdesigns

[2] John Henry ist eine amerikanische Legende über einen Eisenbahnarbeiter, der zeigen wollte, dass der Mensch der Maschine überlegen ist, deswegen einen Wettbewerb gegen einen Presslufthammer antritt und diesen gewinnt, aber an den Folgen seiner Anstrengungen verstirbt.

zeigen sie, dass sie das Phänomen Eigentumseffekt „...beliebig an- und ausschalten..." können (S. 542), unter anderem, indem sie sicher stellen, dass die Versuchspersonen das Versuchsdesign genau verstanden haben (vgl. dazu Abschn. 3.3.4). Ebenfalls symptomatisch dafür ist die Studie von Appelt, Hardisty, Weber (2011), die in ihrem Experiment 55 % der ausgefüllten Fragebögen von der Untersuchung ausgeschlossen haben, weil sie entweder unbrauchbar waren oder inkonsistente Ergebnisse lieferten – ein deutlicher Hinweis darauf, dass hier etwas schief gelaufen ist (vgl. zu dieser Studie Abschn. 4.4). Kann eine solche Studie repräsentative Ergebnisse erzeugen?

- In diesem Zusammenhang wird auch kritisiert, dass bei den Experimenten zu wenig auf Lerneffekte abgestellt wird. Aus diesem Grund sollten Experimente mehrmals durchgeführt werden, um sicherzustellen, dass die Teilnehmer die Spielregeln richtig verstanden haben. So wurden bei den Experimenten zum Eigentumseffekt (vgl. Abschn. 3.3.4) mehrere Runden mit dem gleichen Versuchsdesign durchgeführt, um dies zu erreichen.
- Ebenfalls im Zusammenhang mit dem Design des Experiments kritisiert Rubinstein (2001), dass das Kleingedruckte eines Experiments über die Ergebnisse entscheiden kann: Eine Formulierung, ein kleiner Fehler des Forschers können die Ergebnisse dramatisch ändern, vor allem bei kleinen Stichproben.
- Rubinstein (2001, S. 625, eig. Übers.) stellt auch auf die Anreize ab, denen die Forscher ausgesetzt sind: „Die Fragen nach dem Experiment selektieren, widersprüchliche Daten ignorieren, problematische Antworten eliminieren – das alles sind Techniken, denen ein Forscher nur schwer widerstehen kann, vor allem, wenn er fest von den Resultaten überzeugt ist, die er erwartet". Erschwerend kommt hinzu, dass zumeist nur neue Forschung akademisch belohnt wird: Wer ein Experiment nur nachvollzieht, hat weniger Aussichten auf eine wertvolle Publikation. Dieser Anreiz kann dazu führen, dass einmal publizierte Experimente nicht ausreichend von der akademischen Gemeinschaft überprüft werden. Man wiederholt ein publiziertes Experiment nur, wenn man die Ergebnisse dieses Experiments um ein Detail erweitern will (um dieses dann zu publizieren). Damit dies aber funktioniert, muss man das ursprüngliche Experiment reproduzieren, funktioniert das nicht, so hat man zwar ein Experiment als falsch widerlegt, kann aber nicht mehr die gewünschte

Erweiterung zeigen und publizieren. Damit hat man kaum Anreize, das Experiment gewissenhaft zu überprüfen.

Literatur

Appelt, Kirstin C.; Hardisty, David J.; Weber, Elke U. (2011), Asymmetric discounting of gains and losses: A query Theory account, Journal of Risk and Uncertainty Vol. 43 (2011), pp. 107–126.

Ashraf, Nava; Camerer, Collin; Loewenstein, George (2004), Adam Smith – behavioral economist, Cambridge 2004, mimeo.

Beck, Hanno (2012), So schlau wie das Trompetentierchen, Süddeutsche Zeitung vom 16.04.2012.

Boland, Lawrence A. (1997), Critical economic methodology: a personal odyssey, Routledge, London.

Camerer, Collin F.; Hogarth, Robin M. (1999), The Effects of Financial Incentives in Experiments: A Review and Capital-Labor-Production Framework, California Institute of Technology, Division of the Humanities and Social Sciences, Social Science Working Paper 1059, April 1999, URL http://www.hss.caltech.edu/SSPapers/wp1059.pdf.

Camerer, Collin (1999), *Behavioral Economics: Reunifying psychology and economics*, Proceedings of the National Academy of Science, Vol. 96, pp. 10575–10577.

Camerer, Collin (2003), *The behavioral challenge to economics: Understanding normal people.* Mimeo.

Chamberlin, Edward H. (1948), An experimental imperfect market, Journal of Political Economy, Vol. 56, No. 2 (April 1948), pp. 95–108.

Frey, Bruno; Benz, Matthias (2001), *Ökonomie und Psychologie: eine Übersicht.* Institute for Empirical Research in Economics, University of Zurich, Working Paper No. 92.

Gneezy, Uri; Rustichini, Aldo (2000), Pay enough or don't pay at all, Quarterly Journal of Economics, Vol. 115, pp. 791–811.

Graboyes, Robert F. (1998), Experimental Economics: Games Economists Play, Federal Reserve Bank of Richmond, Equilibria #4, 1997/98, URL http://www.robertgraboyes.com/writings_files/Experimental%20Economics.pdf.

Henrich, Joseph, et al. (2005), Economic man in cross-cultural perspective: Behavioral experiments in 15 small-scale societies, Behavioral and Brain Sciences Vol. 28 (2005), pp. 795–855.

Johnson, Eric J.; Hershey, John; Meszaros; Jacqueline, Kunreuther, Howard (1993), Framing, Probability Distortions, and Insurance Decisions, Journal of Risk and Uncertainty, Vol. 7, pp. 35–51.

Kagel, John H.; Roth, Alvin E., eds. (1995), Handbook of Experimental economics, Princeton University Press, Princeton, New Jersey.

Kahneman, Daniel (2011), Thinking, fast and slow, Allen Lane, London.

Leahey, Thomas H. (2003), Herbert A. Simon. Nobel Prize in Economic Sciences, 1978, American Psychologist No. 58, 753–755.

Levitt, Steven; List, John (2007), What do laboratory experiments tell us about the real world?, Journal of Economic Perspectives, Vol. 21, No. 2. (2007), pp. 153–174.

Levitt, Steven D.; List, John A. (2008), Field Experiments in Economics: The Past, the Present, and the Future, NBER Working Paper 14356, September 2008.

List, John A. (2006), The Behavioralist Meets the Market: Measuring Social Preferences and Reputation Effects in Actual Transactions, Journal of Political Economy, 2006, Vol. 114, No. 1, pp. 1–37.

Mullainathan, Sendhil; Thaler, Richard H. (2000), *Behavioral economics*; NBER Working Paper 7948, October 2000.

Plott, Charles; Smith, Vernon L. (1978), An experimental examination of two exchange institutions, Review of Economic Studies, Vol. 45, pp. 133–153.

Plott, Charles R.; Zeiler, Kathryn (2005), The Willingness to Pay–Willingness to Accept Gap, the „Endowment Effect," Subject Misconceptions, and Experimental Procedures for Eliciting Valuations, American Economic Review, June 2005, Vol. 95 No. 3, pp. 530–545.

Roth, Alvin E. (1995), Introduction to experimental Economics, in: Kagel, John A.; Roth, Alvin E. (eds): Handbook of Experimental Economics, Princeton University Press, Princeton, New Jersey, pp. 3–109.

Rubinstein, Ariel (2001), A Theorist's View of Experiments, European Economic Review, Vol. 45, pp. 615–628.

Smith, Vernon L. (1962), An Experimental Study of Competitive Market Behavior, Journal of Political Economy, Vol 70, No. 2. (Apr. 1962), pp. 111–137.

Smith, Vernon L. (1976), Experimental Economics: induced value Theory, American Economic Review, Vol. 66, No. 2., pp. 274–279.

Smith, Vernon L. (o. J.), Economics in the Laboratory, mimeo, URL http://leem.lameta.univ-montp1.fr/docs/economicsInTheLaboratory.pdf.

Das „Heuristics-and-Biasses"-Programm

2

2.1 Was sind Heuristiken?

In der klassischen ökonomischen Theorie werden Probleme mit Hilfe der Logik und der elementaren Regeln der Wahrscheinlichkeitstheorie gelöst – das würde dem System II nach Kahneman entsprechen – also intensivem Nachdenken. Je komplexer das Problem ist, umso komplexer werden auch die dazu nötigen Lösungsansätze: Wahrscheinlichkeiten müssen geschätzt und die einzelnen Handlungsmöglichkeiten gewichtet werden. Diesem streng rationalen Ansatz zur Problemlösung stellten Kahneman und Tversky (1974) bereits in den frühen siebziger Jahren die Idee entgegen, dass Menschen aus Entscheidungssituationen nicht mathematische Probleme machen, sondern mentale Abkürzungen bei der Lösung von Problemen nehmen – mittels sogenannter Heuristiken.

Das Wort „Heuristiken" leitet sich aus dem griechischen „heuriskein" ab und wird im Sinne von „verbesserte Problemlösungen" benutzt. Vor allem bei Situationen mit ungewissen Ereignissen, also bei Entscheidungen unter Unsicherheit[1], müssen Menschen die Wahrscheinlichkeiten für bestimmte

[1] Bei einer Entscheidung unter Unsicherheit weiß man nicht, mit welchen Wahrscheinlichkeiten ein Ereignis eintritt; bei einer Entscheidung unter Risiko kennt man zumindest die Wahrscheinlichkeiten. Ein Münzwurf ist also eine Entscheidung mit Risiko (man kennt die Wahrscheinlichkeit für Kopf oder Zahl), eine Wette auf den Ausgang eines Fußballspiels hingegen ist eine Entscheidung unter Unsicherheit, da man keine genauen Informationen über die Wahrscheinlichkeiten des Ausgangs hat.

H. Beck, *Behavioral Economics*,
DOI 10.1007/978-3-658-03367-5_2,

Ereignisse abschätzen. Ein einfaches Beispiel für eine Heuristik ist der gordische Knoten, den Alexander der Große angeblich dadurch trennte, indem er das Seil einfach mit einem Schwert durchtrennte. Ein komplexes Problem (ein Knoten, der sich nicht lösen lässt), wird mit einer einfachen Lösung (einem Schwert) gelöst, obwohl eigentlich eine komplexe Routine (den Knoten per Hand auflösen) gefordert war. Ihre Einfachheit macht Heuristiken so effizient (im Sinne der Zielerreichung, der Knoten ist rasch gelöst), allerdings kann es dabei zu unerwünschten Nebenwirkungen kommen (das Seil ist durchtrennt). Ähnlich kann man sich auch die hier erörterten Heuristiken vorstellen.

Die Grundidee der von Kahneman und Tversky erforschten Heuristiken besteht darin, dass Menschen bei Entscheidungen nicht Wahrscheinlichkeiten oder andere zu schätzende Werte wie in den Modellen der Ökonomen explizit berechnen, sondern bei deren Abschätzung und ihrer Entscheidung zu vereinfachenden Regeln greifen, eben den Heuristiken. Man kann sich Heuristiken als eine Art mentale Abkürzung oder Daumenregel vorstellen, welche die komplizierten Berechnungen analytischer Modelle ersetzt. Kahneman und Tversky stellen also den Prozess der Lösungsfindung in den Mittelpunkt. Vor ihnen hatte die Theorie nicht danach gefragt, wie Menschen zu ihren Einschätzungen kommen, sondern nur, wie das Ergebnis ihrer Überlegungen aussehen könnte. Jetzt fiel der Blick der Theorie auf die Frage, wie Menschen zu Lösungen kommen – um über diesen Umweg auch zu fragen, zu welchen Lösungen sie denn tatsächlich kommen.

Das Ergebnis dieser Überlegungen waren Heuristiken, die Menschen anwenden und die wir uns im Folgenden ansehen wollen: Repräsentativität (*representativeness*), Verfügbarkeit (*availability*) und Verankerung (*anchoring*). Diese Heuristiken, so die Idee, verwenden Menschen, um komplexe Probleme zu lösen – mit wechselhaftem Erfolg: So sind diese Heuristiken grundsätzlich geeignet, gute Lösungen zu erbringen, können aber auch zu Verzerrungen im Urteil der Menschen führen, so genannten Biasses.

Nach dieser Lesart haben Heuristiken eine gute und eine schlechte Seite: Sie sind im positiven Sinne effiziente Problemlösungstechniken, im negativen Sinne führen sie zu Fehleinschätzungen respektive Fehlentscheidungen – wobei man darüber streiten kann, ob diese Fehleinschätzungen dauerhafter und systematischer Natur sind. In der Literatur wurden anfangs vor allem die negativen Aspekte der Heuristiken, also die Verzerrungen in der

Urteilskraft der Menschen, betont. Was folgte, war eine lange Reihe von Untersuchungen zu vielfältigen Verzerrungen in der Urteilskraft der Menschen, die den Homo Oeconomicus in einem äußerst ungünstigen Licht erschienen ließen: Fast konnte man vermuten, dass Menschen nur zufällig richtige Entscheidungen treffen, so lang war die Liste der Verzerrungen, die in den Folgejahren aufgestellt wurde. Dabei sind Heuristiken nicht grundsätzlich irrational, sie können lediglich zu Fehlurteilen, eben jenen Verzerrungen, führen.

Die Suche nach diesen Verzerrungen verläuft stets gleich: Man macht Experimente, in denen man die Probanden Entscheidungssituationen aussetzt und beobachtet, dass ihre Entscheidungen nicht im Einklang mit den fundamentalen Gesetzen der Logik oder der Statistik stehen. Dann folgt eine Debatte darüber, inwieweit diese Experimente Hinweise auf eine systematische Verzerrung im Entscheidungsverhalten der Menschen geben – oft führt eine Variation des Versuchsdesigns zu anderen Ergebnissen.

Wichtig bei der Diskussion um verzerrte Entscheidungen der Menschen ist der Unterschied zur bisherigen Ökonomie: Auch sie vermutete, dass Menschen Fehlentscheidungen treffen, aber im Unterschied zum Heuristics-and-Biasses-Programm sah man diese Irrtümer als unsystematisch an – Menschen entscheiden sich in diesem Weltbild nicht systematisch falsch; Verzerrungen im Verhalten von Menschen sind höchstens temporär und betreffen nicht alle Menschen (vgl. dazu auch die Ausführungen in Abschn. 1.1). Die Botschaft des Heuristics-and-Biasses-Programms war aber, dass viele dieser Fehlentscheidungen systematisch sind und damit zwingend in die Modellbildung der Ökonomen mit aufgenommen werden müssen.

Für diese Ansicht spricht, dass diese Heuristiken nicht nur das Ergebnis von Faulheit oder Unaufmerksamkeit sind: Selbst wenn man in Experimenten den Probanden hohe Anreize setzte, verschwanden nicht immer alle Verzerrungen – das wäre aber genau das, was man als Ökonom erwartet hätte. Wären diese Verzerrungen nur Ausdruck der menschlichen Faulheit, so hätten sie bei entsprechend hohen Belohnungen der Teilnehmer an Experimenten verschwinden müssen, weil sich diese in Aussicht auf die Belohnung mehr angestrengt hätten. Gegen die Idee, dass diese Verzerrungen systematisch sind, sprechen aber viele Experimente, bei denen die Verzerrungen verschwinden oder zumindest deutlich abgelindert werden, wenn man das Versuchsdesign variiert. Über das Für und Wider dieser Sichten vergleichen Sie die zusammenfassenden Überlegungen in diesem Kapitel sowie das 7. Kapitel.

Um die Kritik am Heuristics-and-Biasses-Programm zu verstehen, ist es zunächst sinnvoll, sich die wichtigsten Heuristiken und Verzerrungen anzusehen – das wollen wir im folgenden Abschnitt tun. Dabei werden wir zunächst neben den zwei „klassischen" Heuristiken von Kahneman und Tversky – der Repräsentativität und der Verfügbarkeit – einige weitere Heuristiken kennenlernen, die im Umfeld des Heuristics-and-Biasses-Programms hinzugekommen sind. Weitere Heuristiken – die Verankerungsheuristik (*anchoring*) und das Framing – werden wir uns anschauen, nachdem wir die Prospect Theory kennen gelernt haben; mit dem Wissen der Prospect Theory lassen sich diese Heuristiken besser einordnen (als grundlegende Quelle für die Darstellung der Heuristiken vgl. vor allem Tversky, Kahneman (1974); Camerer, Loewenstein, Rabin (2003); Kahneman, Slovic, Tversky (1982) sowie Kahneman, Tversky (1984)).

2.2 Ausgewählte Heuristiken

2.2.1 Repräsentativitätsheuristik

▶ **Definition** Wenn es darum geht, die Wahrscheinlichkeit zu schätzen, mit der ein Objekt zu einer bestimmten Klasse gehört oder von einem bestimmten Prozess ausgelöst wird, greifen Menschen auf die sogenannte Repräsentativitätsheuristik zurück: Ist das Objekt repräsentativ für die Klasse, so schätzt man die Wahrscheinlichkeit einer Zugehörigkeit zu dieser Klasse entsprechend hoch ein. Sehen Sie beispielsweise einen Menschen in Lederkleidung auf einem Motorrad, so werden Sie die Wahrscheinlichkeit, dass er ein Investmentbanker ist, recht gering ansetzen – er ist für einen Banker nicht repräsentativ. Ein Mensch im teuren Anzug in der Frankfurter Innenstadt hingegen wird von uns rasch als Bankangestellter betrachtet – weil er unsere Vorstellung von einem repräsentativen, also typischen Bankangestellten erfüllt.

Beispiel Gegeben sei folgende Personenbeschreibung:

> Steve ist scheu und lebt zurückgezogen, ist sehr hilfsbereit, aber wenig an Menschen interessiert. Er braucht Ordnung und Struktur und hat einen Sinn für Details.

Wie schätzt man die Wahrscheinlichkeit dafür ein, dass Steve (das Objekt) eine bestimmte Beschäftigung hat (zu einer bestimmten Klasse gehört)? Im Sinne der Repräsentativitätsheuristik macht man diese Wahrscheinlichkeit an den Stereotypen fest, die man bestimmten Berufen zuordnet. Wenn Sie sich entscheiden müssen, ob Steve eher ein Bibliothekar oder ein Farmer ist, werden Sie ohne zu zögern den Bibliothekar wählen, ganz einfach deswegen, weil die Beschreibung von Steve eher der repräsentativen Vorstellung von einem Bibliothekar als einem Farmer entspricht. Genau dies ist die Repräsentativitätsheuristik.

Diese Heuristik ist grundsätzlich kein schlechtes Verfahren, um Wahrscheinlichkeiten zu schätzen, kann aber zu Problemen führen, wie ein Blick auf die Folgen der Repräsentativitätsheuristik zeigt. Im Einzelnen werden als Folgen in der Literatur diskutiert:

- Vernachlässigung der A-priori-Wahrscheinlichkeiten (*base rate fallacy*),
- Vernachlässigung des Stichprobenumfangs,
- falsche Vorstellungen vom Zufall,
- das Gesetz der kleinen Zahlen,
- falsches Verständnis von Abweichungen vom Durchschnitt,
- falsche Prognosesicherheit.

Diese Implikationen der Repräsentativitätsheuristik sollen im Folgenden erörtert werden.

Vernachlässigung der A-priori-Wahrscheinlichkeiten (*base rate fallacy*) Die Wahrscheinlichkeit, dass ein Objekt (Steve) zu einer bestimmten Klasse (einem bestimmten Berufsstand) gehört, hängt nicht nur von der Repräsentativität des Objektes in Bezug auf die jeweilige Klasse ab (Steve scheint ein typischer Bibliothekar zu sein), sondern auch von der Häufigkeit dieser Gruppe (wie hoch ist der Anteil der Bibliothekare in der Gesamtbevölkerung?). Es mag ja sein, dass Steve ein typischer Bibliothekar ist, doch wenn es nur einen sehr geringen Prozentsatz Bibliothekare in der

Bevölkerung gibt, so sinkt auch die Wahrscheinlichkeit dafür, dass Steve ein Bibliothekar ist, weil es so wenige Bibliothekare gibt. Die (mathematisch) korrekte Berechnung der Wahrscheinlichkeit, dass Steve ein Bibliothekar ist, müsste über das Bayes-Theorem erfolgen (vgl. dazu Kasten 4). Dieser Grundzusammenhang geht bei der Repräsentativitätsheuristik oft verloren, wie das folgende Beispiel zeigt (Kahneman, Tversky 1973).

In einem Experiment mussten die Probanden aus einer Grundgesamtheit von 100 Personen die Wahrscheinlichkeit für den Beruf einer zufällig herausgesuchten Person schätzen. Zusätzlich wurde ihnen die Information gegeben, dass die Gruppe aus 30 Ingenieuren und 70 Rechtsanwälten besteht. Die Wahrscheinlichkeit, dass eine zufällig herausgesuchte Person aus der Gruppe ein Rechtsanwalt ist, beläuft sich damit auf 70 %. Gab man den Versuchspersonen jedoch eine Personenbeschreibung zu der zufällig ausgewählten Person, so ignorierten sie die Zusammensetzung der Gruppe, wenn sie schätzen sollten, wie hoch die Wahrscheinlichkeit ist, dass die ausgewählte Person zu einer der beiden Berufsgruppen gehört. Natürlich kann man vermuten, dass die Wahrscheinlichkeit, dass es sich um einen Ingenieur handelt, steigt, wenn die betreffende Person als technikbegeistert beschrieben wird – doch muss man bei der Einschätzung der Wahrscheinlichkeit auch die Zusammensetzung der Grundgesamtheit berücksichtigen. Gäbe es nur einen Ingenieur in der Grundgesamtheit, so würde man trotz Technikbegeisterung die Wahrscheinlichkeit, dass es sich um einen Ingenieur handelt, geringer veranschlagen.

Überraschenderweise wurde in den Experimenten die Zusammensetzung der Gruppe auch dann ignoriert, wenn die Beschreibung der zufällig ausgewählten Person so angelegt war, dass man keine Rückschlüsse auf deren Beruf ziehen konnte – dann schätzten Versuchspersonen die Wahrscheinlichkeit für einen bestimmten Beruf auf 50 %. Gab es keine Informationen über die betreffende Person, dann schätzten die Probanden die Wahrscheinlichkeit für einen bestimmten Beruf korrekt nach Maßgabe der Zusammensetzung der Grundgesamtheit.

Kasten 4: Das Taxi-Problem und die Bayes-Formel

Ein Beispiel zeigt, welche Folgen es haben kann, wenn man die Häufigkeit eines Merkmals in der Grundgesamtheit vernachlässigt (Kahneman/Tversky 1972, anschaulich dazu auch Dubben und Beck-Bornhodt 2005).

In einer Stadt sind 85 % der Taxis grün; 15 % blau. Als ein Taxi in einen Unfall verwickelt wird und flieht, sagt ein Zeuge, er habe ein blaues Taxi gesehen. Als man die Zuverlässigkeit des Zeugen überprüft, stellt man fest, dass er in 80 % aller Fälle die richtige Farbe erkennt. Wie hoch ist damit die Wahrscheinlichkeit, dass das Taxi, das in den Unfall verwickelt war, nicht blau, sondern grün ist? Das lässt sich wie folgt berechnen: Wenn der Zeuge in 20 % aller Fälle die Farbe des Taxis falsch erkennt, so wird er bei insgesamt 85 vorhandenen grünen Taxis 17 mal die Farbe falsch erkennen (20 % von 85 Taxis); also in 17 Fällen irrtümlicherweise ein blaues Taxi identifizieren. War das Taxi aber tatsächlich blau, so wird er in 3 Fällen meinen, statt des blauen Taxis ein grünes gesehen zu haben (20 % von 15 Taxis); in 12 Fällen nennt er richtigerweise ein blaues Taxi. Insgesamt wird er also $12+17=29$-mal ein blaues Taxi sehen, davon aber nur in 12 Fällen richtig liegen. Die Wahrscheinlichkeit, dass das Taxi tatsächlich blau war, liegt damit nur bei $12/(12+17)=41\,\%$. In Formeln gekleidet wird die Wahrscheinlichkeit, dass der Zeuge das Taxi korrekterweise als blau erkannt hat, als P(blau gesehen/Taxi ist blau) bezeichnet, das ist die sogenannte bedingte Wahrscheinlichkeit, die im Beispiel ist 0,8. P(blau) (beziehungsweise P(grün)) ist die Wahrscheinlichkeit, dass das Taxi tatsächlich blau (grün) ist (also 0,15 beziehungsweise 0,85), und P(blau gesehen/Taxi ist grün), die bedingte Wahrscheinlichkeit, dass der Fahrer irrtümlicherweise ein blaues Taxi gesehen hat (also bei 85 Taxis in 20 % aller Fälle, i.e. $0{,}2\times 0{,}85=0{,}17$ bzw. 17 Taxis). Die Wahrscheinlichkeit, dass das Taxi, das der Zeuge als blau identifiziert hat, wirklich blau ist, beträgt dann gemäß der sogenannten Bayes-Formel

$$P(\text{Taxi ist blau/blau gesehen}) = \frac{P(\text{blau gesehen/Taxi ist blau}) * P(\text{blau})}{P(\text{blau gesehen/Taxi ist blau}) * P(\text{blau}) + P(\text{blau gesehen/Taxi ist grün}) * P(\text{grün})}$$

also $0{,}8\times 0{,}15/(0{,}8\times 0{,}15)+(0{,}2\times 0{,}85)=0{,}41$ (sogenannte A-posteriori-Wahrscheinlichkeit; P(blau) ist die A-priori-Wahrscheinlichkeit). Die Wahrscheinlichkeit, dass sich der Zeuge geirrt hat, ist also deutlich größer als 20 %. Grund dafür ist die Häufigkeit der grünen Taxis – je mehr grüne Taxis unterwegs sind, umso höher wird die absolute Zahl an Autos, die der Zeuge irrtümlicherweise als falsch identifiziert. Sind beispielsweise nur fünf Prozent der Taxis blau, dann ist die Wahrscheinlichkeit, dass das Taxi tatsächlich blau ist, nachdem der Zeuge ein blaues Taxi identifiziert hat 4/(4 + 19) = 17 %.

Vernachlässigung des Stichprobenumfangs Menschen neigen offenbar dazu, aus einer Reihe von Ereignissen – seien sie zufällig oder nicht – bereits nach kurzem ein Muster, eine Charakteristik herauszulesen. Ein Ausschnitt aus einem Prozess wird als repräsentativ für den gesamten Prozess angesehen – exakt das ist die Repräsentativitätsheuristik, doch dies kann in die Irre führen, wenn die Stichprobe, aus der man seine Rückschlüsse zieht, zu klein ist. Nehmen Sie an, Sie haben zwei Stichproben aus der Bevölkerung: In der ersten Stichprobe haben Sie zehn Männer der Länge nach vermessen, in der zweiten Stichprobe tausend Männer. Sie wissen, dass die Männer in der Bevölkerung im Schnitt 1,75 m groß sind. Wie groß ist die Wahrscheinlichkeit, dass sie in den jeweiligen Stichproben exakt diese Durchschnittsgröße wiederfinden? Die meisten Menschen tippen darauf, dass diese Wahrscheinlichkeit für beide Stichproben gleich ist – was sie nicht ist. Je größer die Stichprobe wird, umso größer ist auch die Wahrscheinlichkeit, dass die durchschnittliche Größe der darin befindlichen Männer auch dem repräsentativen Durchschnitt der Bevölkerung entspricht – dieser Gedanke wird Ihnen sofort klar, wenn Sie die Stichprobe gedanklich auf die gesamte Bevölkerung minus einer Person anwachsen lassen und diese mit einer Stichprobe vergleichen, die aus zwei Personen besteht. Aus dieser Fehleinschätzung leiten sich auch weitere Probleme her, beispielsweise falsche Vorstellungen vom Zufall.

Falsche Vorstellungen vom Zufall Menschen erwarten, dass eine zufällig erzeugte Reihe, sei sie auch noch so kurz, repräsentativ für den gesamten Prozess ist, der diese Reihe erzeugt hat. Werfen wir zweimal eine Münze, so erwarten wir, dass einmal Kopf und einmal Zahl kommt – die grundsätzliche Verteilung der beiden Ereignisse Kopf und Zahl, wie sie bei sehr vielen Münzwürfen vorkommt, erwarten wir auch in den kleinsten Stichproben, obwohl deren Ergebnisse deutlich von dieser Verteilung abweichen können. Dieses Denken kann in der Wissenschaft oder Politik rasch gefährlich werden, wenn man nämlich aus zu kleinen Stichproben Rückschlüsse auf die Grundgesamtheit ziehen will. Aus dieser Erwartung resultiert beispielsweise der sogenannte *Spielerirrtum* (*gamblers fallacy*): Hat man im Casino gesehen, dass mehrmals hintereinander rot fällt, so erwartet man, dass jetzt schwarz „an der Reihe" ist. Dabei ist die Wahrscheinlichkeit für rot oder schwarz bei jedem neuen Wurf der Roulette-Kugel immer die gleiche, das Roulette-Rad hat kein Gedächtnis.

Ein bekanntes Beispiel für diese Vorstellung vom Zufall ist die Idee einer „heißen Hand" im Basketball (Gilovich, Mallone, Tversky 1985). Erzielt ein Spieler eine Reihe von erfolgreichen Würfen hintereinander, so vermutet man, dass er eine Serie (eine „heiße Hand") hat und derzeit besonders erfolgreich ist. Eine Untersuchung der Spiele der Philadelphia 76ers in der Saison 1980/1981, einiger Spiele der Boston Celtics und kontrollierte Experimente zeigten, dass das heiße Händchen zumindest statistisch gesehen eine fragwürdige Angelegenheit ist – wenn überhaupt, dann schien es, dass einem gelungenen Wurf eher ein misslungener Wurf folgte. Dennoch – sowohl die Zuschauer als auch die Spieler glaubten an die Macht der „heißen Hand", weil sie den kleinen Ausschnitt aus der Wurfhistorie des Spielers als repräsentativ für dessen aktuelle Leistungsfähigkeit ansahen. Hinzu kommt der Umstand, dass man sich eine Serie erfolgreicher Würfe besser merken kann – das macht sie gedanklich verfügbarer und deutet auf die Verfügbarkeitsheuristik (vgl. Abschn. 2.2.2) hin.

Das Gesetz der kleinen Zahlen Das Grundproblem der Repräsentativitätsheuristik, das zu den falschen Vorstellungen vom Zufall führt, liegt darin, dass Menschen auch kleinen Stichproben eine hohe Repräsentativität beimessen. Wir erwarten, dass sich die elementaren Gesetze der Wahrscheinlichkeit schon in wenigen Würfen der Münze oder des Würfels offenbaren: Die Chancen für Kopf stehen bei fünfzig Prozent, wissen wir, also meinen wir auch, dass jeder zweite Wurf eben Kopf sein muss – auch wenn wir nur zehnmal die Münze werfen. Dabei gilt in der Statistik das *Gesetz der großen Zahlen*: Je größer die Stichprobe ist, um so repräsentativer ist die dadurch erzeugte Reihe für den Zufallsprozess als Ganzes – wer also eine Million mal die Münze wirft, wird im Schnitt in fünfzig Prozent aller Fälle Kopf haben, bei zehn Würfen können es auch nur 20 % sein, ohne dass die Münze gezinkt ist.

Falsches Verständnis von Abweichungen vom Durchschnitt Das Wesen des Durchschnitts ist es, dass ein Wert einmal darüber, einmal darunter liegt. Auch diese Überlegung bereitet Menschen Schwierigkeiten – sie erwarten dieses Phänomen nicht, und wo es auftritt, finden sie zweifelhafte Erklärungen dafür, wie ein einfaches Beispiel zeigt: Bei Übungen im Flugsimulator machten die Instrukteure die Erfahrung, dass Piloten nach einer ausgezeichneten Landung, für die sie gelobt wurden, beim nächsten Versuch oft eine schlechtere Landung hinlegten (Tversky, Kahneman 1974). Umgekehrt schien es, dass die Piloten nach Kritik wegen einer holprigen Landung ihre nächste Landung verbesserten. Sollte das heißen, dass Lob unvorsichtig macht, Kritik anspornt? Nicht notwendigerweise, wenn man davon ausgeht, dass *eine* Landung nicht repräsentativ für das Können eines Piloten ist. Auch hier steht also wieder die Idee, dass eine Landung (eine Stichprobe) repräsentativ für das gesamte Können des Piloten steht.

Möglicherweise passiert hier etwas anderes: Auch ein durchschnittlicher Pilot hat ab und an eine überdurchschnittliche Landung, auf die eine weniger überdurchschnittliche Landung folgt. Mit anderen Worten: Dass einer sehr guten Landung eine weniger gute folgt, muss nicht Ausfluss eines Lobes sein, sondern schlichtweg Ausfluss der Tatsache, dass überdurchschnittliche Ergebnisse nicht auf Dauer passieren – sonst wären sie durchschnittlich. Auf eine unterdurchschnittliche Landung wird wieder eine „normale", bessere Landung folgen – unabhängig davon, ob es Kritik gehagelt hat oder nicht. Vernachlässigt man diese Überlegungen, wird man rasch die Wirkung einer Rüge respektive die möglichen negativen Konsequenzen eines Lobes überschätzen.

Dieses Phänomen nennt sich im Englischen „*regression to the mean*", also „Rückkehr zum Durchschnitt". Das kann rasch zu falschen Schlüssen verleiten, beispielsweise in der klinischen Medizin: Patienten kommen besonders dann zum Arzt, wenn es ihnen sehr schlecht geht. Das bedeutet aber auch, dass sie – verglichen mit Patienten, denen es nicht ganz so schlecht geht – mehr Potenzial haben, sich von ihrer Krankheit zu erholen, vor allem, wenn sie auf dem Höhepunkt ihrer Erkrankung zum Arzt kommen. Das bedeutet, dass zumindest ein Teil der Besserung nicht auf die verabreichte Medizin, sondern auf die Rückkehr zum Durchschnitt zurückzuführen ist. Wenn also außergewöhnliche Ereignisse – beispielsweise hohe Unfallzahlen – sich von selbst wieder erledigen, weil sie eben nur zufällig über dem Durchschnitt liegen, aufgrund dieser ungewöhnlich hohen Zahlen aber Maßnahmen ergriffen werden (beispielsweise eine Kampagne zur Verkehrssicherheit), dann wird die statistisch bedingte Rückkehr zum Durchschnitt irrtümlicherweise als Erfolg der Maßnahme gewertet.

Falsche Prognosesicherheit Wenn Menschen ihre Schätzungen über Ereignisse oder über Häufigkeiten aufgrund der Repräsentativität von Stichproben treffen, liegt nahe, dass ihr Vertrauen in die Güte ihrer Prognose mit dem Grad an Repräsentativität steigt. Wenn die Beschreibung von Steve sehr gut auf einen Bibliothekar passt, steigt auch die Zuversicht, dass man mit seiner Vermutung, dass Steve auch Bibliothekar ist, sehr gut liegt. Grundsätzlich ist dieser Gedanke richtig, doch er führt rasch in die Sackgasse, wenn die einzelnen Beschreibungsmerkmale eng miteinander verwandt sind. Wird Steve beispielsweise als scheu, zurückgezogen und schüchtern beschrieben, so steht hinter diesen drei Informationen nur ein Charaktermerkmal Steves, auf drei verschiedene Arten ausgedrückt. Die Verlässlichkeit der Bibliothekarsvermutung wäre wesentlich höher, wenn man drei Charaktermerkmale von Steve kennt, die nichts miteinander zu tun haben – er ist introvertiert, penibel und liest sehr viel. Dennoch: Mit der Existenz redundanter Informationen steigt die Zuversichtlichkeit, eine korrekte Prognose abgegeben zu haben. Oft wird bei der Prognose keine Rücksicht darauf genommen, wie verlässlich die Informationen sind, auf deren Grundlage man seine Prognose trifft, und oft denken Menschen nicht darüber nach, wie eng der Zusammenhang zwischen den Informationen und dem zu prognostizierenden Ereignis wirklich ist.

Conjunction Bias Eine Folge der Repräsentativitätsheuristik kann sein, dass Menschen die Wahrscheinlichkeiten zusammengesetzter Ereignisse falsch einschätzen. Am bekanntesten dafür ist das sogenannte „Linda"-Beispiel (Tversky, Kahneman 1983):

> Linda ist 31 Jahre alt, Single, intelligent, offen und hat einen Universitätsabschluss in Philosophie. Als Studentin hat sie sich engagiert für Minderheiten und soziale Gerechtigkeit und war in einer Anti-Atomkraft-Bewegung.

Versuchspersonen wurden befragt, was wahrscheinlicher ist: Ist Linda a) eine Bankangestellte oder b) eine Bankangestellte, die sich in der Frauenbewegung engagiert? Immerhin 85 % der Versuchspersonen entschieden, dass Antwort b) wahrscheinlicher ist – obwohl der Fall a) ja doch den Fall b) als Spezialfall enthält. Linda ist also immer mit größerer Wahrscheinlichkeit eine Bankangestellte als eine feministische Bankangestellte, so wie es immer mehr Autos geben wird als rote Autos, die ja ein Spezialfall unter den Autos sind.

Der Grund für diese Fehleinschätzung ist möglicherweise Repräsentativität und Verfügbarkeit (vgl. Abschn. 2.2.2): Eine spezifischere Ausprägung kann man sich offenbar leichter vorstellen, womit sie verfügbarer wird – und damit auch wahrscheinlicher erscheint. Dieser Conjunction Bias ist einer der Klassiker der Behavioral-Economics-Literatur und vielfältiger Kritik ausgesetzt (vgl. dazu auch Kahneman, Tversky 1996; Gigerenzer, Hoffrage 1995 und Mellers, Hertwig, Kahneman 2001):

- *Es handelt sich um ein Missverständnis.* Die befragten Probanden, so die Kritik, interpretieren die Frage anders: Sie wählen zwischen der Wahrscheinlichkeit, dass Linda eine feministische Bankangestellte oder keine feministische Angestellte ist. Wenn dem so ist, dann ist ihre Einschätzung der Wahrscheinlichkeit korrekt, es würde mithin gar kein Conjuction Bias vorliegen, weil die Gesetze der Wahrscheinlichkeitsrechnung gar nicht missachtet werden. Die Probanden der Experimente geben also die richtigen Antworten auf falsch gestellte Fragen. Diesem Argument halten die Verteidiger des Heuristics-and-Biasses-Programms entgegen, dass dieser Effekt auch in anders aufgebauten Versuchen stabil war, in denen man diesen Einwand berücksichtigte (Camerer 1995).
- *Häufigkeiten statt Wahrscheinlichkeiten.* Menschen denken nicht in Wahrscheinlichkeiten, sondern in Häufigkeiten. Durch eine einfache Umformulierung des Linda-Problems, so die Kritik, wird der Conjunction Bias reduziert oder verschwindet. Man formuliert die Frage nun etwas anders: Wie viele von 100 Personen, auf die diese Aussagen zutreffen, sind a) Bankangestellte oder b) Bankangestellte, die sich in der Frauenbewegung engagieren? Bei dieser Art der Fragestellung machen die Versuchspersonen nicht mehr den Fehler, (b) zu wählen, obwohl (a) ja auch (b) impliziert. Fragt man die Versuchspersonen also nicht nach der Wahrscheinlichkeit, dass Linda eine feministische Bankangestellte ist, sondern wie viele Personen wie Linda bei 100 Personen eine Bankangestellte/feministische Bankangestellte sind (Fiedler 1988; Tversky; Kahneman 1983;

Hertwig, Gigerenzer 1999), reduziert sich die Anzahl der Personen, die dem Conjunction Bias verfallen (siehe dazu auch Abschn. 2.3.1).

- *Anreize und Beratung.* Experimente zeigen, dass finanzielle Anreize ebenso wie die Beratung mit Dritten das Linda-Problem deutlich entschärfen. Damit, so das Argument, hat dieser Irrtum in der ökonomischen Realität eine geringe Relevanz, da Menschen in der Realität wichtige Entscheidungen zumeist nach Beratung mit Dritten treffen. (Charness, Karni, Levin 2010)

Kritik Ein Teil der Kritik an der Repräsentativitätsheuristik bezieht sich auf das Basisratenproblem: So zeigen Gigerenzer, Hell und Blank (1988), dass die mangelnde Berücksichtigung der Basisraten im Ingenieur-Rechtsanwalt-Beispiel verschwindet, wenn die Versuchspersonen die Personenbeschreibungen zufällig aus einer Urne ziehen – wenn sie verstehen, dass die jeweilige Personenbeschreibung zufällig ausgewählt worden ist, verfallen sie nicht der Repräsentativitätsheuristik.

Weitere Kritik besteht darin, zu fragen, wie die Versuchspersonen die Aufgabe interpretieren: So können die Befragten im Ingenieur-Rechtsanwalt-Beispiel – auch aufgrund des Versuchsaufbaus – vermuten, dass die Personeninformation für ihre Antwort und ihre Einschätzung wichtiger ist als die Basisraten – das würde die Vernachlässigung der Basisraten erklären (Strack, Deutsch, o. J.). Wenn die Informationen, die geliefert werden („Linda engagiert sich für Minderheiten und soziale Gerechtigkeit") besonders wichtig für die Charakterisierung der Person sind, wäre es möglicherweise sogar falsch, die Basisraten zu berücksichtigen.

Es zeigt sich, dass bei entsprechender Gestaltung und Darstellung der Experimente die Basisraten von den Versuchspersonen durchaus berücksichtigt werden. Die Anwendung des Bayes-Theorems zur Beurteilung der Güte von Entscheidungen, so die Kritik, ist problematisch, solange man nicht die Ziele des Entscheidungsträgers und seine Werte berücksichtigt, ebenso wie seine Annahmen über die ihm gestellte Aufgabe (Koehler 1996). Aber auch der Aufgabenkontext spielt eine Rolle: Bei einer Sendung wie dem Beruferaten im Fernsehen („Was bin ich?") beispielsweise wäre die Strategie, den Beruf einer fremden Person anhand der Basisraten zu schätzen, sicherlich schlecht, weil die Personen, deren Beruf man erraten soll, nicht zufällig ausgewählt werden. Schließlich zeigen Gigerenzer, Hell, und Blank (1988), dass Versuchspersonen bei vertrauteren Problemen –

konkret geht es um die Schätzung von Ergebnissen bei Fußball-Bundesligaspielen – keinen Basisratenfehler begehen. Offenbar spielt also auch die Vertrautheit mit dem Problem eine Rolle dabei, welche Strategie man bei der Problemlösung anwendet.

Ein weiterer Kritikpunkt an der Repräsentativitätsheuristik ist deren Beliebigkeit (Gigerenzer, Gaissmaier 2005); mit ihr lässt sich sowohl ein Ergebnis als auch dessen Gegenteil vorhersagen. So beschreibt der Spielerirrtum, dass Menschen aufgrund der Repräsentativität erwarten, dass nach einigen Durchgängen „rot" nun „schwarz" kommen muss – dass sich also etwas ändert. Bei der heißen Hand im Basketball hingegen erwartet man aufgrund der Tatsache, dass ein Spieler häufig getroffen hat, dass er auch weiterhin häufig trifft, da er ja eine Serie hat, eine heiße Hand – hier erwartet man also, dass sich nichts verändert. Genauso gut hätte man hier aber aufgrund der Repräsentativität erwarten können, dass nach einigen gelungenen Würfen nun ein Fehlwurf kommen muss, weil eine Serie gelungener Würfe nicht repräsentativ erscheint. Die Repräsentativitätsheuristik ist also flexibel genug, beide Argumentationen abzudecken, was ihr den Vorwurf mangelnder Präzision einträgt. Damit wird es problamatisch, wenn man die Repräsentativitätsheuristik in die Modellbildung einbinden will – sie liefert keine hinreichend präzise Vorhersage über menschliches Verhalten.

Ein Praxisbeispiel für dieses Problem findet sich bei Shefrin (2007), er zeigt, dass Privatinvestoren nach einem Jahr mit steigenden Aktienkursen auch für das kommende Jahr steigende Aktienkurse erwarten; sie messen den Kursen des aktuellen Jahres eine zu hohe Repräsentativität bei. Professionelle Investoren hingegen unterliegen dem Spielerirrtum, sie glauben, dass nach einem guten Jahr ein schlechtes Jahr folgen muss. In der Realität haben die Renditen des Vorjahres wenig Erklärungskraft für das aktuelle Jahr. Sowohl Privatinvestoren als auch institutionelle Investoren unterliegen also der Repräsentativitätsheuristik und messen den Ergebnissen des Vorjahres eine zu große Bedeutung bei, kommen aber zu unterschiedlichen Schlüssen.

2.2.2 Verfügbarkeitsheuristik

▶ **Definition** Bei der Verfügbarkeitsheuristik schätzt man die Häufigkeit einer Klasse oder die Wahrscheinlichkeit eines Ereignisses danach, wie leicht man sich an Repräsentanten für die Klasse oder an entsprechende Ereignisse erinnern kann. Die mentale Verfügbarkeit von Beispielen entscheidet also über unsere Einschätzung von Wahrscheinlichkeiten oder Häufigkeiten. Beispielsweise hängt unsere Einschätzung der Wahrscheinlichkeit, dass jemand einen Herzanfall erleidet, davon ab, wie viele Beispiele dazu wir aus unserem eigenen Erfahrungshorizont kennen. Wer noch nie einen Autounfall hatte oder zumindest gesehen hat, schätzt die Wahrscheinlichkeit, einen Unfall zu erleiden, niedriger ein als jemand, der gerade aus einem Autowrack steigt.

Beispiel Wie viele rosafarbene Wagen mag es wohl in Deutschland geben? Bei der Abschätzung dieser Wahrscheinlichkeit werden Sie kurz überlegen, wie viele rosafarbene Wagen Sie bisher auf den Straßen gesehen haben – es werden eher wenige sein. Also werden Sie auch die gefragte Wahrscheinlichkeit entsprechend niedrig ansetzen. Das Objekt (rosafarbener Wagen) ist mental kaum verfügbar, also setzen Sie die Wahrscheinlichkeit entsprechend niedrig an. Die Folgen im Alltag sind vielfältig: Menschen schließen nach dem Hochwasser eine Hochwasserversicherung ab, weil das mentale Beispiel „Hochwasser" nun verfügbar ist, je mehr Zeit allerdings vergeht, umso mehr verblasst dieses Beispiel und der Wunsch, eine Versicherung abzuschließen, sinkt wieder.

Determinanten der Verfügbarkeitsheuristik Was bestimmt die Verfügbarkeitsheuristik? Die Verfügbarkeit für bestimmte Ereignisse wird durch Faktoren bestimmt wie ihre öffentliche Sichtbarkeit (beispielsweise kann die Berichterstattung über Scheidungen unter Prominenten dazu führen, dass man die Scheidungsrate überschätzt), der Kontext der Information (in einem bestimmten Kontext lassen sich Dinge einfacher merken), der Zeithorizont (je länger ein Ereignis zurück liegt, umso weniger kann man sich daran erinnern), persönliche Erfahrungen (wer einmal einen Autounfall hatte, überschätzt die Wahrscheinlichkeit für Unfälle) oder besonders dramatische Vorfälle (wie terroristische Anschläge).

Schwartz und Vaughn (2002) weisen auf weitere Determinanten der Verfügbarkeit hin: So entscheidet auch die subjektive Anstrengung, die man aufwendet, um Beispiele abzurufen, über die Einschätzung der Häufigkeit. Bittet man Versuchspersonen, 12 Situationen aufzuschreiben, in denen sie durchsetzungsfähig waren, so schätzen sie sich selbst anschließend als weniger durchsetzungsfähig ein als Personen, die nur sechs Situationen aufschreiben mussten. Der Grund dafür ist, dass es schwieriger ist, sich 12 statt sechs Situationen vorzustellen – und aus der Schwierigkeit, 12 Situationen zu finden, schließt man, dass man nicht so durchsetzungsfähig ist. Jemand, der sich nur sechs Situationen vorstellen muss, tut sich damit leichter und vermutet dementsprechend, dass er durchsetzungsfähiger ist. Die Leichtigkeit, mit der man also Informationen abrufen kann, spielt also für die Anwendung der Verfügbarkeitsheuristik eine Rolle.

Die Ergebnisse dieses Experiments stehen allerdings im Gegensatz zu der Überlegung, dass die Anzahl der Beispiele dazu führt, dass man Ereignissen eine höhere Wahrscheinlichkeit beimisst. Wer nach dieser Logik 12 Beispiele für durchsetzungsfähiges Verhalten findet, hält sich für durchsetzungsfähiger, weil er mehr Beispiele hat als jemand, der nur sechs Beispiele generiert hat. Hier stehen also zwei Determinanten der Verfügbarkeitsheuristik – die Inhalte und die Schwierigkeit, mit der man diese Inhalte generiert – im Widerspruch zueinander. Eine Variation des obigen Experiments zeigt, dass beide Ideen relevant sind: Während die Versuchspersonen die 12 Beispiele aufschreiben, lässt man im Hintergrund Musik laufen und teilt den Versuchspersonen mit, dass diese Musik Einfluss auf ihre Fähigkeiten hat, Beispiele für Ihr Verhalten zu generieren. Nehmen die Versuchspersonen an, dass die Musik dafür verantwortlich ist, dass es ihnen schwer fällt, Beispiele für ihr Verhalten zu generieren, so ignorieren sie diese Schwierigkeiten und konzentrierten sich auf die Inhalte, die sie generiert haben, statt auf die Mühen, die sie dabei empfinden, diese Inhalte zu erstellen. In diesem Fall schätzen sich Personen, die sich 12 Situationen vorstellen müssen, in denen sie durchsetzungsfähig sind, sich als durchsetzungsfähiger ein als Personen, die sich nur sechs Situationen vorstellen sollen. Weitere Experimente zeigen, dass auch die Einschätzung der Versuchspersonen über ihre eigene Urteilsfähigkeit eine Rolle bei der Anwendung der Verfügbarkeitsheuristik spielt – wer denkt, dass er von einem Thema wenig Kenntnis hat, verlässt sich nicht auf seine Fähigkeit, Beispiele abzurufen (Biller, Bless, Schwarz 1992).

Folgen Grundsätzlich ist die Idee der Verfügbarkeitsheuristik korrekt: An häufige Objekte oder Klassen erinnert man sich besser und Ereignisse, die leicht passieren können, kann man sich besser vorstellen und hat man mental präsenter. Insofern ist die Idee der Verfügbarkeitsheuristik richtig – kann aber unter Umständen auch falsche Schätzungen erbringen, denn die Verfügbarkeit von Ereignissen oder Objekten und Klassen hängt nicht nur von deren Wahrscheinlichkeit ab, sondern auch von anderen Faktoren – und dort, wo das der Fall ist, kommt es zu Verzerrungen in der Einschätzung von Wahrscheinlichkeiten. Verfügbarkeit bedeutet nicht immer auch Häufigkeit, und die Art der Suche nach einer Antwort sowie die Vorstellbarkeit entscheiden über die Verfügbarkeit und damit die Häufigkeitsschätzung, nicht zuletzt kommt es zum Phänomen der illusorischen Korrelation. Diese Punkte sollen im Folgenden erörtert werden, dabei erschließen sich weitere Determinanten der Verfügbarkeitsheuristik.

Kasten 5: Beispiele für die Verfügbarkeitsheuristik

In der Literatur finden sich zahlreiche Beispiele zur Anwendung der Verfügbarkeitsheuristik im Wirtschaftsleben. So entscheidet beispielsweise die Verfügbarkeit von Markennamen über die Einschätzung von Konsumenten bezüglich eines Produktes (Folkes 1988): Versuchspersonen erinnern sich besser an Fälle von Produktversagen, wenn das betreffende Produkt einen eher untypischen Namen hat (z. B. F.P.V.T. statt Kleen) – die Aufmerksamkeit der Versuchspersonen wird durch diesen Namen stärker auf das Produkt fokussiert; tauchen bei diesen Produkten Fälle von Produktversagen auf, so kann man diese aufgrund des ungewöhnlichen Namens besser abrufen – man schätzt die Wahrscheinlichkeit eines Produktversagens bei diesen Marken höher als bei Produkten mit unauffälligeren Namen. Ähnliches gilt für ungewöhnliche, nicht-routinemäßige Erfahrungen – solche Erlebnisse bleiben präsenter und führen zu einer Überschätzung von Wahrscheinlichkeiten. Generell ist zu vermuten, dass Menschen die Wahrscheinlichkeit eines Produktversagens überschätzen, da man sich an ein Produktversagen besser erinnert als an all die vielen Fälle, in denen ein Produkt funktioniert; vor allem, wenn man sich über das Versagen des Produktes ärgert. Für Unternehmen bedeutet das, dass sie ihren Kunden die Erfahrung, dass ihr Produkt funktioniert, sichtbarer machen müssen – das erhöht die Wahrscheinlichkeit, dass sich die Kunden an das funktionierende Produkt erinnern und die Wahrscheinlichkeit von Produktversagen als geringer einstufen. Ein anderes Beispiel sind Evaluationen von Vorlesungen (Fox 2006): Studenten, die 10 Vorschläge nennen mussten, um eine Vorlesung zu verbessern, bewerteten die betreffende Vorlesung besser als Studenten, die nur zwei Vorschläge nennen mussten. Im Lichte der Verfügbarkeitsheuristik erklärt sich dieser Befund mit der Schwierigkeit, zehn statt zwei Vorschläge abzurufen – fällt es einem schwer, so viele Verbesserungsvorschläge zu finden, so schließt man nach der Verfügbarkeitsheuristik, dass die Vorlesung dementsprechend gut sein muss. Zwei Verbesserungsvorschläge hingegen finden sich leicht. Also schließt man daraus, dass es an der Vorlesung noch viel zu verbessern gibt. Eine weitere Folge der Verfügbarkeitsheuristik sind Abweichungen in der Risikoeinschätzung zwischen Experten und Laien (Slovic, Fischhoff, Lichtenstein 1981): Die Risikoeinschätzungen von Experten bewegen sich recht nahe an den statistischen Wahrscheinlichkeiten dieser Risiken, wohingegen Laien ihre Einschätzungen offenbar von anderen Aspekten – eben auch von der Verfügbarkeit von Risikoszenarien – abhängig machen und deswegen eine andere Risikoeinschätzung haben als Experten. Um Menschen zu einem vorsichtigeren Verhalten zu animieren (Sitzgurte anlegen, Hochwasserversicherung kaufen) müsste man aus der Perspektive der Verfügbarkeitsheuristik den Menschen die Gegenwärtigkeit der Gefahr deutlicher machen, beispielsweise indem man den Zeithorizont der Menschen verändert (Slovic, Fischhoff, Lichtenstein 1982a und 1982b) – statt in Jahren müssen Menschen in Dekaden denken („Das Risiko, eine Jahrhundertflut zu erleben, ist auf 25 Jahre gesehen sehr hoch"; „Die Wahrscheinlichkeit, in 50 Jahren bei einem Autounfall verletzt zu werden, liegt bei 33 %").

Verfügbarkeit bedeutet nicht immer auch Häufigkeit Wenn man Sie danach fragt, ob es in der Bundesrepublik mehr rosafarbene oder mehr silberne Autos gibt, werden Sie vermutlich auf Silber tippen. In diesem Fall dürfte das korrekt sein – hier bedeutet größere mentale Verfügbarkeit auch größere Häufigkeit; ebenso wie Sie sicherlich die Frage korrekt beantworten werden, ob es mehr Autounfälle oder mehr Flugzeugabstürze in der Bundesrepublik gibt. Doch die bessere mentale Verfügbarkeit eines Objektes oder Ereignisses kann auch andere Ursachen als eine größere Häufigkeit haben – dann stimmen die Einschätzungen von Wahrscheinlichkeiten aufgrund der Verfügbarkeitsheuristik nicht mehr. Ein Beispiel (Tversky, Kahneman 1973): Einer Gruppe von Versuchspersonen wurden zwei Listen mit Männer- und Frauennamen vorgelegt. Liste A enthielt prominente Männernamen, auf Liste B standen prominente Frauennamen. Anschließend wurden die Probanden gefragt, ob auf der jeweiligen Liste mehr Männer- oder Frauennamen standen. Bei jeder der beiden Listen schätzten die Versuchspersonen irrtümlicherweise, dass das Geschlecht mit den prominenten Namen auch das häufigere war. Die prominenten Namen waren mental leichter abzurufen – das verleitete nach Maßgabe der Verfügbarkeitsheuristik zu der Annahme, dass diese leicht abrufbare Klasse auch die häufigere sei. Auf diese Weise werden Schätzungen mittels der Verfügbarkeitsheuristik verzerrt. Auch andere Faktoren wie persönliche Erfahrungen verzerren die Schätzungen aufgrund der Repräsentativitätsheuristik: Ereignisse, die wir persönlich erlebt haben, haben einen größeren Eindruck auf uns und führen dazu, dass wir die Wahrscheinlichkeit solcher Ereignisse überbewerten, weil ihre Verfügbarkeit einfach ist – sie sind in unserer Vorstellung zu präsent.

Medienberichterstattung Auch die Eindringlichkeit und die Intensität von Ereignissen können die Verfügbarkeit von Informationen beeinflussen, ebenso wie die Medienberichterstattung. So finden sich enge Korrelationen zwischen der Medienberichterstattung über bestimmte Todesarten und der Einschätzungen von Versuchspersonen über die Häufigkeit bestimmter Todesursachen (Combs, Slovic 1979, Slovic, Fischhoff, Lichtenstein 1982). Stimmt diese Idee, und stimmt die Idee, dass Medien über bestimmte Todesarten häufiger berichten, entsteht eine falsche Risikowahrnehmung: Wir halten bestimmte Todesarten für wahrscheinlicher, weil Medien verstärkt über diese berichten. So glauben Menschen, dass Unfälle eine häufigere Todesursache sind als Schlaganfälle, obwohl letztere in etwa zweimal so häufig vorkommen wie Unfälle. Auf den Punkt gebracht: Die Verfügbarkeitsheuristik kann dazu führen, dass Menschen bestimmte Risiken einfach deswegen überschätzen, weil die Medien verstärkt darüber berichten.

Allerdings muss man bei der Interpretation dieser Ergebnisse vorsichtig sein. So kann es durchaus sein, dass die öffentliche Wahrnehmung die Berichterstattung beeinflusst. Sunstein (2004) weist auf die Möglichkeit von *Verfügbarkeitskaskaden* hin, wenn die Einschätzung weniger Personen sich auf andere Personen überträgt. Im schlimmsten Fall befeuern sich Medien und die Wahrnehmung der Öffentlichkeit gegenseitig: Die Öffentlichkeit stellt eine Gefahr fest, diese Wahrnehmung wird von den Medien aufgenommen, und die zunehmende Berichterstattung verstärkt die Wahrnehmung der Öffentlichkeit. Auf diesem Weg kann es zu einer falschen Einschätzung der Öffentlichkeit in Bezug auf Risiken kommen.

Kulturelle Unterschiede in der Risikoeinstellung könnten demnach in unterschiedlicher Verfügbarkeit von Informationen über bestimmte Risiken begründet sein (Sunstein 2004): So schätzen Amerikaner die Gefahr von Terrorismus deutlich höher ein als die Gefahr, an der Vogelgrippe SARS zu erkranken; in Kanada hingegen war die Risikoeinschätzung exakt umgekehrt. Die Verfügbarkeitsheuristik könnte diesen Befund erklären: Während in den Vereinigten Staaten aufgrund der Anschläge vom 11. September Terrorismus als eine reelle Bedrohung angesehen wurde und SARS in den Medien kaum behandelt wurde, war in Kanada eher das Gegenteil der Fall.

Die Art der Suche nach einer Antwort entscheidet über die Verfügbarkeit und damit die Häufigkeitsschätzung Wollen wir Wahrscheinlichkeiten mittels der Verfügbarkeitsheuristik abschätzen, so machen wir uns gedanklich auf die Suche nach Beispielen. Die Suche nach diesen Beispielen erfolgt dabei auf unterschiedlichen Suchwegen – und die Art des Suchwegs entscheidet über die mentale Verfügbarkeit von Beispielen und damit über unsere Schätzung der Wahrscheinlichkeit eines Ereignisses. Ein Beispiel: Welche Wörter sind in der deutschen Sprache häufiger: Solche, die mit einem „g" beginnen oder solche, bei denen an dritter Stelle ein „g" steht? Stellt man Sie vor diese Aufgabe, so werden Sie vermutlich damit beginnen, Wortbeispiele zu suchen – finden Sie mehr Wörter mit einem „g" am Anfang als mit einem „g" an der dritten Stelle, so werden Sie darauf tippen, dass Wörter mit dem „g" am Anfang häufiger vorkommen – eine klassische Verfügbarkeitsheuristik. Das Problem an dieser Strategie besteht darin, dass ihre Suchstrategie nach Beispielwörtern eine Verzerrung beinhaltet: Es ist einfacher, sich auf Wörter mit einem „g" als Anfangsbuchstaben zu besinnen als Wörter mit dem „g" an dritter Stelle zu finden. Dass man die Wörter mit dem „g" am Anfang leichter findet, bedeutet aber nicht, dass sie auch häufiger vorkommen. Der Suchweg bestimmt also hier die Schätzung. Indem man den leichteren Suchweg wählt, läuft man Gefahr, Häufigkeiten oder Wahrscheinlichkeiten falsch einzuschätzen.

Die Vorstellbarkeit entscheidet über die Häufigkeitsschätzung Eine weitere Möglichkeit, eine Häufigkeit zu schätzen, besteht darin, Beispiele zu konstruieren und seine Schätzung daran zu orientieren, wie viele davon man wie leicht konstruieren kann. Ein Beispiel: Wie viele Komitees kann man aus einer Gruppe mit zehn Personen konstruieren, wenn die Anzahl der Komitee-Mitglieder zwischen zwei und acht Personen liegen kann? Gibt es mehr Komitees mit zwei oder mit acht Mitgliedern? In der Regel wird man bei einem Antwortversuch derart vorgehen, dass man versuchsweise Komitees konstruiert und schnell bemerkt, dass man viele Zweier-Komitees bauen kann, aber sich nur schwerlich viele verschiedene Komitees mit acht Personen vorstellen kann. Konsequenterweise wird man schätzen, dass die Zahl der möglichen Komitees mit der Anzahl der Komitee-Mitglieder abnimmt – und irren. Korrekt errechnet sich die Zahl der möglichen Kombinationen über den sogenannten Binomial-Koeffizienten; die meisten Komitees kann man bei einer Komitee-Stärke von fünf Personen zusammenstellen; bei zwei und acht Personen lassen sich jeweils 45 Komitees bilden (bildet man alle Zweier-Komitees, so hat man auch automatisch Komitees mit acht Gruppenmitgliedern gebildet, nämlich diejenigen Gruppenmitglieder, die nicht im Zweier-Komitee sind. Die Zahlen müssen also identisch sein)[2]. Kurzum: Je besser man sich Beispiele vorstellen kann, umso größer schätzt man auch die Wahrscheinlichkeiten ein. Wer eine Reise plant, kann sich viele Gefahren recht gut vorstellen (die Koffer werden geklaut) – hier besteht die Gefahr, dass er deren Wahrscheinlichkeit überschätzt, wohingegen andere Gefahren möglicherweise unterschätzt werden (man wird von einem Krokodil gefressen).

Die Verfügbarkeit von Instanzen hängt auch vom *persönlichen Erfahrungshorizont* ab – ein Beispiel dazu (Tversky, Kahneman 1973): Ein Patient sagt, dass er des Lebens überdrüssig ist, und der Arzt fragt sich, wie wahrscheinlich es ist, dass der Patient Selbstmord begeht. Seine Einschätzung wird von früheren Fällen abhängen, an die er sich erinnert. Aber welche Fälle ruft er aus seinem Gedächtnis ab: Alle ehemaligen Patienten, die dem aktuellen Patienten ähneln, alle ehemaligen Patienten, die Selbstmord be-

[2] Man bildet aus einer Gesamtmenge mit $n = 10$ Mitgliedern eine Gruppe von k, wobei die Anordnung, also die Reihenfolge der Mitglieder keine Rolle spielt. Das errechnet man über den Binomial-Koeffizienten.

gangen haben oder alle Patienten, die dem vorliegenden Fall ähneln und Selbstmord begangen haben? Statistisch korrekt wäre es, sich alle Patienten anzusehen, die dem vorliegenden Fall ähneln und von diesen Fällen den Prozentsatz der Patienten zu ermitteln, die tatsächlich Selbstmord begangen haben. Erinnert sich aber der Arzt beispielsweise tendenziell eher an alle Patienten, die Selbstmord begangen haben (weil diese mehr Aufmerksamkeit auf sich ziehen als die Patienten, die dies nicht getan haben), so kommt er zu einer falschen Einschätzung.

Illusorische Korrelation Wenn zwei Ereignisse zusammen auftreten, liegt die Vermutung nahe, dass sie miteinander korreliert sind, also ein statistischer Zusammenhang besteht. Doch dieser Zusammenhang wird überschätzt, wenn man die beiden Ereignisse mental miteinander verbindet. Ein Beispiel: Wird man danach gefragt, ob Ausländer häufiger straffälliger werden als Inländer, so ruft man die im Gedächtnis verfügbaren Instanzen ab – und die Instanz von kriminellen Ausländern lässt sich leichter abrufen als die Vorstellung von den vielen Ausländern, die nicht straffällig werden. Aus dieser leichteren mentalen Verfügbarkeit kann sich rasch der Fehlschluss ergeben, dass Ausländer kriminellere Neigungen haben als Inländer. Oder man unterstellt einen Zusammenhang zwischen bestimmten persönlichen Eigenschaften und Angewohnheiten („Professoren sind zumeist schlecht gekleidet"), weil man diese Zusammenhänge leichter abrufen kann.

Dieses Denken kann in die Irre führen: Nur weil man zwei Ereignisse mental miteinander verbindet, beispielsweise weil man sie zusammen beobachtet hat, bedeutet das nicht, dass sie miteinander korreliert sind. Dennoch: Bei Experimenten hielten Versuchspersonen an der Idee einer Korrelation fest, auch wenn die Zahlen das Gegenteil besagten. Wir assoziieren also Ereignis A mit Ereignis B und schließen daraus, dass beide Ereignisse miteinander korreliert sind – was nicht zwingend der Fall sein muss. Ein Beispiel dafür könnte die Vorstellung einer Pechsträhne sein: Wenn etwas schief geht, dann, so unsere Intuition, gleich mehrere Dinge auf einmal. Das verführt uns zu der Annahme, dass die Unglücke miteinander korreliert sind, also ein Unglück das andere auslöst – und das ergibt die Pechsträhne. Das kann, muss aber nicht so sein – möglicherweise ist die Vorstellung von einer Unglückskausalkette auch unserer Sensibilität geschuldet: Wem ein

Unglück widerfahren ist, der ist sensibilisiert für weitere Unglücksfälle, die er bei gutem Befinden gar nicht so sehr registrieren würde.

2.2.3 Bestätigungsirrtum (*confirmation bias*)

▶ **Definition** Unter dem Bestätigungsirrtum (*confirmation bias*) versteht man die Beobachtung, dass Menschen dazu neigen, Fakten im Sinne bereits vorgefasster Meinungen zu suchen und zu interpretieren. Menschen, so die Theorie, neigen dazu, Fakten im Sinne ihrer Meinung auszulegen – hat man eine Meinung gefasst, so rückt die Verteidigung dieser Meinung in den Mittelpunkt der Bemühungen (vgl. auch im Folgenden und für eine ausführliche Übersicht Nickerson 1998).

Beispiele Man lässt eine Gruppe von Studenten einen Fragebogen ausfüllen, um herauszufinden, welche Meinung sie zur Todesstrafe haben (Lord, Ross, Lepper 1979). Danach gibt man ihnen zufällig ausgewählte Literatur zur Wirkung der Todesstrafe, bittet sie, diese zu studieren und anschließend anzugeben, inwieweit sich ihre Einstellung zur Todesstrafe nach dem Studium dieser Quellen verändert hat. Das Ergebnis: Diejenigen, die vor dem Studium der Quellen für die Todesstrafe waren, geben an, nach dem Studium der Literatur noch überzeugter von deren Wirksamkeit zu sein. Die Studenten, die zuvor Gegner der Todesstrafe waren, kommen nach dem Studium der gleichen Literatur zu der Erkenntnis, dass sie nun noch mehr in ihrer Meinung gegen die Todesstrafe bestätigt seien. Obwohl beide Gruppen von Studenten die gleichen Quellen gelesen haben, kommen sie zu völlig entgegengesetzten Schlüssen: Die Befürworter der Todesstrafe sehen sich durch das Studium der Quellen ebenso bestärkt wie die Gegner der Todesstrafe.

In einem anderen Experiment (Darley, Gross 1983) bittet man Studenten, die Lesefähigkeiten eines Mädchens zu beurteilen – allerdings unter verschiedenen Voraussetzungen. Insgesamt bildet man vier Gruppen. Der einen Gruppe wird ein Video des Mädchens gezeigt, wie es in einer gut situierten Vorstadt spielt; die Eltern werden als Angestellte und College-Abgänger mit guten Bürojobs beschrieben. Der zweiten Gruppe Studenten zeigt man ein Video, in dem das gleiche Mädchen in einer weniger schönen Innenstadt-Anlage spielt; die Eltern werden als Highschool-Absolventen und Arbeiter beschrieben. Dann werden beide Gruppen um ihre Einschätzung gebeten. Die Studenten, welche das Mädchen als Kind aus gutem Hause kennengelernt haben, trauen ihm eine höhere Lesefähigkeit zu als die Studenten, die in dem Mädchen ein Arbeiterkind sehen. Auch der dritten und vierten Gruppe zeigt man jeweils das entsprechende Video, doch im Unterschied zu den beiden ersten Gruppen zeigt man ihnen zusätzlich ein Interview mit dem Mädchen, in dem es eine Reihe von Fragen beantwortet – beide Gruppen sehen hier das gleiche Video. Eigentlich sollte man erwarten, dass die beiden Gruppen jetzt bezüglich ihrer Einschätzung des Mädchens zu dem gleichen Ergebnis kommen oder zumindest zu ähnlicheren Ergebnissen – doch das Gegenteil ist der Fall: Jene Studenten, die das Mädchen als Angestelltenkind vorgestellt bekamen, trauten ihm eine höhere Lesefähigkeit zu als ihre Kommilitonen, die nur das Angestellten-Video, aber nicht das Interview gesehen haben. Und so verhält es sich auch mit der vierten Gruppe: Die Studenten, die das Mädchen als Arbeiterkind kennengelernt haben, gaben dem Mädchen trotz des Interviews schlechtere Noten in Bezug auf seine Lesefähigkeiten als diejenigen Studenten, die nur das Video gesehen haben. Anstatt dass das Interview zu einer objektiveren Einschätzung der Lesefähigkeiten geführt hätte, hat das gleiche Interview bei den unterschiedlichen Gruppen von Studenten zu einer Verschärfung des Vorurteils statt zu einer Abmilderung geführt. Die gleiche Information – das Interview – hat je nach Voreinstellung der Studenten deren Meinung gefestigt.

Was alles als Confirmation Bias firmiert, ist umstritten, hier gibt es verschiedene Ausprägungen, beispielsweise (vgl. auch Nickerson 1998):

- Menschen konzentrieren ihre Aufmerksamkeit einseitig auf die von ihnen favorisierte Hypothese;
- Argumente, welche die eigene Position stützen, erhalten höheres Gewicht;
- Menschen suchen eher bestätigende Fakten;
- nicht eindeutige Fakten werden im Sinne der eigenen Meinung uminterpretiert.

Der Confirmation Bias kann sowohl bei der Suche nach Informationen als auch bei der Interpretation dieser Informationen auftreten. Bei der *Suche nach Informationen* tritt er dergestalt auf, dass Menschen offenbar dazu neigen, nur nach Informationen zu suchen, die ihre Hypothesen bestätigen; man testet Hypothesen, indem man nur Argumente sucht, die diese Hypothese unterstützen, anstatt auch nach Argumenten gegen ihre Meinung zu suchen (*positive Tests*). Bei der *Interpretation von Informationen* tritt der Confirmation Bias in vielen Gestalten auf: Menschen haben Schwierigkeiten, Daten und Befunde im Lichte alternativer Hypothesen zu interpretieren (*Pseudodiagnostizität*), sie neigen dazu, Argumente, die für ihre Position sprechen, stärker zu gewichten (*my-side-bias*), sie bilden sich bereits in frühen Stadien der Entscheidungsfindung ein Urteil (*primacy effect*), sie suchen in Daten und Beobachtungen Muster, die ihre Meinungen und Hypothesen bestätigen und sie glauben rasch an statistische Zusammenhänge, die nicht existieren (*illusorische Korrelation*). Diese und weitere Befunde sollen im Folgenden näher erörtert werden.

Confirmation Bias bei der Suche nach Informationen: Positive Tests Menschen wenden bei der Verifizierung einer Hypothese oft falsche Strategien an: Sie suchen nur nach Beweisen, die ihre Hypothese bestätigen, versuchen aber nicht, ihre Hypothese zu testen, indem sie Gegenargumente untersuchen. Ein Beispiel dafür ist die sogenannte Wason-Kartenaufgabe (Wason 1960, siehe Kasten 6).

Wer eine Hypothese nur mit Hilfe unterstützender Argumente testet, läuft Gefahr, Argumente zu verfehlen, welche die Inkorrektheit dieser Hypothese aufdecken würden. Ein Beispiel (Bruner, Goodnow, Austin 2009): Ein Proband soll eine Klasse geometrischer Figuren erraten und kommt nach den ersten Rateversuchen zu der Hypothese, dass es sich um rote Kreise handelt. Um diese Hypothese vollständig zu überprüfen, müsste er auch die Hypothese testen, dass auch blaue Kreise zulässig sind – was der Fall wäre, wenn die zu erratende Klasse nur Kreise sind, also auch andere Farben zulässig sind. Indem der Proband die – von ihm eigentlich abgelehnte – Hypothese „blau“ testet, entdeckt er, dass seine Hypothese zu eng gefasst ist. Diese Entdeckung verfehlt er, wenn er nicht versucht, seine „Rot“-Hypothese zu falsifizieren, indem er beispielsweise fragt, ob auch blaue Kreise zulässig sind. Fasst man seine Hypothese weiter (man glaubt, dass die zu erratende geometrische Figur alle runden Figuren – also auch Ellipsen oder andere Gebilde – umfasst), so kann man mit dem Testen von Hypothesen, die man für richtig hält, auch falsche Hypothesen entdecken (man fragt nach roten Ellipsen und erhält eine negative Antwort). Fasst man seine Hypothese hingegen zu eng (alle roten Kreise als Hypothese), so hilft das Testen positiver Hypothesen nicht dabei, Hypothesen aufzudecken, die man für falsch hält, die aber richtig sind (alle Kreise, auch blaue oder gelbe). Ein Kritikpunkt an dieser Form des Confirmation Bias besteht darin, dass es sich zunächst nur um Fehler in der Informationsbeschaffung handelt – aber nicht um eine Verzerrung bei der Entscheidungsfindung.

Kasten 6: Die Wason-Kartenaufgabe

Den Probanden werden vier Karten vorgelegt und ihnen wird mitgeteilt, dass auf jeder Karte auf der einen Seite ein Buchstabe und auf der anderen Seite eine Zahl ist. Auf den Karten, die den Versuchspersonen vorgelegt werden ist ein A, ein B eine 4 und eine 7 zu sehen. Dazu erhalten die Versuchspersonen folgende Aussage: Wenn eine Karte einen Vokal auf der Vorderseite hat, dann befindet sich auf der Rückseite eine gerade Nummer. Nun sollen die Versuchspersonen diese Aussage überprüfen, indem sie so wenig Karten wie möglich umdrehen – welche Karten müssen sie umdrehen? Die meisten Personen drehen das A und die 4 um – also nur Karten, die diese Aussage bestätigen. Korrekt wäre es, das A und die 7 umzudrehen – steht auf der Rückseite der 7 ein Vokal, so hätte man die Aussage falsifiziert. Das A und die 4 zugleich enthüllen den Versuchspersonen jeweils die gleiche Information – dreht man diese beiden Karten um, so hat man nicht den Fall ausgeschlossen, dass auf der Rückseite der 7 – einer ungeraden Nummer – ein Vokal steht; womit die Regel falsifiziert wäre. Typischerweise schaffen es nur rund 10 % der Versuchspersonen, diese Lösung zu wählen. Allerdings kann man dieses Experiment etwas modifizieren, indem man Versuchspersonen nach vier Schulkindern fragt, die in zwei Städten mit zwei Schulbezirken wohnen. Nun sollen sie untersuchen, ob folgende Aussage korrekt ist „Wenn ein Kind in Grover City wohnt, dann muss es auch auf die Grover High School gehen". Jetzt verstehen die meisten Versuchspersonen, dass man auch die Adresse eines Kindes überprüfen muss, das nicht zur Grover High School geht, um herauszufinden, ob dieses Kind eventuell in die falsche Schule geht. Das wäre dann das logische Äquivalent zu der 7, die man umdreht, um zu überprüfen, ob auf der Rückseite ein Vokal steht (Cosmides 1989; Babcock, Loewenstein 1997).

Pseudodiagnostizität Experimente haben gezeigt, dass Menschen ihre Aufmerksamkeit auf die von ihnen favorisierte Hypothese richten. Das schränkt offenbar die Fähigkeit ein, Daten und Befunde im Lichte alternativer Hypothesen zu interpretieren. Damit kann rasch eine sogenannte Pseudodiagnostizität (Doherty et al. 1979) entstehen: Man interpretiert Beobachtungen im Sinne der vermuteten Hypothese, ohne zu überprüfen, inwieweit die Beobachtungen auch kompatibel mit anderen Hypothesen sind. Je mehr aber eine Beobachtung auch zu anderen als der bevorzugten Hypothese passt, umso weniger kann sie als Beleg für diese Hypothese gelten. Im Lichte dieser Überlegungen wäre eine Ursache des Confirmation Bias die mangelnde Fähigkeit von Menschen, solche Wahrscheinlichkeiten korrekt einzuschätzen. Ein Beispiel: Man stellt an einem Patienten Fieber und Kopfschmerzen fest und gelangt zu der Diagnose, dass es sich um eine Grippe handelt. Bedenkt man aber, dass Fieber und Kopfschmerzen auch zu anderen Krankheitsbildern passen, so ist die Diagnose recht unzuverlässig – man müsste auch andere Diagnosen in Erwägung ziehen, bei denen ebenfalls Kopfschmerzen und Fieber auftreten.

My-side-Bias Menschen ignorieren Befunde gegen ihre Meinung nicht völlig, sondern neigen dazu, Argumente, die für ihre Position sprechen, stärker zu gewichten. Möglicherweise verhält es sich auch so, dass sich Menschen besser an die Argumente erinnern, die ihre Meinung unterstützen. Zumindest haben Versuche gezeigt, dass sich Menschen besser an Gegenargumente zu ihrer eigenen Position erinnern, wenn man sie explizit darum bittet. Aus dieser Perspektive betrachtet wäre der Confirmation Bias eine Art Motivationsproblem und weniger ein Problem der Informationsverarbeitung. Hinzu kommt die Beobachtung, dass Informationen umso leichter im gewünschten Sinne interpretiert werden können, je uneindeutiger sie sind – Daten ohne eindeutige Aussage werden damit zur Steilvorlage für den Confirmation Bias.

Die stärkere Gewichtung der Argumente, die für die eigene These sprechen, kann beispielsweise zu Aberglauben führen: Man gewichtet alle Ereignisse, die für den persönlichen Aberglauben sprechen, recht hoch und erinnert sich gut an diese, während man Ereignisse, die nicht diesem Aberglauben entsprechen, nur gering erachtet respektive sich zu wenig an diese erinnert. Das kann auch etwas mit der selektiven Wahrnehmung der Menschen zu tun haben: Wir erinnern uns an den Autounfall, nachdem eine schwarze Katze über die Straße gelaufen ist; vergessen aber die vielen Male, bei denen eine schwarze Katze über Straße gelaufen ist und kein Unfall passiert ist.

Primacy Effect Experimente zeigen, dass sich Menschen bereits in frühen Stadien der Entscheidungsfindung ein Urteil bilden – Informationen, die am Anfang des Entscheidungsprozesses aufgenommen werden, haben tendenziell eine höhere Gewichtung (Asch 1946). Ein Beispiel (Peterson, DuCharme 1967): Man zeigt den Versuchspersonen eine Reihe von farbigen Kugeln (60 Stück) und erklärt ihnen, dass diese aus einer von zwei Urnen mit unterschiedlicher Zusammensetzung bezüglich der Farben gezogen wurden. Die Probanden müssen schätzen, aus welcher der beiden Urnen die ihnen gezeigte Stichprobe mit den 60 Kugeln kommt. Dabei ist die Stichprobe derart manipuliert, dass die ersten dreißig Kugeln auf die erste Urne, die nächsten 30 Kugeln auf die zweite Urne hindeuteten. Die Probanden tendieren dazu, sich für die Urne zu entscheiden, deren Verteilung den ersten 30 Kugeln der Stichprobe entsprach, obwohl die Gesamtstichprobe nicht eindeutig auf eine der beiden Urnen hinwies. Die ersten dreißig Kugeln – die Anfangsinformation – werden bei der Urteilsfindung höher gewichtet.

Allerdings wird in der Literatur auch ein R*ecencey-Effekt* diskutiert, bei dem die zuletzt aufgenommenen Informationen das Urteil am stärksten prägen, was ein Widerspruch zum Confirmation Bias zu sein scheint (ein Beispiel aus dem medizinischen Bereich findet sich bei Chapman, Bergus, Elstein 1996). Erklären ließe sich dieser Effekt durch mangelnde Gedächtnisleistungen: Man merkt sich die zuletzt erfahrenen Informationen und vergisst die Anfangsinformationen; dementsprechend prägen die Informationen, die man zuletzt erhalten hat (und noch im Kopf hat), das Urteil. Das könnte beispielsweise dazu führen, dass bei der Beurteilung der Leistungsfähigkeit eines Mitarbeiters die zuletzt erbrachten Leistungen stärker bewertet werden als weiter in der Vergangenheit zurückliegende Leistungen.

Belief Perservance Menschen suchen offenbar in Daten und Beobachtungen Muster, die ihre Meinungen und Hypothesen bestätigen – auch wenn keine Muster existieren. Ein Beispiel für dieses Verhalten schildert das oben bereits erwähnte Experiment mit den Befürwortern und Gegnern der Todesstrafe. Im schlimmsten Fall kann dieses Verhaltensmuster dramatische Konsequenzen haben: Wer depressiv ist, nimmt nur noch selektiv diejenigen Vorgänge und Ereignisse wahr, die seine negative Weltsicht bestätigen – und wird dadurch noch depressiver. Im schlimmsten Fall kommt es zu so genannter Belief Perservance: Man hält an einer Theorie fest, obwohl sie schon längst widerlegt ist (Ross, Lepper, Hubbard, 1975). Das ist der Grenzbereich, ab dem man sich von der wissenschaftlichen Theoriebildung verabschiedet und aus der eigenen Meinung ein Dogma, eine Religion macht. Hat man seine eigene Meinung zum Dogma erklärt, immunisiert man sie gegen alle Gegenargumente beispielsweise durch Diskreditierung der Gegner („Von der Industrie/dem Gegner bezahlt") oder der Fakten („die Statistiken sind gefälscht"). Umgangssprachlich nennt man Menschen mit solchen Verhaktensweisen dann beratungsresistent.

Illusorische Korrelation Wer eine Hypothese aufstellt und nur nach Mustern sucht, die diese Hypothese bestätigen, verfällt rasch der Illusion eines statistischen Zusammenhanges, der nicht existiert. Wer daran glaubt, dass es einen Zusammenhang zwischen dem Erscheinen der schwarzen Katze und Unglücksfällen gibt, glaubt an eine statistische Korrelation zwischen der unabhängigen Variable „Katze" und der abhängigen Variable „Unglück". Die Annahme einer Hypothese und die selektive Suche nach bestätigenden Informationen führt dazu, dass man einen Zusammenhang zwischen Variablen konstruiert, der statistisch gesehen nicht existiert oder aber zumindest nicht in der Intensität existiert, in der man es vermutet. Statistisch gesprochen wird im letzteren Fall die Höhe der Korrelation überschätzt. Ein Beispiel dafür sind abergläubische Tauben: Wenn man Tauben zufällig Futter in den Käfig gibt, tendieren sie dazu, die Handlung, die sie genau in diesem Moment ausgeübt haben, zu wiederholen, um an Futter zu kommen. Sie vermuten also fälschlicherweise einen Zusammenhang zwischen ihrer Tätigkeit und der Tatsache, dass sie Futter bekamen, als sie diese Tätigkeit ausübten (Skinner 1948).

Erklärungsansätze Eine Erklärung für den Confirmation Bias besteht darin, dass Menschen schlichtweg glauben wollen. Sie finden es einfacher, Dinge zu glauben, von denen sie möchten, dass sie wahr sind, als Hypothesen, die sie nicht akzeptieren. So wie wir uns eher an angenehme als an unangenehme Dinge erinnern, favorisieren wir angenehme Erklärungen über unangenehme. Das könnte beispielsweise erklären, warum Menschen auf Scharlatane hereinfallen, die ihnen schnellen Reichtum versprechen: Weil sie gerne reich werden wollen, glauben sie an das Versprechen schnellen Reichtums.

Das bedeutet nicht, dass Menschen frei sind zu glauben, was sie wollen, aber sie können zumindest in begrenztem Rahmen unangenehme Hypothesen verdrängen, in nicht eindeutige Daten eindeutige Evidenz hineininterpretieren oder unangenehmen Argumenten eine geringere Gewichtung einräumen. Ziel solchen Handelns ist es, die Evidenz in Einklang mit der persönlichen Meinung zu bringen, um kognitive Dissonanzen zu vermeiden. Menschen wollen, dass ihr Weltbild konsistent ist, selbst wenn man dazu das Weltbild mental zurechtrücken muss. Ob dieses Verlangen nach einem widerspruchsfreien Weltbild aus einer mentalen Beschränktheit des Menschen entsteht oder aber durch die eigene Meinung motiviert ist, lässt sich schwer sagen: Wollen wir ein konsistentes Weltbild oder können wir ein inkonsistentes Weltbild mental nicht leisten oder ertragen? Oder verkürzt: Können Menschen widersprüchliche Informationen nicht aufnehmen oder wollen sie es nicht?

Wenn man davon ausgeht, dass Menschen widersprüchliche Informationen nicht aufnehmen können, dann wäre ein möglicher Erklärungsansatz für den Confirmation Bias begrenzte Kapazitäten der Menschen bei der Informationsverarbeitung. Eine mögliche Erklärung wäre es, dass Menschen nur jeweils eine Hypothese gedanklich verfolgen können (Mynat et al. 1993). Man prüft also Hypothesen nacheinander, erst, wenn man eine Arbeitshypothese verwirft, wendet man sich einer neuen Hypothese zu, ändert auch dementsprechend sein Informationsverhalten und ruft nun neue, andere Informationen ab.

Ein anderer Erklärungsansatz für die begrenzte Fähigkeit von Menschen, mit widersprüchlichen Hypothesen umzugehen, besteht in der Art, wie Menschen lernen: Menschen lernen offenbar schneller, wenn die Unterscheidungskriterien positiv formuliert sind. Experimente mit Tauben beispielsweise zeigen, dass diese eine Regel besser lernten, wenn es einen positiven Impuls dafür gab: Wenn das Licht anging, gab es Futter. Tauben, die nur dann Futter bekamen, wenn ein Licht ausging, brauchten deutlich länger Zeit, um diese Regel zu lernen. Regeln nach dem Wenn-dann-Muster sind also leichter erlernbar als Regeln nach dem Wenn-nicht-dann-Muster. Das passt zu dem Befund, dass Menschen oftmals mehr beeindruckt sind durch Dinge, die sie getan haben als durch Dinge, die sie nicht getan haben; Fehler die man aktiv begeht, werden oft schlimmer empfunden als Fehler, die durch Nicht-Handeln entstanden sind (Spranca, Minsk, Baron 1991). Nach dieser Lesart können Menschen mit positiven Informationen – eine Hypothese wird bestätigt – besser umgehen als mit negativen Informationen – die Hypothese wird abgelehnt. So zeigen beispielsweise Experimente, dass Menschen positive Korrelationen („Wenn Südwind herrscht, wird es regnen") leichter lernen als negative Korrelationen („Wenn kein Südwind herrscht, wird es regnen").

Wann verschwindet der Confirmation Bias? Unter bestimmten Umständen lässt sich zeigen, wann der Confirmation Bias verschwindet. So verbessert sich das Informationsverhalten von Versuchspersonen, wenn Alternativen explizit vorgestellt werden oder Entweder-oder-Fragen gestellt werden. Zudem zeigen Versuche, dass Menschen Probleme besser lösen, wenn sie nicht abstrakt, sondern konkret formuliert werden. Ein Beispiel dafür ist eine alternative Formulierung des Wason-Karten-Problems (vgl. Klayman 1995 und Feist 2006 und die dort geführte Debatte, siehe Kasten 6). Statt der Karten verwendet man nun Besucher einer Bar. Die Versuchspersonen sollen nun folgende Regel überprüfen: Wenn eine Person Bier trinkt, so muss sie älter als 19 Jahre sein. Das entspricht der Regel, dass eine Karte, die einen Vokal auf der einen Seite hat (Biertrinker), auf der Rückseite eine ungerade Zahl hat (älter als 19 ist). Die Überprüfung dieser Regel mittels einer Überprüfung der Gäste in der Bar findet damit nach den gleichen Regeln statt wie im Karten-Problem: Man muss einen Biertrinker auf sein Alter überprüfen (eine Karte mit einem Vokal umdrehen) und einen Gast überprüfen, der unter 19 ist (eine Karte mit einer ungeraden Zahl umdrehen). In dieser konkreteren Aufgabenstellung machten Versuchspersonen weniger Fehler als in der Aufgabenstellung mit den Karten.

Nicht nur konkrete Aufgabenstellungen, auch Aufgabenstellungen aus Themengebieten, mit denen die Versuchspersonen vertraut waren, reduzierte die Fehler im Problemlösungsverhalten – bei vertrauten Themenkreisen haben wir eine bessere Problemlösungsintuition. Auch eine bessere Vertrautheit mit elementaren Regeln der Logik und der Statistik kann dazu beitragen, den Confirmation Bias zu reduzieren.

Confirmation Bias – eine schlechte Angewohnheit oder eine effiziente Heuristik? Eine bestimmte Strategie zur Meinungsbildung kann, muss aber nicht Fehler zur Folge haben, die Strategie muss immer zur Umgebung passen, in der sie angewendet wird. So lassen sich Situationen aufzeigen, in denen der Confirmation Bias unter Umständen sehr nützlich sein kann.

Möglicherweise hat die Beharrlichkeit der Menschen in Bezug auf Ihre Meinungen auch etwas Gutes: Sie führt dazu, dass bewährte Hypothesen oder Muster nicht beim ersten Anschein von Zweifeln über Bord geworfen werden. Der Confirmation Bias kann ein Bollwerk gegen zu viele Zweifel, zu viele neue, flüchtig dahingeworfene Ideen darstellen und damit beispielsweise zur Stabilität einer Gesellschaft beitragen: Eine einmal eingeübte Gesellschaftsordnung wird nicht beim Auftauchen erster Zweifel geopfert. Soziale Systeme brauchen ein gewisses Mindestmaß an Stabilität, das gefährdet wäre, wenn jeder Einwand, jede neue Idee sofort dazu führen würde, dass das komplette System in Frage gestellt wird. Allerdings kann dieser Mechanismus auch rasch in eine sehr fatale Entwicklung umschlagen. Zudem kann der Confirmation Bias auch eine entschlossene Haltung fördern, die bei der Durchführung von riskanten Vorhaben oder der Durchsetzung eigener Interessen förderlich ist – wer Zweifel hat, handelt nicht entschlossen, und wer nicht entschlossen handelt, scheitert leichter.

Auch in der Wissenschaft kann der Confirmation Bias eine stabilisierende Funktion haben (Nickerson 1998): Er erschwert es neuen Theorien und Ideen, sich durchzusetzen. Das muss nicht verkehrt sein: Durch die Kraft der beherrschenden Theorie werden diejenigen, die diese herrschende Theorie von ihrem Thron stürzen wollen, gezwungen, sehr sorgfältig vorzugehen, und die Verfechter der herrschenden Theorie übernehmen die Aufgabe, die neuen Ideen zu falsifizieren – was die Erfinder der neuen Theorie nur schwer können, wenn sie selbst Opfer des Confirmation Bias werden, der sie zu sehr an ihre neue Theorie glauben lässt. Damit verhindert der Confirmation Bias ein hektisches Wechseln der akademischen Moden und sorgt dafür, dass nur Theorien, die auf Herz und Nieren geprüft worden sind, es in den Rang anerkannter, gültiger Theorien schaffen. Unter sehr engen Umständen ist der Confirmation Bias also ein Plädoyer für einen moderaten Konservativismus, der uns davor bewahrt, zu häufig unsere Meinungen und Moden zu wechseln – also eine Art Schutzmechanismus.

Ob der Confirmation Bias effizient ist, hängt auch von der Umwelt ab, in der er genutzt wird. Je nachdem, wie teuer verschiedene Arten von Fehlern werden können, kann der Confirmation Bias effizient sein, indem er hilft, die teuren Fehler zu vermeiden – selbst wenn dies auf Kosten der optimalen Lösung geht. Oft ist das Ziel einer Problemlösungsstrategie also nicht, die beste Lösung zu finden, sondern sich gegen bestimmte Fehler zu schützen. Wenn also eine Situation auftritt, in der es teurer wäre, eine echte Hypothese fälschlich abzulehnen als eine falsche Hypothese irrtümlich anzunehmen, kann der Confirmation Bias ein sinnvoller Schutz vor teuren Fehlern sein.

Ein Beispiel (Friedrich 1993): Ein Unternehmer stellt die Hypothese auf, dass nur extrovertierte Menschen gute Verkäufer sind. Solange er diese Hypothese nur überprüft, indem er extrovertierte Menschen auf ihre Eignung als Verkäufer testet, hat er diese Hypothese nicht vollständig getestet – er müsste wenigstens einen introvertierten Menschen einstellen und überprüfen, ob er wirklich ein schlechter Verkäufer ist. Tut er dies nicht, so entgeht ihm vielleicht, dass auch introvertierte Menschen gute Verkäufer sein können – aber er verhindert zugleich, dass seine Umsätze zu sehr einbrechen, wenn ein introvertierter Mensch, den er einstellt, sich wirklich als schlechter Verkäufer entpuppt. Der Confirmation Bias hilft hier also nicht bei der Entdeckung der Wahrheit, sondern dient der Vermeidung teurer Fehler. Wenn man also entdeckt, dass eine Bedingung hinreichend zur Erreichung eines bestimmten Ziels ist (Verkäufer müssen extrovertiert sein), dann muss man nicht überprüfen, ob sie auch notwendig ist (können auch introvertierte Menschen gute Verkäufer sein?).

Ein anderes Beispiel ist der Gebrauchtwagenkauf: Die Hypothese des Gebrauchtwagenkäufers besteht beispielsweise darin, dass der Wagen, den er gerade inspiziert, grundsätzlich schlecht ist. Sucht er nun nur nach Informationen, die seine Hypothese überprüfen, so läuft er zwar Gefahr, einen sehr guten Wagen nicht zu kaufen (den er durch Fragen nach der Güte eines Wagens gefunden hätte, statt nach Fehlern zu suchen), er reduziert mit dieser Hypothese aber zugleich das Risiko, einen schlechten Wagen zu kaufen – was unter dem Strich teurer sein könnte als der entgangene gute Wagen.

2.2.4 Überoptimismus (*overconfidence*)

▶ **Definition** Unter Überoptimismus (*overconfidence*) versteht man das Phänomen, dass Menschen sich selbst und ihre Fähigkeiten eigennützig und egozentrisch beurteilen. Sie neigen dazu, sich hinsichtlich bestimmter Eigenschaften (wie Autofahren) oder beruflicher Fähigkeiten als überdurchschnittlich einzuschätzen, sie überschätzen den Beitrag ihrer eigenen Leistung zu bestimmten Ereignissen und glauben, dass gute (schlechte) Dinge ihnen überdurchschnittlich (unterdurchschnittlich) oft zustoßen. Das Phänomen der Selbstüberschätzung tritt in verschiedenen Varianten auf: Falsche Einschätzung von Wahrscheinlichkeiten, Self-serving-Bias, Kontrollillusion und Selbstüberschätzung.

Falsche Einschätzung von Wahrscheinlichkeiten Man legt Probanden Fragen der folgenden Art vor:

> Welche Stadt hat mehr Einwohner?
> a) Islamabad, b) Hyderabad?
> Wie sicher sind Sie, dass Ihre Antwort korrekt ist?
> a) 50, b) 60, c) 70, d) 80, e) 90, f) 100 %?

In den meisten Studien dieser Art überschätzen die Probanden die Wahrscheinlichkeit, dass ihre Antwort korrekt ist. Dieses Phänomen – Menschen überschätzen die Korrektheit ihrer Entscheidungen oder Diagnosen – findet sich in empirischen Studien bei Anwälten, Ärzten, Investmentbankern und Geschäftsleuten.

Die Differenz zwischen der subjektiv eingeschätzten Wahrscheinlichkeit (Konfidenz) und der relativen Häufigkeit der tatsächlich richtigen Antworten (*accuracy*) gibt Auskunft über das Ausmaß des Überoptimismus. Trägt man in einem Graph die Konfidenz auf der horizontalen Achse (Abszisse) und die tatsächliche relative Häufigkeit auf der senkrechten Achse (Ordinate) ab, so ist die Winkelhalbierende ein Referenzpunkt – alle Punkte auf dieser Geraden bedeuten, dass die subjektive Einschätzung der korrekt geschätzten Wahrscheinlichkeiten mit den tatsächlichen Wahrscheinlichkeiten übereinstimmen. Bei Existenz von Overconfidence dürften die tatsächlichen Datenpunkte unterhalb der Winkelhalbierenden liegen, d. h. eine hohe subjektive Wahrscheinlichkeit geht einher mit einer geringen tatsächlich geschätzten Wahrscheinlichkeit. Je mehr die Punkte auf der Winkelhalbierenden liegen, umso geringer ist das Ausmaß der Overconfidence, umso besser sind die Einschätzungen der Probanden kalibriert.

Das Ausmaß des Überoptimismus variiert je nach Kulturkreis, Geschlecht und auch nach Art der gestellten Aufgabe, wobei im letzteren Fall ein interessanter Befund herauskommt: Mit steigendem Schwierigkeitsgrad der zu lösenden Aufgaben steigt das Ausmaß des Überoptimismus; bei leichten Aufgaben sinkt das Vertrauen in die eigene Fähigkeit, es kommt sogar zu Unteroptimismus (Hard-is-easy-Effekt).

Kasten 7: Der Hard-is-easy-Effekt

Lichtenstein und Fischhoff (1977) finden in Studien heraus, dass Probanden um so weniger ihre Problemlösungsfähigkeiten überschätzen, je häufiger sie die gestellten Aufgaben korrekt gelöst haben – mit steigender Fähigkeit, die Frage korrekt zu beantworten, sinkt offenbar das Vertrauen in die eigenen Fähigkeiten, diese Frage richtig zu beantworten. In einer weiteren Studie (Lichtenstein und Fischhoff 1980) modifizierten sie die Untersuchung, indem sie die Probanden drei verschiedene Arten von Fragen stellten: Welche von zwei Städten (Ländern, Kontinenten) hat eine größere Bevölkerung, welche von beiden Städten ist weiter weg von einer dritten Stadt, und welches von zwei historischen Ereignissen fand früher statt. Den Grad der Schwierigkeit der einzelnen Frage ermittelten Lichtenstein und Fischhoff durch das Verhältnis der großen zur kleineren Zahl. So ist die Frage, ob New York oder Bonn die höhere Bevölkerung hat, leichter zu beantworten als die Frage, ob Paris oder London die höhere Bevölkerungszahl hat; die Frage, ob der Untergang des römischen Reiches vor der Reformation war, ist leichter als die Frage, ob die Reformation vor der Entdeckung Amerikas stattfand. Die 250 Fragen mit den höchsten so ermittelten Werten stuften Lichtenstein und Fischhoff als schwer ein, die restlichen Fragen als leicht. In der Tat beantworteten die Probanden die so eingestuften leichten Fragen häufiger korrekt – und zeigten zugleich bei den leichten Fragen weniger Vertrauen in ihre Fähigkeit, diese korrekt beantwortet zu haben.

Selbstüberschätzung Untersuchungen legen nahe, dass Menschen auch hinsichtlich ihrer Erwartungen für die eigene Zukunft zu optimistisch sind. Man sieht sich von Gesundheits- oder Sicherheitsrisiken persönlich weniger betroffen als der Durchschnitt. In einer Befragung von Studenten zeigt Weinstein (1980), dass Studenten die Wahrscheinlichkeit, dass ihnen bestimmte Ereignisse zustoßen, in Bezug auf die eigene Person überschätzen, wenn es um positive Ereignisse geht und unterschätzen, wenn es um negative Ereignisse geht. So glauben die Studenten beispielsweise, dass sie mit einer Wahrscheinlichkeit von mehr als 40 % bessere Anfangsgehälter verdienen werden als ihre Kommilitonen, und dass die Wahrscheinlichkeit, vor dem 40. Lebensjahr einen Herzinfarkt zu erleiden, für sie persönlich rund 38 % niedriger ist als für ihre Mitstudenten. Gute Ereignisse stoßen uns in unserer Einschätzung häufiger zu als dem Durchschnitt, von schlechten Ereignissen fühlen wir uns unterdurchschnittlich bedroht. Ähnlich überoptimistische Einschätzungen finden sich in der Literatur für die Wahrscheinlichkeit von Autounfällen, Lungenkrebs bei Rauchern und der Wahrscheinlichkeit, nicht geschieden zu werden.

Self-serving Bias In einer Studie zeigt Langer (1975), dass Menschen dazu neigen, Erfolge den eigenen Fähigkeiten zuzuschreiben, Misserfolge hingegen als Zufall abzuhaken. Dazu ein Experiment: Dazu lädt man Versuchspersonen zu einem Spiel mit Münzwürfen ein und bittet sie um eine Voraussage: Wird Kopf oder Zahl fallen? Dabei bildet man zwei Versuchgruppen: Der ersten Gruppe suggeriert man mittels Versuchsaufbau, dass sie die Ergebnisse des Münzwurfes recht gut „vorhersagen" konnten (man lässt sie ihre Prognose machen, zeigt ihnen aber nicht das tatsächliche Ergebnis des Münzwurfs, sondern behauptet, es sei das prognostizierte Ergebnis eingetreten), der zweiten Gruppe hingegen vermittelt man, dass man mit seinen Prognosen nicht so gut lag. Auf einer Skala von 0 (ich kann den Münzwurf gar nicht voraussagen) bis 10 (ich kann den Münzwurf sehr gut voraussagen) gaben sich die Versuchspersonen der ersten Gruppe im

Schnitt eine 5,4. Will heißen: Sie glaubten, dass Sie im Schnitt ganz gut darin sind, einen Münzwurf vorauszusagen. Und nicht nur das: Rund 40 % der Probanden glaubten, dass sie mit etwas Übung ihre Prognosekraft verbessern können, rund 25 % der Probanden glaubten, dass ihre Prognosefähigkeiten darunter leiden, wenn man sie während des Münzwurfes ablenkt – Konzentration also ihre Prognosefähigkeiten verbessert.

Diejenigen Teilnehmer, denen man gute Prognosefähigkeiten suggerierte, waren überzeugter, dass sie den Münzwurf voraussagen könnten und mit Übung ihre Prognosekraft verbessern könnten. Diejenigen, denen man weniger „Prognosekompetenz" vorgegaukelt hatte, zweifelten an ihren prognostischen Fähigkeiten. Liegt man mit seinen Prognosen zum zufallsbedingten Ausgang des Münzwurfes gut, so schreibt man den Erfolg bei der Voraussage nicht dem Zufall, sondern den eigenen Fähigkeiten zu. Der (vermeintliche) Erfolg verführt die Versuchspersonen dazu, sich besondere Fähigkeiten bei der Vorhersage zuzuschreiben. Wer hingegen nicht so gut gelegen hat, traut sich weniger zu und vermutet, dass man seine Prognosefähigkeiten nicht durch Training oder weniger Ablenkung verbessern kann. In diesem Fall ist man geneigt anzunehmen, dass man keine besonderen Fähigkeiten bei der Vorhersage der Münzwürfe hat – und schiebt die Misserfolge bei der Prognose dem Zufall in die Schuhe.

Kontrollillusion Kontrollillusion liegt vor, wenn man die Wahrscheinlichkeit für einen persönlichen Erfolg höher einschätzt als es die objektiven Wahrscheinlichkeiten zulassen. So zeigen Experimente, dass Menschen oft glauben, dass sie einen persönlichen Einfluss auf zufallsgesteuerte Ereignisse haben. Exemplarisch dafür sind Experimente mit Spielern, die man auf den Ausgang eines Würfelspiels wetten lässt: Sie setzen höhere Summen, wenn der Würfel noch nicht geworfen ist; liegt der Würfel hingegen, aber das Ergebnis ist noch nicht offengelegt, so sinken die Wetteinsätze. Das ließe sich damit erklären, dass die Versuchspersonen glauben, sie hätten Einfluss auf den Würfel – das ist natürlich nicht möglich, wenn dieser schon gefallen ist. In einer anderen Studie verteilt man Lose an Versuchspersonen, wobei man einer Gruppe die Lose per Zufall zukommenlässt, die Personen der zweiten Gruppe suchen ihre Lose selbst aus. Versucht man anschließend, die Lose den Versuchspersonen abzukaufen, so verlangen die Personen der zweiten Gruppe eine deutlich höhere Kompensation für

„ihr" Los, das sie sich selbst ausgesucht haben (Langer 1982, für weitere Experimente vgl. auch Langer, Roth 1975). Eine Interpretationsmöglichkeit dieses Experiments ist, dass die Probanden der zweiten Gruppe glauben, dass ihre Auswahl des Loses einen Einfluss auf den Ausgang der Lotterie hat – obwohl diese rein zufallsgesteuert ist.

Weitere Ausprägungen von Überoptimismus In der Literatur finden sich zahlreiche weitere Ausprägungen menschlichen Verhaltens, die auf Überoptimismus hindeuten (vgl. Metcalfe 1998):

- Menschen überschätzen ihre Fähigkeiten, Probleme zu lösen. Stellt man ihnen Aufgaben (bspw. Rechen- oder Logik-Aufgaben) und bittet sie, die Wahrscheinlichkeit einzuschätzen, dass sie diese Aufgaben innerhalb von fünf Minuten lösen, so überschätzen sie ihre Fähigkeiten, die Aufgaben zu lösen, wobei dieser Effekt um so ausgeprägter war, je schwieriger die Aufgaben waren, was auf den Hard-is-easy-Effekt (vgl. **Kasten** 7) hindeutet.
- Menschen haben bei der Beantwortung von Fragen das Gefühl, kurz vor der richtigen Lösung zu stehen, doch je stärker dieses Gefühl ist, umso eher stehen sie kurz davor, eine falsche Antwort zu geben. Zudem überschätzen sie systematisch ihre Fähigkeit, auf Fragen eine korrekte Antwort zu geben, ebenso wie sie glauben, die richtige Antwort auf eine Frage liege ihnen auf der Zunge – auch wenn es keine richtige Antwort auf die betreffende Frage gibt („Wie lautet der Name der einzigen Frau, die die Unabhängigkeitserklärung unterzeichnet hat?").
- Menschen überschätzen ihre Fähigkeit, Dinge zu lernen, und sie glauben, Dinge oder Zusammenhänge verstanden zu haben, obwohl sie diese nachweislich noch nicht begriffen haben.

Determinanten von Überoptimismus Die Zahl der Variablen, die das Ausmaß von Überoptimismus beeinflussen, ist groß. So hat offenbar die Menge der Informationen, die man Versuchspersonen gibt, um eine Frage zu beantworten, einen Einfluss auf das Ausmaß des Überoptimismus – je mehr Informationen man den Versuchspersonen zur Verfügung stellt, umso zuversichtlicher sind sie, die Frage korrekt zu beantworten – auch wenn die Informationen gar keinen Beitrag zur Beantwortung der Frage geben (Oskamp 1965). Mit steigender Informationsmenge steigt also auch die Zuversichtlichkeit, korrekte Antworten zu geben – auch wenn die Informationen nicht diagnostischer Natur sind.

Die Expertise in dem Fachgebiet, zu dem man Fragen beantworten soll, spielt ebenfalls eine Rolle – Russo und Schoemaker (1992) zeigen, dass Überoptimismus auch bei Experten auf deren eigenen Fachgebieten auftritt, allerdings zeigen sie auch, dass mit guter Expertise bezüglich des Fragengebietes das Ausmaß an Überoptimismus sinkt. Glaser, Langer und Weber (2005) zeigen, dass Börsenhändler mehr Überoptimismus bei der Beantwortung von Fragen zu ihrem Fachgebiet aufweisen als Laien – ihrer Auffassung nach wird Überoptimismus nicht durch Expertise eliminiert.

Auch Anreize dürften eine Rolle spielen, so zeigen beispielsweise Cesarini, Sandewall und Johannesson (2006), das monetäre Anreize Überoptimismus reduzieren, wenngleich nur geringfügig. Auch der Schwierigkeitsgrad der Aufgaben, welche die Versuchspersonen zu bewältigen haben, spielt eine Rolle – bei schwierigeren Aufgaben steigt offenbar der Überoptimismus (vgl. den Hard-is-easy-Effekt in **Kasten 7**). Das Geschlecht der Versuchspersonen scheint keine große Rolle zu spielen, lediglich bei manchen – eher männerbezogenen Themen – zeigen Männer stärkeren Überoptimismus (vgl. Beyer 1990 oder bspw. Prince 1993 für Geldangelegenheiten), beispielsweise an der Börse (vgl. dazu Abschn. 6.1).

Russo und Schoemaker (1992) führen auch physiologische Ursachen für das Entstehen von Überoptimismus an: Euphorie und persönlicher Erfolg führen zur Ausschüttung von Hormonen wie Endorphinen und Adrenalin, was zu überheblichem Verhalten führen kann; gleiches gilt für Substanzen wie Alkohol und Kokain. Ein weiterer Punkt scheint der kulturelle Hintergrund zu sein: So zeigt sich bei Experimenten, dass Studenten aus Großbritannien weniger überoptimistisch sind als Studenten aus Hong Kong, Indonesien und Malaysia (Yates et al. 2002); ähnliche Ergebnisse finden sich für chinesische und amerikanische Studenten, auch hier zeigen sich die asiatischen Studenten überoptimistischer. Allerdings gibt es widersprüchliche Ergebnisse aus anderen Studien (vgl. ebenda).

Erklärungsansätze Eine mögliche Erklärung kann Selbsttäuschung sein, die Versuchspersonen versuchen sozusagen, sich selbst über ihre Fähigkeiten zu belügen (Metcalfe 1998). Gegen diese Interpretation spricht zum einen, dass die Versuchspersonen nicht versuchen, bewusst Informationen zu unterdrücken, die ihnen aufzeigen, dass sie sich geirrt haben; wer sich selbst täuschen will, versucht solche Informationen auszublenden. Zudem waren bei Experimenten Versuchspersonen bereit, auf ihre (überoptimistischen) Einschätzungen Wetten abzuschließen – wer sich bewusst selbst täuschen will, ist gut beraten, eine solche Wette nicht einzugehen. In eine ähnliche Richtung geht die Idee, Überoptimismus als soziales Signal zu interpretieren – man möchte mit seinen Einschätzungen bezüglich seiner Fähigkeiten ein positives Signal nach außen senden (Burks et al. 2010).

Ein übermäßiges Vertrauen in die Fähigkeit, die richtige Antwort auf eine Frage zu finden, könnte auch durch das Verhalten bei der Informationssuche entstehen, speziell durch den Confirmation Bias (Koriat, Lichtenstein, Fischhoff 1980): Man wählt zuerst eine Antwort, und sucht anschließend nur Argumente, die für diese Wahl sprechen. Das hat zur Folge, dass man die Wahrscheinlichkeit, dass man die richtige Antwort gibt, überschätzt, da man zu wenige Gegenargumente gesammelt hat.

Die Unterschätzung zukünftiger Risiken ließe sich auch durch die Verfügbarkeitsheuristik erklären: Wir können uns zu wenig vorstellen, was uns alles passieren kann, es gelingt uns nicht, verschiedene Entwicklungen in der Zukunft vorauszusehen – und unterschätzen deshalb Risiken und drohende Gefahren. Für diese Idee spricht der Befund, dass Lernprozesse den Überoptimismus reduzieren; professionelle Bridge-Spieler (Keren 1987) oder Meteorologen (Murphy, Winkler 1984) sind weniger anfällig für Überoptimismus, weil sie eine rasche Rückmeldung bekommen, wie gut ihre Einschätzung war (man verliert oder gewinnt den gebotenen Kontrakt; man erfährt am nächsten Tag, ob die Wettervorhersage korrekt war).

Als weiterer Erklärungsansatz käme der Rückschaufehler (vgl. 2.2.5) in Frage: Aufgrund des Rückschaufehlers lernen Menschen zu wenig, wie oft sie mit der Schätzung von Wahrscheinlichkeiten daneben liegen – und überschätzen deswegen ihre Fähigkeit, korrekte Wahrscheinlichkeiten anzugeben.

Gegenmaßnahmen Viele Gegenmaßnahmen gegen Überoptimismus – Belohnungen für korrekte Antworten, explizite Verweise auf das Phänomen des Überoptimismus, bessere Instruktionen der Versuchspersonen – haben nicht zu einem Verschwinden dieses Phänomens geführt (Fischhoff 1982). Die Überlegungen zu den Ursachen der Selbstüberschätzung deuten auf mögliche Gegenmaßnahmen hin: Lernen, Rückkopplung, Generation von Gegenargumenten (grundsätzlich zur Anpassung von Wahrscheinlichkeitseinschätzungen vgl. Lichtenstein et al. 1982).

Eine erste Gegenmaßnahme ist eine schnelle Rückkopplung: Je rascher man lernt, dass man mit seinen Einschätzungen falsch liegt, umso realistischer wird man in seiner Selbsteinschätzung. Um die Selbstüberschätzung bei Investoren zu reduzieren, wird beispielsweise ein Anlegertagebuch als Gegenmaßnahme empfohlen, in dem man festhält, welche Einschätzungen man zu welchen Anlagethemen hatte. Konfrontiert man dann diese Aufzeichnungen mit der späteren Realität, so kann sich das Ausmaß der Selbstüberschätzung dadurch reduzieren. Bei einmaligen Entscheidungen allerdings kann man nicht auf Lernprozesse vertrauen, hier hilft möglicherweise eine bewusste Generierung von Gegenargumenten für die eigene Meinung – warum könnte das Geschäft scheitern, warum könnte die Investition schief gehen?

Eine systematische Generierung von Gegenargumenten kann man über einen sogenannten Fehlerbaum erreichen, eine hierarchische Darstellung aller Gründe, warum ein Projekt scheitern kann (vgl. Russo, Schoemaker 1992, S. 13 f.). Zuerst schreibt man die wichtigsten Kategorien von Gründen auf, die ein Projekt scheitern lassen können (z. B. sinkende Umsätze, steigende Kosten), dann schreibt man unter die einzelnen Gründe alle Ursachen, die dazu beitragen könnten (die Zahl der Kunden sinkt; Löhne steigen), unter diese Ursachen schreibt man dann alle Ursachen, die wiederum dazu beitragen könnten (der Geschmack der Kunden ändert sich; die Gewerkschaften werden stärker). Auf diese Art generiert man systematisch Gegenargumente zu seiner Meinung; das Risikomanagement eines Unternehmens lässt sich dadurch deutlich verbessern.

Kritik Ein Argument gegen das Phänomen des Überoptimismus richtet sich auf die statistische Validität des Arguments: die abweichenden Antworten auf die Fragen sind nach dieser Lesart auch zufällig und entstehen rein statistisch bedingt (Budescu et al. 1997). Zumindest reduziert sich das Ausmaß des Überoptimismus in Studien, die diese Idee verfolgen (vgl. Budescu, Wallsten, 1997; Klayman et al. 1999).

Ein zweiter Kritikpunkt (vgl. auch im Folgenden Gigerenzer, Hoffrage, Kleinbölting, 1991) richtet sich gegen die Auswahl der Fragen, die Probanden gestellt werden – vereinfacht könnte man sagen, dass die Versuchspersonen an Fangfragen scheitern. Fragt man beispielsweise, welche Stadt weiter nördlich liegt, so wählt man für die Testfragen beispielsweise New York und Rom aus, aber nicht Berlin und Rom, wo die Antwort eindeutig wäre. Diese Fragen sind ausgewählt, um die Grenzen des (Allgemein-) Wissens auszuloten und damit nicht repräsentativ für das Städte-Wissen der Befragten (die Berlin-Rom-Frage wäre hingegen repräsentativ, um das Städte-Wissen der Befragten zu testen).

Bei der Beantwortung der Fragen wenden die Versuchspersonen nun unterschiedliche mentale Modelle an: Verstehen sie die Fragen als zufällige Auswahl beispielsweise zu ihrem Wissen über deutsche Städte, so werden sie ihre bisherigen Erfahrungen beim Beantworten solcher Fragen auf diese Fragen übertragen. Sofern es sich dabei aber eben nicht um „normale" Fragen zum Thema „deutsche Städte" handelt, sondern um (bösartig formuliert) Fangfragen zur Auslotung der Grenzen ihres Wissens, werden sie bei der Beantwortung der einzelnen Fragen deswegen überoptimistisch sein. Die Versuchspersonen unterstellen also irrtümlich, dass man sie mit der Frage nicht aufs Glatteis führen will und glauben deshalb, dass sie diese Frage auch genauso gut lösen können wie andere, „normale" Fragen aus dem Allgemeinwissen. Das führt zum Überoptimismus bei der Beantwortung solcher Fragen. Wählt man hingegen die Fragen zufällig aus (welche Stadt liegt weiter nördlich – Berlin oder Rom?), verschwindet das Phänomen des Überoptimismus.

Zugleich aber können die Versuchspersonen recht gut einschätzen, wie gut sie *insgesamt* bei der Beantwortung von Tests zum Allgemeinwissen abschneiden, insofern die Fragen zu den Städtenamen repräsentativ für solche Allgemeinwissenstests sind. Sie bewerten also nicht ihr Städtewissen, sondern sie greifen auf früherer Erfahrungen mit Tests zum Allgemeinwissen zurück und schätzen dann in der Summe recht zuverlässig ein, wie gut ihre Trefferquote bei der Beantwortung der Fragen insgesamt war – der Überoptimismus verschwindet, wenn die Probanden gefragt werden, wie viele Fragen sie insgesamt korrekt beantwortet haben.

Man kann also sagen, dass Menschen bei der Einschätzung, wie gut sie bei der Beantwortung solcher Fragen antworten, unterschiedliche mentale Modelle anwenden: Stellt man ihnen Fragen zu ihrem Städtewissen, so beantworten sie diese Frage mit dem mentalen Modell „Wissen über Städte". Wenn diese Fragen die Grenzen ihres Wissens ausloten sollen und sie das nicht erkennen, werden sie bei ihrer Einschätzung, wie gut sie bei der Beantwortung solcher einzelnen Fragen sind, überschätzen. Fragt man sie hingegen, wie viele Fragen einer ganzen Reihe sie insgesamt korrekt beantwortet haben, so verwenden sie das mentale Modell „Allgemeinwissen" und erinnern sich, wie gut sie in der Vergangenheit bei solchen Tests abgeschnitten haben – dann kann der Überoptimismus verschwinden.

Zugleich können Gigerenzer et al. mit dieser Idee erklären, wie Unteroptimismus (*underconfidence*) entsteht: Werden die Fragen, die den Versuchspersonen gestellt werden, zufällig ausgewählt und nicht mit Blick auf den Versuch, die Grenzen des Wissens der Versuchspersonen auszuloten, so werden sie ihre Fähigkeit zur Beantwortung einzelner Fragen korrekt einschätzen; bei der Frage danach, wie gut sie insgesamt bei der Beantwortung der Fragen waren, aber vermuten, dass sie nicht so gut waren, weil ihre früheren Erfahrungen mit solchen Tests (bei denen die Fragen nicht zufällig ausgewählt waren, sondern Fangfragen waren), auf diesen Test übertragen – obwohl dieser Test nicht angelegt ist, sie aufs Glatteis zu führen (zur Kritik an Gigerenzer vgl. bspw. Brenner et al., 1996).

Auch Kruger und Burrus (2004) finden Indizien für Unteroptimismus, was mit ihrer alternativen Erklärung für Überoptimismus zusammenhängt: Wenn man Menschen danach fragt, wie wahrscheinlich ihnen ein Ereignis zustößt, so überlegen sie zunächst, wie wahrscheinlich generell ein solches Ereignis ist. Unterschätzen sie diese Wahrscheinlichkeit, so unterschätzen sie auch automatisch die Wahrscheinlichkeit, dass ihnen ein solches Ereignis zustößt. Wird man beispielsweise gefragt, wie hoch die Wahrscheinlichkeit ist, älter als 80 Jahre zu werden, so überlegen sie zunächst, wie hoch grundsätzlich die Wahrscheinlichkeit ist, dass ein durchschnittlicher Mensch 80 wird. Danach vergleichen Sie ihre persönlichen Chancen, älter als 80 zu werden, mit dieser Wahrscheinlichkeit – und kommen dann zu einem falschen Ergebnis. Zumindest ein Teil des Überoptimismus dürfte also nicht auf wie auch immer geartete persönliche Motive zurückzuführen sein. In der Tat stellen Kruger und Burrus fest, dass Menschen die Wahrscheinlichkeit, dass ihnen unerwünschte Ereignisse zustoßen, auch einen zu großen Pessimismus aufweisen; ebenso, wie sie bei angenehmen, aber seltenen Erlebnissen, zu großen Pessimismus aufweisen – ein Befund, der sich recht gut mit diesen Ideen erklären ließe.

Kasten 8: So verschwindet Überoptimismus

In einem Experiment (Gigerenzer, Hoffrage, Kleinbölting, 1991) werden zunächst alle deutschen Städte mit mehr als 100.000 Einwohnern herausgesucht und zufällige Paarungen dieser Städte gebildet. Ein zweiter Fragenkatalog besteht aus klassischen Fragen zum Allgemeinwissen („Wer wurde zuerst geboren – Buddha oder Aristoteles?"). Nach jeder Frage müssen die Versuchspersonen beantworten, wie sicher sie sich sind, dass sie die Frage korrekt beantwortet haben; zudem müssen sie eine Einschätzung abgeben, wie gut sie insgesamt bei der Beantwortung der Fragen abgeschnitten haben („Wie viele Ihrer Antworten waren korrekt?"). Dabei zeigte sich, dass die Versuchspersonen bei der Beantwortung der Fragen zum Allgemeinwissen in der Tat überoptimistisch waren, d. h. sie überschätzten die Wahrscheinlichkeit, dass sie eine einzelne Frage korrekt beantwortet haben; zugleich aber schätzten sie sehr korrekt ein, wie viele dieser Fragen sie insgesamt korrekt beantwortet haben. Bei der Beantwortung der zufällig ausgewählten Städtefragen hingegen verschwand der Überoptimismus bei der Frage danach, wie sicher man sich sei, einzelne Fragen korrekt beantwortet zu haben; zugleich unterschätzten die Probanden deutlich ihre Fähigkeit, wie viele dieser zufällig ausgesuchten Fragen zu den Städten sie insgesamt korrekt beantwortet haben. Mit Hilfe ihrer Ideen können Gigerenzer et al. auch den Hard-is-easy-Effekt (vgl. Kasten 7) erklären und zeigen, wie Unteroptimismus entsteht.

Zuletzt bleibt das Argument, dass Selbstüberschätzung nicht immer negativ zu bewerten ist – Menschen müssen in ihre Fähigkeiten vertrauen, um etwas zu erreichen (Russo, Schoemaker 1992, S. 16). Selbstüberschätzung kann auch motivierend sein, sie fördert Unternehmertum, und sie ermöglicht es den motivierten Unternehmern, andere von ihren Ideen zu überzeugen, beispielsweise Kreditgeber oder Aktionäre. Möglicherweise ist es ja gerade die Selbstüberschätzung und der Überoptimismus, der Menschen zu großen Taten bewegt – sie aber auch scheitern lässt. Wenn von 100 überoptimistischen Menschen nur fünfen etwas Bahnbrechendes gelingt, dann hat diese Strategie die Menschheit evolutorisch weitergebracht – auf Kosten der 95 restlichen Überoptimisten, die gescheitert sind. Evolutorisch betrachtet kann Überoptimismus also durchaus sinnvoll sein.

2.2.5 Rückschaufehler (*hindsight bias*)

▶ **Definition** Als Rückschaufehler (*hindsight bias*) bezeichnet man das Phänomen, dass das Wissen um den Ausgang eines Ereignisses oder die Antwort auf eine Frage die Urteilskraft eines Menschen bezüglich dieses Ereignisses oder der Frage verändert. Wer im Nachhinein eine Sachlage oder ein Problem beurteilen muss, hat einen großen Vorteil: Er kennt den Ausgang dieser Lage oder des Problems – ein Vorteil, den jemand, der sich ein Urteil über ein aktuelles Problem bilden muss, nicht hat. Die Folge dieser Informationsasymmetrie: Wer den Ausgang eines Ereignisses kennt, überschätzt die Möglichkeit, diesen Ausgang vorauszuahnen; das Wissen um den Ausgang des Ereignisses verzerrt unsere Urteilskraft.

Der Rückschaufehler kann in drei Varianten auftreten:

- Man schätzt die Wahrscheinlichkeit für ein Ereignis, anschließend wird man über die korrekte Wahrscheinlichkeit aufgeklärt. Im Rückblick passt man nun seine ursprüngliche Schätzung dieser Wahrscheinlichkeit an den korrekten Wert an (*Gedächtnisdesign*).
- Man bekommt ein Szenario mit einem bestimmten Ausgang präsentiert; kennt man den Ausgang, so glaubt man im Nachhinein (fälschlicherweise), diesen Ausgang so vorausgeahnt zu haben (sogen. hypothetisches Design; Hertwig, Gigerenzer und Hoffrage (1997) bezeichnen diesen Effekt als Knew-it-all-along-Effect und reservieren den Ausdruck Rückschaufehler nur für das Gedächtnisdesign).
- Kennt man den Ausgang eines Ereignisses, so überschätzt man die Fähigkeit anderer Personen, die den Ausgang nicht kennen, diesen so vorauszusehen (*outcome -effect*).

Gedächtnisdesign Man stellt Probanden eine Reihe von Aussagen und bittet sie, anzugeben, wie sicher sie sind, dass die jeweilige Aussage korrekt ist (ursprüngliche Einschätzung). Anschließend teilt man ihnen – mit einer leichten Verzögerung – mit, ob die betreffende Aussage korrekt war oder nicht und fragt sie nach ihrer ursprünglichen Einschätzung bezüglich der Frage. Das Ergebnis: Die Probanden haben eine falsche Erinnerung an ihre ursprüngliche Einschätzung, nachdem sie die korrekte Antwort erfahren haben.

Ein Beispiel (Wood **1978**) Man konfrontiert Probanden mit der Aussage „Prohibition wurde das noble Experiment genannt" und bittet sie, einzuschätzen, mit welcher Wahrscheinlichkeit diese Aussage korrekt ist – beispielsweise, dass man sich zu 70 % sicher sei, dass diese Aussage korrekt ist. Anschließend verrät man ihnen die wahre Antwort und bittet sie, sich an ihre ursprüngliche Einschätzung zu erinnern. Das Ergebnis: War die Aussage korrekt (Prohibition wurde das noble Experiment genannt), so geben die Probanden ihre ursprüngliche Einschätzung nun deutlich höher an – sie glauben beispielsweise, dass sie sich zu 90 % sicher waren, dass die Aussage korrekt war. Teilt man ihnen hingegen mit, dass die Aussage falsch war (Prohibition wurde nicht das noble Experiment genannt), so setzen sie ihre ursprüngliche Einschätzung niedriger an – sie glauben beispielsweise, dass sie sich nur zu 60 % sicher waren, dass die Aussage korrekt war. Als Kontrollgruppe dienen in solchen Experimenten Probanden, denen man nicht mitteilt, ob die Antwort falsch oder richtig war, die man aber trotzdem bittet, sich an ihre ursprüngliche Einschätzung zu erinnern.

Hypothetisches Design In dieser Variante präsentiert man Probanden Behauptungen und deren Lösungen, ohne sie nach ihrer persönlichen Einschätzung zu fragen. Stattdessen fragt man sie, wie sicher sie sich gewesen wären, diese Aussage korrekt einzustufen, wenn man ihnen die Lösungen nicht präsentiert hätte. Dann vergleicht man ihre Einschätzungen mit den Einschätzungen der Kontrollgruppen, denen man die Lösung nicht mitgeteilt hat. Das Ergebnis: Wer die Lösung einer Aufgabe kennt, überschätzt signifikant seine Fähigkeit, die richtige Lösung zu finden, wenn er diese nicht gekannt hätte. Menschen überschätzen also ihre Fähigkeit, die richtige Antwort zu geben, wenn sie diese bereits kennen. Man setzt also sozusagen auf das richtige Pferd – aber erst nach dem Zieleinlauf.

Outcome Effect. Wer den Ausgang eines Ereignisses kennt, vermutet nicht nur, dass seine Fähigkeit, diesen Ausgang vorherzusagen, größer ist als es tatsächlich der Fall ist, er billigt auch anderen Personen, die den Ausgang des Ereignisses nicht kennen, diese erhöhte Prognosekraft zu. Man könnte hier auch von einem „schleichenden Determinismus" sprechen (Fischhoff 1975). Diese Form des Rückschaufehlers ist vor allen auf juristischen Feldern brisant, beispielsweise wenn man Experten oder Gutachter befragt, wie leicht man eine Katastrophe bereits im Voraus hätte ahnen können oder müssen. Im Nachhinein erscheint es völlig einleuchtend, dass es „so hat kommen müssen" – das wirkt sich ungünstig auf die Einschätzung des Experten aus und zu Lasten der Angeklagten. Wer den Ausgang der Ereignisse kennt, entwickelt keine Vorstellung mehr davon, wie es auch hätte ausgehen können, er kennt die Logik des Geschehens, die unausweichlich scheint – im Rückspiegel betrachtet scheint es so, als hätte die Welt sich nicht anders entwickeln können.

Beispiele Eine Fülle von Studien demonstriert den Rückschaufehler auf zahlreichen Feldern: Bei Allgemeinwissen (z. B. Fischhoff 1977; Hoch, Loewenstein 1989), politischen Ereignissen (Fischhoff, Beyth, 1975); nuklearen Unglücksfällen (Verplanken, Pieters 1988), oder medizinischen Diagnosen (z. B. Arkes, Wortmann, Saville, Harkness 1981). Übersichten finden sich bei Hawkins, Hastie (1990) sowie Christensen-Szalanski, Willham (1991). Auch die Diagnosen von Ärzten kann man vergleichen (Arkes et al. 1981): Der ersten Gruppe von Ärzten gibt man eine Fallbeschreibung eines Patienten inklusive einer Diagnose, die andere Gruppe erhält nur die Fallbeschreibung. Beide Gruppen werden gebeten, die Wahrscheinlichkeit einer von vier zur Auswahl stehenden Diagnosen anzugeben. Dabei bittet man die erste Gruppe, ihr Wissen um die tatsächliche Diagnose zu ignorieren. Dennoch überschätzt diese deutlich die Wahrscheinlichkeit, mit der sie die richtige Diagnose auch ohne vorherige Kenntnis gestellt hätte. In einem anderen Experiment (Fischhoff 1975) wird Probanden ein Text über den Konflikt der Briten mit den nepalesischen Gurkhas geschildert; inklusive vier möglicher Ergebnisse des Konflikts (die Briten gewinnen, die Gurkhas gewinnen; ein militärisches Patt ohne Friedensvertrag und ein militärisches Patt mit Friedensvertrag). Einer Gruppe von Versuchspersonen wird kein Ergebnis mitgeteilt, vier anderen Gruppen wird jeweils mitgeteilt, dass eine der vier Varianten tatsächlich eingetroffen ist. Das Ergebnis: Die Gruppen, die jeweils einen Ausgang des Konflikts kannten, schätzten die Wahrscheinlichkeit, dass dieser Ausgang hätte eintreten müssen, signifikant höher ein als die Vergleichsgruppe, die keinen Ausgang des Krieges kannte. Wer also mitgeteilt bekam, dass die Briten gewonnen haben, schätzte die Wahrscheinlichkeit für diesen Ausgang deutlich höher ein als jemand, der den Ausgang des Konfliktes nicht kannte.

Das Wissen um den Ausgang des Konflikts verändert das Urteil über den im Voraus erkennbaren Ausgang. Zudem werteten die Versuchspersonen Detailinformationen, die auf den korrekten Ausgang des Konfliktes hinweisen, als besonders wichtig, wenn sie den Ausgang des Konfliktes kannten. Die Information „Die Briten lernten aus Rückschlägen" wurde als wichtig bewertet, wenn man dachte, dass die Briten den Krieg gewonnen hatten. Wer hingegen dachte, dass die Gurkhas gewonnen hatten, stufte diese Information als weniger wichtig ein. Nach einem Ereignis ist es also leichter, die wesentlichen von den unwesentlichen Fakten zu trennen, das verstärkt den Anschein des Unvermeidbaren – die Welt verfällt einem schleichenden Determinismus, es „hatte ja so kommen müssen".

Auch die Aufforderung, bei der Schätzung der Wahrscheinlichkeit eines bestimmten Ausgangs des Krieges die Kenntnis des tatsächlichen Ausgangs zu ignorieren, führte nicht zu einem Verschwinden des Rückschaufehlers – die Versuchspersonen schätzten die A-priori Wahrscheinlichkeit des tatsächlich eingetretenen Ereignisses immer noch höher ein als Versuchspersonen, die den Ausgang des Krieges nicht kannten. Darüber hinaus überschätzten diejenigen Versuchspersonen, welche den Ausgang des Krieges kannten, die Fähigkeit anderer Personen, diesen Ausgang in dessen Unkenntnis korrekt einzuschätzen. Wer wusste, dass die Briten gewonnen hatten, vermutete, dass auch Personen, die dies nicht wussten, die Wahrscheinlichkeit für den britischen Sieg deutlich höher einschätzten. Ähnliches gilt auch für die Details des Krieges: Wer wusste, dass die Briten gewonnen hatten, glaubte, dass auch diejenigen, die dies nicht wussten, die Relevanz solcher Informationen wie „Die Briten lernten aus Rückschlägen" sehen mussten.

In einer weiteren Studie (Fischhoff 1975) befragte Fischhoff Versuchspersonen über ihre Erwartungen an eine China- und Russland-Reise des damaligen amerikanischen Präsidenten Nixon (z. B. „Nixon trifft Mao", „Nixon besucht Lenins Grab"). Zwei Wochen bis sechs Monate später bat man die Versuchspersonen, sich an ihre Einschätzungen zu erinnern; zudem fragte man sie nach ihrer Einschätzung, ob diese Ereignisse tatsächlich eingetreten waren („Hat Nixon Mao getroffen?"). Dabei zeigte sich, dass die Versuchspersonen glaubten, dass sie denjenigen Ereignissen, deren tatsächliches Eintreten sie für sehr wahrscheinlich hielten, eine besonders hohe Wahrscheinlichkeit zugeordnet hatten. Wer also glaubte, dass Nixon tatsächlich Mao getroffen hatte, war im Nachhinein der Ansicht, dass er die Wahrscheinlichkeit für dieses Ereignis deutlich höher angesetzt hat als es tatsächlich der Fall war. Der Rückschaufehler führt also nicht nur dazu, dass man seine Fähigkeiten, etwas im Voraus korrekt einzuschätzen, überschätzt, er führt auch dazu, dass man seine tatsächliche Einschätzung der Wahrscheinlichkeit von Ereignissen im Nachhinein an das korrekte Ergebnis anpasst. Man glaubt, dass man ein Ereignis hätte vorhersehen können, und man glaubt auch, dass man dies tatsächlich auch getan hat.

Erklärungen Loftus und Hofman (1989) zeigen in einem einfachen Beispiel die verschiedenen Möglichkeiten, wie der Rückschaufehler entstehen kann: Ein Mann wird in einem Geschäft Zeuge eines Überfalls, der Räuber nimmt das Geld, einen Taschenrechner und einen Hammer. Bevor die Polizei kommt, um das Geschehen zu protokollieren, redet der Mann mit einer anderen Zeugin, die ihm sagt, sie habe gesehen, wie der Räuber einen Schraubenzieher genommen hat. Als die Polizei den Mann nun befragt, ob der Räuber einen Hammer oder einen Schraubenzieher genommen hat, antwortet dieser: Schraubenzieher. Loftus und Hofman bieten nun vier Erklärungsmöglichkeiten an:

- der Mann hat den Hammer nie gesehen, aber er erinnert sich, dass eine Zeugin darüber gesprochen hat;
- der Mann hat den Hammer zwar gesehen, traut aber der Erinnerung der anderen Zeugin mehr als seiner eigenen,
- er hat weder den Hammer gesehen, noch hat er sich an das Gespräch mit der anderen Zeugin erinnert, er hat einfach geraten, als ihn der Polizist nach den beiden Werkzeugen fragte,
- er hat sich zwar an den Hammer erinnert, doch die Aussage der anderen Zeugin hat seine eigene Erinnerung geändert, überschrieben oder sonstwie geschädigt.

Letztere Erklärung ist der Kern der Theorie der mentalen Assimilation, hier wird bildlich gesprochen die alte Gedächtnisspur mit den neuen Informationen überschrieben, was dann zum Rückschaufehler führt (Fischhoff 1975). Man erstellt mit dem neuen Wissen auch einen neuen Sinnzusammenhang, man verleiht dem ganzen Vorgang nachträglich Sinn; das verzerrt die Einschätzung der Wahrscheinlichkeiten (indem man bei der Einschätzung der Wahrscheinlichkeiten die Repräsentativitätsheuristik und die Verfügbarkeitsheuristik nutzt). Für diesen Ansatz spricht, dass sowohl Warnungen vor dem Rückschaufehler als auch die Aufforderung, die neue Information zu ignorieren, wenig Wirkung zeigen (Pohl, Hell 1996). McCloskey und Zaragoza (1985) bezweifeln die Interpretation des Rückschaufehlers im Sinne einer Verschiebung der Urteile der Versuchspersonen; sie sehen im Rückschaufehler eher ein Artefakt.

Die erste Erklärung im obigen Beispiel ließe sich in der Sprache des Rückschaufehlers in etwa wie folgt übersetzen: Ein Teil der Versuchspersonen erinnert sich schlichtweg nicht an sein ursprünglich abgegebenes Urteil und nimmt deswegen die korrekte Information, die ihnen der Versuchsleiter mitteilt, als Anker für ihre zuvor eingegebene Einschätzung. Da sie sich aber bei dieser Schätzung zu wenig vom Ankerwert, der korrekten Information entfernen, wird das Ergebnis der Stichprobe in Richtung des korrekten Werts verschoben, ohne dass die Probanden systematisch ihre frühere Einschätzung verzerrt haben – sie haben diese schlichtweg vergessen.

In der Theorie der konkurrierenden Gedächtnisspuren hingegen geht man davon aus, dass die neue und die alte Information erhalten bleiben und unterschiedlichen Vergessensprozessen unterliegen; der Rückschaufehler entsteht, indem die Versuchspersonen beide Gedächtnisspuren miteinander kombinieren (Hell, Gigerenzer, Mall, Müller 1988) – das würde in etwa der zweiten Erklärung im obigen Beispiel entsprechen. Für diesen Ansatz spricht der Umstand, dass sich durch eine Veränderung in den Experimenten der Rückschaufehler reduzieren lässt. So bittet man die Versuchspersonen, Gründe für ihre erste Einschätzung zu generieren oder aber die neuen Informationen als unglaubwürdig darzustellen – beides führt zu einer Reduktion des Rückschaufehlers.

Eine weitere Erklärung des Rückschaufehlers zielt auf die Unsicherheit der Probanden ab: Wenn die Fragen, die man ihnen stellt, hinreichend schwer sind, so dass sie sich nicht sicher sind, ob sie die richtige Antwort kennen, und genügend Zeit verstreicht, so dass die Probanden sich nicht mehr exakt an ihre ursprüngliche Antwort erinnern, so kommt es zum Rückschaufehler. Dieser wird also zum einen dadurch ausgelöst, dass man a) unsicher bei der Beantwortung der Frage ist und b) sich nicht mehr genau erinnert, was man ursprünglich geantwortet hat – dann hat die richtige Antwort, die den Probanden genannt wird, einen hohen Einfluss auf deren Antwortverhalten. Allerdings kann auch Selbstsicherheit zum Rückschaufehler führen: Wenn man sich bei der ursprünglichen Antwort sicher ist, den Wert zu wissen, und sich daran erinnert, dass man sich sicher war, wird man den Wert, der später bei der Auflösung genannt wird, als Hinweis darauf betrachten, was man ursprünglich geantwortet hat – wenn man sich bei der ursprünglichen Antwort sicher war, und der bei der Auflösung genannte Wert korrekt ist, dann muss die eigene Schätzung um diesen korrekten Wert herum gelegen haben (Werth, Strack, Förster 2002).

Die Idee, dass der Rückschaufehler in der Motivation der Testpersonen zu suchen ist, die vor sich oder anderen gut dastehen wollen, indem sie nachträglich versuchen, ihre Prognosefähigkeiten in einem besseren Licht dastehen zu lassen, wird in der Literatur zumeist zurückgewiesen (vgl. Kelman, Fallas, Folger 1998 und die dort angegebene Literatur).

Folgen Ein Problem am Rückschaufehler ist, dass er es uns erschwert, aus unseren Fehlern zu lernen. Wenn Ereignisse im Nachhinein als unausweichlich erscheinen, unterschätzen wir das Ausmaß der Überraschung, das dieser Ausgang für uns darstellt. Man unterschätzt also das Ausmaß der Unsicherheit, unter der man Entscheidungen trifft. Man glaubt, die Welt gut zu verstehen und zu beherrschen – und wird bei der nächsten Gelegenheit von der nächsten Überraschung unvorbereitet getroffen, die man dann wiederum im Nachhinein ganz logisch erklären kann. Ein weiteres Problem des Rückschaufehlers besteht darin, dass man nachträglich in Kenntnis des Ausganges Entscheidungen als schlecht beurteilt, obwohl diese bei Unkenntnis des Ausgangs vertretbar waren. Wenn der Gutachter weiß, dass ein Unfall passiert ist, überschätzt er aufgrund des Rückschaufehlers die Möglichkeit des Angeklagten, diesen Unfall vorauszuahnen und zu vermeiden. Als positiven Effekt des Rückschaufehlers könnte man anführen, dass er die Selbstsicherheit des Menschen erhöht – wer glaubt, Dinge gut prognostizieren zu können, geht selbstsicherer durch de Welt, traut sich mehr zu, wird überoptimistisch. Dies wiederum führt dazu, dass man mehr wagt, was – wie beim Überoptimismus besprochen – sich zwar als negativ für den Einzelnen, aber für die Menschheit insgesamt als vorteilhaft erweisen kann: Große Erfindungen, Entdeckungen und Würfe werden oftmals aus Überoptmismus heraus geboren. Zudem erhöht das Ggefühl, die Welt zu verstehen und im Griff zu haben, das persönliche Wohlbefinden.

Helfen Warnungen? In vielen Studien zeigen Warnungen vor dem Rückschaufehler keine Wirkung. Bittet man die Probanden, bewusst Argumente dafür zu suchen, warum ein Ereignis anders hätte ausgehen können als im geschilderten Szenario, so kann das den Rückschaufehler mildern (Slovic, Fischhoff 1977). Man müsste also den Gutachter in einem Prozess bitten, explizit nach Argumenten dafür zu suchen, warum es nicht zu dem Unfall hätte kommen können. Besser noch wäre es allerdings, der Gutachter kennt den Ausgang des Unfalls nicht.

2.3 Kritik und Weiterentwicklung

2.3.1 Kritik am Heuristics-and-Biasses-Programm

Die Forschungen von Kahneman und Tversky und ihrer Nachfolger sind vielfältiger Kritik ausgesetzt. Bevor wir eine positive Sichtweise von Heuristiken kennenlernen, wollen wir uns hier kurz mit der grundsätzlichen Kritik an diesem Entwurf beschäftigen. Es gibt mehrere Kritikpunkte, welche die Verfechter des Homo Oeconomicus dem Heuristics-and-Biasses-Programm entgegensetzen.

„Wir können nicht so dumm sein." Das Heuristics-and-Biasses-Programm scheint den Menschen zu einem kognitiven Versager abzustempeln – wie kann man dann erklären, dass Menschen so erfolgreich beim Lösen komplexer Aufgaben sind? Sie bauen Flugzeuge und Computer, sie fliegen auf den Mond und entziffern den genetischen Code – so beschränkt können Menschen nicht sein. Auch aus evolutorischer Sicht, so die Idee, können Menschen gar nicht so falsch urteilen – sonst hätte die Menschheit schlichtweg nicht überlebt. Dieses Argument fokussiert sich stark auf die negative Botschaft des Heuristics-and-Biasses-Programms, nämlich die Verzerrungen, und kritisiert implizit, dass die positiven Aspekte einer Heuristik ignoriert werden – ein schnelles, einfaches Werkzeug zur Lösung komplexer Probleme (möglicherweise ist die Fokussierung auf die negativen Folgen einer Heuristik selbst eine Verzerrung: Menschen scheinen negativen Nachrichten mehr Interesse zu schenken als positiven Nachrichten). Natürlich sind Menschen intelligent, und sie treffen auch viele richtige Entscheidungen, aber das schließt nicht aus, dass sie in manchen Bereichen oder Situationen auch falsch liegen.

Gerade aus evolutorischer Sicht können Heuristiken sinnvoll sein: Der Mensch war in seinen Urzeiten darauf angewiesen, rasch und schnell zu handeln statt lange zu überlegen, ob es sich beim Rascheln hinter dem Busch um ein harmloses Tier oder einen Feind handelt – also brauchte er schnelle, einfache, unaufwendige Lösungen für solche Situationen. In vielen Situationen wird man nun bei einem Rascheln im Busch fälschlicherweise davonlaufen – aber das eine Mal, wo man richtig handelt, wiegt die vielen vorherigen Fehlentscheidungen auf. Viele Heuristiken sind solche mentalen Abkürzungen. Zudem erfordert Evolution auch nicht, die beste Lösung für ein Problem zu finden – sie muss nur besser sein als die anderen Lösungen, die angesichts begrenzter Problemlösungsmöglichkeiten zur Verfügung stehen.

Man kann Heuristiken im Sinne des Systems I (vgl. Abschn. 1.2) als schnelle, unbewusste Lösungen interpretieren, die nicht grundsätzlich zu Fehlern führen, sondern im richtigen Rahmen gute Lösungen erbringen. Wendet man diese Heuristiken allerdings in einem falschen Umfeld an, so kommt es zu den beobachteten Verhaltensanomalien. Das ist der grundsätzliche Gedanke der effizienten Heuristiken, die im folgenden Abschnitt erörtert werden.

Eng an die „Wir-können-nicht-so-dumm-sein"-Kritik fügt sich die Kritik von Cohen (1981) an, nach der eine gute Theorie von uns nur dann als gut befunden wird, wenn sie auch mit unserer Intuition übereinstimmt. Wie kann es dann aber sein, fragt Cohen, dass Menschen, die ja letztlich ihr eigenes Maß der Rationalität sind, permanent irren? Das wäre so, als würde der Schiedsrichter eines Spiels selbst die Regeln nicht verstehen, die er aufgestellt hat. Da dies nicht sein könne, zeigten die Experimente zum Heuristics-and-Biasses-Programm allenfalls, dass die Probanden schlecht ausgebildet seien (respektive keine Statistik-Kenntnisse haben) oder aber die Urheber der Experimente richtiges Verhalten mit falschen Maßstäben beurteilen. Auch wenn Cohens Kritik offenbar wenig angenommen wurde, muss man zumindest festhalten, dass Intuition durchaus eine Hilfe sein kann, um falsche Theorien abzulehnen – so war es beispielsweise das St.-Petersburg-Paradoxon (vgl. Abschn. 3.1), auf dessen Grundlage man die Maximierung des erwarteten Nutzens als Norm für Entscheidungsfindung unter Unsicherheit zurückwies (McKenzie 2005); die ursprüngliche Kritik an diesem Paradoxon war rein intuitiv.

„Das ist alles Sprachtrickserei." In der Tat kann man angesichts der Experimente rasch zu dem Urteil kommen, dass diese Experimente geradezu darauf angelegt sind, die Probanden aufs Glatteis zu führen, um eine Verzerrung zu provozieren. In den Augen vieler Kritiker zeigen viele Experimente lediglich, dass Menschen mittels Sprache aufs semantische Kreuz gelegt werden können – die Versuchspersonen müssen die Aufgaben interpretieren, und machen bei der Interpretation dieser Aufgaben Fehler, die dazu führen, dass sie die Aufgaben nicht so interpretieren, wie es die Forscher tun, und das Resultat sind Verhaltensweisen, die als Fehler gedeutet werden. Formuliere man die Fragen in den Experimenten entsprechend, so erhalte man auch die gewünschten Antworten und Verzerrungen. Außerhalb des Labors hingegen, so die Kritik, verhalten sich Menschen wesentlich rationaler.

So ganz lässt sich dieses Argument nicht von der Hand weisen, zumal man im Wissenschaftsbetrieb natürlich profitiert, wenn man einen neuen Effekt publiziert. Möglicherweise ist ein Teil der Experimente auch den Anreizen des Wissenschaftsbetriebs geschuldet, neue Verzerrungen zu produzieren – das wäre dann selbst eine systematische Verzerrung. Diesem Argument allerdings halten die Befürworter des Heuristics-and-Biasses-Programms entgegen, dass viele der elementaren Heuristiken und Verzerrungen sich auch bei Variation der Experimente und Laborbedingungen als robust erwiesen haben – man könne sicher nicht das ganze Programm als eine Trickveranstaltung fehlgeleiteter Wissenschaftler abtun. Immerhin, Fischhoff gibt einen Hinweis auf die Anreize, denen man im Wissenschaftsbetrieb ausgesetzt ist – nämlich den Anreiz, sich mit einer eigenen Heuristik einen Namen zu machen: „As the paradigm evolved, the challenge for the participating graduate students was to find a heuristic to call one's own or to find a way to elaborate one of the three ‚classics' (availability, representativeness, anchoring and adjustment)" (vgl. Fischhoff, 2007). Überspitzt gesagt: Es entstand ein wissenschaftlicher Wettbewerb um die Entdeckung immer weiterer Verhaltensfehler – keine gute Ausgangslage für eine unvoreingenommene Forschung.

„Es sind keine Irrtümer" Wie kann es sein, dass Menschen, aus deren Kalkül und Ideenwelt das Konzept der Rationalität stammt, selbst nicht fähig sind, dieses Kalkül zu befolgen? Überspitzt man dieses Argument, so kann es irrationales menschliches Verhalten gar nicht geben, denn rationales Verhalten ist ja von Menschen definiert worden. Man muss aber die von Menschen verfassten Rationalitätsnormen nicht zwingend teilen – und kommt dann zu einer anderen Einschätzung der Ergebnisse des Heuristics-and-Biasses-Programms. So kann man argumentieren, dass die Regeln der Wahrscheinlichkeitsrechnung nur für wiederholte Experimente, aber nicht für singuläre Ereignisse gelten. Es gibt also sozusagen „objektive" Wahrscheinlichkeiten wie beim Wurf einer Münze und „subjektive" Wahrscheinlichkeiten wie beispielsweise die Wahrscheinlichkeit eines bevorstehenden Krieges. Bereichert man eine Entscheidungssituation um einen spezifischen Kontext, so kann man argumentieren, dass die Regeln der Wahrscheinlichkeitsrechnung nicht mehr valide sind; man schätzt subjektive Wahrscheinlichkeiten. Fragt sich, ob man nicht auch in solchen Situationen besser auf die Regeln der Statistik zurückgreifen sollte – wenn keine besseren Regeln zur Verfügung stehen.

Menschen denken in Häufigkeiten, nicht in Wahrscheinlichkeiten Im Kern besagt diese Kritik, dass viele Verzerrungen verschwinden, wenn man die Probleme, mit denen man die Probanden in den Experimenten konfrontiert, nicht in Wahrscheinlichkeiten, sondern in Häufigkeiten formuliert. Ein Beispiel macht das deutlich: Man präsentiert Versuchspersonen wieder das „Linda-Problem" aus Abschn. 2.2.3:

> Linda ist 31 Jahre alt, Single, intelligent, offen und hat einen Universitätsabschluss in Philosophie. Als Studentin hat sie sich engagiert für Minderheiten und soziale Gerechtigkeit und war in einer Anti-Atomkraft-Bewegung.

Versuchspersonen wurden wieder befragt, allerdings formuliert man die Frage nun etwas anders: Wie viele von 100 Personen, auf die diese Aussagen zutreffen, sind a) Bankangestellte oder b) Bankangestellte, die sich in der Frauenbewegung engagieren? Bei dieser Art der Fragestellung machen die Versuchspersonen nicht mehr den Fehler, (b) zu wählen, obwohl (a) ja auch (b) impliziert. Ähnliches zeigt Gigerenzer (1991) auch für das Phänomen des Überoptimismus (vgl. Abschn. 2.2.4) und den Fehler, die Basisraten zu vernachlässigen (vgl. Abschn. 2.2.1). Vergleichen Sie dazu auch Kasten 9.

Kasten 9: Jeder Mensch kann ein Bayesianer sein

Eine kleine Rechenaufgabe: Die Krankheit X tritt bei 0,001 % aller Menschen auf. Ein Test, der die Krankheit aufdecken soll, zeigt in 5 % aller Fälle irrtümlicherweise an, dass die betreffende Person infiziert ist, obwohl sie gesund ist. Ist die Person infiziert, so zeigt der Test dies immer richtig an. Wie hoch ist die Wahrscheinlichkeit, dass eine positiv getestete Person auch tatsächlich erkrankt ist? Diese Frage lässt sich mit Hilfe des Bayes-Theorems (vgl. Kasten 4) lösen; die Wahrscheinlichkeit beträgt $1 \times 0{,}001/(1 \times 0{,}001 + 0{,}99 \times 0{,}05) = 0{,}02\,\%$. Nun haben die meisten Menschen die Bayes-Formel nicht zur Hand, die Aufgabe lässt sich aber einfacher lösen, wenn man sie anders formuliert: Einer von 1000 Menschen hat die Krankheit X. Bei 50 von 1000 Menschen stellt der Test irrtümlicherweise fest, dass sie diese Krankheit haben – wie viele Menschen, die positiv getestet werden, haben diese Krankheit wirklich? Jetzt liegt die Antwort recht nahe: Einer von 1000 ist erkrankt, aber bei 50 dieser 1000 versagt der Test – das bedeutet, dass die Wahrscheinlichkeit, dass eine positiv getestete Person tatsächlich erkrankt ist, in etwa eins zu 50, also 0,02 ist (insgesamt 51 Personen werden positiv getestet, aber davon ist nur einer wirklich infiziert, die anderen 50 sind falsch getestet). Tatsächlich zeigt sich in Experimenten, dass die Versuchspersonen in der ersten Version der Aufgabe die Basisrate, also die Zahl der tatsächlich erkrankten Personen, vernachlässigen, in der zweiten Version aber berücksichtigen und so zum statistisch korrekten Ergebnis kommen (vgl. Gigerenzer 1991).

Die Unterscheidung zwischen Häufigkeiten und Wahrscheinlichkeiten wirkt nur auf den ersten Blick akademisch, in Wirklichkeit aber steht dahinter eine fundamentale Kritik am Heuristics-and-Biasses-Programm: Was, wenn die Fehler, die dieses Programm aufzeigt, nur deswegen Fehler sind, weil man sie mit dem falschen Maßstab misst? Die Grundidee dieser Kritik ist folgende: Menschen unterscheiden zwischen individuellen, subjektiven Wahrscheinlichkeiten für einzelne Ereignisse (Wird mein Verein dieses Jahr Meister?) und objektiven Häufigkeiten (die Wahrscheinlichkeit für eine sechs beim Würfeln). Wenn nun aber die Menschen auf die Fragen, mit denen man Verhaltensanomalien wie Overconfidence oder den Conjunction Cias nachweisen will, als Fragen nach subjektiven Wahrscheinlichkeiten interpretieren, macht es wenig Sinn, diese Antworten mit dem Maßstab der objektiven Häufigkeiten zu vergleichen, den die Forscher bei ihren Experimenten anlegen. Diese Idee kann beispielsweise erklären, warum Menschen bei der Beantwortung einzelner Fragen ihre Fähigkeit, die korrekte Antwort zu geben, überschätzen, aber in der Summe recht gut liegen, wenn sie einschätzen sollen, wie viele Fragen sie insgesamt korrekt beantwortet haben (vgl. dazu Abschn. 2.2.4 sowie Gigerenzer 1991; zur Antwort auf diese Kritik vgl. Kahneman, Tversky 1996).

In den neunziger Jahren richtete sich der Fokus in der Erforschung solcher systematischer Verzerrungen in der Entscheidungsfindung auf den Kontext, in dem diese getroffen werden (vgl. Mckenzie 2005): Zahlreiche Studien zeigen, dass die Anwendung von Heuristiken, die in Laborexperimenten zu systematischen Fehleinschätzungen führen, sich unter einfachen Annahmen in der Realität als sinnvoll und leistungsfähig erweisen. Die Leistungsfähigkeit von Heuristiken ist damit also kontextabhängig; wird dieser Kontext in Laborexperimenten ausgeblendet, entstehen Verzerrungen in der Entscheidungsfindung – diese dürfen aber nicht zu der Annahme verleiten, dass sich Menschen bei der Entscheidungsfindung permanent und systematisch irren.

Viele der Verzerrungen erweisen sich nach dieser Lesart als Laborirrtümer: Heuristiken sind eine effiziente Anpassung von Entscheidungsmechanismen an die Umwelt – was die Frage aufwirft, ob sich das Verhalten der Testpersonen ändert, wenn diesen bewusst wird, dass die Entscheidungssituation, in der sie sich befinden, nicht die Bedingungen erfüllt, unter denen diese Entscheidungsmechanismen effizient sind. Hierzu finden sich Studien, die zeigen, dass Menschen ihr Verhalten an geänderte Umweltbedingungen anpassen können – Verzerrungen können also verschwinden, wenn man den Probanden das Entscheidungsumfeld bewusst macht. So gesehen sind Heuristiken also Instrumente des schnellen, unbewussten Systems I – die Entscheidungen dieses Systems nach den Maßstäben des kognitiven, bewussten Systems II zu beurteilen, wäre dann ein Fehler.

Ein einfaches Beispiel mag diese abstrakt wirkenden Ideen erklären: Bei der Wason-Karten-Aufgabe (vgl. Kasten 6) werden Probanden vier Karten vorgelegt und ihnen mitgeteilt, dass auf jeder Karte auf der einen Seite ein Buchstabe und auf der anderen Seite eine Zahl ist. Auf den Karten, die den Versuchspersonen vorgelegt werden ist ein A, ein B, eine 4 und eine 7 zu sehen. Dazu wird den Versuchspersonen folgende Regel mitgeteilt: Wenn eine Karte einen Vokal auf der Vorderseite hat, dann befindet sich auf der Rückseite eine gerade Nummer. Nun sollen die Versuchspersonen diese Aussage überprüfen, indem sie so wenig Karten wie möglich umdrehen. Die meisten Personen drehen das A und die 4 um – also nur Karten, die diese Aussage bestätigen; das wäre dann der Confirmation Bias (vgl. Abschn. 2.2.3). Das Ergebnis dieses Experiments wird als Beleg für die Neigung der Menschen gewertet, unzureichend nach Informationen zu suchen, die eine These verwerfen (*confirmation bias*), was dann als systematische Abweichung von der logischen Norm interpretiert wird.

Doch sobald man unterstellt, dass die Ereignisse „A" und „4" seltene Ereignisse sind, kann es die klügere Entscheidung sein, diese beiden Karten umzudrehen – gerade weil diese Ereignisse so selten sind, haben sie einen höheren Informationsgehalt als die anderen Karten (vgl. Oaksford, Chater 1994). Das bedeutet, dass diese vermeintliche Verzerrung sich in der Realität als effiziente, umweltangepasste Strategie entpuppt, solange man unterstellt, dass Hypothesen, die man testen will, eher auf seltene Ereignisse abstellen („A" und „4" sind seltene Ereignisse, die es zu testen gilt). Zudem zeigen Experimente, dass Menschen bei Aufgaben wie der Wason-Aufgabe tendenziell die „richtige" Lösung (also das „A" und die „7") wählen, wenn ihnen verdeutlicht wird, dass die beiden zu untersuchenden Variablen nicht selten sind. (McKenzie, Mikkelsen 2000). Mit anderen Worten: Sobald man den Probanden die Umweltbedingungen bewusst macht, wählen sie die logisch richtige Lösung und beweisen damit die Anpassungsfähigkeit ihrer Entscheidungsregeln an die Umwelt. Für diesen Befund spricht auch der

Umstand, dass Menschen die Wason-Kartenaufgabe eher richtig lösen, wenn sie statt der abstrakten Buchstaben- und Zahlenregeln konkrete Regeln beurteilen sollen (vgl. dazu die Ausführungen unter Abschn. 2.2.3.). Wenn sie hingegen eine Regel mit abstrakten Größen beurteilen sollen, verfallen sie zurück in die implizite Annahme, dass die beiden Variablen, anhand derer die betreffende Regel überprüft werden soll, selten sind und damit eine größere statistische Aussagekraft besitzen als die anderen Variablen. (Für weitere Kritik an der Wason-Kartenaufgabe siehe auch Nickerson 1998).

Möglicherweise sind die Urteile der Menschen also gar nicht irrational, wie es beim ersten Blick auf das Heuristics-and-Biasses-Programm erscheint – aus der Kritik an diesem Programm hat sich eine fruchtbare Forschung entwickelt, die zeigt, dass Heuristiken effiziente Lösungsansätze sind.

2.3.2 Schnelle, effiziente Heuristiken

Die vielfältige Kritik am Heuristics-and-Biasses-Programm hat zu einer anderen Sichtweise auf menschliche Entscheidungsprozesse geführt, in der Heuristiken als effiziente Problemlösungsmechanismen betrachtet werden (zu den Ideen in diesem Kapitel vgl. vor allem die angegebenen Quellen von Gigerenzer, speziell Gigerenzer et al. 1999). So sehen Kritiker viele Elemente des Heuristics-and-Biasses-Programms nicht als Modelle von Heuristiken an, sondern als eher unspezifische Begriffe. Als Beispiel dafür führt Gigerenzer die Repräsentativitätsheuristik (vgl. Abschn. 2.2.1) an, die in der Literatur mit vielen verschiedenen Konzepten identifiziert wird: Sie wird teils mit Ähnlichkeit identifiziert (Ist die beschriebene Person ein Ingenieur oder ein Anwalt?), als Übereinstimmung einer Stichprobe mit der Grundgesamtheit (Ist die Landung repräsentativ für das Können des Piloten?), oder als Wahrscheinlichkeit (Wie hoch ist die Wahrscheinlichkeit für „Kopf" oder „Rot"?). Das Ergebnis solcher in den Augen der Kritiker unspezifischer Konzepte ist, dass diese Heuristiken jedes Ergebnis vorhersagen können.

Der Hauptkritikpunkt am Heuristics-and-Biasses-Programm wird darin gesehen, dass fast jedes Experiment mit Heuristiken dazu diente, aufzuzeigen, dass die Anwendung dieser Heuristiken die Gesetze der Logik, der Wahrscheinlichkeitsrechnung oder andere rationale Standards verletzt – es entsteht der Eindruck, dass Heuristiken bei der Entscheidungsfindung eher zu schlechten Ergebnissen führen. Unter diesem Blickwinkel scheint es, dass Heuristiken immer nur eine zweitbeste Lösung sind und nur angewendet werden, weil Menschen nicht die mentalen Kapazitäten zur Verarbeitung aller Informationen und zur Optimierung des Problems besitzen – hätte man mehr Zeit, Rechenkapazität und Informationen, so das Argument, wären andere Problemlösungsmethoden stets besser (Gigerenzer, Brighton 2009). Jedes Mehr an Information und Aufwand, das man nutzt, um ein Problem zu lösen, verbessert also die Entscheidung. Dies bestreiten die Verfechter der Idee der effizienten Heuristiken. Sie zeigen, dass in bestimmten Fällen mehr Information oder mehr Berechnung die Präzision einer Entscheidung reduziert; Heuristiken, die weniger Informationen nutzen und weniger Rechenaufwand benötigen, können hingegen bessere Ergebnisse liefern (Less-is-more-Effekt).

Heuristiken sind nach dieser Lesart keine Methode der Optimierung unter Nebenbedingungen, aber auch nicht der Versuch, Verzerrungen im menschlichen Verhalten zu entdecken, sondern sozusagen ein dritter Weg: Sie optimieren nicht, berechnen auch keine Wahrscheinlichkeiten oder Nutzenniveaus unter Nebenbedingungen, sind aber auch nicht als Verhaltensfehler und Verzerrungen zu verstehen, sondern als einfache, effiziente Problemlöser. Mit Hilfe dieser Heuristiken sind trotz Zeit- und Informationsmangel effiziente Entscheidungen möglich, deren Resultate sich durchaus mit anderen, formaleren Methoden messen können. Sie sind schnell, weil sie nicht auf komplizierten Berechnungen beruhen, und sie sind sparsam, weil sie mit geringen Informationsmengen auskommen und dabei sogar bessere Resultate erzielen können.

Gigerenzer illustriert seine Idee der Heuristiken anhand einer einfachen Aufgabe: Ein Spieler versucht, beim Baseball einen Ball zu fangen. Eine Methode, dieses Problem zu lösen, wäre der Versuch, alle diese Aufgabe betreffenden Parameter – Geschwindigkeit des Balls, Luftwiderstand, Windgeschwindigkeit – zu erfassen und dann in Millisekunden die Flugbahn des Balles zu berechnen. Diese Methode eines allwissenden Problemlösers ist modelltheoretisch machbar, aber als Problemlösungsstrategie für einen Menschen gänzlich ungeeignet. Eine Möglichkeit, diesen Grenzen des menschlichen Geistes modelltheoretisch zu begegnen, besteht darin, anzunehmen, dass Menschen versuchen, wie ein Computer die Lösung dieses Problems zu berechnen, berücksichtigt aber im modelltheoretischen Formalapparat, dass sie nicht alle Daten zur Verfügung haben und zeitlich sowie kognitiv limitiert sind. Diese Restriktionen lassen sich in einem mathematischen Modell in Form von Nebenbedingungen berücksichtigen – eine für das Baseball-Problem gleichfalls wenig realistische Lösung.

Gigerenzer schlägt zur Lösung des Ball-Problems die Blick-Heuristik vor: Menschen fangen den Ball nicht, indem sie komplexe Berechnungen anstellen, sondern indem sie versuchen, ihre Laufgeschwindigkeit so anzupassen, dass ihr Blickwinkel, der Winkel zwischen Auge und Ball, stets konstant bleibt – auf diesem Weg gelingt es ihnen, den Ball ohne komplexe Berechnungen zu fangen. Der Unterschied zu den Optimierungsmodellen besteht bei dieser Heuristik darin, dass sie mit wenig Informationen und ohne komplexe Berechnungen auskommt, der Unterschied zum Heuristics-and-Biasses-Programmms nach Kahneman und Tversky besteht darin, dass man diese Heuristiken nicht als irrational begreift, sondern als schnell, sparsam und effizient.

Solche schnellen, effizienten Heuristiken definieren sich durch folgende Aspekte:

1. Sie sind einfach und nutzen die Fertigkeiten und Fähigkeiten eines Menschen. Für einen Roboter beispielsweise eignet sich die Blickheuristik nicht, da Roboter im Gegensatz zu Menschen nicht ohne Schwierigkeiten Objekte verfolgen können und auch nicht rennen können. Die Blickheuristik ist aber gut abgestimmt auf menschliche Eigenschaften.
2. Sie sind einfach, transparent und robust. Transparent sind Heuristiken in dem Sinne, dass man sie rasch auch Anfängern vermitteln kann, was auch daran liegt, dass sie gut abgestimmt sind auf die menschlichen Fertigkeiten. Robust sind Heuristiken in dem Sinn, dass sie sich leicht auf ähnliche Situationen übertragen lassen. Sitzt man beispielsweise im Cockpit eines Flugzeugs und beobachtet, dass ein anderes Flugzeug auf einen zukommt, so kann man eine Variante der Blickheuristik nutzen, um eine potenzielle Gefahr zu prognostizieren: Man blickt auf einen Kratzer in der Windschutzscheibe und kontrolliert, ob das andere Flug-

zeug sich relativ zum Kratzer bewegt. Tut es das nicht, befindet man sich auf Kollisionskurs.

3. Heuristiken sind an ihre Umwelt angepasst, d. h. sie sind darauf ausgerichtet, eine spezifische Klasse von Problemen zu lösen, indem sie sich an ihre Umwelt und an die Umweltstrukturen anpassen. Wenn man diese Heuristiken in einer für sie nicht angemessenen Umwelt nutzt, liefern sie falsche Resultate, die dann in der Literatur als Verzerrung bezeichnet werden, dabei ist der Grund für diese falschen Resultate lediglich darin zu suchen, dass man die Heuristik in einer für sie nicht angemessenen Umwelt genutzt hat. Hier liegt ein wesentlicher Kritikpunkt am Heuristics-and-Biasses-Programm: Deren Ergebnisse stammen überwiegend aus Experimenten unter Laborbedingungen, und der Aufbau der Experimente ist dergestalt, dass die Umwelt, in der die Heuristiken normalerweise gut funktionieren, verändert wird, so dass sie nicht mehr zu den Umweltbedingungen des Labors passt. Bösartig formuliert kann man unterstellen, dass die Laborbedingungen absichtlich so hergestellt werden, dass die Heuristiken in dieser künstlichen Umwelt versagen; auf diesem Weg produziert man eine neue Anomalie, ein neues Bias – was wissenschaftlichen Ruhm einbringen kann.
4. Heuristiken sind Prozessmodelle, die erklären, wie eine Entscheidung zustande kommt. Das hat den Vorteil, dass man mit Hilfe von Heuristiken Vorhersagen treffen kann. Die Blickheuristik beispielsweise sagt voraus, dass Spieler, die diese Heuristik anwenden, den Ball im Laufen fangen werden.

Das Forschungsprogramm der effizienten Heuristiken besteht also darin, herauszufinden, welche Heuristiken Menschen anwenden, wann sie diese anwenden und in welchem Umfeld diese erfolgreich sind. Im Folgenden sollen drei solcher effizienten Heuristiken – Rekognitionsheuristik, Take-the-best und Tallying – vorgestellt werden.

Rekognitionsheuristik Die Rekognitionsheuristik macht sich den Umstand zunutze, dass bei vielen Fragestellungen ein enger Zusammenhang zwischen Wiedererkennen und dem gesuchten Kriterium besteht. Dazu ein Beispiel:

Welche Stadt hat mehr Einwohner:

San Diego oder San Antonio?

Befragte man amerikanische Studenten, so gaben rund zwei Drittel die korrekte Antwort (San Diego), deutsche Studenten hingegen beantworteten diese Frage zu 100 % richtig – was auf den ersten Blick kontraintuitiv ist. Die deutschen Studenten haben dabei die Rekognitionsheuristik genutzt: Aus der Tatsache, dass sie den Namen San Diego kennen, den Namen San Antonio hingegen nicht, haben sie geschlossen, dass San Diego die größere Einwohnerzahl hat. Die Amerikaner hingegen konnten diese Heuristik nicht nutzen, da sie auch San Antonio kennen, sie wussten paradoxerweise also zu viel. Diese Heuristik nutzt also den Zusammenhang zwischen Bekanntheitsgrad (ich kenne San Diego) und der Einwohnerzahl (ich kenne San Antonio nicht, also muss es die kleinere Stadt sein). Diese Heuristik funktioniert allerdings nur, wenn das Unwissen systematisch und nicht zufällig ist, nur dann ist fehlendes Wiedererkennen stark mit dem betreffenden Kriterium korreliert – man kennt San Antonio deswegen nicht, weil es die kleinere Stadt ist. In der Praxis ist diese Heuristik in zahlreichen Fällen getestet worden (vgl. dazu die Übersicht bei Gigerenzer, Gaismaier 2005): So prognostizieren türkische Studenten Ergebnisse der englischen Fußball-Ligen ebenso gut wie englische Studenten, deutsche Amateur-Tennisspieler lagen bei der Vorhersage der Herren-Einzelspiele in Wimbledon 2003 besser als die offiziellen ATP-Rankings und die Rankings der Wimbledon-Experten.

Kasten 10: Rekognitionsheuristik am Aktienmarkt

Eine Anwendung der Rekognitionsheuristik ist der Aktienmarkt (vgl. Borges et al. 1999): Man befragt deutsche und amerikanische Laien, welches die bekanntesten Aktien sind und konstruiert aus diesen Aktien ein Portfolio. Dann vergleicht man die Wertentwicklung dieses auf Basis der Rekognitionsheuristik erstellten Portfolios mit dem Gesamtmarkt und anderen Beispielportfolios. Dabei zeigt sich, dass die Portfolios, die man aus den bekannten Werten zusammenstellt, zumeist besser abschnitten als der Gesamtmarkt und als andere Beispielportfolios (beispielsweise von professionellen Fondsmanagern). Im zweiten Teil dieses Experiments bittet man nun deutsche (amerikanische) Anleger, die ihnen bekanntesten amerikanischen (deutschen) Aktien zu nennen. Das Ergebnis spricht für die Rekognitionsheuristik: Die zehn deutschen Aktien, die unter den Amerikanern am bekanntesten waren, schnitten besser ab als der Dax. Ebenso schnitt das Portfolio mit den zehn amerikanischen Werten, die den deutschen Versuchspersonen am geläufigsten waren, besser ab als der Dow-Jones-Index. Wer als Deutscher in Amerika oder als Amerikaner in Deutschland investierte, konnte keine bessere Strategie fahren als einfach die Unternehmen zu kaufen, die er kennt. Dieses Ergebnis spricht für die Rekognitionssheuristik: Wer als Amerikaner in Deutschland oder als Deutscher in Amerika investiert, weiß noch weniger über den dortigen Aktienmarkt – und hat damit mehr Möglichkeiten, diese Heuristik auszunutzen. Allerdings muss man diese Ergebnisse mit Vorsicht interpretieren, denn an Aktienmärkten gibt es auch Phasen, in denen kleinere, unbekannte Werte (sogenannte Nebenwerte) besser abschneiden als große, bekannte Standardwerte – in diesen Phasen könnte die Rekognitionsheuristik nicht so erfolgreich abschneiden.

Take-the-best-Heuristik Diese Heuristik gehört zur Klasse der Heuristiken, die nach Cues (Gründen) suchen und Entscheidungsregeln auf der Basis solcher Cues bilden. Dazu ein Beispiel: Versuchspersonen sollen zwischen zwei Aktien wählen; zur Entscheidungshilfe können sie bestimmte Eigenschaften der Aktien und der hinter diesen Aktien stehenden Unternehmen abprüfen (z. B. Ist die Aktienentwicklung positiv? Wie hoch sind die finanziellen Reserven? Investiert das Unternehmen in neue Projekte?). Diese Eigenschaften sind die Cues, auf deren Basis man die Entscheidung trifft, welche Aktie man kauft. Bei der Take-the-best-Heuristik prüft man nun diese Cues in der Reihenfolge ihrer (subjektiven) Validität ab, beginnend mit dem Cue, der die höchste Erklärungskraft für das gesuchte Kriterium hat, und beendet die Suche, sobald man einen Cue findet, der bei beiden Alternativen unterschiedlich ist, und wählt die Alternative mit dem positiven Cue. Die Take-the-best-Heuristik lässt sich wie folgt beschreiben:

1. Suchregel: Man fragt die Cues in der Reihenfolge ihrer (subjektiven) Validität ab. Geht man im obigen Beispiel davon aus, dass die Aktienentwicklung der wichtigste Hinweis auf die zukünftige Kursentwicklung ist, fragt man also zuerst ab, ob dieser bei beiden Aktien positiv ist.
2. Wenn ein Objekt einen positiven Cue-Wert hat und das andere nicht, beende die Suche und fahre mit Schritt 3 fort. Wenn also die Aktienkurs-

entwicklung bei einer Aktie positiv ist, bei der anderen hingegen nicht, so geht man zu Schritt drei über. Ist die Kursentwicklung bei beiden Aktien positiv, geht man zu Schritt 1 zurück und fragt den nächsthöheren Cue ab (z. B. Höhe der finanziellen Reserven). Wenn es keine weiteren Cues gibt, muss man raten.
3. Die Prognose ist, dass das Objekt mit dem positiven Cue-Wert den höheren Wert für das gesuchte Kriterium hat, d. h. man kauft die Aktie mit der positiven Kursentwicklung, wenn diese nur bei einer Aktie positiv ist. Falls beide Unternehmen beim ersten Cue einen positiven Wert haben (beide Aktien haben eine positive Kursentwicklung), so wählt man die Aktie, die beim nächsthöheren Cue die Nase vorne hat.

Tallying Die Take-the-best-Heuristik geht davon aus, dass man Cues in der Reihenfolge ihrer Relevanz für die Fragestellung untersucht und abbricht, sobald man einen diskriminierenden Cue findet – ein Unterschied zwischen den beiden Aktien führt also die Kaufentscheidung herbei. Beim Tallying findet grundsätzlich ein ähnlicher Entscheidungsprozess statt, allerdings ist nun die Reihenfolge, in der die Cues untersucht werden, zufällig; die Entscheidung wird auf Basis einer einfachen Gewichtung der einzelnen Cues in drei Schritten herbeigeführt:

1. Suchregel: Durchsuche die Cues in zufälliger Reihenfolge und überprüfe die Cue-Werte. Im Aktienbeispiel prüft man also Aktienentwicklung, finanzielle Reserven, Investitionen in neue Projekte etc. in beliebiger Reihenfolge.
2. Stoppregel: Die Suche wird nach einer bestimmten Anzahl von Cues beendet (das können, müssen aber nicht alle verfügbaren Cues sein); entscheidend ist, welches Objekt mehr positive Cue-Werte hat. Solange die Anzahl der positiven Cue-Werte bei beiden Objekten gleich ist, gehe zu Schritt 1 zurück und suche nach einem weiteren Cue. Wenn keine weiteren Cues gefunden werden, rate.
3. Tallying-Regel: Sage vorher, dass das Objekt mit den meisten positiven Cue-Werten den höheren Wert auf dem Kriterium hat. Wenn man also bspw. Aktienentwicklung, finanzielle Reserven sowie Investitionen in neue Projekte abgeprüft hat und Aktie A bei der Mehrzahl dieser Kriterien besser abschneidet als Aktie B, so kauft man Aktie A.

Wie leistungsfähig sind Heuristiken? Gigerenzer (2004) sowie Gigerenzer und Gaissmaier (o. J.) führen zahlreiche Studien an, die zeigen, dass Menschen eine Neigung haben, nach der Take-the-best-Heuristik zu entscheiden; zudem belegen viele Studien die Leistungsfähigkeit dieser Heuristik im Vergleich mit anderen Methoden der Entscheidungsfindung (vgl. bspw. Gigerenzer, Goldstein 1996).

Czerlinski, Gigerenzer und Goldstein (1999) vergleichen bei 20 Studien die Leistungsfähigkeit des Tallying mit der Methode der multiplen Regression: Man versucht beispielsweise die Abbrecherquote in High Schools anhand von verschiedenen Kriterien (diese Kriterien, also Cues, sind bspw. Anteil der hispanischen Studenten oder Testergebnisse) zu prognostizieren; dabei zeigte sich, dass sowohl Tallying als auch Take-the-best bessere Prognosen lieferte als eine multiple Regression; dabei aber weniger Informationen nutzten und einen geringeren Rechenaufwand aufwiesen als die Regressionsanalyse.

Allerdings betonen auch die Verfechter der effizienten Heuristiken, dass die Resultate von der Art der Aufgabe und der Umwelt abhängen. Nehmen beispielsweise die Gewichte der Cues in einer Entscheidungssituation exponentiell ab (der erste Cue erklärt z. B. 50 %, der zweite nur noch 25 %, der dritte nur noch 12,5 % usw.), dann kann kein alternatives lineares Modell die Take-the-best-Heuristik übertreffen. Das liegt daran, dass die Summe aller Cue-Gewichte hinter dem ersten Cue stets kleiner sein wird als das Gewicht des ersten Cues – damit hat der erste Cue immer das größte Gewicht, weswegen es ausreicht, nach diesem zu entscheiden (diese Überlegung gilt für alle Cues, die hinter einem Cue liegen: Die Summe aller Gewichte hinter dem zweiten Cue wird ebenfalls immer kleiner sein als das Gewicht des zweiten Cue). Man spricht hier von einer Umwelt, die durch nichtkompensatorische Informationen strukturiert ist.

Vereinfacht kann man sagen, dass die Take-the-best-Heuristik umso besser arbeitet, je größer die Unterschiede in der Gewichtung der einzelnen Cues sind. In einer Umwelt hingegen, in der die Cues recht ähnliche Gewichte haben, ist die Tallying-Heuristik besser geeignet. Dazu ein Beispiel (vgl. Hunt 2003): Robin Hood will mit seinen Leuten im Wald eine Gruppe von Reisenden überfallen, allerdings sind zwei Gruppen unterwegs, die jeweils aus ein paar reichen Adeligen und vielem armen Fußvolk bestehen. Die Räuber müssen sich nun entscheiden, welche Gruppe sie überfallen wollen (sie können nicht beide Gruppen zugleich überfallen). Die exakte Methode wäre es, den Reichtum aller Mitglieder beider Gruppen zu schätzen und dann die Gruppe zu überfallen, deren Mitglieder in der Summe am wohlhabendsten sind. Eine einfache Heuristik wäre es, für jede Gruppe nur den Reichtum der ein oder zwei reichsten Adeligen in der jeweiligen Gruppe zu schätzen und dann die Gruppe zu überfallen, die gemessen an diesem Kriterium vorne liegt. Wenn der Reichtum der Adeligen jeder Gruppe hoch genug ist, würde es keinen Sinn machen, auch noch den Reichtum des mitreisenden Fußvolks zu schätzen – deren Reichtum kann nicht so groß sein, dass er den Ausschlag für die Entscheidung gibt. Es reicht, den Reichtum der wenigen Adeligen zu schätzen, um zu wissen, welche Gruppe das lukrativere Überfallziel darstellt.

Die Idee, dass das Ergebnis einer Problemlösung umso ungenauer wird, je weniger Aufwand (zur Informationssuche und zur Berechnung) man zur Lösung dieses Problems betreibt (*accuracy-effort-trade-off*), wird von den Verfechtern der effizienten Heuristiken mit Verweis auf die oben geschilderten Ergebnisse abgelehnt. Sie zeigen anhand von zahlreichen Beispielen, dass unter bestimmten Umständen diese Heuristiken nicht nur einfacher und weniger aufwendig sind, sondern auch präzisere Ergebnisse liefern (Less-is-more-Effekt) – ein Ergebnis, das zunächst kontraintuitiv erscheint. Der Less-is-more-Effekt bedeutet, dass Heuristiken mehr sind als mentale Abkürzungen, die man anwendet, um Zeit und Ressourcen zu sparen, sondern dass sie als Problemlösungskonzepte besser und geeigneter sein können als andere, herkömmliche Problemlösungsverfahren – auch wenn die Kosten der Informationssuche Null wären und unbegrenzte Rechnerkapazität zur Verfügung stehen würde. Die Ursache für die Effizienz der Heuristiken ist darin zu sehen, dass komplexere Modelle zwar mehr Informationen nutzen, dadurch aber auch leichter zufallsbedingten Abweichungen zum Opfer fallen.

Vereinfacht muss man sich das wie folgt vorstellen (vgl. Gigerenzer, Brighton 2009): Eine herkömmliche Methode zur Erarbeitung von Prognosemodellen und Entscheidungsregeln besteht darin, auf Basis der vergangenen Daten ein Modell zu konstruieren, das die Daten der Vergangenheit möglichst gut beschreibt (bei der Regressionsanalyse beispielsweise bestimmt man die Gleichung, welche die vergangenen Daten beschreiben soll, indem man die Abweichung aller Datenpunkte den theoretisch zu erwartenden Funktionswerten minimiert). Auf Basis dieses Modells trifft man dann die Prognosen, indem man vermutet, dass die vergangenen Daten aussagekräftig für die Prognose sind. Das Problem bei dieser Kategorie von Modellen besteht darin, dass sie zwar genau die Vergangenheit abbilden (sogenanntes *fitting*), aber oftmals bei der Prognose schlecht abschneiden. Der Grund dafür liegt darin, dass jeder vergangene Datenpunkt auch rein zufallsbedingte Abweichungen hat – wenn man beispielsweise eine Zeitreihe mit Temperaturdaten untersucht, so finden sich darunter auch Tage, in denen die Temperaturausschläge rein zufallsbedingt recht heftig ausfallen. Je präziser diese Modelle aber die Vergangenheit abbilden, umso mehr versuchen sie auch, diese zufallsbedingten Schwankungen mit zu erfassen, die für die Prognose keine Rolle spielen. Wenn man nun auf der Basis eines Modells, das die vergangenen Zufallsschwankungen präzise eingefangen hat, Prognosen macht, muss man zwangsläufig schlechter abschneiden, weil sich diese Zufallsschwankungen jeglicher Prognose entziehen und das Prognoseergebnis verzerren. Einfache Heuristiken hingegen bilden zwar die vergangenen Daten nicht so präzise ab (schneiden also beim Fitting schlechter ab), ignorieren dafür aber auch in stärkerem Maße die zufälligen Schwankungen in den Daten, was sie bei der Prognose exakter macht.

Ein Beispiel: Will man den Gewinner eines Tennis-Turniers vorhersagen, so kann man versuchen, aufgrund der Ergebnisse der vergangenen Jahre eine mathematische Funktion zu generieren, die möglichst exakt die Ergebnisse vergangener Turniere abbildet; dann kann man auf Basis dieser Funktion prognostizieren, wer das Turnier gewinnt. Der Haken an dieser Methode ist, dass in den vergangenen Turnieren auch Zufallseinflüsse – Wetter, Tagesform, Fehlentscheide der Schiedsrichter – die Ergebnisse beeinflusst haben, von denen man nicht erwarten darf, dass sie auch bei dem zu prognostizierenden Turnier Einfluss haben werden – dennoch werden sie bei der Prognose mit Hilfe dieser Funktion berücksichtigt, was sie entsprechend verschlechtert. Kurzum: Die Ergebnisse der vergangenen Spiele schwanken heftig, aber diese Schwankungen sind zumindest teilweise für die zukünftigen Ergebnisse ohne Bedeutung. Eine Heuristik hingegen – man tippt beispielsweise auf den Spieler, dessen Namen man kennt (Rekognitionsheuristik) oder dessen Name einem zuerst einfällt (sogenannte Fluency-Heuristik), so blendet man diese zufallsbedingten Einflüsse der Vergangenheit stärker aus und konzentriert sich auf einen (oder wenige) wesentliche(n) Aspekt(e). Zwar bildet das Modell der einfachen Heuristik die Wirklichkeit nicht so gut nach wie ein mathematisch exaktes Modell (diese Differenz zwischen dem heuristischen Modell und der Realität könnte man als Bias bezeichnen), dafür ist es aber weniger anfällig für die Schwankungen, die keinen Beitrag zu Prognose leisten.

Kasten 11: Effiziente Heuristiken in der Anwendung

Ein Beispiel für eine Anwendung schneller, effizienter Heuristiken zeigt Gigerenzer (2007) im Krankenhaus-Bereich: Wird ein Patient mit Schmerzen im Brustkorb ins Krankenhaus eingeliefert, so muss man einen Herzinfarkt fürchten. Soll nun der Patient auf die Intensivstation oder in ein normales Krankenhausbett mit EKG-Fernüberwachung? Oftmals schicken die Ärzte die Patienten aus Vorsicht auf die Intensivstation, was zu einer Überbelegung der Intensivstation und einer verringerten Qualität der Pflege auf der Station führte. Ein komplexes Expertensystem lieferte bessere Entscheidungen, aber Ärzte benutzen solche Programme nicht gern, weil sie zu intransparent sind. Bessere Resultate lieferte eine Klassifikationsheuristik, die auf der Take-the-best-Heuristik basiert: Weisen die Patienten eine bestimmte Anomalie auf, werden sie sofort auf die Intensivstation gebracht. Ist diese Anomalie nicht vorhanden, wird im zweiten Schritt gefragt, ob der Patient vor allem über Schmerzen im Brustkorb klagt. Hat er diese Schmerzen nicht, wird er in ein normales Bett verlegt, hat er Schmerzen im Brustkorb, wird eine dritte, zusammengesetzte Frage gestellt, nach der endgültig entschieden wird, ob er auf die Intensivstation verlegt wird. Entscheidungen mithilfe dieser Heuristik waren – gemessen an der Zahl der richtig diagnostizierten Herzinfarkte – besser als die Diagnosen der Ärzte und als das Expertensystem. Auch im Marketing finden effiziente Heuristiken Anwendung: Ein typisches Problem im Marketing und im Verkauf besteht darin, inaktive Kunden zu erkennen. Erfahrene Manager wenden eine einfache Hiatus-Regel an: Ein Kunde ist dann inaktiv, wenn er neun Monate nichts mehr gekauft hat; diese Regel schnitt im Vergleich mit anderen, komplexeren Methoden besser ab. Eine einfache Idee spricht auch für die Rekognitions-Heuristik: Wenn Menschen diese Heuristik beim Einkauf anwenden, dann werden sie bei der Auswahl zwischen zwei Produkten dasjenige wählen, das sie kennen oder das sie schneller erkennen (Fluency-Heuristik). Eine weitere Anwendung findet sich im Portfolio-Management, bei dem es darum geht, wie man sein Geld auf verschiedene Vermögensklassen (Aktien, Immobilien, Anleihen, sonstige Investments) aufteilt (das ist die sogenannte Portfolio-Allokation). Selbst Harry Markowitz, der für seine Theorie der Portfolio-Allokation, die zeigt, wie ein optimales Portfolio aussieht, den Nobelpreis erhielt, gab zu, dass er selbst nicht seine eigene komplexe Methode anwendet, sondern eine einfache 1/N-Heuristik: Er verteilt sein Vermögen zu gleichen Teilen auf die verschiedenen Vermögensklassen (bei drei Vermögensklassen beispielsweise würde man jeweils ein Drittel seiner Mittel auf jede Vermögensklasse verteilen). In verschiedenen Studien hat diese Heuristik sehr gut abgeschnitten.

Literatur

Arkes, Hal R., Wortmann, Robert L., Saville, Paul D., Harkness, Allan R. (1981), Hindsight bias among physicians weighing the likelihood of diagnoses, Journal of Applied Psychology, 66, 252–254.

Asch, Solomon (1946), Forming Impressions of Personality, Journal of Abnormal and Social Psychology 1946, pp. 258–290.

Babcock, Linda; Loewenstein, George (1997), Explaining bargaining impasse: the role of self-serving biases, Journal of Economic Perspectives, Vol. 11, pp. 109–126.

Beyer, Sylvia (1990), Gender differences in the accuracy of self-evaluations of performance, Journal of Personality and Social Psychology, Vol 59(5), Nov 1990, pp. 960–970.

Biller, Barbara; Bless, Herbert; Schwarz, Norbert (1992), Die Leichtigkeit der Erinnerung als Information in der Urteilsbildung: Der Einfluß der Fragenreihenfolge. Tagung experimentell arbeitender Psychologen, Osnabrück, Germany.

Borges, Bernhard; Goldstein, Daniel G.; Ortmann, Andreas, Gigerenzer, Gerd (1999), Can ignorance beat the stockmarket?, in: G. Gigerenzer, P. M. Todd, and the ABC Research Group (eds.), Simple heuristics that make us smart, New York: Oxford University Press pp. 59–72.

Brenner, Lyle A.; Koehler, Derek J.; Liberman, Varda; Tversky, Amos (1996), Overconfidence in Probability and Frequency Judgments: A Critical Examination, Organizational Behavior and Human Decision Processes, Vol. 65, No. 3, March, pp. 212–219.

Bruner, Jerome S., Goodnow, Jaqueline J., Austin, George A. (2009). A study of thinking, 6th edition, New York: Wiley

Budescu, David V.; Wallsten, Thomas S.; Tungwu, Wing (1997), On the Importance of Random Error in the Study of Probability Judgment. Part II: Applying the Stochastic Judgment Model to Detect Systematic Trends, Journal of Behavioral Decision Making 1997, pp. 173–188.

Burks, Stephen V.; Carpenter, Jeffrey P.; Goette, Lorenz; Rustichini, Aldo (2010), Overconfidence is a Social Signaling Bias, IZA Discussion Paper No. 4840, March 2010.

Camerer, Colin (1995), Individual Decision-making, in: John Kagel, Alvin Roth (Eds.): The Handbook of Experimental Economics, Princeton: Princeton University Press, pp. 587–703.

Camerer, Collin; Loewenstein, George; Rabin, Mathew (2003), Advances in Behavioral Economics, Princeton University Press.

Cesarini, David; Sandewall, Örjan; Johannesson, Magnus (2006), Confidence interval estimation tasks and the economics of overconfidence, Journal of Economic Behavior & Organization, Vol. 61 (2006), pp. 453–470.

Chapman, G.B., Bergus, G.R., Elstein, A.S. (1996), Order of information affects clinical judgement, Journal of Behavioral Decision Making, 9, 201–211.

Charness, Gary; Karni, Edi; Levin, Dan (2010), On the conjunction fallacy in probability judgment: new experimental evidence regarding Linda, Games and economic behavior, Vol. 68; March 2010, pp. 551–556.

Christensen-Szalanski, Jay J. J.; Fobian Willham, Cynthia (1991): The hindsight bias: A meta-analysis. Organizational Behavior and Human Decision Processes, 48, pp. 147–168.

Cohen L. Jonathan (1981), Can human irrationality be experimentally demonstrated?, Behavioral and Brain Sciences, 4, pp. 317–370.

Combs, Barbara; Slovic, Paul (1979); Newspaper coverage of causes of death, Journalism Quarterly, 56, pp. 837–849.

Cosmides, Lea (1989), The logic of social exchange: Has natural selection shaped how humans reason? Studies with the Wason selection task, Cognition Vol. 31, pp. 187–276.

Czerlinski, Jean; Gigerenzer, Gerd; Goldstein, Daniel G. (1999), How good are simple heuristics?, Gerd Gigerenzer, Peter M. Todd and the ABC Research Group (eds.), Simple heuristics that make us smart; New York: Oxford University Press; pp. 97–118.

Darley, John M.; Gross, Parget H. (1983), A hypothesis confirming bias in labelling effects, Journal of Personality and Social Psychology, 44, pp. 20–33.

Doherty, Michael E.; Mynatt, Clifford R.; Tweney, Ryan D.; Schiavo, Michael D. (1979), Pseudodiagnosticitiy, Acta Psychologica 1979, pp. 111–121.

Dubben, Hans-Herrman; Beck-Bornhodt, Hans-Peter (2005), Mit an Sicherheit grenzender Wahrscheinlichkeit. Logisches Denken und Zufall, Rowohlt Taschenbuch Verlag, 2005.

Loftus, Elizabeth F.; Hoffman, Hunter G. (1989), Misinformation and Memory: The Creation of New Memories, Journal of Experimental Psychology: General 118(1), March 1989, pp. 100–104.

Feist, Gregory J. (2006), The Psychology of Science and the Origins of the Scientific Mind, Yale University Press, New Haven and London.

Fiedler, Klaus (1988). The dependence of the conjunction fallacy on subtle linguistic factors. Psychological Research, 50, pp. 123–129.

Fischhoff, Baruch (1977), Perceived informativeness of facts, Journal of Experimental Psychology, 3, pp. 349–358.

Fischhoff, Baruch (1982), Debiasing, in: Daniel Kahneman, Paul Slovic, Amos Tversky (Eds.): Judgment under uncertainty: Heuristics and biases, Cambridge, England: Cambridge University Press, pp. 422–444.

Fischhoff, Baruch (2007), An early history of hindsight research, Social Cognition, Vol. 25, No. 1, 2007, pp. 10–13

Fischhoff Baruch, Beyth Ruth (1975). "I knew it would happen"- remembered probabilities of once-future things, Organizational Behavior and Human Performance, 13; pp. 1–16.

Folkes, Valerie S. (1988), The availability heuristic and perceived risk, Journal of Consumer ResearchVol. 15 (June 1988), pp. 13–22.

Fox, Craig R. (2006), The availability heuristic in the classroom: How soliciting more criticism can boost your course ratings, Judgment and Decision Making, Vol. 1, No. 1, (July 2006), pp. 86–90.

Friedrich, James (1993), Primary error detection and minimization (PEDMIN) strategies in social cognition: A reinterpretation of confirmation bias phenomena, Psychological Review, 100, pp. 298–319.

Gigerenzer, Gerd (1991), How to make cognitive illusions dissapear: Beyond „Heuristics and Biases", European Review of Social Psychology, (1991), Vol. 2, pp. 83–115.

Gigerenzer, Gerd (2004), Fast and frugal heuristics: The tools of bounded rationality, in: D. Koehler; N. Harvey (Eds.), Handbook of judgment and decision making. Oxford, UK: Blackwell, pp. 62–88.

Gigerenzer, Gerd; Brighton, Henry (2009), Homo Heuristicus: Why Biased Minds Make Better Inferences, Topics in Cognitive Science, Vol. 1 (2009), pp. 107–143.

Gigerenzer, Gerd; Gaissmaier, Wolfgang (2005), Denken und Urteilen unter Unsicherheit: Kognitive Heuristiken, in: J. Funke (Ed.), Enzyklopädie der Psychologie, Göttingen: Hogrefe, S. 329–374.

Gigerenzer, Gerd; Gaissmaier, Wolfgang (o. J.): Denken und Urteilen unter Unsicherheit: Kognitive Heuristiken, mimeo, URL http://www.psychologie.uni-heidelberg.de/ae/allg/enzykl_denken/Enz_06_Heuristiken.pdf

Gigerenzer, Gerd; Goldstein, Daniel G. (1996), Reasoning the Fast and Frugal Way: Models of Bounded Rationality, Psychological Review, Vol. 103, No. 4, pp. 650–669.

Gigerenzer, Gerd, Hoffrage, Ulrich (1995), How to improve Bayesian reasoning without instruction: Frequency formats, Psychological Review, Vol. 102, pp. 684–704.

Gigerenzer, Gerd; Hell, Wolfgang; Blank, Hartmut (1988), Presentation and content: The use of base rates as a continuous variable, Journal of Experimental Psychology: Human Perception and Performance, 14, pp. 513–525.

Gigerenzer, Gerd; Hoffrage, Ulrich; Kleinbölting, H. (1991): Probabilistic Mental Models: A Brunswikian Theory of Confidence, Psychological Review 1991, 506–528

Gigerenzer, Gerd; Todd, Peter M. and the ABC Research Group (eds.): Simple Heuristics that make us smart, Oxford University Press, Oxford, New York 1999.

Glaser, Markus; Langer, Thomas; Weber, Martin (2005), Overconfidence of Professionals and Lay Men: Individual Differences Within and Between Tasks?, Mimeo 2005.

Hawkins, S. A.; Hastie, R. (1990), Hindsight: Biased judgments of past events after the outcomes are known, Psychological Bulletin, 107, pp. 311–327.

Hell, Wolfgang; Gigerenzer, Gerd; Gauggel, Siegfried; Mall, Maria; Müller, Michael (1988): Hindsight bias: An Interaction of automatic and motivational factors? Memory and Cognition, 16, pp. 533–538.

Hertwig, Ralph; Gigerenzer, Gerd (1999): The ‚Conjunction Fallacy' Revisited: How Intelligent Inferences Look Like Reasoning Errors, Journal of Behavioral Decision Making, Vol. 12, pp. 275–305.

Hertwig, Ralph; Gigerenzer, Gerd; Hoffrage, Ulrich (1997), The reiteration effect in hindsight bias, Psychological Review, Vol. 104, pp. 194–202.

Hoch, Stephen J.; Loewenstein, George (1989), Outcome feedback: Hindsight and information, Journal of Experimental Psychology: Learning, Memory, and Cognition, 15, pp. 605–619.

Hunt, Earl (2003), Adaptive Thinking: Rationality in the real world, Book review, Evolutionary Psychology, Vol. 1, pp. 172–187.

Kahneman, Daniel; Tversky, Amos (1972), On prediction and Judgment. ORI Research Monograph 12 (4).

Kahneman, Daniel; Tversky, Amos (1973), On the psychology of prediction. Psychological Review, Vol. 80, pp. 237–251

Kahneman, Daniel; Tversky, Amos (1984), Choices, Values and frames, American Pschologist, Vol. 39 (4), pp. 342–350.

Kahneman, Daniel; Tversky, Amos (1996): On the reality of cognitive Illusions, Psychological Review, 3 (103), pp. 582–591.

Kahneman, Daniel; Slovic, Paul; Tversky, Amos (1982), Judgment under uncertainty: Heuristics and biasses. New York: Cambridge University Press.

Kelman, Mark; Fallas, David E.; Folger, Hilary (1998), Decomposing Hindsight Bias, Joumal of Risk and Uncertainty, Vol. 16, pp. 251–269.

Keren, Gideon (1987), Facing Uncertainty in the Game of Bridge: A Calibration Study, Organizational Behavior and Human Decision Processes, Vol. 39, pp. 98–114.

Klayman, Joshua (1995), Varieties of confirmation bias, The psychology of learning and Motivation, Vol. 32 (1995), pp. 385–418.

Klayman, Joshua; Bell, Jack S. (1999), Gonzalez-Vallejo, Claudia; Barlas, Sema (1999), Overconfidence: It Depends on How, What, and Whom You Ask, Organization Behavior and Human Decision Processes 1999, pp. 216–247.

Koriat, Asher; Lichtenstein, S.; Fischhoff, B. (1980), Reasons for confidence, Journal of Experimental Psychology: Human Learning and Memory, Vol. 6, pp. 107–188.

Kruger, Justin; Burrus, Jeremy (2004), Egocentrism and focalism in unrealistic optimism (and pessimism), Journal of Experimental Social Psychology, Vol. 40 (2004), pp. 332–340.

Langer, Ellen J. (1982), The illusion of control, in: Daniel Kahneman; Paul Slovic; Amos Tversky (eds.): Judgment under unceratinty: Heuristics and biasses, Cambridge University Press 1982, pp. 231–238.

Langer, Ellen J.; Roth, Jane (1975), Heads I win, Tails it's chance: The illusion of control as a function of the sequence of outcomes in a purely chance task, Journal of Personality and Social Psychology, Vol. 32, No. 6, pp. 951–955.

Lichtenstein, Sarah, Fischhoff, Baruch, Phillips, Lawrence D. (1982), Calibration of probabilities: The state of art to 1980, in: Daniel Kahneman; Paul Slovic; Amos Tversky (Eds.): Judgment under uncertainty: Heuristics and biases, Cambridge, England: Cambridge University Press, pp. 306–334

Lord, Charles G.; Ross, Lee; Lepper, Mark R. (1979), Biased Assimilation and Attitude Polarization: The Effects of Prior Theories on Subsequently Considered Evidence, Journal of Personality and Social Psychology 1979, pp. 2098–2109.

McCloskey, Michael; Zaragoza, Maria (1985), Misleading Postevent information and memory for events: Arguments and evidence against memory impairment hypothesis, Journal of Experimental Psychology: General, 114, pp. 1–16.

McKenzie, Craig R. M. (2005), Judgment and decision making, in: Koen Lamberts & Rob L. Goldstone (Eds.): Handbook of cognition, London: Sage, pp. 321–338

McKenzie, Craig R. M.; Mikkelsen, Laurie A. (2000), The psychological side of Hempel's paradox of confirmation, Psychological Bulletin and review,7, pp. 360–366.

Mellers, Barbara, Hertwig, Ralph; Kahneman, Daniel (2001), Do frequency representations eliminate conjunction effects? An exercise in adversarial collaboration, Psychological Science, Vol. 12, No. 4, July 2001, pp. 269–275.

Metcalfe, Janet (1998), Cognitive Optimism: Self-Deception or memory-based processing heuristic?, Personality and Social Psychology Review, Vol. 2, No. 2, pp. 100–110.

Murphy, Alan H.; Winkler, Robert L. (1984), Probabilistic Forecasting in Meteorology, Journal of the American Statistical Association, Vol. 79, pp. 489–500.
Mynatt, Clifford R.; Doherty, Michael E.; Dragan, William (1993), Information Relevance, Working Memory, and the Consideration of Alternatives, The Quarterly Journal of Experimental Psychology 1993, pp. 759–788.
Nickerson, Raymond S. (1998), Confirmation bias: an ubiquitous phenomen in many guises, Review of general Psychology 1998, Vol. 2, No. 2, pp. 175–220.
Oaksford, Mike; Chater, Nick (1994), A rational Analysis of the selection task as potimal data selection, Psychological Review, 103, pp. 381–391
Oskamp, Stuart (1965), Overconfidence in case-study judgments, Journal of Consulting Psychology, Vol. 29, pp, 261–265.
Peterson, Cameron R.; DuCharme, Wesley M. (1967), A primacy effect in subjective probability revision, Journal of Experimental Psychology, Vol. 73, pp. 61–65.
Pohl, Rüdiger F.; Hell, Wolfgang (1996), No reduction in hindsight bias after complete information and repeated testing, Organizational Behavior and Human Decision Processes, Vol. 67, pp. 49–58.
Prince, Melvin (1993), Women, Men, and Money Styles, Journal of Economic Psychology, Vol. 54, pp. 175–182.
Ross, Lee; Lepper, Mark R.; Hubbard, Michael (1975), Perseverance in Self Perception and Social Perception: Biased Attributional Processes in the Debriefing Paradigm, Journal of Personality and Social Psychology, 1975, pp. 880–892.
Russo, J. Edward; Schoemaker, Paul J. H. (1992), Managing Overconfidence, Sloan Management Review, vol. 33, pp. 7–17.
Schwarz, Norbert; Vaughn, Leigh Ann (2002), The availability heuristic revisited: Ease of recall and content of recall as distinct sources of information, in: Thomas Gilovich, Dale W. Griffin, Daniel Kahneman (eds.) Heuristics and Biases: The Psychology of Intuitive Judgment; Cambridge University Press, pp. 103–119.
Shefrin, Hersh (2007); Behavioral Finance: Biases, Mean-Variance Returns, and Risk Premiums; CFA Institute Conference Proceedings Quarterly; June 2007, pp. 4–11.
Skinner, Burrhus F. (1948), Superstition in the Pigeon, Journal of Experimental Psychology, Vol. 38, (1948), pp. 168–172.
Slovic, Paul; Fischhoff, Baruch (1977), On the psychology of experimental surprises, Journal of Experimental Psychology: Human Perception and Performance, Vol. 3(4), Nov 1977, pp. 544–551.
Slovic, Paul; Fischhoff, Baruch; Lichtenstein, Sarah (1981), Facts and fears: societal perception of risk, Advances in Consumer Research, Vol. 8, pp. 497–502.
Slovic, Paul; Fischhoff, Baruch; Lichtenstein, Sarah (1982a), Fact versus Fears: Understanding perceived risk, in: Kahneman, Daniel, Slovic, Paul, Tversky, Amos (eds.): Judgment under uncertainty: Heuristics and biasses, Cambridge University Press, pp. 463–489.

Slovic, Paul; Fischhoff, Baruch; Lichtenstein, Sarah (1982b): Why study risk perception?, Risk Analysis, Vol. 2 (No. 2), pp. 83–93.

Spranca, Mark; Minsk, Elisa; Baron, Jonathan (1991), Omission and commission in judgment and choice, Journal of Experimental Social Psychology, pp. 27, 76–105.

Strack, Fritz; Deutsch, Roland (o. J.), Urteilsheuristiken, Universität Würzburg, mimeo.

Sunstein, Cass R. (2004), Precautions against What? The Availability Heuristic and Cross-Cultural Risk Perceptions, University of Chicago Law and Economics, Online Working Paper No. 220, URL http://www.law.uchicago.edu/files/files/220-crs-precautions.pdf

Tversky, Amos, Kahneman, Daniel (1973), Availability: A heuristic for judging frequency and probability, Cognitive Psychology, Vol. 4, pp. 207–232.

Tversky, Amos; Kahneman, Daniel (1974); Judgement under uncertainty: Heuristics and biasses, Science, Vol. 185 (1974), pp. 1124–1131.

Tversky, Amos, Kahneman, Daniel (1983), Extensional versus intuitive reasoning: The conjunction fallacy in probability judgment. Psychological Review, Vol. 90, pp. 293–315.

Verplanken, Bas, Pieters, Rik G. (1988), Individual differences in reverse hindsight bias: I never thought something like Chernobyl would happen. Did I?, Journal of Behavioral Decision Making, Vol. 1, pp. 131–147.

Wason, Peter C. (1960), On the Failure to Eliminate Hypothesis in a Conceptual Task, Quarterly Journal of Experimental Psychology 1960, pp. 129–140.

Weinstein, Neil D. (1980), Unrealistic optimism about future life events, Journal of Personality and Social Psychology, Vol. 39, pp. 806–457.

Werth, Lioba; Strack, Fritz; Förster, Jens (2002), Certainty and Uncertainty: The Two Faces of the Hindsight Bias, Organizational Behavior and Human Decision Processes, Vol. 87, No. 2, March, pp. 323–341.

Wood, Gordon (1978), The knew-it-all-along effect, Journal of Experimental Psychology: Human Perception and Performance, Vol. 4, pp. 345–353.

Yates, J. Frank; Lee, Ju-Whei; Sieck, Winston R.; Choi, Incheol; Price, Paul C. (2002), Probability judgment across cultures, in: Thomas Gilovich; Dale Griffin; Daniel Kahneman (Eds.), Heuristics and Biases: The Psychology of Intuitive Judgment. Cambridge University Press, pp. 271–291.

Die Prospect Theory und ihre Konsequenzen

3

3.1 Die Erwartungsnutzentheorie und ihre Kritik

Die Erwartungsnutzentheorie ist die zentrale Theorie in der Ökonomie zur Bestimmung menschlicher Entscheidungen unter Unsicherheit. Muss man diesen Ansatz als normative oder als deskriptive Theorie verstehen? Im ersteren Fall wäre sie als Theorie zu verstehen, die den Menschen versucht zu sagen, wie man entscheiden soll – sozusagen eine Anleitung zur Optimierung von Entscheidungen. Mit diesem Ansatz würde sich die Erwartungsnutzentheorie vielen Kritikpunkten entziehen, vor allem der Kritik, die sich beim zweiten Ansatz ergibt, wenn man die Erwartungsnutzentheorie als eine reine Beschreibung menschlichen Handelns verstehen will, also als positive Theorie. Soll die Erwartungsnutzentheorie das tatsächliche menschliche Verhalten beschreiben, so sollte man sie in der Realität beobachten können. Genau hier setzen die Forschungsprogramme an, die sich mit menschlichem Verhalten in Entscheidungssituationen beschäftigen: Sie untersuchen – zumeist anhand von Laborexperimenten und Befragungen – wie sich Menschen in bestimmten Entscheidungssituationen verhalten und überprüfen, inwieweit das tatsächlich beobachtete Verhalten mit den verschiedenen Theorien zur Beschreibung menschlichen Verhaltens übereinstimmt. Dieses Forschungsprogramm hat unmittelbare Folgen für die Modellbildung der Ökonomen: Wenn das tatsächlich beobachtete Verhalten beispielsweise darauf schließen lässt, dass die Erwartungsnutzentheorie das menschliche Verhalten nur unzulänglich beschreibt, dann muss man fragen, ob man der ökonomischen Theoriebildung nicht ein anderes Mo-

H. Beck, *Behavioral Economics*,
DOI 10.1007/978-3-658-03367-5_3, © Springer Fachmedien Wiesbaden 2014

dell menschlichen Verhaltens zugrunde legt, das besser zu den empirischen Beobachtungen passt.

Alleine dieses Argument reicht aus, um den Realitätsgehalt der Erwartungsnutzentheorie zu überprüfen und mögliche Alternativen zu dieser Theorie zu untersuchen. Um dieses zu tun, muss man zuerst die Prämissen und Annahmen der Erwartungsnutzentheorie kennen. Grundsätzlich gelten die folgenden Überlegungen aber nur für Entscheidungen unter Unsicherheit – die Wahrscheinlichkeiten für die einzelnen Alternativen sind also bekannt (bei Entscheidungen unter Risiko sind die Wahrscheinlichkeiten unbekannt). Wie also funktioniert die Erwartungsnutzentheorie?

Die Grundidee besteht darin, dass Entscheider ihren erwarteten Nutzen maximieren, unter Berücksichtigung der Eintrittswahrscheinlichkeiten der verschiedenen Alternativen. Der Erwartungswert EW verschiedener Alternativen wird dabei wie folgt berechnet:

$$EW_i = \sum_1^n p_i x_i \tag{3.1}$$

Das bedeutet: Die Werte der einzelnen Handlungsalternativen x_i werden mit ihren individuellen Wahrscheinlichkeiten p_i multipliziert und dann addiert. Wer beispielsweise mittels eines Münzwurfes um einen Euro wettet (Kopf – ich gewinne einen Euro; Zahl – ich verliere einen Euro), berechnet den Erwartungswert dieser Wette wie folgt: mit 50 % Wahrscheinlichkeit gewinne ich einen Euro – macht 0,5 mal 1 €, also 50 Cents Gewinn –; mit 50 % Wahrscheinlichkeit verliere ich einen Euro – macht 0,5 mal (– 1 €), also 50 Cents Verlust. Addiert man die beiden Ergebnisse 50 Cents Gewinn und 50 Cents Verlust (man bildet die Summe), so ergibt sich für die Münzwette ein Erwartungswert von Null.

Dabei können die Wahrscheinlichkeiten *objektive Wahrscheinlichkeiten* (beispielsweise die 50 % bei einen Münzwurf) sein oder *subjektive Wahrscheinlichkeiten* (ich schätze die Wahrscheinlichkeit, dass mein Gegenüber ehrlich ist, auf 20 %). Der Wert der Handlungsalternative kann entweder ein objektiver Wert sein (ein Dollar) oder subjektiver Nutzen (meine persönliche Wertschätzung für den Gewinn).

Stellt ein Entscheider aber nun nur auf den Erwartungswert ab, so kann das Probleme aufwerfen, wie das Beispiel des St.-Petersburg-Paradoxons zeigt. Wenn man bereit ist, den Erwartungswert eines Spieles zu bezahlen, wie steht es dann mit folgendem Spiel: Man wirft solange eine Münze, bis

Kopf kommt. Beteiligt man sich an dem Spiel, so erhält man 2^n €, wobei n die Anzahl der Würfe ist, bis das erste Mal Kopf kommt. Wenn also beispielsweise beim dritten Wurf Kopf fällt, so erhält man 2^3 €, also 8 € (n = 3).

Theoretisch ist der Erwartungswert dieser Wette unendlich, also sollte man bereit sein, eine unendlich hohe Summe dafür zu zahlen, dass man sich an dem Spiel beteiligen darf – was aber wohl nur wenige tun würden. Dieser Widerspruch lässt sich dadurch auflösen, indem man annimmt, dass die Menschen nicht den Erwartungs*wert*, sondern den Erwartungs*nutzen* maximieren – ein Gedanke, der auf den Mathematiker Daniel Bernoulli zurückgeht. Die nackten Gewinnzahlen der Erwartungswerte werden in den subjektiven Nutzen umgewandelt, den man den verschiedenen Geldbeträgen zubilligt. Unterstellt man einen abnehmenden Grenznutzen des Einkommens – steigt das Einkommen von 100 auf 200 €, so ist das ein höherer Anstieg des Nutzens, als wenn das Einkommen von einer Million Euro auf 1.000.100 € steigt –, dann ist klar, dass man keinen unendlichen Geldbetrag für diese Wette bezahlen wird. Formal bedeutet das, dass in der Erwartungsnutzentheorie die Nutzenfunktion der Menschen konkav ist (Näheres in Kasten 12).

Der Gesamtnutzen einer Entscheidung ist demnach also der Erwartungsnutzen U, der sich aus dem Nutzen der mit dieser Entscheidung verbundenen Ereignisse und deren Eintrittswahrscheinlichkeit ergibt. Formal gilt: $U(x_1, p_1; x_2, p_2; \ldots; x_n, p_n) = p_1 u(x_1) + p_2 u(x_2) + \cdots + p_n u(x_n)$. Der Gesamtnutzen einer Situation ergibt sich also aus der Summe der Einzelnutzen $u(x_i)$, gewichtet mit ihrer Eintrittswahrscheinlichkeit p_i. Im Folgenden geht es um Entscheidungen zwischen Alternativen (sogenannten *prospects*), die sich aus zwei Komponenten zusammensetzen: dem Nutzen $u(x_i)$ der Entscheidung x_i und der dazugehörigen Wahrscheinlichkeit p_i, mit der das Ereignis eintritt, das diesen Ertrag beschert. Formal beschreibt man dann die Alternative A mit der Gleichung $A = A(x_i, p_i)$.

Die Erwartungsnutzentheorie basiert dabei auf folgenden grundlegenden Axiomen (siehe dazu bspw. Starmer 2000 oder Machina 1987):

- *Vollständigkeit*: Für alle Alternativen A und B gilt entweder $A \succcurlyeq B$ oder $A \preccurlyeq B$ oder beide Bedingungen, wobei das Zeichen $\succcurlyeq$ für „wird schwach bevorzugt" steht. Vereinfacht besagt diese Bedingung, dass für alle Alternativen, zwischen denen der Entscheider wählen kann, klare Vorlieben bestehen.

- *Transitivität*: Wenn ein Entscheider die Alternative A der Alternative B vorzieht, und B der Alternative C vorzieht, so muss aus rein logischen Erwägungen gelten, dass er auch A der Alternative C vorzieht. Formal gilt also: Aus $A \succcurlyeq B$ und $B \succcurlyeq C$ folgt $A \succcurlyeq C$.
- *Stetigkeit*: Für alle Alternativen A, B und C mit $A \succcurlyeq B$ und $B \succcurlyeq C$ existiert eine Wahrscheinlichkeit p, so dass gilt $Ap + B(1-p) \sim C$, wobei das Zeichen „~" für „indifferent" steht, in diesem Fall befindet der Entscheider beide Alternativen für gleichwertig. Diese Bedingung besagt, dass es eine mit den Wahrscheinlichkeiten p und $(1-p)$ gewichtete Kombination von A und B gibt, die für den Entscheider den gleichen Wert hat wie die Alternative C. Wenn jemand also A vor B wählt und B vor C, so lässt sich eine Kombination von A und B finden – beispielsweise zu $p = 60\,\%$ bekommt man A, zu $(1-p) = 40\,\%$ bekommt man B –, die eine gleichwertige Alternative zu C darstellt.
- *Unabhängigkeit*: Für alle Alternativen A, B und C mit $A \succcurlyeq B$ gilt: $(A, p; C, (1-p)) \succcurlyeq (B, p; C, (1-p))$. Wenn man also A der Alternative B vorzieht, so sollte das Hinzufügen einer weiteren identischen Option zu beiden Alternativen die Entscheidung nicht ändern. Wer also einen Urlaub in der Schweiz einem Urlaub in Frankreich vorzieht, sollte sich auch dann für die Schweiz entscheiden, wenn es zu beiden Alternativen jeweils einen Leihwagen dazugibt. Bei der Entscheidung zwischen Schweiz plus Leihwagen und Frankreich plus Leihwagen sollte man sich also weiterhin für die Schweiz entscheiden.

Diese Bedingungen stellen sicher, dass eine stetige Funktion U existiert, die jeder Alternative einen eindeutigen Wert zuordnet; gilt $A \succcurlyeq B$, so ist das gleichbedeutend mit $U(A) \geq U(B)$. Wenn jemand also die Alternative A der Alternative B vorzieht, so ist der Wert, den die Nutzenfunktion U der Alternative A zuordnet, höher als der Wert, den sie der Alternative B zuordnet. Wer also A der Alternative B vorzieht, zieht aus A einen höheren Nutzen als aus B.

Die Erwartungsnutzentheorie unterstellt zumeist, dass Menschen risikoavers sind – sie ziehen eine sichere einer unsicheren Aussicht vor. Formal gilt, dass in der Erwartungsnutzentheorie die Nutzenfunktion der Menschen konkav ist (Näheres in Kasten 12). Diese Annahme wird von der Prospect Theory in bestimmten Situationen in Frage gestellt.

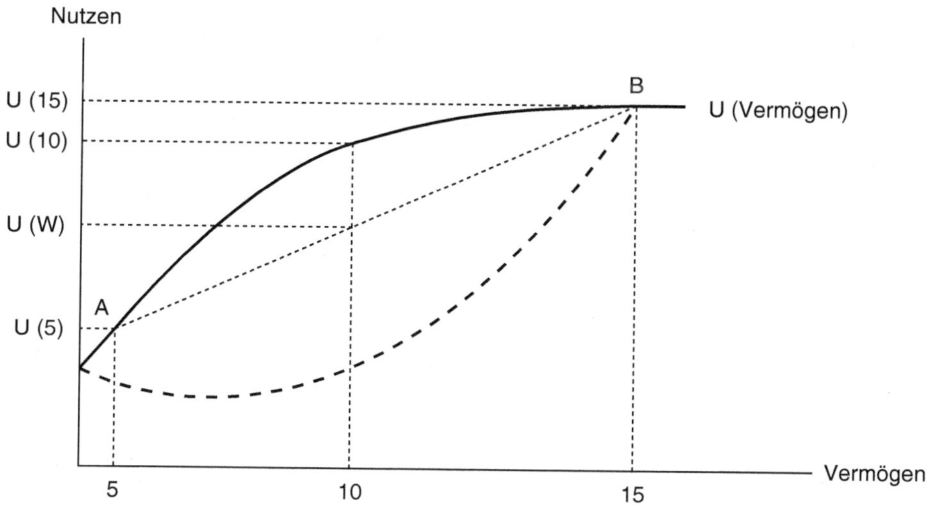

Abb. 3.1 Die konkave Nutzenfunktion

Um zu untersuchen, ob das Verhalten der Menschen der Erwartungsnutzentheorie entspricht oder nicht, geht man in der Regel wie folgt vor: Man kreiert ein Versuchsdesign mit bestimmten Entscheidungssituationen und untersucht, ob das Verhalten der Menschen in diesen Situationen den Vorhersagen der Erwartungsnutzentheorie entspricht – tut es dies nicht, so weist die Theorie Löcher auf. Mit dieser Methode kann man auch die anderen Theorien des Entscheidungsverhaltens wie die Prospect Theory oder ihre Alternativen auf ihren Erkläungsgehalt hin untersuchen.

Kasten 12: Konkavität der Nutzenfunktion und Risikoaversion

Die gebogene Kurve U(Vermögen) stellt die Nutzenfunktion des Vermögens dar: Auf der waagrechten Achse kann man den Vermögensbetrag ablesen, auf der senkrechten Achse den dazu korrespondierenden Nutzen. Der Punkt A beispielsweise zeigt an, dass zum Vermögen von 5 Einheiten der entsprechende Nutzen U(5) gehört. Die Kurve selbst ist konkav, d. h. der Nutzenzuwachs des Vermögens wird mit steigendem Vermögen geringer (mathematisch gesprochen ist die zweite Ableitung der Kurve negativ). Der Nutzen eines Vermögens von 15 (in Punkt B) ist zwar größer als der Nutzen des Vermögens von 5 (Punkt A); allerdings sinkt der Zuwachs an Nutzen mit steigendem Vermögen – der Nutzenzuwachs von 5 auf 10 € ist größer als der Nutzenzuwachs von 10 auf 15 € (das erkennen Sie daran, dass die Steigung der Kurve zunehmend flacher wird) (Abb. 3.1).

Nun wird dem Besitzer des Vermögens von 10 € mit dem Nutzen U(10) eine Wette angeboten: Mit 50 % Wahrscheinlichkeit gewinnt er 5 €, mit 50 % verliert er 5 €. Gewinnt er, landet er in Punkt B, verliert er, landet er in A. Der Erwartungswert der Wette selbst beträgt 0 € (5 € Gewinn mal 50 % plus 5 € Verlust mal 50 %), so dass der im Mittel erwartete Vermögenswert nach der Wette 10 € beträgt, nämlich 0,5 mal 5 € plus 0,5 mal 15 € = 10 € – das ist das erwartete Vermögen nach der Wette, der dazu korrespondierende Nutzen beträgt U(10). Entscheidend dafür, ob unser Vermögensbesitzer nun die Wette annimmt oder nicht, ist aber nicht der erwartete Nutzen dieser 10 €, also U(10), sondern der erwartete Nutzen der gesamten Wette, und dieser bestimmt sich durch UW = 0,5 U(5) + 0,5 U(15) – das ist die gerade Linie zwischen den Punkten A (also U(5)) und B (d. h. U(15)). Der Grund: mit 50 % Wahrscheinlichkeit erhält der Vermögensbesitzer U(5), mit 50 % Wahrscheinlichkeit erhält er U(15), so dass er im Mittel U(W) erwarten kann, also die Mitte der gestrichelten Linie zwischen A und B. Das ist der erwartete Nutzen aus der Wette, U(10) ist im Gegensatz dazu der Nutzen aus dem erwarteten Gewinn. Beide Werte stimmen nicht überein, was sich durch die Konkavität der Nutzenfunktion erklärt: Während die Wette die 5 Einheiten Vermögen genauso hoch gewichtet wie die 15 Vermögenseinheiten – beide treten mit der Wahrscheinlichkeit von 50 % ein -, ist laut Nutzenfunktion für den Vermögensbesitzer der Nutzenzuwachs der 5 €, die ihn von 5 auf 10 € Vermögen führen, größer als der Nutzenzuwachs der 5 €, die ihn von 10 auf 15 € bringen würden. Damit sind dem Vermögensbesitzer die 5 €, die er bei der Wette verlieren kann, wichtiger als die 5 €, die er gewinnen kann, weswegen die Wette für ihn nicht attraktiv ist – der erwartete Nutzen aus der Wette liegt unter dem Nutzen der 10 €, die er gewinnen kann (U(W) < U(10)). Empirisch zeigt sich, dass Menschen Wetten dieser Art – mit je 50 % Wahrscheinlichkeit gewinnt oder verliert man einen bestimmten Betrag – als nicht attraktiv empfinden, was darauf schließen lässt, dass die Annahme einer konkaven Nutzenfunktion durchaus berechtigt ist. Bei einer linearen Nutzenfunktion wäre man indifferent, ob man die Wette machen würde oder nicht, bei einer konvexen Nutzenfunktion (gepunktete Linie), wäre man risikofreudig und würde die Wette annehmen. Man müsste dem Vermögensbesitzer also eine attraktivere Wette anbieten, beispielsweise eine geringere Verlustwahrscheinlichkeit oder einen höheren Gewinnbetrag. Konkave Nutzenfunktionen können die Nachfrage nach Versicherungen erklären, wenn man statt einer Wette einen möglichen Unglücksfall annimmt: Wenn mein Fahrrad mit einer Wahrscheinlichkeit von 50 % geklaut, wird, so kann ich mich entweder versichern oder darauf wetten, dass es nicht geklaut wird.

Doch diese Idee des Erwartungsnutzens und die dahinter stehende Theorie werden von vielen Seiten her angezweifelt. Ein Beispiel, das gegen die Erwartungsnutzentheorie spricht, ist das sogenannte Allais-Paradoxon. Dazu gibt es zwei verschiedene Entscheidungssituationen. Zuerst wählen Sie zwischen

$$\text{Erste Wahl: A:}\left(1\,000\,000,\ 1\right)\text{ oder B:}\left(5\,000\,000,\ 0{,}1;\ 1\,000\,000,\ 0{,}89;\ 0,\ 0{,}01\right)\text{; dann wählen Sie zwischen}$$

$$\text{Zweite Wahl: C:}\left(1\,000\,000,\ 0{,}11;\ 0,\ 0{,}89\right)\text{ oder D:}\left(5\,000\,000,\ 0{,}1;\ 0,\ 0{,}9\right)$$

In den Klammern steht zuerst der Betrag, den man gewinnen kann, gefolgt von der Wahrscheinlichkeit, mit der man diesen Betrag gewinnt, nach dem Semikolon folgt der zweite Geldbetrag mit der zweiten Gewinnwahrscheinlichkeit. Alternative A bedeutet, dass man mit Sicherheit (einer Wahrscheinlichkeit von 100 % = 1) eine Million Euro bekommt; Spiel B bedeutet, dass man mit 10 % Wahrscheinlichkeit 5.000.000 € gewinnt, zu 89 % eine Million Euro und mit einer Wahrscheinlichkeit von einem Prozent leer ausgeht. Schaut man sich diese beiden Entscheidungssituationen in einer etwas anderen Form an (vgl. Tabelle 3.1 in Anlehnung an Savage 1954), so zeigt sich, dass die Erwartungsnutzentheorie eine konsistente Wahl im Falle beider Entscheidungen fordert: Wer sich bei der ersten Wahl für Alternative A (B) entscheidet, sollte sich bei der zweiten Wahl dementsprechend für C (D) entscheiden. Tatsächlich zeigt sich in Experimenten aber immer wieder, dass Menschen im ersten Fall A und im zweiten Fall D wählen.

In allgemeiner Form bezeichnet man das Allais-Paradoxon als Common-consequence-Effect; es lässt sich wie folgt darstellen (vgl. Machina 1989):

$$\text{Erste Wahl zwischen A: } a\,X + (1-a)\,P^{**} \text{ und B: } a\,P + (1-a)\,P^{**}$$
$$\text{Zweite Wahl zwischen C: } a\,X + (1-a)\,P^{*} \text{ und D: } a\,P + (1-a)\,P^{*}$$

Tab. 3.1 Das Allais-Paradoxon

		10 schwarze Bälle	89 weiße Bälle	ein roter Ball
Erste Wahl	*A*	1 000 000	1 000 000	1 000 000
	B	5 000 000	1 000 000	Nichts
Zweite Wahl	*C*	1 000 000	Nichts	1 000 000
	D	5 000 000	Nichts	Nichts

Stellt man die Wahrscheinlichkeiten als farbige Bälle dar, die aus einer Urne gezogen werden, wird das Allais-Paradoxon transparenter: sowohl bei der ersten als auch bei der zweiten Wahl kommt man beim Ereignis „weißer Ball gezogen" jeweils den gleichen Betrag; die Paare A und B (bzw. C und D) unterscheiden sich lediglich in der Höhe des Betrags, der in diesem Fall ausgezahlt wird. Wer also bei der ersten Wahl für A, die sichere Variante entscheidet, sollte sich im zweiten Fall für C entscheiden, da die Entscheidung zwischen (A und B) sowie (C und D) identisch ist, sobald man die weißen Kugeln vernachlässigt (was man aufgrund der gleichen Auszahlungen tun kann).

In dieser Darstellung erkennt man sofort, dass die Struktur der Entscheidung in beiden Fällen die gleiche ist, in der zweiten Wahl wird lediglich P** durch P* ersetzt. Wer also in der ersten Wahl a X statt a P wählt, sollte dies auch in der zweiten Wahl tun, unabhängig davon, dass nun, falls X nicht eintritt, statt P** als Auszahlung P* erfolgt – dies folgt aus dem Unabhängigkeitsaxiom (vgl. dazu die Ausführungen zu den Annahmen zur Erwartungsnutzentheorie weiter oben).[1]

Machina (1987) erläutert diesen Gedanken wie folgt: Bevorzugt man die Alternative A gegenüber der Alternative B, so sollte man sich auch für A statt B entscheiden, wenn man eine Wette hat, bei der man im Fall von

[1] Für das obige Zahlenbeispiel wäre a = 0,11; X = 1 000 000; P** der sichere Gewinn von einer Million, P* ein sicherer Gewinn von Null und P die 90,90-prozentige Chance auf fünf Millionen; das impliziert einen Gewinn von Null mit der Wahrscheinlichkeit von 0,909 (mit diesen angenommenen Werten lässt sich das allgemeine Beispiel in das Beispiel aus Tab. 3.2 überführen). Wahl A ergibt dann $0{,}11 \cdot 1\ \text{Mio} + (1-0{,}11) \cdot 1$ Mio. macht eine Million mit einer Wahrscheinlichkeit von 1. Wahl B ist $0{,}11\ (0{,}9090 \cdot 5\ \text{Mio} + 0{,}0909 \cdot 0\ \text{Mio.} + (1-0{,}11)\ 1$ Mio. wenn man den ersten Term bei Wahl B ausmultipliziert, erhält man (die Wahrscheinlichkeiten aufgerundet) $0{,}1 \cdot 5\ \text{Mio} + 0{,}01 \cdot 0\ \text{Mio} + 0{,}89 \cdot 1$ Mio. Für die zweite Wahl ergibt sich für Alternative C: $0{,}11 \cdot 1\ \text{Mio} + 0{,}89 \cdot 0$; Alternative D ergibt $0{,}11\ (0{,}1 \cdot 5\ \text{Mio} + 0{,}01 \cdot 0) + 0{,}89 \cdot 0$; ausmultipliziert $0{,}1 \cdot 5\ \text{Mio} + 0{,}01 \cdot 0\ \text{Mio} + 0{,}89 \cdot 0$ Mio.

„Kopf“ einen beliebigen Geldbetrag bekommt, im Fall von „Zahl“ aber A oder B – je nachdem, für was man sich vor dem Münzwurf entschieden hat. Entweder es fällt Kopf, dann bekommt man den Geldbetrag, und die Entscheidung, ob man bei Zahl A oder B will, ist unbedeutend, oder aber es fällt Zahl, in welchem Fall man wieder bei der Entscheidung zwischen A und B ist, und wenn man A bevorzugt, gibt es keinen Grund, warum man sich jetzt nicht für A entscheiden sollte.

Wenn man aber bei Kopf einen sehr großen Geldbetrag erhält, um so risikoaverser wird man bei der Entscheidung sein, was man im Falle von Zahl macht – wenn man schon nicht den großen Geldbetrag bei Kopf bekommt, dann möchte man wenigstens bei Zahl das sichere Ereignis haben (entscheidet sich also für A); und wenn bei Kopf ein kleiner Betrag kommt, dann ist man bereit, mehr Risiko für Zahl einzugehen (entscheidet sich also für B). Dieses Denken hat aber nichts mit der Einschätzung der Wahrscheinlichkeiten zu tun, sondern mit der Risikofreude.

Eine weitere Verletzung der Erwartungsnutzentheorie finden Experimente in dem sogenannten Common-ratio-Effekt. Dazu wieder eine Entscheidungssituation:

$$\begin{gathered}\text{Erste Wahl: A}: (3000,\ 1) \text{ oder B}: (4000,\ 0{,}8;\ 0,\ 0{,}2);\\ \text{dann wählen Sie zwischen}\\ \text{Zweite Wahl: C}: (3000,\ 0{,}25;\ 0,\ 0{,}75) \text{ oder D}: (4000,\ 0{,}2;\ 0,\ 0{,}8)\end{gathered}$$

Schaut man genauer hin, so erkennt man, dass die Alternativen in der zweiten Wahl sich von der ersten Wahl lediglich darin unterscheiden, dass die Wahrscheinlichkeiten in der zweiten Wahl ein Viertel der Wahrscheinlichkeiten der ersten Wahl sind. Wer also in der ersten Wahl sich für A (B) entscheidet, sollte bei der zweiten Wahl sich für C (D) entscheiden. Dennoch finden sich Hinweise darauf, dass Menschen in der ersten Wahl das sichere Ereignis A bevorzugen, bei der zweiten Wahl aber zur (riskanteren) Option D tendieren. Allgemein lässt sich der Common-ratio-Effekt wie folgt darstellen:

$$\begin{gathered}\text{Erste Wahl: A}: (X, p; 0, (1-p)) \text{ oder B}: (Y, q; 0, (1-q));\\ \text{dann wählen Sie zwischen}\\ \text{Zweite Wahl: C}: (X, rp; 0, (1-rp)) \text{ oder D}: (Y, rq; 0, (1-rq))\end{gathered}$$

Hier erkennt man, dass die zweite Wahl sich von der ersten lediglich darin unterscheidet, dass die Wahrscheinlichkeiten mit dem gleichen Faktor $r < 1$ multipliziert werden.[2]

Weitere Hinweise auf Schwächen der Erwartungsnutzentheorie liefert das Phänomen der Präferenzumkehr (*preference reversal*); diese kann entstehen, wenn man die Vorlieben von Menschen auf unterschiedlichem Weg ermittelt (vgl. Lichtenstein, Slovic 1971). Zuerst bietet man Versuchspersonen die Wahl zwischen zwei Alternativen an: Einen hohen Geldbetrag mit einer geringen Wahrscheinlichkeit zu gewinnen („\$-Wette") oder aber einen geringen Geldbetrag mit einer hohen Wahrscheinlichkeit zu gewinnen („P-Wette"). Anschließend (mit genügend zeitlichem Abstand) fragt man die Versuchspersonen, für welchen Preis sie die beiden Wetten verkaufen würden, wenn sie diese besitzen oder zu welchem Preis sie die jeweilige Wette kaufen würden.

Laut Erwartungsnutzentheorie sollten die Versuchspersonen der Wette, für die sie sich entscheiden, auch einen höheren Wert zuweisen. In Experimenten allerdings zeigt sich, dass sich Versuchspersonen zwar vor die Wahl gestellt für die P-Wette entscheiden, also den geringen Betrag mit Sicherheit, aber nach ihren Kauf- oder Verkaufspreis gefragt der \$-Wette einen höheren Wert beimessen (für eine Übersicht und mögliche Erklärungsansätze vgl. Tversky, Thaler 1990). Eine mögliche Erklärung für dieses Phänomen besteht darin, dass die Art und Weise, wie man Präferenzen bestimmt, Einfluss auf die Präferenzen selbst hat, so dass die implizite Annahme der Erwartungsnutzentheorie, dass die Methode der Präferenzfindung keinen Einfluss auf die Präferenzen hat (*procedure invariance*), in Zweifel gezogen werden muss.

Ein weiteres Phänomen, das sich mit der Erwartungsnutzentheorie nicht erklären lässt, ist das in Abschn. 3.3.2 beschriebene Framing. Experimente zum Framing zeigen, dass die Art der Darstellung ein und desselben Entscheidungsproblems Einfluss auf die Entscheidung selbst hat – beschreibt man Fleisch als „zu 75 % fettfrei", so kann dies zu einer anderen Entscheidung führen, als wenn man es als „mit 25 % Fettanteil" (was statistisch gesehen das gleiche ist) beschreibt. In der Erwartungsnutzentheorie sollte sich keine Veränderung aufgrund der Beschreibung des Entscheidungsproblems ergeben (*description invariance*).

---

[2] Im obigen Beispiel wäre $X = 3000$; $Y = 4000$; $p = 1$; $q = 0{,}8$ und $r = 0{,}25$.

Eine weitere Idee, welche durch die Erwartungsnutzentheorie impliziert ist, ist die der Vermögensintegration: Eine Alternative wird ausgewählt, wenn der aus ihr resultierende Nutzen inklusive der bisherigen Vermögensposition w größer ist als der Nutzen aus der betreffenden Vermögensposition alleine. Formal: $U(w+x_1, p_1; w+x_2, p_2; \ldots; w+x_n, p_n) > U(w)$. Vereinfacht gesagt: Bei der Entscheidungsfindung stellt man stets auf den Endzustand nach einer Handlung ab, der die gesamte Vermögensposition des Entscheiders mit einbezieht. Menschen entscheiden sich für eine Handlung, wenn sie nach dieser Handlung einen Gesamtnutzen haben, der über dem Nutzen ihres Vermögens liegt, das sie ohne diese Entscheidung haben. Somit stellt die Erwartungsnutzentheorie auf Endzustände einer Handlung ab und nicht darauf, ob die Folgen der Handlung als Verluste oder Gewinne wahrgenommen werden – ein zentraler Punkt der Prospect Theory, sie versucht zu zeigen, dass Menschen ihre Entscheidung oftmals nicht im Einklang mit der Idee der Vermögensintegration treffen, sondern auf die Veränderung ihrer Vermögensposition abstellen. Allerdings ist der Gedanke der Vermögensintegration nicht komplett von der Hand zu weisen: Ein Millionär wird vermutlich anders mit Geldbeträgen umgehen als ein Sozialhilfeempfänger – diese Idee beinhaltet aber dann, dass Menschen bei Ihrer Entscheidung durchaus auch auf ihr Gesamtvermögen achten.

Auch die Behandlung der Risikoaversion in der Erwartungsnutzentheorie wird kritisiert: Hier bestimmt alleine die Form der Nutzenfunktion (konkav oder konvex) das Risikoverhalten der Menschen. So zeigt Rabin (2000), dass schon die Annahme geringer Risikoaversion bei kleinen Geldbeträgen in der Erwartungsnutzentheorie bei hohen Geldbeträgen eine unrealistisch hohe Risikoaversion bedeuten würde. Wer beispielsweise eine Wette ablehnt, bei der er mit 50 % Wahrscheinlichkeit 110 € erhält und mit 50 % 100 € verliert, zeigt damit, dass zusätzliches Vermögen (die zehn Euro mehr, den er im Falle eines Gewinnes macht) für ihn einen rapide schwindenden Grenznutzen hat, was bedeutet, dass er eine Wette, bei der er mit 50 % Wahrscheinlichkeit 1000 € verlieren könnte, niemals annehmen würde, unabhängig davon, wie hoch der Betrag wäre, den er bei dieser Wette mit 50 % gewinnen könnte. Solange man also bei der Erwartungsnutzentheorie nicht mehr oder weniger komplette Risikoneutralität bei kleinen Beträgen annimmt, folgt aus der Theorie eine unrealistisch hohe Risikoaversion bei höheren Beträgen.

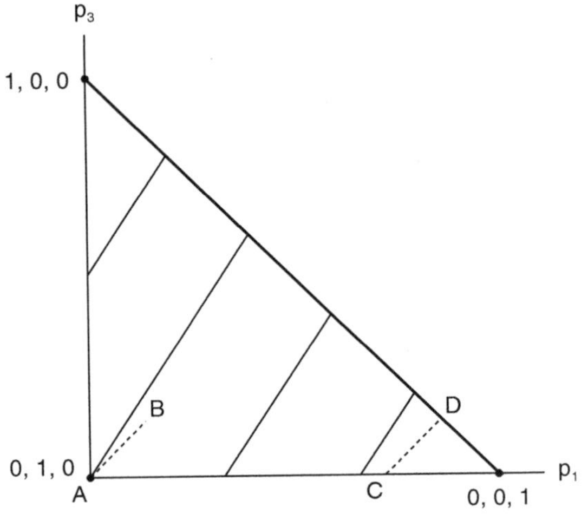

Abb. 3.2 Das Wahrscheinlichkeits-Dreieck-Diagramm. Die Zahlen repräsentieren die jeweiligen Wahrscheinlichkeiten der Ereignisse x_1, x_2 und x_3, also p_1, p_2 und p_3. Jeder Punkt im Diagramm repräsentiert eine Kombination dieser Wahrscheinlichkeiten. Die gestrichelten Linien stellen Indifferenzkurven dar

Wahrscheinlichkeits-Dreieck-Diagramme Eine Möglichkeit, einige der hier angesprochenen Widersprüche zur Erwartungsnutzentheorie darzustellen, sind die sogenannten Wahrscheinlichkeits-Dreiecks-Diagramme (*probability triangle diagram*).

Diese Diagramme stellen Wahlmöglichkeiten zwischen drei verschiedenen Auszahlungen dar. Auf der vertikalen Achse trägt man die Wahrscheinlichkeit der höchsten Auszahlung, x_3, also p_3 ab; im Ursprung der Grafik beträgt diese Null und nimmt nach oben hin zu. Auf der horizontalen Achse trägt man die Wahrscheinlichkeit für die Auszahlung mit dem niedrigsten Wert, x_1, also p_1 ab; auch diese nimmt mit steigendem Abstand vom Ursprung zu. Die Wahrscheinlichkeit p_2 für das Ereignis x_2, das besser ist als x_1, aber schlechter als x_3 ist, ergibt sich durch einfache Subtraktion: $p_2 = 1 - p_3 - p_1$. Jeder Punkt im Diagramm repräsentiert damit automatisch eine Kombination der drei Wahrscheinlichkeiten p_1, $p_2$und p_3. Im Ursprung des Diagramms sind $p_1$und $p_3 = 0$, daraus folgt dass $p_2 = 1$ ist, man erhält also das Ereignis x_2 mit Sicherheit. Bewegt man sich vom Ursprung aus auf der vertikalen Achse nach oben, so steigt p_3, da p_1 aber immer noch Null ist, muss damit also p_2 sinken, damit die Summe der Wahrscheinlichkeiten wieder eins ergibt. Eine senkrechte Bewegung nach oben erhöht also die Attraktivität der im Diagramm dargestellten Option, da die Wahrscheinlichkeit der besseren Alternative x_3 steigt, zulasten der zweitbesten Alternative x_2. Im Punkt (1,0,0) erhält man das Ereignis x_3 mit einer Wahrscheinlichkeit von 100 % (Abb. 3.2).

Bewegt man sich hingegen vom Ursprung des Diagramms aus nach rechts und bleibt auf der horizontalen Achse, so steigt die Wahrscheinlichkeit des (schlechtesten) Ereignisses x_1 zulasten der Wahrscheinlichkeit des zweitbesten Ereignisses x_2 bei Konstanz von p_3(bleibt man auf der horizontalen Achse, so ist $p_3 = 0$). Im Punkt (0,0,1) erhält man mit Sicherheit das Ereignis x_1. Ist $p_2 = 0$, so landen wir auf der durchgezogenen Diagonalen, die von der Ordinate (rechts oben) auf die horizontale Achse (links unten) führt; entlang dieser Linie ist p_2 Null, von rechts oben nach links unten sinkt p_3, während p_1 zunimmt; die Summe von p_3 und p_1 ist entlang dieser Linie immer gleich eins.

Mit diesem Diagramm lassen sich nun Entscheidungssituationen mit drei Alternativen darstellen, beispielsweise die Alternativen aus dem Allais-Paradoxon (vgl. 3.1):

$$\text{Erste Wahl: } A:(1\,000\,000, 1) \text{ oder } B:(5\,000\,000, 0{,}1; 1\,000\,000, 0{,}89; 0, 0{,}01);$$

$$\text{Zweite Wahl: } C:(1\,000\,000, 0{,}11; 0, 0{,}89) \text{ oder } D:(5\,000\,000, 0{,}1; 0, 0{,}9)$$

Der Punkt A ist die mittlere Auszahlung mit Sicherheit, sie entspricht also dem Ursprung (0,1,0), der Punkt B liegt nordöstlich davon (die Wahrscheinlichkeiten für p_3 und p_1 steigen, weswegen p_2 sinken muss, man bewegt sich also weg vom Ursprung nach rechts oben). Punkt C entspricht den Werten von Punkt A, nur mit dem Unterschied, dass die Wahrscheinlichkeit für das mittlere Ereignis nicht mehr 1, sondern nur noch 0,11 beträgt, dafür ist die Wahrscheinlichkeit vom schlechtesten Ereignis, p_1, auf 0,89 gestiegen; p_3 ist nach wie vor unverändert Null, weswegen auch C auf der horizontalen Achse ist – man erhält C also, indem man einfach auf der horizontalen Achse nach rechts wandert. Genauso lässt sich Punkt D finden: Die Wahrscheinlichkeit für das beste Ereignis, p_3, bleibt gegenüber Punkt B unverändert, p_2 sinkt auf Null (weswegen wir nun einen Punkt auf der diagonalen Linie erreichen, auf der p_2 Null ist) und p_1 steigt entsprechend. Punkt D ist also einfach Punkt B nach rechts verschoben. Die gestrichelten Linien, die A und B (C und D) verbinden, sind also parallel.

Mit Hilfe dieses Diagramms kann man das Allais-Paradoxon graphisch darstellen, allerdings benötigt man dazu noch Indifferenzkurven. Indiffe-

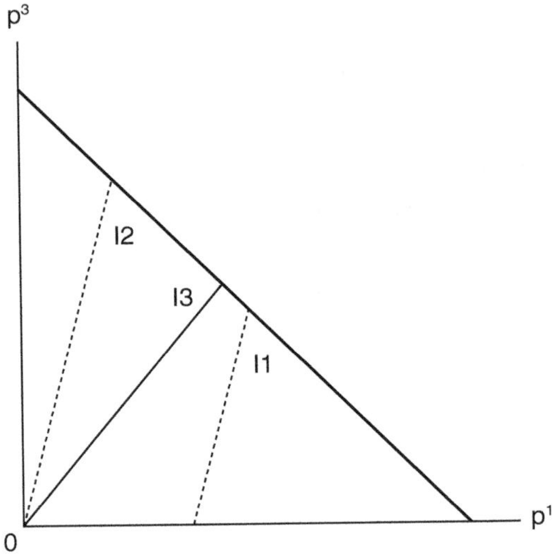

Abb. 3.3 Indifferenzkurven im Wahrscheinlichkeits-Dreieck-Diagramm. Die Linien stellen die Indifferenzkurven dar; I2 repräsentiert dabei einen höheren Nutzen als I1

renzkurven sind alle Kombinationen der drei Wahrscheinlichkeiten innerhalb des Diagramms, die den Gesamtnutzen eines Entscheiders unverändert lassen. Wenn also beispielsweise die Wahrscheinlichkeit, das schlechteste Ereignis zu erhalten, steigt, so bleibt der Nutzen des Entscheiders nur dann unverändert, wenn auch zugleich die Wahrscheinlichkeit auf das beste Ereignis steigt – das kompensiert sozusagen den Nutzenverlust aus dem Anstieg der Wahrscheinlichkeit für das schlechteste Ereignis. Also: Die Wette (100, 0,33; 50, 0,33; 0, 0,33) wird man (entsprechende Präferenzen vorausgesetzt) nur mit einer Wette tauschen, bei der die Wahrscheinlichkeit für die Auszahlung Null steigt, wenn dementsprechend auch die Chance auf die Auszahlung von 100 steigt, also beispielsweise (100, 0,45; 50, 0,1; 0, 0,45) (Abb. 3.3).

Unterstellt man vollständige, transitive und stetige Präferenzen (vgl. Abschn. 3.1), so lassen sich diese im Wahrscheinlichkeits-Dreieck-Diagramm in Form von Indifferenzkurven darstellen, die alle Kombinationen von p_1, p_2 und p_3 angeben, die den Nutzen des Entscheiders unverändert lassen. Unterstellt man nun noch, dass die Annahme der Unabhängigkeit (vgl. 3.1) gilt, so sind die Indifferenzkurven linear, verlaufen parallel zueinander und haben eine positive Steigung – die mit I1 und I2 bezeichneten gestrichelten Linien in Abb. 3.2. Abbildung 3.2 stellen solche Indifferenzkurven dar.

Diese Kurven muss man wie folgt interpretieren: Bewegt man sich *auf* einer gestrichelten Kurve von links unten nach rechts oben, so steigt zwar die Wahrscheinlichkeit p_3 für das beste Ereignis, zugleich sinkt aber die Wahrscheinlichkeit p_2 für das zweitbeste Ereignis und die Wahrscheinlichkeit für das schlechteste Ereignis p_1 steigt. Der Anstieg von p_3 steigert also den Nutzen des Entscheiders, zugleich sinkt sein Nutzen aber durch den Rückgang von p_2 und den Anstieg von p_1. Die Indifferenzkurve beschreibt jene Kombination der drei Wahrscheinlichkeiten, die den Gesamtnutzen der Entscheidungssituation für den Entscheider unverändert lassen.

Dabei gilt zugleich, dass der Nutzen einer Entscheidungssituation umso höher ist, je weiter die Indifferenzkurven links oben liegen. Die Indifferenzkurve I2 repräsentiert also einen höheren Nutzen als I1: Bei einer gegebenen Wahrscheinlichkeit p_3 für das beste Ereignis ist die Wahrscheinlichkeit p_1 für das schlechteste Ereignis geringer (womit die Wahrscheinlichkeit auf das zweitbeste Ereignis steigt), die Chance auf eine höhere Auszahlung ist also höher und damit der Nutzen, den diese Indifferenzkurve repräsentiert.

Unterstellt man die Annahmen der Erwartungsnutzentheorie (vgl. 3.1), so müssen die Indifferenzkurven parallel und linear sein und eine positive Steigung haben. Dies ergibt sich aus der Gültigkeit des Unabhängigkeitstheorems, das sich mathematisch wie folgt darstellen lässt: Ist man indifferent zwischen den Ereignissen x_1 und x_2, dann muss man auch indifferent sein zwischen $qx_1 + (1-q)\,x_3$ und $qx_2 + (1-q)\,x_3$. Fügt man zwei Optionen, zwischen denen man indifferent ist, jeweils eine dritte Option hinzu, so sollten sich die Präferenzen nicht ändern. Diese Eigenschaft der Unabhängigkeit erlaubt es (zusammen mit der Forderung nach Stetigkeit) den Nutzen einer Entscheidungssituation in der folgenden Weise zu zerlegen:

$$U(qx_1 + (1-q)x_2) = qU(x_1) + (1-q)U(x_2).$$

Vereinfacht gesagt steht dahinter der Gedanke, dass man den Nutzen einer komplexen Entscheidungssituation in die Nutzenkomponenten der einzelnen Komponenten dieser Entscheidung zerlegen kann. Der Nutzen des Urlaubs in der Schweiz plus Leihwagen ist also der Nutzen des Schweiz-Urlaubs plus der Nutzen des Leihwagens. Unterstellt man aber, dass das Gesamtpaket „Schweiz plus Leihwagen“ einen anderen Nutzen stiftet als die einzelnen Komponenten „Schweiz“ und „Leihwagen“, dass also sozusagen der Nutzen eines alleinigen Schweiz-Urlaubs ein anderer ist als der Nutzen eines Schweiz-Urlaubs mit Leihwagen (der Leihwagen gibt erst zusammen mit der Schweiz einen anderen Nutzen, der sich aus dem Zusammenspiel beider Faktoren ergibt – jetzt sind die Berge kein Problem mehr, das erhöht den Genuss der Landschaft), dann gilt das Unabhängigkeitsaxiom nicht mehr, dann kann man auch nicht mehr die Erwartungsnutzentheorie anwenden.

Die Gültigkeit des Unabhängigkeitsaxioms impliziert, dass die Indifferenzkurven parallel verlaufende Geraden sind[3]. Dies lässt sich auch mathematisch zeigen, indem man die Gleichung für eine Indifferenzkurve aufstellt. Der (entlang der betreffenden Indifferenzkurve) konstante Nutzen U* berechnet sich nach

$$U^* = p_1 U(x_1) + p_2 U(x_2) + p_3 U(x_3).$$

Setzt man für $p_2 = 1 - p_1 - p_3$ ein (die Summe der Wahrscheinlichkeiten der drei Ereignisse ergibt annahmegemäß eins) und löst die dadurch entstehende Gleichung nach p_3 auf, so erhält man die Gleichung der Indifferenzkurve. Bildet man von dieser Gleichung die erste Ableitung nach p_1; dp_3/dp_1, so erhält man die Steigung der Indifferenzkurven, bei der man erkennt, dass diese eine Konstante ist, also jede Indifferenzkurve unabhängig von ihrer Lage die gleiche Steigung hat. Damit ist klar, dass die Indifferenzkurven erstens parallel liegen und zweitens linear sind (vgl. Camerer 1989).

Die Steigung der Indifferenzkurve dp_3/dp_1 beträgt $\frac{U(x_2)-U(x_1)}{U(x_3)-U(x_2)}$ und gibt an, wie stark sich p_3 erhöhen muss, damit man eine Erhöhung von p_1 akzeptiert. Je größer die Steigung ist (je größer dp_3/dp_1 ist), um so risikoaverser ist man. Das bedeutet, dass die Risikoaversion im Falle der Erwartungsnutzentheorie stets gleich ist, egal an welchem Punkt im Diagramm man sich befindet (egal, wie weit links oder rechts im Diagramm die Indifferenzkurven liegen), also unabhängig davon, um welche Wahrscheinlichkeiten und welche Beträge es bei der Entscheidung geht. Nimmt man also an, dass sich die Risikoaversion eines Menschen ändert, wenn sich die Beträge ändern (geht es um größere Summen, dann wird man beispielsweise vorsichtiger)

[3] Wenn man indifferent ist zwischen zwei Ereignissen x_1 und x_2, dann müssen diese auf der gleichen Indifferenzkurve liegen. Ist man aber auch indifferent zwischen $qx_1 + (1 - q)\, x_3$ und $qx_2 + (1 - q)\, x_3$, wie es das Unabhängigkeitsaxiom erfordert, so bedeutet das, dass man beide Punkte um den gleichen Betrag verschiebt; damit man dann noch immer indifferent ist, müssen die beiden neuen Punkte wieder auf einer Indifferenzkurve liegen – das bedeutet aber, dass die neue Indifferenzkurve ebenfalls eine Gerade sein muss.

oder wenn sich die Wahrscheinlichkeiten ändern (kleine Wahrscheinlichkeiten unter- oder überschätzt man, weswegen man risikobereiter oder risikofreudiger wird), mit denen bestimmte Alternativen eintreten, dann lassen sich solche Präferenzen nicht mit Hilfe der Erwartungsnutzentheorie darstellen – es muss in diesem Fall zu Ergebnissen kommen, die im Widerspruch zur Erwartungsnutzentheorie stehen.

Damit sind die Annahmen der Erwartungsnutzentheorie recht restriktiv, einzig das Ausmaß der Steigung der Indifferenzkurven bleibt in diesem Fall offen. Dabei gilt: Je steiler die Indifferenzkurven, um so risikoaverser ist der Entscheider. Vergleicht man dazu beispielsweise die Indifferenzkurven in Abb. 3.3 miteinander, so sieht man, dass der Besitzer der gestrichelten Indifferenzkurven I1 und I2 (die steiler sind als die durchgezogene Indifferenzkurve I3) risikoaverser ist als der Besitzer der durchgezogenen Indifferenzkurve I3: Steigt die Wahrscheinlichkeit für das schlechteste Ereignis (wir bewegen uns nach rechts), p_1, so muss man dem Besitzer der gestrichelten Indifferenzkurven einen deutlich größeren Anstieg von p_3, der Wahrscheinlichkeit auf das beste Ereignis, bieten, damit sein Nutzen unverändert ist (die Bewegung nach oben muss also größer sein, damit der Nutzen konstant bleibt).

Abbildung 3.4 zeigt nun das Allais-Paradoxon, A und B sowie C und D sind die entsprechenden Alternativen, die wie bereits beschrieben, parallel zueinander liegen. Unterstellt man nun parallele Indifferenzkurven (die durchgezogenen Linien), die wie in der Abbildung dargestellt steiler sind als die Linie zwischen A und B (C und D), so wird sich der Entscheider für jeweils A und C entscheiden, weil das die jeweilige Entscheidung ist, die ihn auf die jeweils höchste Indifferenzkurve bringt (erinnern Sie sich: je weiter die Indifferenzkurve links oben liegt, umso größer ist der damit verbundene Nutzen). Wer sich also für A entscheidet, weil er damit die Indifferenzkurve mit dem höchsten Nutzen erreicht (bewegt er sich von B nach A, so erreicht er statt der Indifferenzkurve I2 die Kurve I3, welche einen höheren Nutzen verspricht), muss sich bei parallel liegenden Indifferenzkurven auch für C entscheiden; denn wenn er sich für D entscheiden würde, so könnte er einen höheren Nutzen (eine Indifferenzkurve, die weiter links liegt) einfach dadurch erreichen, indem er sich umentscheidet (und C wählt). Sind die Indifferenzkurven flacher als die Verbindungslinien zwischen A und B (C und D), so würde man sich – wenn man konsistent bleiben will – immer für B und D entscheiden, da man dadurch immer eine höhere Indifferenzkurve erreichen könnte.

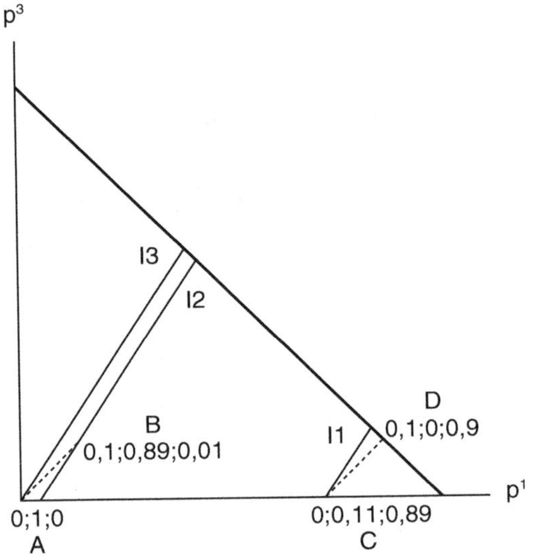

Abb. 3.4 Das Allais-Paradoxon im Wahrscheinlichkeits-Dreieck-Diagramm. Die Zahlen repräsentieren die jeweiligen Wahrscheinlichkeiten der Ereignisse x_1, x_2 und x_3, also p_1, p_2 und p_3. Jeder Punkt im Diagramm repräsentiert eine Kombination dieser Wahrscheinlichkeiten. Die durchgezogenen Linien stellen Indifferenzkurven dar. Je weiter links diese liegen, umso höher der Nutzen. Man sieht, dass man sich sowohl bei der Wahl zwischen A und B als auch bei der Wahl zwischen C und D in diesem Diagramm jeweils für C und A entscheiden sollte – damit erreicht man die jeweils höher liegende Indifferenzkurve und damit den höheren Nutzen. Das dreht sich allerdings um, wenn die Indifferenzkurven flacher sind als die gestrichelten Linien

Mit dieser Darstellung lässt sich auch der bereits erörterte Common-ratio-Effekt darstellen, indem man parallele, von links unten nach rechts oben verlaufende Linien einzeichnet, deren Werte den Werten aus dem Common-ratio-Problem entsprechen (vgl. Starmer 2000). Auch hier müsste bei Geltung der Erwartungsnutzentheorie gelten, dass sich die Menschen immer für die gleiche Option entscheiden, je nachdem, ob die Steigung ihrer Indifferenzkurve steiler oder flacher ist als die Linien, welche die Werte aus dem Common-ration-Problem repräsentieren (vgl. Abb. 3.5). Auch hier sollte man nach der Erwartungsnutzentheorie stets konsistent entweder die weniger riskante Option (3000, 1) bzw. (3000, 0,25; 0, 0,75) oder die riskantere Option wählen. Experimente jedoch zeigen, dass Menschen oft die Kombination (3000, 1) im ersten Fall und (4000, 0,2; 0, 0,8) im zweiten Fall bevorzugen (vgl. 3.1). Wenn sich aber Menschen oft für A im ersten Problem und D im zweiten Problem entscheiden (oder im Falle des Common-ra-

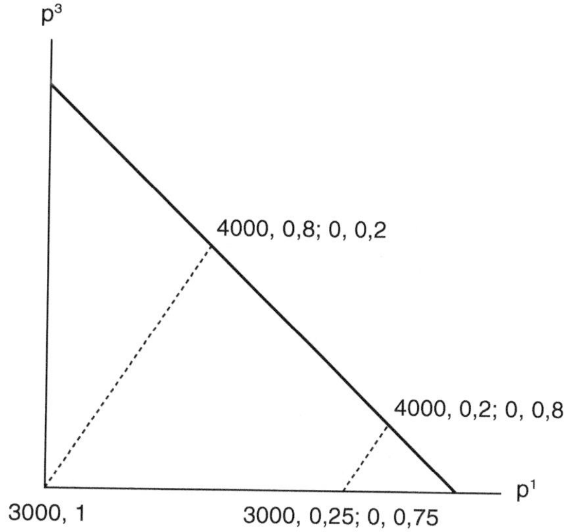

Abb. 3.5 Der Common-ratio-Effekt im Wahrscheinlichkeits-Dreieck-Diagramm

tio-Effektes einmal für die sichere, einmal für die riskante Option), bedeutet das, dass die Indifferenzkurven möglicherweise eine andere Form haben.

Betrachtet man das Allais-Paradoxon und den Common-ratio-Effekt im Wahrscheinlichkeits-Dreieck-Diagramm, so legt diese Betrachtung ein Muster nahe: Befindet man sich im Dreieck eher links oben, so handelt man risikoavers (man bevorzugt die sichere Option A respektive den sicheren Gewinn (3000, 1)), rechts unten hingegen tendiert man zu risikofreudigerem Verhalten (man wählt D respektive die riskantere Option (4000, 0,2; 0, 0,8)).

Die Verletzungen der Erwartungsnutzentheorie entstehen in diesen Diagrammen also dadurch, dass die Indifferenzkurven parallel zueinander verlaufen, wobei es vor allem die Forderung nach Unabhängigkeit (vgl. 3.1) ist, die dazu führt, dass die Indifferenzkurven linear sind und parallel zueinander verlaufen. Wenn die Wahrscheinlichkeiten, welche in die Bewertungsfunktion eingehen, nicht-linear sind, müssen die Indifferenzkurven weder linear noch parallel verlaufen. Alternativen zur Erwartungsnutzentheorie arbeiten also oft mit einer Lockerung der Unabhängigkeitsannahme; einige Alternativen sollen hier kurz angerissen werden.

Fanning-out-Hypothese Eine naheliegende Vermutung besteht darin, dass die Indifferenzkurven im Wahrscheinlichkeits-Dreieck-Diagramm umso steiler werden, je weiter man sich von rechts unten nach links oben bewegt; Menschen werden also umso risikoscheuer, je attraktiver die Wetten werden, die man ihnen bietet. Die Indifferenzkurven fächern sich also

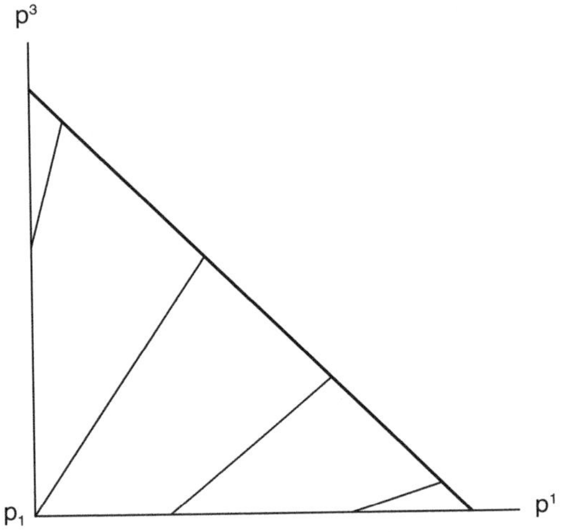

Abb. 3.6 Die Fanning-out-Hypothese im Wahrscheinlichkeits-Dreieck-Diagramm. Die Indifferenzkurven werden mit zunehmender Bewegung von rechts unten nach links oben steiler, was eine zunehmende Risikoaversion impliziert – je besser die Aussichten werden, umso mehr scheut man das Risiko

sozusagen im Diagramm immer weiter auf, das sogenannte „Fanning out", (Machina 1989; vgl. Abb. 3.6).

Mit dieser Form der Indifferenzkurven lassen sich nun das Allais-Paradoxon (respektive der Common-consequence-Effekt) und der Common-ratio-Effekt erklären; unter der Annahme einer zunehmenden Risikoaversion bei sich verbessernden Aussichten ergibt sich eine widerspruchsfreie Darstellung dieser Phänomene. Gibt man also die Forderung der Erwartungsnutzentheorie auf, dass die Indifferenzkurven parallel sein müssen, verschwinden diese Widersprüche. Das Auffächern der Indifferenzkurven bedeutet allerdings, dass sich diese in irgendeinem Punkt (*hub*) schneiden müssen, dieser Punkt kann aber außerhalb des Diagramms im linken unteren Quadranten des Diagramms sein.

Alternativen zur Erwartungsnutzentheorie Eine Fülle von Modellen hat sich mit dieser Kritik an der Erwartungsnutzentheorie beschäftigt und beschreibt Alternativen, die mit den hier diskutierten Abweichungen von der Erwartungsnutzentheorie vereinbar sind (vgl. dazu ausführlich Starmer 2000, Machina, 1987 und 1989, für einzelne Modelle Quiggin 1982, Fishburn 1983 und 1982 und Karmarkar 1978).

Eine Möglichkeit ist die Einführung von Gewichten für die einzelnen Nutzenkomponenten (*weighted utility*), bei denen die Indifferenzkurven linear sind, aber nicht parallel verlaufen. Der Nutzen aus einer Entscheidungssituation ergibt sich dann wie folgt:

$$U(qx_1 + (1-q)x_2) = \frac{qW(x_1)U(x_1) + (1-q)W(x_2)U(x_2)}{qW(x_1) + (1-q)W(x_2)} \quad (3.2)$$

Das Produkt aus Nutzen und Wahrscheinlichkeit wird hier mit einem (positiven) Gewichtungsfaktor $W(x_i)$ gewichtet, der vom jeweiligen Ereignis x abhängt. Hat $W(x_i)$ unabhängig vom jeweiligen x immer den gleichen Wert, so kürzen sich die Gewichte im Nenner und Zähler des Bruchs heraus und man erhält die Erwartungsnutzentheorie. Ändert sich aber W mit dem jeweiligen x, so werden unterschiedliche Ereignisse nun auch unterschiedlich gewichtet, weswegen nun Verletzungen des Unabhängigkeitsaxioms möglich sind[4]. Berechnet man (auf gleichem Weg wie im Falle der Erwartungsnutzentheorie) die Steigung der Indifferenzkurven, so zeigt sich, dass die Steigung nun nicht mehr konstant ist, sondern abhängt vom Nutzenniveau, auf dem man sich befindet. Je nach Parameterlage ist sowohl ein Fanning-out als auch ein Fanning-in (die Kurven werden nach oben hin flacher) möglich. Allerdings sind die Indifferenzkurven nach wie vor linear.

Wenn die Indifferenzkurven von rechts unten nach links oben steiler werden, bedeutet das, dass sie sich irgendwo schneiden müssen. Solange dieser Schnittpunkt aber jenseits des Nullpunktes des Diagramms (also links unten) liegt, kommt es nicht zu intransitiven Präferenzen. Würden sich die Indifferenzkuren im Schaubild schneiden, so gäbe es mehrere Indifferenzkurven mit gleichem Nutzenniveau – was der Idee und Definition der Indifferenzkurven widerspricht. Andere Theorien (Machina 1989) arbeiten mit nicht-linearen Indifferenzkurven, also solchen, die nicht geradlinig verlaufen wie in Abb. 3.6.

Regret Eine weitere Idee wird unter dem Stichwort *regret* (Bedauern) geführt und basiert auf der psychologisch inspirierten Idee, dass Menschen enttäuscht (erfreut) sind, wenn das Ergebnis einer Handlung schlechter (besser) als erwartet ausfällt. Wenn man vermutet, dass Menschen dieses

[4] Die gewichtete Nutzentheorie erfordert sogenannte schwache Unabhängigkeit, bei der für zwei gleich präferierte Ereignisse x_1 und x_2 gilt $qx_1 + (1-q)\, x_3 \sim rx_2 + (1-r)\, x_3$; es gibt also sozusagen eine Toleranzspanne, die sich in r dokumentiert; im Falle starker Unabhängigkeit bei der Erwartungsnutzentheorie muss gelten $r = q$.

Gefühl der Enttäuschung scheuen, dann wird die Aussicht auf Enttäuschung oder Vorfreude Bestandteil der Nutzenfunktion, die sich wie folgt darstellt: $V(q) = \sum_i p_i \left[U(x_i) - D(U(X_i) - \bar{U})\right]$ der Wert einer Alternative V(q) ergibt sich also aus der Multiplikation der Wahrscheinlichkeit p_i mit dem Nutzen $U(x_i)$, allerdings korrigiert um die Differenz D zwischen dem Nutzen einer Alternative x_i und dem erhofften Nutzen $\bar{U}$. Fällt der tatsächliche Nutzen $U(x_i)$ geringer aus als der erhoffte Nutzen, so schmälert das dadurch entstehende Gefühl der Enttäuschung insgesamt den Wert der Alternative. Wenn Menschen Enttäuschungen vermeiden wollen, werden sie entsprechend vorsichtig agieren, im Diagramm würde das ebenfalls zu Indifferenzkurven führen, die ein fanning-out aufweisen. Für den Fall, dass die Funktion $\left[U(x_i) - D(U(x_i) - \bar{U})\right]$ Null ist, reduziert sich dieses Modell zum Erwartungsnutzenmodell.

Entscheidungsgewichte Modelle mit Entscheidungsgewichten versehen die Wahrscheinlichkeiten mit einem subjektiven Gewicht w_i und transformieren auf diesem Weg objektive Wahrscheinlichkeiten in subjektive Wahrscheinlichkeiten: $V(q) = \Sigma_i w_i(p_i) U(x_i)$. Diese Form der Wahrscheinlichkeitsgewichtung wird auch bei der Prospect Theory angewendet. In ihrer Reinform kann diese Theorie dazu führen, Alternativen, die rein rechnerisch weniger attraktiv sind (stochastisch dominierte Alternativen) der dominanten (besseren) Alternative vorgezogen werden, es sei denn, man wählt die Gewichte so, dass sie den tatsächlichen Wahrscheinlichkeiten entsprechen – womit sich das Modell zur Erwartungsnutzentheorie reduziert.[5] Kahneman und Tversky haben in der ursprünglichen Version der Prospect Theory dieses Problem umschifft, indem sie annahmen, dass in der Editier-Phase stochastisch dominierte Alternativen eliminiert werden (vgl. Abschn. 3.2.1); später haben sie dieses Problem mit Hilfe der kumulativen Prospect Theory beseitigt.

[5] Unterstellt man einen Betrag X, den man mit Sicherheit erhält, und vergleicht ihn mit einer Situation, in der man diesen Betrag um einen kleine Variable x erhöht, wobei diese Variable x insgesamt n verschiedene Werte x_i annimmt, die man mit einer Wahrscheinlichkeit von jeweils 1/n erhält, so kann bei hinreichend kleinen x_i folgen: $U(X) > \sum_{i=1}^{n} w(\frac{1}{n}) U(X + x_i)$, das sichere Ereignis X wird also vorgezogen, obwohl $X + x_i$ größer ist und auch mit der Wahrscheinlichkeit eins eintritt. Das kann passieren, sobald die Gewichte kleiner werden als 1/n (vgl. Quiggin 1982).

Rangplatzabhängige Nutzentheorie Eine weitere Idee ist die *rangplatzabhängige Nutzentheorie* (*rank dependent expected utility theory*, Quiggin 1982), bei der die Wahrscheinlichkeiten mit Gewichten multipliziert werden, die auf den kumulierten Wahrscheinlichkeiten basieren – dieser Teil dieser Theorie wurde von Kahneman und Tversky für die kumulative Prospect Theory übernommen. Die anderen Theorien, welche den Wahrscheinlichkeiten ebenfalls Gewichte zuordnen, versuchen diese Gewichte als Funktion jeder einzelnen Wahrscheinlichkeit zu entwickeln. Im Gegensatz dazu werden in der rangplatzabhängigen Nutzentheorie die Wahrscheinlichkeiten aller schlechteren Ergebnisse und der Verlauf der Gewichtungsfunktion berücksichtigt (nur das schlechteste Ereignis hängt neben dem Verlauf der Gewichtungssituation nur von seiner eigenen Wahrscheinlichkeit ab). Formal ist der Wert einer Entscheidungsalternative V definiert als (vgl. Quiggin 1982)

$$V = h(p) \cdot U(x) = \Sigma_i h_i(p) U(x_i), \tag{3.3}$$

wobei $U(x_i)$ die Nutzenfunktion für die Alternative x_i darstellt und h(p) die Gewichtungsfunktion. Diese wird ermittelt, indem die Alternativen ihrer Rangfolge nach hintereinander aufgereiht werden und die Wahrscheinlichkeiten für die jeweilige Alternative aufsummiert werden. Der Gewichtungsfaktor $h_i(p)$ ist eine Transformation f über die kumulierten Wahrscheinlichkeiten aller schlechteren Ereignisse:

$$h_i(p) = f\left(\sum_{j=1}^{i} p_j\right) - f\left(\sum_{j=1}^{i-1} p_j\right) \tag{3.4}$$

Damit ist h_i die subjektive Gewichtung der Wahrscheinlichkeit, ein Ergebnis zu bekommen, das mindestens so gut ist wie das Ereignis x_i. Die Gewichtungsfunktion sorgt also dafür, dass in diesem Modell der Entscheidungswert auch davon abhängt, welchen Wert eine Alternative relativ zu den anderen Alternativen hat – ihr Rang entscheidet aufgrund der kumulativen Wahrscheinlichkeiten mit über deren Gewichtung und damit über deren Attraktivität. Intuitiv ist das nachvollziehbar: Der Wert einer Option x_i hängt auch ab von den zur Verfügung stehenden Alternativen. Verläuft die Transformationsfunktion f streng konkav (konvex) (vgl. dazu Kasten 12), so werden die in der Rangfolge schlechteren (besseren) Ereignisse übergewichtet (untergewichtet), damit verhält sich der Entscheider pessimistisch (optimistisch), er schenkt den negativen (positiven) Ergebnissen eine größere Aufmerksamkeit.

Heuristiken Eine weitere, psychologisch motivierte Idee besteht darin, dass Menschen bei ihren Entscheidungen auf verschiedene Heuristiken zurückgreifen, je nach Problem und Variablen werden andere Heuristiken zur Entscheidungshilfe herangezogen. Der Aufwand zur Berechnung der richtigen Entscheidung wird abgewogen gegen den potenziellen Ertrag, scheint der Aufwand zu hoch, wendet man eine einfache Faustformel an. In der Prospect Theory finden sich in der Editierungsphase solche Heuristiken.

Configural-Weights-Modelle Configural-Weights-Modelle gehen davon aus, dass Menschen Entscheidungssituationen als Entscheidungsbäume mit einzelnen Zweigen betrachten und den verschiedenen Zweigen unterschiedliche Gewichte (also Aufmerksamkeit) zuordnen – Käufer beispielsweise gewichten die Zweige eines Entscheidungsbaums niedriger, die den niedrigeren Preis repäsentieren, Verkäufer legen mehr Gewicht auf den Zweig mit den höheren Preisen (Birnbaum 2011; Birnbaum, Stegner 1979 und Birnbaum, Navarrete 1998).

Was die empirischen Befunde experimenteller Untersuchungen zu den verschiedenen Nutzentheorien angeht, so lassen sich verallgemeinert folgende Befunde machen (Starmer 2000):

- Die Ergebnisse von Experimenten sind zu komplex, um sie mit linearen Indifferenzkurven mit fanning-out zu erklären; auch wenn viele Experimente im Einklang mit dem Allais-Paradoxon stehen (also Fanning-out), so finden sich auch Befunde, die auf ein Fanning-in der Indifferenzkurven schließen lassen.
- Weiterhin lässt sich vermuten, dass die Indifferenzkurven nicht linear sind.
- Die Ideen der Erwartungsnutzentheorie finden sich eher im Inneren des Wahrscheinlichkeits-Dreiecks bestätigt, Verletzungen der Erwartungsnutzentheorie finden sich eher an den Rändern des Diagramms. Das könnte darauf hindeuten, dass Menschen vor allem auf Veränderungen von extremen Wahrscheinlichkeiten reagieren (Ereignisse, die fast sicher sind oder die Einführung eines neuen, sehr unwahrscheinlichen Ereignisses). Dies dient aber nur bedingt der Entlastung der Erwartungsnutzentheorie, eine praxistaugliche Theorie sollte auch für Ereignisse mit

extremen Wahrscheinlichkeiten tauglich sein, beispielsweise wenn man das Verhalten von Menschen beschreiben will, die Versicherungen oder Lotterielose kaufen oder sich auf neue Risiken (beispielsweise den Bau eines Atomkraftwerks) einlassen sollen.
- Etliche Studien favorisieren Modelle mit Wahrscheinlichkeitsgewichten und einer umgedreht S-förmigen Wahrscheinlichkeitsgewichtungsfunktion (vgl. dazu Abschn. 3.2.4)

Doch auch Entscheidungstheorien, die von der Erwartungsnutzentheorie abweichen, sehen sich Kritik ausgesetzt, beispielhaft dazu Starmer (2000; S. 363): „Manche Ökonomen argumentieren, sie würden solchen Nicht-Erwartungsnutzen-Theorien mehr Aufmerksamkeit schenken, wenn man ihnen mehr Beispiele zeigen könnte, in denen diese Modelle helfen, echte Vorkommnisse aus der Realität zu erklären, die für ökonomische Fragestellungen relevant sind“. Starmer verweist hier allerdings auf Gegenbeispiele, beispielsweise die Nachfrage nach Versicherungen oder Wertpapieren.

Die Prospect Theory ist unter den alternativen Theorien zur Erwartungsbildung die wohl prominenteste, sie setzt der Erwartungsnutzentheorie eine Alternative entgegen, die Anleihen bei einigen der in diesem Abschnitt diskutierten Theorien zur Erklärung menschlichen Verhaltens macht. Sie ist verhaltenswissenschaftlich motiviert und versucht, menschliches Verhalten in solchen Situationen möglichst realistisch zu beschreiben. Die Prospect Theory unterscheidet zwei Phasen der Entscheidungsbildung: Zuerst werden angebotene Alternativen dargestellt und analysiert (Editierphase, *editing*), dann werden diese Alternativen in einer zweiten Phase bewertet (Evaluationsphase, *evaluation*). Diese beiden Phasen schauen wir uns jetzt im Weiteren genauer an.

3.2 Die Prospect Theory

3.2.1 Phasen der Entscheidungsfindung

Die Entscheidung eines Menschen startet nach der Prospect Theory mit der sogenannten Editierphase, hier erfolgt zunächst eine vorläufige Einschätzung der angebotenen Alternativen, man könnte auch sagen, dass hier die zur Entscheidung anstehenden Alternativen geordnet und in einem ersten Blick sortiert werden. Oftmals werden die zur Auswahl stehenden Alternativen in dieser Phase vereinfacht, damit sie leichter vergleichbar sind. Sie werden organisiert und umformuliert, damit die Entscheidungsfindung erleichtert wird. Tversky und Kahneman (vgl. auch im Folgenden Kahneman, Tversky 1979) unterscheiden innerhalb der Editierphase sechs verschiedene Operationen, die Menschen während dieser Phase vornehmen:

1. *Coding.* Experimente haben gezeigt, dass Menschen die Ergebnisse einer Entscheidung nicht in absoluten Zahlen wahrnehmen, sondern als Gewinne oder Verluste, und zwar in Bezug auf einen bestimmten Referenzpunkt. Alternativen werden also beim Coding daraufhin bewertet, inwieweit sie eine Abweichung von einem Referenzpunkt darstellen – eine Abweichung nach oben (unten) wird dann als Gewinn (Verlust) interpretiert. Diese Annahme ist ein zentraler Unterschied der Prospect Theory zur Erwartungsnutzentheorie. Unbestimmt ist allerdings, welchen Referenzpunkt Menschen auswählen – ein zentraler Kritikpunkt an der Prospect Theory.
2. *Combination.* Die Entscheidungsfindung wird vereinfacht, indem man die Wahrscheinlichkeiten von Alternativen mit gleichem Ergebnis addiert. Hat man beispielsweise zwei Alternativen, die jeweils einen Ertrag von 200 mit einer Wahrscheinlichkeit von 25 % versprechen, so fasst man diese beiden Ereignisse zusammen zu einem Ereignis mit dem Ertrag von 200 und der Wahrscheinlichkeit von 50 %.
3. *Segregation.* Wenn möglich, wird aus Alternativen die sichere Komponente herausgerechnet. Aus der Aussicht, 300 € mit 80 % und 200 € mit 20 % zu gewinnen, destilliert der Entscheider in der Prospect Theory einen sicheren Gewinn von 200 € und einen Gewinn von 100 €, der mit einer Wahrscheinlichkeit von 80 % eintritt.
4. *Cancellation.* Haben verschiedene Alternativen gleiche Komponenten, so werden diese bei der Auswahl der Alternativen vernachlässigt – man konzentriert sich auf diejenigen Charakteristika der Alternativen, in denen sich die Alternativen unterscheiden (vergleichen Sie dazu auch Problem 1).
5. *Vereinfachung (simplification).* „Unrunde" Wahrscheinlichkeiten werden zu runden Werten auf- oder abgerundet. Die Aussicht, mit einer Wahrscheinlichkeit von 51 % 101 € zu gewinnen, wird mental als eine fünfzigprozentige Chance auf 100 € verbucht. Extrem unwahrscheinliche Ergebnisse werden bei der Vereinfachung komplett ausgeschlossen.

6. *Eliminierung dominierter Alternativen.* Gibt es bei der Auswahl zwischen verschiedenen Alternativen eine Alternative, die in allen Belangen schlechter abschneidet, also von den anderen Alternativen dominiert wird, so wird diese Alternative bei allen weiteren Überlegungen vernachlässigt.

	Alternative A	**Alternative B**
1. Sie bekommen zu Ihrem bisherigen Vermögen 1000 Euro Bonus dazu. Wählen sie nun zwischen:	1000 Euro; 50 Prozent	500 Euro, sicher
2. Sie bekommen zu Ihrem bisherigen Vermögen 2000 Euro Bonus dazu. Wählen sie nun zwischen:	- 1000 Euro; 50 Prozent	- 500 Euro, sicher

Problem 1: Die Mehrheit der Probanden wählte beim ersten Problem Alternative B; beim zweiten Problem hingegen Alternative A. Beschreibt man beide Alternativen, indem man den Bonus in die Auszahlungen einbezieht, so lassen sich beide Probleme durch die Alternativen (2000 Euro mit 50 Prozent; 1500 Euro sicher) darstellen – sie sind also äquivalent, das Entscheidungsverhalten der Probanden unter dieser Perspektive also inkonsistent. Ursache für diese Inkonsistenz ist der Prozess der Cancellation: Da der Bonus beiden Alternativen gemeinsam ist, wird er bei der Entscheidung ignoriert. Wollte ein Proband also 1500 Euro sicher haben, so müsste er sich in beiden Fällen für Alternative B entscheiden – der Vermögensstand nach Auswahl der Alternativen wäre dann in beiden Fällen gleich. Somit passt dieses Ergebnis auch nicht zur traditionellen Erwartungsnutzentheorie: Hier müsste der Proband unabhängig davon, ob er von 2000 Euro auf 1500 verliert oder von 1000 Euro auf 500 gewinnt, immer den gleichen Nutzen aus den 1500 Euro haben und sich somit immer für die gleiche Alternative entscheiden.

Viele Abweichungen von der Erwartungsnutzentheorie lassen sich also im Rahmen der Prospect Theory bereits durch die Editierungsphase erklären.

Sind die verschiedenen Alternativen zunächst editiert, so folgt die Evaluierung der verschiedenen Alternativen. Das geschieht mittels einer Bewertungsfunktion, die mit V bezeichnet wird und sich aus zwei Elementen zusammensetzt: Einer Funktion v(x), die jedem Ergebnis einer Alternative einen subjektiven Wert zuordnet, und einer Wahrscheinlichkeitsgewichtungsfunktion π, die jeder Wahrscheinlichkeit p, mit der eine Alternative eintritt, ein subjektives Entscheidungsgewicht zuweist. Der subjektive Gesamterwartungswert einer Alternative x, deren Eintrittswahrscheinlichkeit p beträgt, ergibt sich, indem man den subjektiven Nutzen v(x) dieser Alternative mit der Wahrscheinlichkeitsgewichtungsfunktion π (p) multipliziert, deren Wert sich wiederum durch die Wahrscheinlichkeit bestimmt, mit der das Ereignis eintritt – wobei π selbst keine Maßzahl für die Wahrscheinlichkeit ist, sondern etwas über die subjektive Einschätzung des Entscheiders bezüglich dieser Wahrscheinlichkeit aussagt.

Ein einfaches Beispiel macht die Bauweise einer Entscheidung in der Prospect Theory klar: Sie wetten mittels eines Münzwurfes um einen Euro, bei „Kopf" erhalten Sie den Euro, bei „Zahl" müssen Sie einen Euro zahlen. Die Wahrscheinlichkeit für beide Ereignisse „Kopf" oder „Zahl" beträgt jeweils 0,50, der Wert, um den es geht, sind ein Euro Gewinn und ein Euro Verlust. In der Prospect Theory stellt sich diese Wette wie folgt dar:

$$V(1,\ 0{,}5;\ -1,\ 0{,}5) = \pi(0{,}5)\,v(1) + \pi(0{,}5)\,v(-1) \qquad (3.5)$$

Die Bewertungsfunktion v ordnet den beiden Eurobeträgen den subjektiven Nutzen zu, den der Entscheider aus den jeweiligen Geldbeträgen zieht; in der Prospect Theory werden die Ergebnisse der Alternativen (also in diesem Fall die ausgezahlten Eurobeträge) als Abweichungen von einem Referenzpunkt definiert, v bestimmt also den Wert dieser Abweichung vom Referenzpunkt und nicht den absoluten Wert mit Blick auf die Veränderung des Gesamtvermögens. Die Gewichtungsfunktion bestimmt den Einfluss der Wahrscheinlichkeiten auf den Gesamtnutzen der Geldbeträge. Sie erkennen sofort, dass der Gesamtnutzen aus dieser Wette nicht notwendigerweise Null sein muss, wie man es anhand der normalen Erwartungswerte ausrechnen würde: Wenn der Entscheider den Verlust eines Euro höher einschätzt als den Gewinn, dann wird diese Wette unattraktiv für ihn. In der Tat zeigen Experimente, dass Menschen Wetten dieser Art eher ablehnen, was dafür spricht, dass die Verluste anders bewertet werden als die Gewinne.

In allgemeiner Darstellung wird der Wert von Alternativen in der Prospect Theory wie folgt dargestellt:

$$V(x, p; y, q) = \pi(p)\,v(x) + \pi(q)\,v(y), \qquad (3.6)$$

wobei x und y die möglichen Ergebnisse (Auszahlungen) einer Entscheidung sind, und p, q die Wahrscheinlichkeiten, mit denen diese Ergebnisse eintreffen. Dabei gilt $v(0) = 0$ (eine Auszahlung von Null bringt auch keinen Nutzen); $\pi\ (1) = 1$ (tritt ein Ereignis mit Sicherheit ein, so wird es auch als solches bei der Berechnung des Nutzens behandelt, es schlägt also eins zu eins auf den Nutzen der Alternative durch). Beachten Sie, dass die Wahrscheinlichkeitsgewichtungsfunktion anderen Wahrscheinlichkeiten auch geringere Gewichte zuordnen kann.

3.2.2 Die Wertfunktion

Die Wertfunktion ordnet jeder Auszahlung einen Wert zu, der den subjektiven Nutzen dieser Auszahlung angibt. Der Clou dieser Wertfunktion besteht darin, dass sie nicht den Gesamtvermögenswert eines Entscheiders vor und nach der Entscheidung angibt, sondern die Ergebnisse einer Entscheidung als Abweichungen von einem vorher festgelegten Referenzpunkt betrachtet – v misst also den Nutzen einer Abweichung von diesem Referenzpunkt. In der Prospect Theory beurteilen die Menschen eine Entscheidungssituation also nicht unter Einbeziehung ihres gesamten Vermögens, sondern anhand der potenziellen Abweichung von einem Referenzpunkt. (In Problem 1 ist diese Abhängigkeit einer Entscheidung vom Referenzpunkt dargestellt.) Ein einfaches Beispiel: Wenn Sie sich fragen, ob Sie eine Wette eingehen, bei der Sie einen Euro gewinnen oder verlieren können, dann fragen Sie sich in der traditionellen Erwartungsnutzentheorie, wie Sie mit Ihrem Gesamtvermögen nach dieser Wette dastehen – wenn Sie also ein Gesamtvermögen von einer Million Euro haben, vergleichen Sie den Nutzen von einer Million und einem Euro (bei Gewinn) mit dem Nutzen von 999.999 € (bei Verlust). In der Prospect Theory vergleichen Sie beispielsweise den Nutzen eines Verlustes von einem Euro mit dem Nutzen des Gewinns von einem Euro – das muss nicht das gleiche Ergebnis bringen wie im ersten Fall.

In der Prospect Theory sind also nicht absolute Werte, sondern die Veränderungen dieser Werte in Bezug auf einen Referenzpunkt die Träger von Nutzen. Damit ist der Wert einer Alternative abhängig von zwei Elementen: dem Referenzpunkt und der Höhe der Abweichung vom Referenzpunkt. Dieser Referenzpunkt ist der Ursprung des Koordinatensystems in Abb. 3.7, die eine Wertfunktion der Prospect Theory darstellt. Auf der Abszisse sind die Verluste beziehungsweise Gewinne abgebildet, auf der Ordinate die dazugehörigen Werte, die der Entscheider diesen Gewinnen oder Verlusten beimisst.

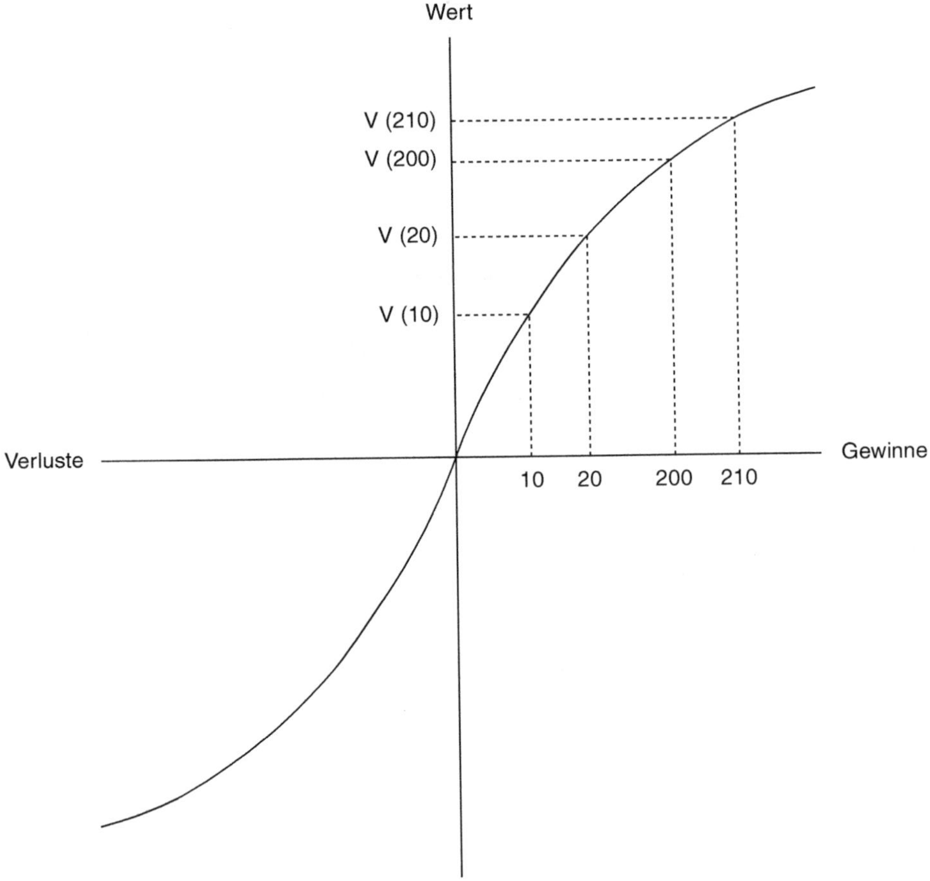

Abb. 3.7 Die Wertfunktion in der Prospect Theory

In späteren Publikationen haben Tversky und Kahneman (1992) diese Funktion näher spezifiziert, die Wertfunktion der Prospect Theory sieht dann wie folgt aus:

$$\mathbf{V(x)} = \begin{cases} \mathbf{x}^{\alpha}, & x \geq 0 \\ \boldsymbol{\lambda}(-\mathbf{x}^{\beta}), & x < 0 \end{cases}. \tag{3.7}$$

Der Koeffizient λ dient als Maß für die Verlustaversion; α und β sind Koeffizienten, welche die Risikoaversion beziehungsweise Risikofreude angeben. Empirisch wird λ auf 2,25 geschätzt (das entspricht in etwa der Faustformel, dass Verluste doppelt so schwer wiegen wie Gewinne); α und β werden auf 0,88 geschätzt.

Zwei Besonderheiten zeichnen diese Kurve aus: Sie ist konkav im Bereich der Gewinne und konvex im Bereich der Verluste; zudem ist sie im Verlustbereich steiler als im Gewinnbereich. Was bedeutet das?

Konkav im Gewinnbereich, konvex im Verlustbereich Die Begründung für diese Form finden Kahneman und Tversky in vielen Beispielen, bei denen die psychologische Wahrnehmung von der Größe der Reize abhängt. So fällt es beispielsweise leichter, einen Temperaturunterschied zwischen 3° und 6° zu identifizieren als den von der absoluten Höhe her gleichen Temperaturunterschied zwischen 13° und 16°. Das gleiche Prinzip schlagen Kahneman und Tversky auch für die Wahrnehmung von Verlusten oder Gewinnen vor: Der Unterschied zwischen einem Gewinn von 100 und einem Gewinn von 200 € wird stärker wahrgenommen als der Unterschied zwischen einem Gewinn von 1100 und 1200 €. Diese Idee spiegelt sich in der Krümmung der Kurve in Abb. 3.7 im Gewinnbereich wider: Steigt der Gewinn von 10 auf 20, so steigt die Wertschätzung von v(10) auf v(20); steigt der Gewinn von 200 auf 210, so steigt die Wertschätzung von v(200) auf v(210), wobei der Anstieg der Wertschätzung im zweiten Falle deutlich geringer ist als im ersten Fall – die absolute Differenz zwischen zwei Gewinnen spielt also eine umso geringere Rolle, je größer der Gewinn bereits ist. Wer sich von 10 auf 20 € verbessert, erhöht seinen persönlichen Nutzen mehr, als wenn er seinen Gewinn von 200 auf 210 oder gar von 2 Mio. auf 2 Mio. und 10 € steigert. Die konvexe Form der Kurve im Verlustbereich stellt sicher, dass das gleiche Phänomen bei Verlusten auftritt: Ein Verlust von 200 statt 100 € tut weh, steigt der Verlust aber von 20 000 auf 20 100 €, so macht diese Differenz dann auch keinen großen Unterschied mehr. Problem 2 erläutert diesen Gedankengang näher.

Wichtig dabei ist allerdings, dass man bei der Gestalt der Funktion auch immer spezielle Umstände berücksichtigen muss – wer beispielsweise auf einen Vermögensgegenstand mit einem Wert von sagen wir einmal 50.000 € hin spart, wird in der Nähe dieses Betragsziels ein ganz anderes Verhalten an den Tag legen als hier angenommen.

	Alternative A	Alternative B
1. Sie haben die Wahl zwischen:	6000 Euro; 25 Prozent	4000 Euro, 25 Prozent und 2000 Euro; 25 Prozent
2. Sie haben die Wahl zwischen:	6000 Euro Verlust; 25 Prozent	4000 Euro Verlust, 25 Prozent und 2000 Euro Verlust; 25 Prozent

Problem 2: Konkaver und konvexer Verlaufder Wertefunktion in der Prospect Theory. In der ersten Version des Experiments wählte die Mehrheit der Befragten die Alternative B; in der Verlustversion hingegen bevorzugten Sie die Alternative A. Drückt man die Wahl im Falle der Gewinne in Form der Prospect Theory aus, so gilt im ersten Fall π (0,25) v (6000) < π (0,25) v (4000) + π (0,25) v (2000), also Alternative B wird gegenüber Alternative A bevorzugt. Da die Wertfunktion, die der Wahrscheinlichkeit von 25 Prozent ein Entscheidungsgewicht zuordnet, für alle Alternativen die gleiche ist, gilt also offensichtlich v (6000) < v (4000) + v (2000), d.h. der Wert, den der Entscheider dem Betrag von 6000 beimisst, ist geringer als die Summe des Nutzens von 4000 plus 2000. Diese Zuordnung von Werten entspricht einer konkaven Funktion im Gewinnbereich: Addiert man die einzelnen Wertzuweisungen von 2000 und 4000, so kommt in der Summe ein höherer Wert heraus als der Wert für den Gesamtbetrag von 6000 – und der Grund dafür ist die Konkavität der Kurve. Das Experiment bestätigt diese Funktionsform: Offenbar schätzen die Befragten den Wert der beiden Einzelbeträge höher ein als den Wert des Gesamtbetrags. Vereinfacht gesagt: Wenn Sie die Wahl haben zwischen einem Gewinn von 100 Euro und zwei Gewinnen à 50 Euro, so bevorzugen Sie es, zweimal 50 Euro statt einmal 100 Euro zu gewinnen. Auf der Verlustseite (im zweiten Fall) gilt das gleiche mit umgekehrten Vorzeichen: π (0,25) v (-6000) > π (0,25) v (-4000) + π (0,25) v (-2000) beziehungsweise v (6000) > v (4000) + v (2000). Dem einmaligen Verlust von 6000 wird also ein geringerer Wert beigemessen als der Summe der beiden Beträge von 2000 und 6000. Diese Bedingung ist bei einer konvexen Funktion im Verlustbereicherfüllt. Hier gilt: Lieber einmal 100 Euro verlieren statt zweimal 50 Euro.

Funktion im Verlustbereich steiler als im Gewinnbereich Dies bedeutet, dass Menschen Verlusten ein höheres Gewicht beimessen als Gewinnen. Ein einfaches Beispiel macht das deutlich: Die meisten Menschen finden symmetrische Wetten nicht attraktiv; beispielsweise die Wette, mit einem Münzwurf bei Kopf einen Betrag x zu gewinnen und bei Zahl den gleichen Betrag x zu verlieren. Wer Gewinne und Verluste gleich behandelt, wäre dieser Wette gegenüber indifferent; wer diese Wette scheut, gibt den dabei mit gleicher Wahrscheinlichkeit auftretenden Verlusten ein höheres Gewicht. Verluste wiegen also schwerer als Gewinne, was dazu führt, dass die Wertfunktion im Verlustbereich steiler sein muss – dann wird dem gleichen Geldbetrag im Verlustfall auf der Ordinate ein größerer Wert beigemessen als im Gewinnfall. Ein weiterer Beleg für diese These: In der Regel finden Menschen eine symmetrische Wette umso unattraktiver, je größer der Betrag ist, um den es geht. Man wettet ungern in einer fairen Wette um einen Euro, aber noch weniger ist man bereit, eine faire Wette um 100 € einzugehen. In der Prospect Theory bedeutet das $\pi(0{,}5)v(y) + \pi(0{,}5) v(-y) > \pi(0{,}5)v(x) + \pi(0{,}5)v(-x)$ mit $x > y \geq 0$ beziehungsweise $v(y) + v(-y) >$

$v(x)+v(-x)$. Durch Umformen erhält man $v(-y)-v(-x)>v(x)-v(y)$. Dem Abstand zwischen y und x wird im negativen Bereich also mehr Wert beigemessen als im Gewinnbereich – das bedeutet, daß die Funktion im Verlustbereich steiler sein muss, da der Abstand zwischen diesen beiden Werten auf der Ordinate im Verlustbereich also größer und die Kurve hier damit steiler ist.

3.2.3 Die Wahrscheinlichkeitsgewichtungsfunktion

Die Wertgewichtungsfunktion der Prospect Theory wird ergänzt um eine Gewichtungsfunktion, die jeder Eintrittswahrscheinlichkeit p eines Ereignisses ein subjektives Gewicht π zuordnet. π ist also keine Messgröße für Wahrscheinlichkeiten und ist auch keine Einschätzung oder Wahrnehmung der Wahrscheinlichkeiten, sondern weist jeder Wahrscheinlichkeit eine subjektive Einschätzung des Entscheiders zu, wie stark diese Wahrscheinlichkeit den Gesamtnutzen der betreffenden Alternative beeinflusst[6]. Die Höhe von π kann beeinflusst werden von allen möglichen Dingen, beispielsweise Unklarheiten oder persönlichen Erfahrungen. Da Kahneman und Tversky in ihren Experimenten den Probanden lediglich die Auszahlung sowie deren Wahrscheinlichkeit präsentiert haben, gehen sie davon aus, dass π von ebendieser Wahrscheinlichkeit p abhängt, also $\pi=\pi(p)$ gilt. Die Wahrscheinlichkeitsfunktion $\pi(p)$ verwandelt also jede Wahrscheinlichkeit p in ein subjektives Entscheidungsgewicht. Bei einem Münzwurf beispielsweise ist die objektive Wahrscheinlichkeit 0,5, das subjektive Gewicht, das Menschen dieser Wahrscheinlichkeit zuordnen, kann aber kleiner sein. Das wird klar, wenn wir nun die verschiedenen Eigenschaften der Wahrscheinlichkeitsgewichtungsfunktion diskutieren.

Mit steigendem p nimmt π zu Das ist einleuchtend: Höheren Wahrscheinlichkeiten wird auch eine höhere Bedeutung für die Entscheidung beigemessen. Dabei ist das Gewicht einer Wahrscheinlichkeit von 0 ebenfalls Null, also $\pi(0)=0$; das Gewicht des sicheren Ereignisses mit einer Wahrscheinlichkeit von 100 % ist 1, also $\pi(1)=1$.

[6] Damit unterliegt $\pi(p)$ auch nicht den Gesetzen der Wahrscheinlichkeitsrechnung, wie wir gleich sehen werden.

Subadditivität für kleine Wahrscheinlichkeiten Ein Beispiel erläutert diese Eigenschaft. Sie haben die Wahl zwischen

Beispiel 1

$$6000\ € \text{ mit einer Wahrscheinlichkeit von } 0{,}01\%$$

oder

$$3000\ € \text{ mit einer Wahrscheinlichkeit von } 0{,}02\%.$$

Die meisten Befragten entscheiden sich für die erste Option. Die Verdopplung der Wahrscheinlichkeit reicht also nicht aus, um die Halbierung des Auszahlungsbetrags zu kompensieren; offenbar wird also der Wahrscheinlichkeit von 0,01 ein subjektiv höheres Gewicht beigemessen als der Wahrscheinlichkeit von 0,02, die ja das Doppelte von 0,01 ist. Formal bedeutet das: Nimmt man eine beliebige Zahl $r < 1$, so ist $\pi\ (rp)$ größer als $r\ \pi(p)$. (in unserem Beispiel: $\pi(0{,}5 \cdot 0{,}02) > 0{,}5\pi(0,\ 02)$. Das Wahrscheinlichkeitsgewicht von 0,02 ist also nicht doppelt so hoch wie das Wahrscheinlichkeitsgewicht von 0,01; das Verhältnis zwischen $\pi(0,\ 01)$ und $\pi(0,\ 02)$ ist größer als eins zu zwei.[7]

Allerdings muss diese Eigenschaft nicht für große Wahrscheinlichkeiten gelten: Stellt man Probanden vor die Wahl zwischen 6000 € zu 45 % und 3000 € mit einer Wahrscheinlichkeit von 90 %, so entscheidet sich die Mehrheit der Befragten für die Option mit der größeren Wahrscheinlichkeit, obwohl auch hier die Wahrscheinlichkeiten ebenso wie die Auszahlungen verdoppelt werden. Subadditivität gilt also offenbar nur für kleinere Wahrscheinlichkeiten.

Übergewichtung geringer Wahrscheinlichkeiten Eine weitere Eigenschaft der Wahrscheinlichkeitsgewichtungsfunktion besteht darin, dass Menschen offenbar kleinen Wahrscheinlichkeiten ein deutlich größeres Gewicht einräumen. Ein Beispiel: Sie haben die Wahl zwischen

[7] Formal ergibt sich das auch aus der Formulierung der beiden Alternativen in der Prospect Theory: Aus $\pi(0,\ 01) \cdot v(6000) > \pi(0,\ 02) \cdot v(3000)$ folgt durch umformen $\pi(0,\ 01)/\pi(0,\ 02) > v(3000)/v(6000) > ½$; aus der Konkavität der Bewertungsfunktion v (siehe vorheriger Abschnitt) wissen wir, dass $v(6000) < 2v(3000)$ ist, also ist $v(3000)/v(6000) > ½$.

Beispiel 2

5000 € mit 0,001 % Wahrscheinlichkeit
oder
5 € mit Sicherheit

Die meisten Probanden entscheiden sich für den unsicheren Gewinn; damit entscheiden sie sich im Prinzip für ein Lotterieticket mit einem Erwartungswert von 5 € (5000 · 0,001 %) statt der sicheren Auszahlung von 5 €. Werden Sie hingegen vor die vor die Wahl gestellt zwischen

Beispiel 3

einem Verlust von 5000 € mit einer Wahrscheinlichkeit von
0,001 % oder
einem sicheren Verlust von 5 €

entscheiden sich die Menschen in der Regel für den sicheren Verlust von 5 €. Das entspricht einer Versicherung mit einer Prämie von 5 €, mit der man einen möglichen Schaden von 5000 € ausschließen will. Für Beispiel 3 gilt also $\pi(0,001)\cdot v(5000)>v(5)$ beziehungsweise nach Umformen $\pi(0,001)>v(5)/v(5000)$. Der letzte Term wäre exakt 0,001, wenn die Wertfunktion v die Auszahlungen exakt eins zu eins gewichten würde, also der Auszahlung von 5 den Wert von 5 und der Auszahlung von 5000 den Wert 5000 zuordnen würde. Nun wissen wir aber, dass die Wertfunktion konkav ist, der Auszahlung von 5 also einen proportional gesehen höheren Wert zuordnet als der Auszahlung 5000. Damit wird der Ausdruck $v(5)/v(5000)$ aber größer als 0,001 (ordnen Sie beispielsweise $v(5)$ den Wert 5, $v(5000)$ den Wert 4500 zu), womit zusammen mit der obigen Ungleichung sofort folgt, dass die Gewichtung $\pi(0,01)$ größer ist als 0,01 – kleine Wahrscheinlichkeiten werden also übergewichtet.

Wichtig ist, dass es sich hier nicht um eine falsche, zu hohe Einschätzung der Wahrscheinlichkeiten handelt – Kahneman und Tversky gehen davon aus, dass die Probanden die ihnen vorgegebenen Wahrscheinlichkeiten so akzeptiert haben. Übergewichtung und Überschätzung von Wahrscheinlichkeiten können aber zusammen dafür sorgen, dass Menschen seltene Ereignisse überschätzen.

Untersicherheit (*subcertainty*) Auch wenn geringe Wahrscheinlichkeiten offenbar zumeist ein stärkeres Gewicht erhalten, so gibt es Kahneman und Tversky zufolge Hinweise darauf, dass insgesamt die Summe der Gewichtungen von Wahrscheinlichkeiten kleiner als eins ist. Während sich objektive Wahrscheinlichkeiten stets auf 1 (respektive 100 %) addieren, muss die Summe aller Gewichte π nicht notwendigerweise eins ergeben. Formal gilt für alle $0<p<1$, dass $\pi(p)+\pi(1-p)<1$ ist. Das Allais-Paradoxon illustriert diesen Befund (siehe **Problem 3**).

	Alternative A	Alternative B
1. Sie haben die Wahl zwischen:	2500 mit 33 Prozent; 2400 mit 66 Prozent 0 mit 0,01 Prozent	2400 mit Sicherheit
2. Sie haben die Wahl zwischen:	2500 mit 33 Prozent 0 mit 67 Prozent	2400 mit 34 Prozent 0 mit 66 Prozent

Problem 3: Das Allais-Paradoxon im Licht der Prospect Theory. Im ersten Beispiel entscheidet sich die Mehrheit der Befragten für Alternative B; im zweiten Beispiel hingegen für Alternative A. Allerdings sind beide Beispiele äquivalent, Sie erhalten Beispiel zwei, indem Sie von Beispiel eins 2400 mit einer Wahrscheinlichkeit von 66 Prozent abziehen. Betrachtet man das Beispiel mit der Erwartungsnutzentheorie, so gilt aus dem ersten Beispiel $0{,}33 \cdot u(2500) + 0{,}66 \cdot u(2400) + 0{,}01 \cdot u(0) < u(2400)$ oder umgeformt $0{,}34 \cdot u(2400) > 0{,}33 \cdot u(2500)$, wobei $u(0) = 0$ ist. Das zweite Beispiel allerdings impliziert $0{,}34 \cdot u(2400) < 0{,}33 \cdot u(2500)$, also die gegenteilige Präferenzordnung. Stellt man diese Beispiele in Form der Prospect Theory dar, so gilt für Beispiel eins $v(2400) > \pi(0{,}66) \cdot v(2400) + \pi(0{,}33) \cdot v(2500)$ oder umgeformt $[1-\pi(0{,}66)] \cdot v(2400) > \pi(0{,}33) \cdot v(2500)$; mit $v(0) = 0$. In Beispiel zwei gilt dann $\pi(0{,}33) \cdot v(2500) > \pi(0{,}34) \cdot v(2400)$ mit $v(0) = 0$. Wenn also in Beispiel zwei $\pi(0{,}33) \cdot v(2500) > \pi(0{,}34) \cdot v(2400)$ gilt, dann muss auch aus der Gleichung von Beispiel eins gelten $[1-\pi(0{,}66)] \cdot v(2400) > \pi(0{,}33) \cdot v(2500) > \pi(0{,}34) \cdot v(2400)$; also vereinfacht $[1-\pi(0{,}66)] \cdot v(2400) > \pi(0{,}34) \cdot v(2400)$ beziehungsweise $1-\pi(0{,}66) > \pi(0{,}34)$ oder $\pi(0{,}66) + \pi(0{,}34) < 1$; d.h. die Summe der Gewichte für die beiden Wahrscheinlichkeiten ist kleiner als eins. Kahneman und Tversky bezeichnen das als den Untersicherheitseffekt (*subcertainty*): Die Reduktion einer Wahrscheinlichkeit um einen konstanten Faktor hat einen größeren Einfluss, wenn das Ereignis zuvor sicher war – Menschen räumen dem sicheren Ereignis offenbar einen höheren Stellenwert ein. Sobald es sich aber nicht mehr um ein sicheres Ereignis handelt, können sich die Präferenzen umdrehen.

Untersicherheit impliziert also, dass die Summe der Gewichte, die Menschen den Wahrscheinlichkeiten verschiedener Alternativen einräumen, kleiner als eins ist. Das spiegelt auch die generelle Einstellung der Menschen gegenüber dem Risiko wider: Sicheren Ereignissen wird in der Regel ein höheres Gewicht beigemessen als komplementären Ereignissen. Das ist auch der Kern des Allais-Paradoxons.

Subproportionalität Die Unterschiede zwischen Wahrscheinlichkeiten werden offenbar je nach Höhe der Wahrscheinlichkeiten unterschiedlich wahrgenommen, wie folgendes Beispiel zeigt: Sie werden vor die Wahl gestellt zwischen

Beispiel 4

4000 € mit 80 % Wahrscheinlichkeit oder 3000 € sicher

und

4000 € mit 20 % Wahrscheinlichkeit oder 3000 € mit 25 % Wahrscheinlichkeit

Im ersten Beispiel entschied sich die Mehrheit der Befragten für die sicheren 3000 €, im zweiten Beispiel hingegen für die 4000 € mit 20 % Wahrscheinlichkeit. Wenn Sie genau hinschauen, stellen Sie fest, dass die beiden Beispiele insofern identisch sind, als die Wahrscheinlichkeiten beider Alternativen im zweiten Beispiel ein Viertel der Wahrscheinlichkeiten im ersten Beispielen betragen. Das ist eine Verletzung der Erwartungsnutzentheorie: Wenn eine Alternative A einer Alternative B vorgezogen wird, dann wird auch jede andere Kombination von A mit einer Wahrscheinlichkeit p jeder anderen Kombination von B mit der gleichen Wahrscheinlichkeit vorgezogen. Im Beispiel bedeutet das: Die Alternative „sichere 3000 €" wird der Alternative „4000 € zu 80 %" vorgezogen, also muss auch die Alternative „3000 € zu 100 % mal 0,25 (= 25 %)" der Alternative „4000 € zu 80 % mal 25 % (= 20 %) vorgezogen werden. Dies ist hier nicht der Fall. Die Reduktion der Wahrscheinlichkeit von 100 auf 25 % hat einen größeren Effekt als der prozentual gleiche Rückgang der Wahrscheinlichkeit von 80 auf 20 %.

Formal in der Prospect Theory ausgedrückt bedeutet das:

1. $\pi\,(0{,}80) \cdot v(4000) < v(3000)$ und
2. $\pi\,(0{,}2) \cdot v(4000) > \pi\,(0,\,25) \cdot v(3000)$.

Kombiniert man (1) und (2) miteinander, so erhält man $\pi(80)/\pi(1) < \pi(0{,}2)/\pi(0{,}25)$; d. h. das Verhältnis zwischen zwei Wahrscheinlichkeiten (der Unterschied zwischen ihnen) wird bei großen Wahrscheinlichkeiten stärker gewichtet als bei kleinen Wahrscheinlichkeiten. Vereinfacht gesagt: Bei geringen Wahrscheinlichkeiten spielen die Unterschiede zwischen

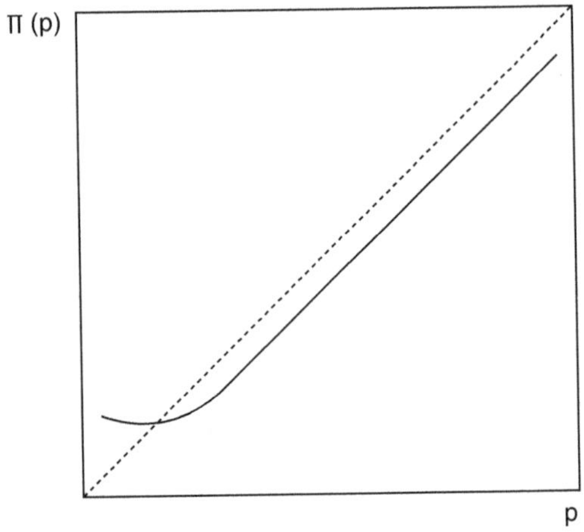

Abb. 3.8 Eine einfache Wahrscheinlichkeitsgewichtungsfunktion nach Kahneman/Tversky

ihnen keine so große Rolle bei der Entscheidungsfindung wie bei großen Wahrscheinlichkeiten. Allgemein formuliert bedeutet das in der Sprache der Prospect Theory:

$$\pi(pq)/\pi(p) < \pi(pqr)/\pi(pr) \qquad \text{mit } 0<p, q \qquad \text{und } r \leq 1.$$[8]

Unter Berücksichtigung all dieser Eigenschaften der Wahrscheinlichkeitsgewichtungsfunktion lässt sich nun eine solche Funktion grafisch darstellen (vgl. Abb. 3.8).

Auf der waagrechten Achse ist die Wahrscheinlichkeit p abgetragen, die der Entscheider erfährt, auf der senkrechten Achse die Bedeutung, die er dieser Wahrscheinlichkeit beimisst, also π(p). Die gestrichelte 45°-Linie in der Abbildung deutet an, wie diese Funktion verlaufen würde, wenn die Entscheidungsgewichte π eins zu eins identisch wären mit der entsprechenden Wahrscheinlichkeit – einer Wahrscheinlichkeit von 50 % wäre dann beispielsweise ein Entscheidungsgewicht von 0,50 zugeordnet.

Sie sehen, dass die Funktion im unteren Bereich, also bei den kleinen Wahrscheinlichkeiten, über der 45°-Linie liegt – das entspricht der Idee, dass Menschen kleinen Wahrscheinlichkeiten ein übermäßiges Gewicht beimessen (Übergewichtung geringer Wahrscheinlichkeiten). Im weiteren Verlauf allerdings liegt die Kurve unterhalb der 45°-Linie, was der Idee der Untersicherheit (*subcertainty*) entspricht. An den Enden der Funktion sehen wir Sprungstellen – für ganz kleine oder ganz große Wahrscheinlich-

[8] Im hier ausgeführten Beispiel ist $p=1$; $q=0{,}8$ und $r=0{,}25$.

Abb. 3.9 Indifferenzkurven in der Prospect Theory (Quelle: Camerer 1989)

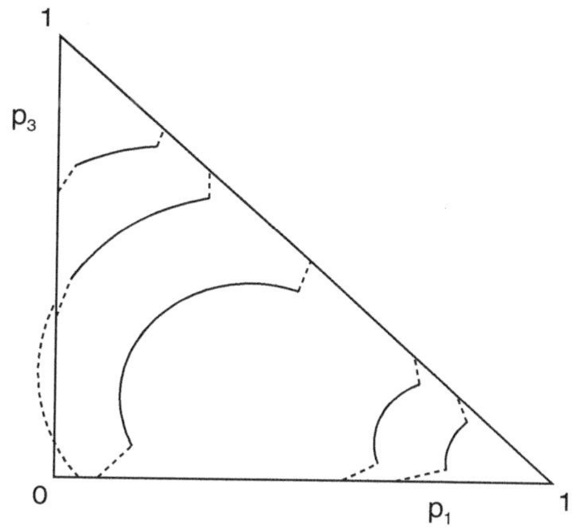

keiten ist die Funktion nicht definiert. Ganz kleinen Wahrscheinlichkeiten messen Menschen nach dieser Funktion keine Bedeutung mehr bei, es gibt also eine Grenze für die Größe der Gewichtungen. Umgekehrt gibt es bei sehr hohen Wahrscheinlichkeiten eine Grenze dafür, wie hoch man die Gewichtung dieses Ereignisses ansetzen kann, dabei aber unter eins bleibt. Zudem kann man argumentieren, dass Menschen bereits in der Editierphase Ereignisse mit einer extrem geringen oder einer extrem hohen Wahrscheinlichkeit im Wege der Vereinfachung als ausgeschlossen oder sicher bewerten.

Stellt man die Prospect Theory im Wahrscheinlichkeits-Dreieck-Diagramm dar, so ergeben sich Indifferenzkurven wie in Abb. 3.9. Die Steigung der Indifferenzkurven hängt nun ab von der Gewichtung der Optionen und der Steigung der Wahrscheinlichkeitsgewichtungsfunktion (Camerer 1989). Da die Wahrscheinlichkeitsgewichtungsfunktion an ihren Enden (0,1) nicht definiert ist, ist auch die Steigung der Indifferenzkurven an den Ecken des Diagramms nicht definiert. Die Steigung der Indifferenzkurven ist am steilsten in der linken unteren Ecke des Diagramms, wo die Wahrscheinlichkeiten für x_1 und x_3 sehr gering sind (die Wahrscheinlichkeit für x_2 liegt nahe bei eins). Zu den Details der Steigung vgl. Camerer 1989.

3.2.4 Kumulative Prospect Theory

In der ersten Fassung der Prospect Theory haben Kahneman und Tversky eine Reihe von Problemen, die bei der Entscheidungsfinfung auftreten und gegen die Prospect Theory sprechen würden, eliminiert, indem sie die Edi-

Tab. 3.2 Prospect Theory und Verstöße gegen Dominanzüberlegungen

Zustand	S1	S2	S3
p_i	0,6	0,2	0,2
Alternative 1	0 €	1000 €	1000 €
Alternative 2	0 €	900 €	100 €

Tab. 3.3 Verschiedene Arten der Risikowahrnehmung (Quelle: Forbes 2009)

	Hohe Wahrscheinlichkeit	Geringe Wahrscheinlichkeit
Gewinne	Risikoavers	Risikofreudig
Verluste	Risikofreudig	Risikoavers

tierungsphase vorgeschaltet haben (Birnbaum 2011). Kritisch formuliert könnte man sagen, dass sie sozusagen versucht haben, ihre Theorie gegen empirische Einwände zu immunisieren, indem sie diese Widersprüche in der Editierungsphase bereits abfangen – statt diese Probleme in der Prospect Theory zu berücksichtigen, nimmt man einfach an, dass sie im Vorfeld der Entscheidungsfindung eliminiert werden. So besteht ein Mangel der ursprünglichen Prospect Theory darin, dass es bei ihr zu Verstößen gegen Dominanzüberlegungen kommen kann. Tabelle 3.2 illustriert dieses Problem an einem Beispiel (vgl. Breuer und Gürtler 2006).

Alternative 1 ist wie in Tab. 3.3 abzulesen ist, klar Alternative 2 überlegen. Geht man nun von der Wertfunktion nach Gleichung 3.7 mit $\alpha \approx \beta \approx 0{,}88$ und $\lambda \approx 2{,}25$ aus und mit Wahrscheinlichkeitsgewichten von $w(0{,}2) \approx 0{,}2205$ und $w(0{,}4) \approx 0{,}3376$ aus, so ergeben sich mittels der Prospect Theory laut dieser Gleichung folgende Werte:

$$\begin{aligned} V(\text{Alternative 1}) &= 0.6 \times v(0) + 0.4 \times v(1000) \\ &= 0{,}3376 \times (1000^{0{,}88}) \\ &= 0{,}3376 \times 436{,}5158 \\ &\approx 147{,}3625 \end{aligned}$$

und

$$\begin{aligned} V(\text{Alternative 1}) &= 0.6 \times v(0) + 0.2 \times v(900) + 0.2 \times v(1000) \\ &= 0{,}2205 \times (900^{0{,}88}) + 0{,}2205 \times (1000^{0{,}88}) \\ &= 0{,}2205 \times 397{,}8628 + 0{,}2205 \times 436{,}5158 \\ &\approx 183{,}98 \end{aligned}$$

Gemäß diesen Berechnungen würde man laut Prospect Theory Alternative 2 bevorzugen, die aber klar von Alternative 1 dominiert wird. Der Grund dafür ist darin zu suchen, dass mittlere Wahrscheinlichkeiten wie 0,4 so gering gewichtet werden, dass zwei Ereignisse mit geringerer Wahrscheinlichkeit (in diesem Beispiel 0,2) in der Summe ein höheres Gewicht bekommen. Nach der Prospect Theory werden dann – bei entsprechenden Gewichtungen der Wahrscheinlichkeiten 1000 € mit einer Wahrscheinlichkeit von 40 % geringer gewichtet als 1000 € und 900 € mit einer Wahrscheinlichkeit von jeweils 20 %.

Um dieses Problem zu beseitigen, werden in der kumulativen Prospect Theory (Kahneman, Tversky 1992) durch die Gewichtungsfunktion nicht mehr Wahrscheinlichkeiten, sondern kumulierte Wahrscheinlichkeiten transformiert, wobei den Situationen in Gewinnsituationen andere Wahrscheinlichkeitsgewichte zugeordnet werden als den Situationen im Verlustbereich. Zudem werden nun nicht mehr direkt die einzelnen Wahrscheinlichkeiten mit Wahrscheinlichkeitsgewichten multipliziert, sondern (in Anlehnung an die rangplatzabhängigen Nutzentheorien, vgl. Abschn. 3.1) die kumulativen Wahrscheinlichkeiten – diese Operation verhindert das Auftreten von Problemen der oben beschriebenen Art.

Dazu werden in einem ersten Schritt die Ergebnisse der Ereignisse in aufsteigender Weise angeordnet. Jeder Wahrscheinlichkeit wird nun wieder ein Gewicht π zugeordnet, wobei es unterschiedliche Gewichte für Verluste (π^-) und Gewinne (π^+) gibt. Formal lässt sich die kumulative Prospect Theory wie folgt beschreiben:

$$\mathrm{V(f)} = \mathrm{V}(f^+) + \mathrm{V}(f^-) \quad \text{mit } V(f^+) = \sum\nolimits_{i=0}^{n} \pi_i^+ v(x_i) \quad \text{und } V(f^-) = \sum\nolimits_{i=-m}^{0} \pi_i^- v(x_i). \tag{3.8}$$

Es gelten also zwei unterschiedliche Funktionen jeweils für Gewinne ($\mathrm{V}(f^+)$) und Verluste ($\mathrm{V}(f^-)$) Die neu eingeführten Entscheidungsgewichte π_i^+ und π_i^- definieren sich dabei wie folgt:

$$\begin{aligned} \pi_i^+ &= w^+(p^i + \cdots. + p^n) - w^+(p^{i+1} + \cdots. + p^n) \quad \text{und} \\ \pi_i^- &= w^-(p^{-m} + \cdots. + p^i) - w^+(p^{-m} + \cdots. + p^{i-1}) \end{aligned} \tag{3.9}$$

Die Wahrscheinlichkeiten werden nun nicht mehr direkt mit Hilfe der Gewichte w gewichtet, diese werden vorher kumuliert und zu den neuen Entscheidungsgewichten π addiert; wobei unterschiedliche Gewichte von π für Gewinne und Verluste gelten. Das Gewicht π^+, das den Gewinnen zugeordnet ist, ist Differenz zwischen dem Ergebnis, das mindestens so gut wie x^i und dem Ergebnis, das strikt besser ist als x^i; das Gewicht (π^-) ist spiegelbildlich definiert, dieses ist die Differenz zwischen dem Ergebnis, das mindestens so schlecht ist wie x^i und dem Ergebnis, das strikt schlechter ist als x^i.

Kahneman und Tversky verdeutlichen das anhand eines Beispiels mit Würfeln: Sie werfen einen Würfel, fällt eine gerade Zahl (2,4,6), gewinnen Sie 2,4 respektive 6 $ (entsprechend der Augenzahl), fällt eine ungerade Zahl (1,3,5), verlieren Sie entsprechend der Augenzahl 1, 3 oder 5 $. In der herkömmlichen Prospect Theory stellt sich das wie folgt dar:

$$
\begin{aligned}
V(f) = {} & \pi\left(\frac{1}{6}\right)v(2) + \pi\left(\frac{1}{6}\right)v(4) + \pi\left(\frac{1}{6}\right)v(6) + \pi\left(\frac{1}{6}\right)v(-1) \\
& + \pi\left(\frac{1}{6}\right)v(-3) + \pi\left(\frac{1}{6}\right)v(-5).
\end{aligned}
$$

In der kumulativen Prospect Theory hingegen ergibt sich:

$$
\begin{aligned}
V(f) &= V(f^+) + V(f^-) \quad \text{mit} \\
&= v(2)\left[w^+\left(\frac{1}{2}\right) - w^+\left(\frac{2}{6}\right)\right] + v(4)\left[w^+\left(\frac{1}{3}\right) - w^+\left(\frac{1}{6}\right)\right] \\
&\quad + v(6)\left[w^+\left(\frac{1}{6}\right) - w^+(0)\right] + v(-5)\left[w^-\left(\frac{1}{6}\right) - w^-(0)\right] \\
&\quad + v(-3)\left[w^-\left(\frac{2}{6}\right) - w^-\left(\frac{1}{6}\right)\right] + v(-1)\left[w^-\left(\frac{1}{2}\right) - w^-\left(\frac{1}{3}\right)\right]
\end{aligned}
$$

Wie entstehen die Gewichte (die Werte in den eckigen Klammern ergeben den jeweiligen Wert von π)? Nehmen wir einmal an, es fällt eine Zwei, macht eine Auszahlung von zwei Dollar: Mit einer Wahrscheinlichkeit von ½ fällt ein Ergebnis, das mindestens so gut ist wie die Zwei (nämlich 2, 4 oder 6), davon ziehen wir alle Ereignisse ab, die strikt besser sind als die Zwei (nämlich vier und sechs); das ist dann das kumulierte Wahrscheinlichkeitsgewicht für die Zwei (mit einer Wahrscheinlichkeit von 2/6 bzw. einem Drittel fällt eine dieser Zahlen). Bei den Verlusten liest sich das spiegelbildlich: Mit einer Wahrscheinlichkeit von einem Sechstel fällt ein Ergebnis, das mindestens so schlecht ist wie die Fünf (nämlich die fünf), davon ziehen wir alle Ergebnisse ab, die strikt schlechter sind als die Fünf (das ist keines), also ist das die Null. Bei der Drei gibt es zwei Ereignisse, die mindestens so schlecht sind wie die Drei (die 5 und die 3), macht eine Wahrscheinlichkeit von 2/6, also einem Drittel, davon ziehen wir ein Ereignis ab, das strikt besser ist als die Drei (nämlich die Eins), das macht eine Wahrscheinlichkeit von einem Drittel.[9]

In der Interpretation der kumulativen Prospect Theory kann man also ein Entscheidungsgewicht π als marginalen Beitrag (marginal contribution) einer Alternative zum Vermögen des Entscheiders interpretieren. Kahneman und Tversky haben auch eine Form vorgeschlagen, nach der sich die Entscheidungsgewichte w^+ für Gewinne und w^- für Verluste berechnen, nämlich:

$$w^+(p) = \frac{p^\gamma}{(p^\gamma + (1-p)^\gamma)^{1/\gamma}} \quad \text{und } w^-(p) \frac{p^\delta}{(p^\delta + (1-p)^\delta)^{1/\delta}} \qquad (3.10)$$

Diese Entscheidungsgewichte basieren auf Experimenten, bei denen Tversky und Kahneman Versuchspersonen Entscheidungssituationen ähnlich denen in den vorherigen Kapiteln vorlegten. Aus den Versuchen ergeben sich für $\gamma = 0{,}61$ und $\delta = 0{,}69$; auf Basis dieser Schätzungen ergeben sich die Wahrscheinlichkeitsgewichtungsfunktionen für w^+ und w^- wie in Abb. 3.10 eingezeichnet (zu anderen Schätzungen der Parameter in der kumulativen Prospect Theory vgl. Neilson, Stowe 2002).

Die Parameter γ und δ bestimmen dabei die Intensität, mit der die Entscheider zwischen verschiedenen Wahrscheinlichkeiten unterscheiden; je höher diese sind, um so steiler wird die Kurve in Abb. 3.9; und je steiler

[9] Bleiben noch die Gewichte für den Fall, dass eine Eins fällt: strikt schlechter sind die 3 und die 5, macht eine Wahrscheinlichkeit von zwei Sechsteln (also einem Drittel); mindestens so schlecht sind alle anderen Zahlen; die mit einer Wahrscheinlichkeit von 0,5 fallen.

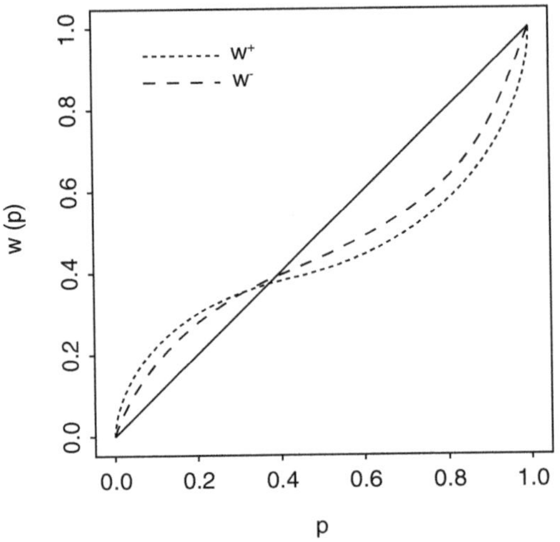

Abb. 3.10 Wahrscheinlichkeitsgewichtungsfunktionen nach der kumulativen Prospect Theory. (Quelle: Tversky/Kahneman 192)

die Kurve ist, umso mehr unterscheiden Menschen an den äußeren Enden zwischen verschiedenen Wahrscheinlichkeiten; mit steigendem γ und δ schneidet die Kurve die 45°-Linie weiter links.

Es zeigt sich, dass Menschen geringe (mittlere und hohe) Wahrscheinlichkeiten übergewichten (untergewichten). Zusätzlich ist die Funktion für Gewinne gekrümmter als die für Verluste, was gleichbedeutend damit ist, dass die Risikoscheu für Gewinne leicht ausgeprägter ist als die Risikofreude bei Verlusten.

Abbildung 3.10 zeigt einen wichtigen Unterschied zur ursprünglichen Prospect Theory: Die ursprüngliche Version sagt Risikoaversion bei Gewinnen und Risikobereitschaft bei Verlusten voraus. Tversky und Kahneman haben das modifiziert, indem sie Situationen mit hohen und geringen Wahrscheinlichkeiten unterscheiden (vgl. Tab. 3.3): Bei hohen Wahrscheinlichkeiten sind Menschen risikoavers, wenn es um Gewinne geht und risikofreudig, wenn es um Verluste geht; bei kleinen Wahrscheinlichkeiten hingegen zeigt sich, dass Menschen risikoavers bei Verlusten, risikofreudig hingegen bei Gewinnen sind – ein Befund, der sich nicht mit der herkömmlichen Prospect Theory erklären ließ und sich in Abb. 3.10 widerspiegelt. Dieser Befund ist geeignet, zu erklären, warum Menschen Lotterien spielen und Versicherungen auch gegen recht unwahrscheinliche Ereignisse abschließen – in beiden Fällen könnte laut der kumulativen Prospect Theory eine Erklärung sein, dass Menschen geringe Wahrscheinlichkeiten überschätzen.

Wer hingegen hohe Wahrscheinlichkeiten unterschätzt, neigt dazu, bei einer Wahl zwischen einem sicheren Auszahlungsbetrag und möglichen Gewinnen risikoavers zu werden; während er bei einer Wahl zwischen einem sicheren Verlust und einem unsicheren Verlust risikofreudig wird. Der Umstand, dass die Wahrscheinlichkeitsgewichtungsfunktionen an den Enden recht steil sind, bedeutet, dass Menschen hier schon bei geringen Veränderungen der Wahrscheinlichkeiten stark reagieren, wohingegen eine Veränderung von Wahrscheinlichkeiten im mittleren Bereich nicht so stark wahrgenommen wird.

Unter dem Strich kann man sagen, dass vor allem die Ideen zu der Form der Wahrscheinlichkeitsgewichtungsfunktion der entscheidende neue Beitrag der kumulativen Prospect Theory ist, insgesamt fragen aber auch Tversky und Kahneman, „whether the gain in descriptive validity...would justify the loss of predictive power and the cost of increased complexity?" (Tversky, Kahneman 1992, S. 317). Andere Studien finden Effekte, die sich mit Hilfe der kumulativen Prospect Theory nicht mehr erklären lassen, Birnbaum (2004) spricht in diesem Zusammenhang davon, dass die Gewichtungsfunktion ein „Artefakt einer falschen Theorie..." ist (ebenda, S. 55). Andreoni und Harbaugh (2009) testen verschiendene Präferenztheorien (unter anderem auch die Prospect Theory und die Erwartungsnutzentheorie) in einem experimentellen Umfeld, in dem die Entscheider sowohl die Wahrscheinlichkeit p als auch die Auszahlung x in einem Kontinuum wählen können; ihr Befund ist, dass die Erwartungsnutzentheorie „...unerwartet gut" abschneidet.

3.3 Konsequenzen der Prospect Theory

3.3.1 Anchoring

▶ **Definition** Als Verankerungseffekt (*anchoring*) bezeichnet man das Phänomen, dass Menschen sich bei der Schätzung unbekannter Größen an Ausgangswerten orientieren und ihre Schätzungen von diesen Ausgangswerten beeinflusst werden – auch wenn diese Ausgangswerte gar nichts mit dem zu schätzenden Problem zu tun haben.

Das bekannteste Beispiel für die Verankerung stammt von Tversky und Kahneman (1974): Man dreht zuerst vor den Augen der Versuchspersonen ein Glücksrad mit Zahlen zwischen 0 und 100, dann bittet man die Versuchspersonen zu schätzen, ob mehr oder weniger Prozent der afrikanischen Staaten Mitglied der Vereinten Nationen sind als die vom Glücksrad angezeigte Zahl. Im zweiten Schritt bat man die Versuchspersonen, die tatsächliche Prozentzahl zu schätzen. Dabei zeigte sich, dass sich die Versuchspersonen an der – vom Glücksrad zufällig gewählten – Zahl orientierten. Zeigte das Glücksrad eine 10 (65), so war die mittlere Schätzung (der Median) 25 (45). Obwohl die den Versuchspersonen vorgegebene Zahl zufällig gewählt war und die Versuchspersonen das auch wussten, beeinflusste diese zufällig gewählte Zahl ihre Schätzung. Finanzielle Anreize für eine präzise Schätzung reduzierten diesen Verankerungseffekt nicht.

Dieses Experiment beschreibt das grundsätzliche Vorgehen bei Studien zum Verankerungseffekt: Man gibt den Versuchspersonen zunächst eine Zahl vor, das ist der Anker. Im ersten Schritt fragt man sie, ob die von ihnen zu schätzende Zahl höher oder niedriger als der Anker ist; im zweiten Schritt fragt man sie nach einer präzisen Schätzung. Eine Vielzahl von Experimenten belegt, dass die Schätzungen der Versuchspersonen vom Anker beeinflusst werden, egal, woher der Anker kommt. Selbst sehr extreme Anker (beispielsweise bei der Frage „Wann besuchte Albert Einstein das erste Mal die Vereinigten Staaten – vor oder nach 1992?“ oder als alternativer Anker 1215) zeigten in Studien Wirkung.

Dieser Effekt kann auch auftreten, wenn Menschen Schätzungen für die Berechnung numerischer Werte machen. Beispielsweise bittet man Versuchspersonen, eine Schätzung für das Ergebnis der Rechenoperation $8 \cdot 7 \cdot 6 \cdot 5 \cdot 4 \cdot 3 \cdot 2$ ($2 \cdot 3 \cdot 4 \cdot 5 \cdot 6 \cdot 7 \cdot 8$) abzugeben. Dabei haben die Probanden nur 5 Sekunden Zeit, so dass sie nur eine Schätzung abgeben können. Die Schätzungen für die erste Reihe (absteigende Zahlenwerte) belaufen sich im Schnitt auf 2250; für die gleiche Reihe in aufsteigender Reihenfolge der Zahlen hingegen liegt die Schätzung bei 512 (der korrekte Wert ist 40.320). Wer für die absteigende Reihe schätzt, fängt mit hohen Zahlen an, die dann als Anker funktionieren, und kommt so zu einem höheren Ergebnis als jemand, der bei der aufsteigenden Reihe mit niedrigen Zahlen beginnt (Tversky, Kahneman 1974). Weitere Effekte der Verankerung sind beispielsweise, dass Menschen die Wahrscheinlichkeit konjunktiver Mengen überschätzen sowie zu verzerrten Einschätzungen subjektiver Wahrscheinlichkeiten gelangen (Tversky, Kahneman 1974). Warnungen vor dem Verankerungseffekt zeigten in einigen Studien kaum Wirkung (Chapman, Johnson 2002).

Anwendungen und Beispiele Verankerungseffekte treten überal dort auf, wo Menschen über Preise oder Konditionen verhandeln oder den Wert eines Gegenstands feststellen wollen. Der zuerst genannte Preis oder Wert beeinflusst als Anker das Ergebnis von Schätzungen oder Preisverhandlungen entscheidend. Auch im Marketing und in der Werbung kann man mit Verankerungseffekten arbeiten – unverbindliche Preisempfehlung, reduzierter Preis, Abgabemenge pro Person begrenzt – all diese Maßnahmen wirken wie ein Anker und beeinflussen möglicherweise die Zahlungsbereitschaft der potenziellen Kunden. Lehrer werden bei der Beurteilung ihrer Schüler von deren vergangenen Noten beeinflusst, Höchstgrenzen für Schadenersatzprozesse können ebenfalls als Anker wirken und dazu führen, dass die Summen, die man den Klägern zuspricht, sich an dieser Höchstgrenze orientieren (für eine Übersicht zu Studien zum Anchoring vgl. Orr, Guthrie 2006 und Chapman, Johnson 2002).

Nimmt man die Idee der Verankerungsheuristik ernst, so kommt man zu dem Schluss, dass die Präferenzen der Menschen – anders als in vielen ökonomischen Modellen unterstellt – nicht stabil sind, mit möglicherweise weitreichenden Folgen für die ökonomische Theorie. Statt eine feste Auffassung von dem Preis zu haben, den man für ein Gut bezahlen will (verlangen will), hängt die Bereitschaft, etwas zu zahlen (oder zu verkaufen) von einem willkürlich gewählten Anker ab, damit wären die Präferenzen von Menschen nicht wohldefiniert.

Erklärungsansätze In der Literatur finden sich vier verschiedene Erklärungsansätze für das Phänomen des Anchoring (vgl. Orr, Guthrie 2006): 1) sozialer Gehalt von Ankern (*social implications theory*), 2) Unzureichende Adjustierung der Schätzung, 3) Numerische Prägung (*numeric priming*) und 4) Zugänglichkeit von Informationen (*information accessibility theory*).

Die **social implications theory** geht davon aus, dass wir deswegen Ankern vertrauen, weil wir glauben, dass man uns nur mit einem solchen

Anker versorgt, wenn er auch nützlich ist. Wenn uns ein Verkäufer eine Zahl nennt, gehen wir davon aus, dass sie für das betrachtete Entscheidungsproblem relevant ist (weil sie den Listenpreis darstellt oder seine Verhandlungsposition deutlich macht). Diese Theorie hat allerdings nur Erklärungspotenzial, wenn der Anker von Menschen bereitgestellt wird, denen wir vertrauen. Gibt es Anlass zu vermuten, dass derjenige, der uns mit einem Anker versorgt, uns übervorteilen will, hat diese Theorie keinen Erklärungsgehalt; ebenso wie für den Fall, dass Anker durch zufällige Prozesse wie ein Glücksrad generiert werden.

Unzureichende Adjustierung der Schätzung Die Idee dieser Erklärung besteht darin, dass Menschen von dem ursprünglichen Anker aus eine Adjustierung ihrer Schätzung vornehmen, sich also vom Anker aus an die vermutete korrekte Lösung herantasten. Doch wenn dieser Annährungsprozess, diese Adjustierung, unzureichend ist, verzerrt der Anker die Erwartungsbildung. Allerdings wirft diese Erklärung die Frage auf, warum Menschen ihre Schätzung nicht ausreichend anpassen. Eine Erklärung wäre Unsicherheit beim Anpassungsprozess, eine weitere, dass man seinen mentalen Aufwand gering halten will und deswegen den Adjustierungsprozess zu früh beendet. Gegen die letzte Hypothese spricht der Einwand, dass selbst monetäre Anreize, die Anreize zu einem höheren mentalen Aufwand schaffen, nicht ausreichen, um das Phänomen des Anchoring experimentell zu beseitigen.

Numerische Prägung. Diese Theorie geht davon aus, dass Zahlen, wenn wir sie einmal gehört haben, unsere Schätzung prägen. Das würde bedeuten, dass jede Zahl unsere Schätzung beeinflusst, unabhängig davon, was wir schätzen sollen. Ein Experiment zeigt diese Idee (Mussweiler, Strack, 2000): Versuchspersonen werden zunächst gefragt, ob die Durchschnittstemperatur in Deutschland höher oder niedriger ist als 20 ° (5 °) C, anschließend befragt man sie, wie hoch sie die tatsächliche Durchschnittstemperatur in Deutschland einschätzen. Dabei stellt man einen signifikanten Verankerungseffekt fest. Anschließend bittet man die Versuchspersonen, auf einem Bildschirm Wörter zu erkennen. Dabei zeigt sich, dass diejenigen Versuchspersonen, die dem hohen (niedrigen) Anker (20 °C beziehungsweise 5 °C) ausgesetzt waren, leichter (schwieriger) Wörter erkennen, die mit der Vorstellung von Sommer assoziiert sind (heiß, Strand, Meer) als Wörter, die auf den Winter hindeuten (Schlitten, Ofen, Ski). Vereinfacht gesagt führt der Anker mit der Temperatur dazu, dass bei den Versuchspersonen unterschiedliche Vorstellungen erzeugt werden, die wiederum die Schätzung der Durchschnittstemperatur verzerren – beim Anker von 20° denkt man eher an den Sommer, hat also mehr Vorstellungen von warmen Temperaturen im Kopf und schätzt dementsprechend die Temperatur höher ein.

Andere Experimente sprechen gegen diese Idee (Strack, Mussweiler 1997): So lässt man Versuchspersonen schätzen, wie hoch das Brandenburger Tor ist, und versieht die Personen mit einem numerischen Anker. Dann befragt man einen Teil der Versuchspersonen nach der Breite des Brandenburger Tors und stellt fest, dass der Anker, den man für die Höhe des Tors gegeben hat, bei der Frage nach der Breite weniger wirkt. Das bedeutet zumindest, dass die numerische Prägung nicht als alleinige Erklärung für das Phänomen des Anchoring taugt.

Zugänglichkeit von Informationen Wenn wir mit einem Anker konfrontiert werden, so die Idee, testen wir implizit die Plausibilität dieses Ankers – und das beeinflusst das Ergebnis unserer Schätzungen. Fragt man beispielsweise nach der Länge des Mississippi, ob dieser zwischen 3000 und 35000 Meilen liegt, so ruft man sich die Landkarte in Erinnerung und kommt aufgrund dieser Überlegungen zu dem Ergebnis, dass der Fluss kürzer als 3000 Meilen ist. Fragt man hingegen, ob der Mississippi zwischen 1000 und 1500 Meilen lang ist, so verneint man zwar auch diese Hypothese, überlegt aber nicht mehr explizit, wie lange der Fluss wirklich ist und kommt zu einer anderen Schätzung als im ersten Fall. Die unterschiedlichen Anker lösen also unterschiedliche kognitive Prozesse aus, die unterschiedliche Informationen aus unserem Gedächtnis abrufen und damit zu unterschiedlichen Schätzungen führen.

Vermutlich gibt es nicht den einen Mechanismus, der für das Phänomen der Verankerung verantwortlich ist, sondern es sind je nach Situation verschiedene Mechanismen, die für diesen Effekt sorgen. So unterscheiden Epley und Gilovich (2005) zwischen selbst-generierten Ankern und externen Ankern. Ein selbst generierter Anker liegt beispielsweise vor, wenn die Versuchspersonen zwar nicht die Antwort auf eine Frage wissen („Wann betrat der zweite Eroberer nach Kolumbus Amerika?“) aber selbst einen

Anhaltspunkt kennen, an dem sie ihre Antwort orientieren können (Kolumbus betrat Amerika 1492, also muss der zweite Eroberer nach Kolumbus Amerika nach 1492 betreten haben). Im Unterschied zu den üblichen Fragen bei Experimenten zur Verankerung, bei denen die Versuchspersonen die Antwort nicht kennen, wissen die Versuchspersonen bei selbst generierten Ankern von Beginn an, dass diese nicht korrekt sind; sie müssen also nicht die Frage abwägen, ob der Anker korrekt sein könnte. Das spricht dafür, dass Versuchspersonen im Falle selbst generierter Anker nicht testen, ob der Anker plausibel ist (sie wissen ja bereits, dass er falsch ist), sondern lediglich ihre Schätzung unzureichend adjustieren. Wird der Anker hingegen von außen bereitgestellt („Ist der Mississippi länger als 3000 Meilen?"), überprüft man die Möglichkeit, ob der Anker eine korrekte Lösung darstellen könnte anhand der Zugänglichkeit von Informationen. Je nachdem, ob der Anker selbst generiert ist oder von außen bereitgestellt wird, liegen also unterschiedliche kognitive Prozesse vor, die zum Phänomen der Verankerung führen.

Epley und Gilovich (2005) führen als Beleg für ihre These an, dass Versuchspersonen bei Ablenkung sich weniger von ihren selbst generierten Ankern entfernen als wenn man ihnen Gelegenheit gibt, sich zu konzentrieren oder ihnen Belohnungen in Aussicht stellt oder sie vor dem Verankerungseffekt warnt – was bei externen Ankern nicht der Fall ist. Sie erklären diesen Befund damit, dass bei selbst generierten Ankern der unzureichende Adjustierungsprozess durch mentale Anstrengung reduziert werden kann, da es sich hier um einen bewussten Prozess handelt, während bei externen Ankern unbewusste Prozesse ablaufen, die sich der Kontrolle der Versuchspersonen entziehen – deswegen zeigen Anreize oder Warnungen vor dem Verankerungseffekt hier keine Wirkung. Vereinfacht gesagt funktioniert das wie folgt: Bei selbst generierten Ankern kennt man zwar nicht die korrekte Antwort auf eine Frage („Wie hoch ist der K2?"), man kennt aber einen Wert, von dem man weiß, dass er recht nahe bei der korrekten Lösung liegt („Der Mount Everest ist der höchste Berg der Welt und ist 8848 m hoch, der K2 ist der zweithöchste Berg der Welt"). Nun kann man ausgehend von diesem selbst generierten Anker („8848 m") sich durch Nachdenken an den korrekten, gesuchten Wert herantasten (Adjustierung der Schätzung). Läuft dieser Prozess bewusst ab, so kann man die unzureichende Adjustierung der Schätzung reduzieren, indem man den Versuchspersonen Belohnungen in Aussicht stellt oder sie vor dem Verankerungseffekt warnt – da der Adjustierungsprozess bewusst abläuft, kann man ihn auch steuern. Anders hingegen ist es bei externen Ankern, die von außen vorgegeben werden („Ist dieses Haus mehr oder weniger wert als 300.000 $?"): Hier sucht man nun nach Argumenten, die den externen Anker als richtige Lösung rechtfertigen, was nach der Idee von der Zugänglichkeit von Informationen zu einer Verzerrung der Schätzung in Richtung des externen Ankers führt. Erfolgt dieser Prozess aber unbewusst und automatisch, so werden auch Anreize und Warnungen nicht funktionieren.

Weitere Befunde zum Verankerungseffekt Weitere Befunde zum Verankerungseffekt werden in der Literatur diskutiert, beispielsweise (vgl. Furnham, Boo 2011):

- Grundsätzlich sollten höhere Anker auch zu einer höheren Schätzung führen; allerdings gibt es auch Anhaltspunkte dafür, dass dies nicht mehr für zu unplausible Anker gilt; möglicherweise führen zu hohe Anker sogar zu niedrigeren Schätzungen als moderatere Anker. Eine mögliche Erklärung dafür könnte sein, dass Menschen bei zu unplausiblen Ankern Gegenargumente suchen, die diesen Anker als falsch bestätigen oder dass sie den Anker komplett ignorieren – dann fällt ihre Schätzung entsprechend niedriger aus. Stimmt diese Idee, dann können unplausibel hohe Anker zu niedrigeren Schätzungen führen als hohe, aber plausiblere Anker.
- Auch Experten scheinen bisweilen dem Verankerungseffekt zu unterliegen, wenngleich die empirischen Ergebnisse hier uneinheitlich sind. Das ließe sich mit der Zugänglichkeit von Informationen erklären: Wenn Experten mehr über den Gegenstand der Frage wissen, werden sie möglicherweise intensiver darüber nachdenken, ob der vorgegebene Anker gerechtfertigt ist oder nicht und demensprechend mehr Argumente kreieren, welche den Anker rechtfertigen – und damit der Verankerungsheuristik erliegen.
- Auch die Gemütsverfassung der Versuchspersonen wird als Determinante für den Verankerungseffekt diskutiert, so finden Englich und Soder (2009), dass traurige Menschen anfälliger für den Verankerungseffekt sind. Eine Begründung dafür könnte sein, dass traurige Menschen eher

dazu neigen, sorgfältig nachzudenken, was im Sinne der Zugänglichkeit der Informationen dazu führen würde, dass man mehr Argumente zugunsten der Anker-Hypothese erzeugt.

Kritik Dem Kritikpunkt, dass es bei den Versuchen um den Verankerungseffekt für die Versuchspersonen um nichts gehe und sie sich deshalb keine Mühe geben, begegnen Verfechter dieses Effektes, dass monetäre Anreize sowie Warnungen vor dem Verankerungseffekt kaum wirken. Bei größeren, wichtigeren Anschaffungen, so das Gegenargument, werden Menschen Informationen aus mehreren Quellen einholen und Experten befragen (wobei man dem entgegenhalten kann, dass auch Experten dem Anchoring zum Opfer fallen können).

Im Sinne der grundsätzlichen Kritik an dem Heuristics-and-Biasses-Programm (vgl. Abschn. 2.3.1) kann man argumentieren, dass Anchoring eine grundsätzlich effiziente Heuristik ist, und die Verzerrungen dadurch entstehen, dass man die Menschen mit den Ankern gezielt aufs Glatteis führen will und die Heuristik aus dem Umfeld herausreißt, in dem sie effiziente Resultate produziert. Wird ein externer Anker als relevant erachtet, dann ist es sinnvoll und effizient, seine Schätzung an diesem Anker auszurichten. So wird ein Anker in Verkaufsverhandlungen beispielsweise als Hinweis auf die Verhandlungsbereitschaft desjenigen interpretiert, der ihn setzt, die Frage nach dem Wert eines Gegenstandes, verbunden mit einem Anker, kann ebenfalls als Hinweis auf den Marktwert interpretiert werden. Die Tatsache, dass Versuchspersonen sich auch an offensichtlich sinnlosen Ankern (wie der bei Kahneman und Tversky per Glücksrad ermittelte Anker) orientieren, könnte man dahingehend interpretieren, dass hier eine grundsätzlich effiziente Heuristik im Sinne von Gigerenzer aus ihrem Umfeld gerissen wird, was zu Verzerrungen führt.

Unabhängig davon kann man der Idee der Verankerung vorwerfen, dass keine geschlossene theoretische Basis existiert, welche dieses Phänomen erklären kann, so dass man letztlich jeden Effekt eines Ankers theoretisch begründen kann. So kann man beispielsweise mit Hilfe der Idee von der Verfügbarkeit der Informationen erklären, warum Experten mehr dem Verankerungseffekt unterliegen – genau so gut kann man argumentieren, dass Experten wegen ihrer größeren Expertise weniger anfällig sind für den Verankerungseffekt.

3.3.2 Framing

▶ **Definition** Framing beschreibt den Effekt, dass die Formulierung eines Problems Einfluss auf die Wahl des Entscheiders nehmen kann. Wird ein Problem auf zwei verschiedene Weisen, aber logisch äquivalent formuliert, so kann es alleine aufgrund der unterschiedlichen Formulierung der Problemstellung zu unterschiedlichen Entscheidungen kommen. In der traditionellen Ökonomik sollte die Entscheidung für oder gegen eine Option nicht von der Formulierung des Entscheidungsproblems abhängen – doch genau das kann passieren, haben Experimente gezeigt; dieser Effekt wird als Framing bezeichnet und verletzt eines der wesentlichen Postulate der Entscheidungstheorie, die sogenannte Invarianz: Die Präferenz für eine Option sollte unabhängig von deren Beschreibung sein, zwei verschiedene Beschreibungen ein und desselben Problems sollten stets zur gleichen Entscheidung führen. In dieser Theorie kommt es also nur auf den Inhalt, nicht auf die Verpackung an.

In Experimenten zeigten Tversky und Kahneman (1986), dass bei der Wahl zwischen zwei Alternativen Probanden sich bei intransparenter Formulierung auch für die dominierte, also die eindeutig schlechtere Alternative entscheiden, was sie auf die Subadditivität der Entscheidungsgewichte aus der Prospect Theory zurückführen, mit deren Hilfe Menschen die Wahrscheinlichkeiten einer Wahl kodieren (siehe dazu 3.2.3). Bei transparenter Darstellung entscheiden sich Probanden für die dominierende Alternative, bei intransparenter Darstellung (bei der die Dominanz einer Alternative also nicht sofort zu erkennen ist) hingegen kann eine entsprechende Über- oder Untergewichtung der zugehörigen Wahrscheinlichkeiten nach Maßgabe der Wahrscheinlichkeitsgewichtungsfunktion dazu führen, dass sich die Probanden für die dominierte Alternative entscheiden.

Beispiel Das bekannteste Beispiel für das Framing ist das sogenannte Asian-Disease-Problem (siehe Problem 5). Ähnliche Effekte fanden sich bei Befragungen von Ärzten über mögliche Behandlungsmethoden oder bei Lotterien.

	Alternative A	Alternative B
1. Sie sollen über eine Therapie für eine Epidemie entscheiden. Sie haben die Wahl zwischen:	Wird Therapie A eingesetzt, werden 200 Menschen gerettet.	Wird Therapie B eingesetzt, werden mit einer Wahrscheinlichkeit von einem Drittel 600 Menschen gerettet; mit einer Wahrscheinlichkeit von zwei Dritteln wird niemand gerettet
2. Sie sollen über eine Therapie für eine Epidemie entscheiden. Sie haben die Wahl zwischen:	Wird Therapie C eingesetzt, so werden 400 Menschen sterben.	Wird Therapie D eingesetzt, so wird mit einer Wahrscheinlichkeit von einem Drittel niemand sterben; mit einer Wahrscheinlichkeit von zwei Dritteln werden 600 Menschen sterben

Problem 5: Das Asian-Disease-Problem. Die Konsequenzen der vier verschiedenen Therapien sind logisch äquivalent. In der ersten Problemstellung entschied sich die Mehrheit der befragten für Option A, also die sichere Variante, in der zweiten Variante entschied sich die Mehrheit der Befragten für Therapie D, also die riskantere Variante. Tversky und Kahneman (1981) erklären dieses Verhalten mit der aus der Prospect Theory abgeleiteten Verlustaversion und der Formulierung des Problems: In der ersten Variante wird von geretteten Menschen gesprochen, und damit ein Referenzpunkt gesetzt. Von diesem Referenzpunkt aus betrachtet erscheinen die geretteten Leben als Gewinn, und da Menschen laut Prospect Theory im Gewinnbereich eher risikoavers sind, entscheiden sie sich gegen die vermeintlich riskantere Therapie. In der zweiten Variante ist von Verlusten die Rede, weshalb die Alternativen in Bezug auf einen anderen Referenzpunkt bewertet werden – jetzt befinden sich die Befragten im Verlustbereich und sind bereit, höhere Risiken einzugehen (also die vermeintlich riskantere Therapie D zu wählen), um diese Verluste zu vermeiden.

Arten des Framing In der Literatur wird unterschieden zwischen drei Arten von Framing-Effekten (Levin, Schneider, Gaeth, 1998; zu einer differenzierteren und ausführlicheren Klassifizierung von Arten des Framing vgl. Stocké (2005), S. 23 ff.): dem attributiven Framing *(attribute Framing)*, dem Framing bei riskanten Entscheidungen *(risky goal framing)* und dem Handlungsframing (goal framing). Beim *attributiven Framing* wird ein Objekt mit Hilfe eines Attributes beschrieben, das nur zwei Ausprägungen annehmen kann, die sich logisch ergänzen. So fragte man Probanden nach ihrem Eindruck von Fleisch, das einmal als 25 % mager und einmal als 75 % fett beschrieben wurde – das als mager beschriebene Fleisch wurde von den Probanden als qualitativ besser beschrieben (Levin, Gaeth 1988). Ähnliche Ergebnisse fanden sich für die Beschreibung von Behandlungsmethoden (X Prozent überleben; 100 – X Prozent sterben). Generell werden beim attributiven Framing Objekte mit einer Eigenschaft beschrieben, die entweder positiv oder negativ ist, die sich aber gegenseitig logisch ergänzen. Dabei findet sich in der Regel, dass die Objekte mit der positiven Beschreibung auch positiver bewertet werden.

Das Paradebeispiel für das *Framing bei riskanten Entscheidungen* ist das in Problem 5 beschriebene Asian-Disease-Problem. Probanden werden mit zwei Optionen konfrontiert, einer sicheren und einer unsicheren Option. Formuliert man beide Optionen einmal als Gewinne und einmal als Verluste, so neigen die Probanden bei der Verlust-Formulierung zu riskanterem Verhalten als im Falle einer positiven Formulierung als Gewinn. Dieses Verhalten resultiert laut Prospect Theory daraus, dass Menschen risikoavers sind, wenn es um Gewinne geht, im Verlustfall aber risikofreudig sind. Beim *Handlungsframing* (*goal framing*) geht es darum, sich für eine Handlung zu entscheiden, wobei in der einen Variante die positiven Folgen der Handlung betont werden, in der anderen Variante die negativen Folgen des Nicht-Tuns respektive der anderen Handlungsalternative. Stellt man Menschen beispielsweise vor die Wahl, Vorsorgeuntersuchungen wahrzunehmen, so tun sie das eher, wenn man ihnen erklärt, dass eine Unterlassung dazu führt, dass die Chancen für eine frühzeitige Entdeckung von Krankheiten sinken, als wenn man ihnen erklärt, dass die Chancen einer frühzeitigen Entdeckung steigen (Meyerowitz, Chaiken 1987). Hier lautet die Hypothese, dass einer Handlungsaufforderung eher nachgekommen wird, wenn die Konsequenzen des Nicht-Tuns (der anderen Alternative) als Verlust beschrieben werden, da Menschen verlustavers sind.

Beispiele Als Beispiel für einen Framing-Effekt wird in der Literatur die Wahl zwischen einem Zuschlag oder einem Preisnachlass angeführt (Thaler 1980): Konsumenten tun sich leichter, einen Preisnachlass zu verpassen statt eine Nachzahlung zu leisten. Ein Zuschlag fühlt sich für den Käufer wie ein Verlust an, ein Preisnachlass hingegen wie ein Gewinn. Das wäre ein Grund beispielsweise für die Kreditkartenindustrie, ihre Partner dazu zu bewegen, für Barzahlungen einen Nachlass zu gewähren statt einen Aufpreis für Zahlungen mit der Kreditkarte – während es für den Händler möglicherweise günstiger wäre, billige Waren anzubieten und bei Kartenzahlung einen Aufpreis zu verlangen. Ein anderes Beispiel wäre Steuerpolitik – gewährt man einer bestimmten Personengruppe einen Steuernachlass oder verlangt man von denjenigen, die nicht zu dieser Gruppe gehören, einen Steueraufschlag? So kann man die steuerliche Differenz zwischen einer kinderlosen und einer kinderreichen Familie entweder als Steuernachlass für die kinderreiche Familie darstellen oder als eine höhere Steuer für die kinderlose Familie – ökonomisch gesehen sind beide Alternativen äquivalent. Auch Inflation kann zu Framing-Effekten führen: Wenn Menschen einen Anstieg der Nominallöhne um 5 % bei einer Inflationsrate von 12 % einer Nominallohnsenkung von 7 % in Zeiten von Preisstabilität vorziehen, so kann man diese Präferenz auch auf Framing-Effekte zurückführen. In diesem Fall wird die Nominallohnsenkung als Verlust wahrgenommen, der Verlust durch die Inflation hingegen wird offenbar nicht so stark wahrgenommen, möglicherweise wird er auf einem anderen mentalen Konto verbucht als die Lohnsteigerung oder nur unzureichend verbucht (zu den mentalen Konten siehe Punkt 3.3.5) (will man dieses Phänomen ohne Framing erklären, so könnte man annehmen, dass die Menschen hoffen, dass die allgemeine Preissteigerung sie weniger trifft als andere, beispielsweise weil ihr persönlicher Warenkorb nicht dem repräsentativen Warenkorb entspricht, mit dessen Hilfe die Inflatonsrate berechnet wird – im günstigen Fall steigen nur die Preise von Gütern, die man wenig oder gar nicht konsumiert, dann trifft einen die Inflation nicht).

Auch Kahneman und Tversky (1986) führen Geldillusion als Beispiel für Framing an: Eine Reduktion des Nominaleinkommens wird als Verlust wahrgenommen, ein nominaler Anstieg hingegen als Gewinn, auch wenn er nicht ausreicht, um das Realeinkommen konstant zu halten und den Einkommensverlust durch eine höhere Inflationsrate auszugleichen. Auch in Verhandlungen kann es zu Framing-Effekten kommen, wenn die Parteien ihre Konzessionen als Verluste und die Zugeständnisse der Gegenseite als Gewinne wahrnehmen. Da Verluste stets schwerer als Gewinne wiegen, wird eine Einigung umso schwerer. Wenn beide Parteien ihre Verluste doppelt so schwer gewichten wie Gewinne, entsteht eine Vier-zu-Eins-Lücke, die schwer zu schließen ist. Ein Ausweg wäre, Verhandlungen mit sogenannten Bargaining-Chips zu führen, die stets den gleichen Wert haben, unabhängig davon, in wessen Hand sich diese befinden.

	Alternative A	Alternative B
1. In der ersten Stufe des Spiels besteht eine Wahrscheinlichkeit von 75 Prozent, dass das Spiel endet und sie nichts gewinnen. Mit 25 Prozent Wahrscheinlichkeit erreichen Sie die zweite Stufe, Sie haben hier die Wahl zwischen:	Ein sicherer Gewinn von 30 Dollar	Ein Gewinn von 45 Dollar mit einer Wahrscheinlichkeit von 80 Prozent
2. Sie haben die Wahl zwischen:	Ein Gewinn von 30 Dollar mit einer Wahrscheinlichkeit von 25 Prozent.	Ein Gewinn von 45 Dollar mit einer Wahrscheinlichkeit von 20 Prozent

Problem 6: Pseudo-Sicherheit und wie man Versicherungen verkauft. Die Auszahlungen beider Spiele sind identisch, wenn man die erste Stufe des ersten Spiels auflöst: Insgesamt gewinnt man mit einer Wahrscheinlichkeit von 25 Prozent 30 Dollar, mit einer Wahrscheinlichkeit von 25 Prozent mal 80 Prozent = 20 Prozent gewinnt man 45 Dollar. Wahrscheinlichkeitstheoretisch sollten also die Probanden zwischen beiden Alternativen indifferent sein, sind es aber nicht: Im ersten Spiel entschieden sich rund zwei Drittel der Probanden für die (vermeintlich sicheren) 30 Dollar, im zweiten Spiel entschieden sich fast 60 Prozent für die 45 Dollar. Tversky und Kahneman (1981) bezeichnen diesen Effekt als Pseudo-Sicherheit: Die erste Stufe des ersten Spiels wird mental ausgeblendet und die Probanden entscheiden sich für die vermeintlich sicheren 30 Dollar. Bei der Wahl zwischen 30 Dollar mit Sicherheit und 45 Dollar mit 80 Prozent Wahrscheinlichkeit entschieden sich ebenfalls rund zwei Drittel der Probanden für die sicheren 30 Dollar – nach Tversky und Kahneman ein Indiz dafür, dass die Probanden im zweistufigen Spiel die erste Stufe des Spiels einfach ausblenden. Das allerdings täuscht darüber hinweg, dass die 30 Dollar nicht sicher sind, und diese vermeintliche Sicherheit wird von den Probanden gegenüber den unsicheren 45 Dollar bevorzugt. Diese Pseudo-Sicherheit kann man also dadurch erzeugen, indem man ein Problem sequentiell formuliert (in der ersten Stufe besteht die Wahrscheinlichkeit, mit 25 Prozent weiterzukommen) oder aber Bedingungen einführt („mit einer Wahrscheinlichkeit von 10 Prozent hat ein Patient den Virus. Wenn er ihn hat, stehen folgende Behandlungsoptionen zur Auswahl:..“). Durch diese Umformulierung eines Problems kann man Pseudo-Sicherheit erzeugen. Will man also eine Versicherung verkaufen, so empfiehlt es sich, diese nicht als eine teilweise Verringerung des Gesamtrisikos zu präsentieren, sondern als Komplettabsicherung gegen ein bestimmtes Risiko. Eine Versicherung gegen Hochwasser reduziert die Gesamtwahrscheinlichkeit eines Vermögensverlustes oder aber eine Hochwasserversicherung eliminiert das komplette Risiko eines Vermögensschadens durch Hochwasser. Die erste Formulierung entspricht dem Spiel Nummer zwei, die zweite Formulierung der zweistufigen Formulierung (mit X Prozent erleidet man einen Hochwasserschaden, wenn er eintritt, ist man aber komplett geschützt). Menschen würden dann – entsprechend der obigen Experimente – die Variante bevorzugen, die ihnen ein sicheres Ereignis verspricht (kompletter Schutz vor Hochwasser). Das wiederum hängt damit zusammen, dass Menschen dem sicheren Ereignis einen besonderen Stellenwert einräumen (vergleichen Sie dazu Problem 3 und den dort diskutierten Sicherheitseffekt). Das Framing kann also dann erfolgreich sein, wenn man ein unsicheres Problem in eine unsichere und eine sichere Komponente zerlegt. Man nutzt den Sicherheitseffekt aus, obwohl diese Sicherheit gar nicht vorhanden ist – deswegen nennen Kahneman und Tversky diesen Effekt Pseudo-Sicherheit. Man kann allerdings kritisch zu diesem Versuchsaufbau anmerken, dass es für die Probanden durchaus sinnvoll ist, die erste Stufe des Spiels zu ignorieren, da sie ja keinen Einfluss auf das Ergebnis haben – insofern kann man kritisch fragen, ob man die beiden Situationen so uneingeschränkt miteinander vergleichen kann.

Erklärungsansätze Tversky und Kahneman (1986) erklären das Phänomen des Framing mit Hilfe der Prospect Theory, in der sowohl Wahrscheinlichkeiten als auch die Auszahlungen nicht linear bewertet werden. Wenn Menschen die Ergebnisse der Optionen linear nach ihrem Erwartungsnutzen bewerten würden, könnten diese Effekte nicht auftreten; dann gäbe es keine Unterschiede im Entscheidungsverhalten, unabhängig davon, ob die Auszahlungen einer Option als Verlust oder Gewinn dargestellt werden. Durch die unterschiedliche Bewertung von Gewinnen und Verlusten sowie die nicht-linearen Wahrscheinlichkeitsgewichtungen kann sich aber eine Entscheidung verändern, wenn sie in verschiedenen, aber logisch äquivalenten Rahmen dargestellt werden. In transparenten Situationen, in denen eine dominierte Alternative klar zu erkennen ist, verhalten sich die Menschen allerdings den traditionellen ökonomischen Theorien entsprechend. Die Axiome der Erwartungsnutzentheorie werden also in transparenten Situationen erfüllt, nicht aber in intransparenten Situationen (Kahneman, Tversky 1986).

Levin, Schneider und Gaeth (1998) zweifeln an, dass die Prospect Theory eine plausible Erklärung für das Framing bei riskanten Entscheidungen ist, sie verweisen stattdessen als Erklärung auf die Idee, dass negative Informationen von Menschen stärker beachtet werden und einen größeren Einfluss auf ihr Verhalten haben als positive Informationen. Das attributive Framing ließe sich damit erklären, dass eine positive Beschreibung („75 % fettarm") eines Sachverhaltes bei den Versuchspersonen positive Assoziationen hervorruft, während eine negative Beschreibung („25 % Fettanteil") eher negative Assoziationen hervorruft. So zeigt sich, dass Versuchspersonen, die einen Hamburger als fettarm beschrieben bekommen, ihn auch in anderen Kategorien wie Geschmack und Qualität als besser erachten als Versuchspersonen, die den Hamburger im negativen Frame beschrieben bekommen (Levin, Gaeth 1988).

Eine alternative Interpretation des Framings besteht darin, dieses als eine Heuristik zu sehen und zu unterstellen, dass zwei verschiedene Formulierungen eines Problems, die zwar logisch äquivalent sind, dennoch einen unterschiedlichen Informationsgehalt haben können, nämlich dann, wenn derjenige, der das Problem formuliert hat, mit der Formulierung eine zusätzliche Information vermittelt. Ein Beispiel dafür sind Versuche mit einem einfachen Formulierungsproblem (McKenzie 2004; McKenzie, Nelson 2003), vor das man Probanden stellte: *In einem Raum, in dem Sie sich befinden, steht ein Ein-Liter-Glas Wasser, das bis zur Ein-Liter-Marke mit Wasser gefüllt ist. Als Sie kurz den Raum verlassen und zurückkehren, steht das Wasser bis bei der Halb-Liter-Marke. Wie würden Sie die Tasse nun beschreiben?* Die meisten Probanden beschreiben den Zustand der Tasse nun mit „halb leer" statt mit „halb voll". Der anderen Gruppe Probanden wurde die gleiche Frage gestellt, nur mit dem Unterschied, dass das Wasserglas zu Beginn leer war und nach dem Verlassen und Wiederbetreten des Raums nun ebenfalls bis zur Halb-Liter-Marke gefüllt war. Nun beschrieb die Mehrheit der Befragten das Glas als „halb voll". Wenn also ein Sprecher ein Glas „halb leer" oder „halb voll" nennt, so macht dies logisch betrachtet keinen Unterschied, informationstechnisch schon: Das halb volle Glas deutet darauf hin, dass es zuvor leer war, das halb leere Glas hingegen, dass es zuvor voll war. Damit hat die Formulierung des Sprechers einen zusätzlichen Informationsgehalt, auch wenn beide Informationen logisch äquivalent sind. Befragte man Zuhörer danach, ob das Glas, das der Redner beschrieb, zuvor voll oder leer war, so schlossen sie überwiegend korrekt von der Formulierung des Redners auf den vorherigen Zustand des Glases – beschrieb der Redner das Glas als halb leer (halb voll), so erkannten die meisten Zuhörer korrekt, dass es zuvor voll (leer) war.

Damit wäre das Framing also eine Art effiziente Heuristik: Aus der Art, wie das Problem von dritter Seite formuliert wird, erschließt man sich zusätzliche Informationen, die man nicht unmittelbar der Formulierung selbst entnehmen kann. Die Präsentation eines Problems in einem bestimmten Rahmen lenkt die Aufmerksamkeit der Menschen auf die Aspekte, die im jeweiligen Frame betont werden.

Die unterschiedliche Wahl der Probanden bei Framing mit riskanten Optionen ließe sich auch mit dem unterschiedlichen Informationsgehalt beider Formulierungen erklären. Dazu noch einmal die Alternativen des Asian-Disease-Problems (vgl. Problem 5):

Programm A: Wird Therapie A eingesetzt, werden 200 Menschen gerettet.
Programm B: Wird Therapie B eingesetzt, werden mit einer Wahrscheinlichkeit von einem Drittel 600 Menschen gerettet; mit einer Wahrscheinlichkeit von zwei dritteln wird niemand gerettet
Programm C: Wird Therapie C eingesetzt, so werden 400 Menschen sterben.
Programm D: Wird Therapie D eingesetzt, so wird mit einer Wahrscheinlichkeit von einem Drittel niemand sterben; mit einer Wahrscheinlichkeit von zwei dritteln werden 600 Menschen sterben

Müssen die Versuchspersonen zwischen A und B entscheiden, wählen sie die sichere Variante A; bei der Entscheidung zwischen C und D hingegen neigen sie zu riskanteren Strategie D (obwohl alle Formulierungen äquivalent sind); was mit der Prospect Theory erklärt wird (Risikoaversion bei Gewinnen, Risikoliebe bei Verlusten).

Betrachtet man die Optionen genauer, so enthalten Option B und D vollständige Informationen („mit einer Wahrscheinlichkeit von einem Drittel 600 Menschen gerettet; mit einer Wahrscheinlichkeit von zwei Dritteln wird niemand gerettet"); die Varianten A und C hingegen enthalten nur unvollständige Informationen („200 Menschen werden gerettet" – was ist mit den anderen Menschen?). Je nachdem, ob und wie Menschen die fehlenden Informationen auf der Basis ihres Hintergrundwissens ergänzen („200 Menschen werden gerettet, die restlichen 400 Menschen sterben"), kann sich ihre Entscheidung ändern (Stockè 1998; Stockè 2000).

Kühberger (1995) zeigt dementsprechend, dass der Framing-Effekt im Asian-Disease-Problem verschwindet, wenn man die Optionen A und C vollständig formuliert: „200 Menschen werden gerettet, 400 Menschen werden nicht gerettet" für Variante A und „400 Menschen werden sterben und 200 Menschen werden nicht sterben" für Variante C. Ergänzen die Versuchspersonen die unvollständigen Informationen in der Originalformulierung selbst, kann sich der Framing-Effekt ändern; die Zahlen werden möglicherweise von den Versuchspersonen als untere Grenze interpretiert: 200 Menschen werden gerettet, aber vielleicht werden im weiteren Verlauf der Krankheit weitere Leben gerettet? Wenn dem so ist, so ist die Wahl „200 Menschen werden gerettet“ besser als „400 Menschen werden sterben“, weil die erste Variante die Hoffnung offen lässt, dass über die 200 Menschen hinaus noch weitere gerettet werden.

Kühberger (1995) formuliert das Asian-Disease-Problem auch in einer anderen, unvollständigen Version, in der nur der zweite Teil der Informationen mitgeteilt wird: „400 Menschen werden nicht gerettet“ für Variante A und „200 Menschen werden nicht sterben“ für Variante C. In diesem Fall dreht sich der Framing-Effekt um, nun findet man Risikofreude bei der Gewinnformulierung und Risikoaversion bei der Verlustformulierung – was gegen die Erklärung spricht, dass man das Framing mit Hilfe der Prospect Theory erklären kann. Kühberger schlägt zur Erklärung seiner Ergebnisse die Idee der probabilistischen mentalen Modelle vor, nach denen sich Menschen ein Referenzmodel für das ihnen gestellte Problem machen und anhand dieses Referenzmodels entscheiden. Beim Asian Disease-Problem ruft man sich beispielsweise ein Referenzmodell „Programme zur Seuchenbekämpfung“ in Erinnerung und vergleicht seine Erfahrungen mit solchen Modellen mit der gestellten Aufgabe.

Zu ähnlichen Ergebnissen kommt Stocké (1998), der das Asian-Disease-Problem in verschiedenen Varianten präsentiert, um den Einfluss der Informationsstruktur auf das Entscheidungsverhalten der Versuchspersonen zu testen: Von zentraler Bedeutung sei unabhängig von der Formulierung, ob für die einzelnen Alternativen die gleiche Informationsmenge dargestellt werde. Formulierungseffekte könne man in eine „beliebige Richtung…“ lenken, wenn einzelne Alternativen die Ergebnisse unterschiedlich dargestellt werden (Stocké 1998). Damit erklärt Stocké die Ergebnisse der Versuche durch selektive Informationsverfügbarkeit und daraus folgender Ergebnisunsicherheit (Ambiguitätstheorie).

Eine weitere Erklärungsmöglichkeit für den Framing-Effekt ist die Fuzzy-trace-Theorie (Kühberger 1995): Menschen konzentrieren sich nicht auf die exakten Zahlen, sondern auf das ihrer Ansicht nach Wesentliche. Option A („200 Menschen werden gerettet“) wird als „einige Menschen werden gerettet“ interpretiert, und Option B („zu einem Drittel werden 600 Menschen gerettet; mit einer Wahrscheinlichkeit von zwei Dritteln wird niemand gerettet“) wird als „einige Menschen werden gerettet oder niemand wird gerettet“ interpretiert – damit wird Option A attraktiver. Option C („400 Menschen werden sterben“) wird dementsprechend als „einige

Menschen werden sterben“ interpretiert, wohingegen Option D („mit einer Wahrscheinlichkeit von einem Drittel wird niemand sterben; mit einer Wahrscheinlichkeit von zwei Dritteln werden 600 Menschen sterben“) als „einige Menschen werden sterben oder niemand wird sterben“ interpretiert wird – das macht Option D attraktiver, weswegen man sich im ersten Fall für A, im zweiten Fall für D entscheidet. Reyna und Brainerd (1991) zeigen im Rahmen der Fuzzy-Trace-Theorie anhand modifizierter Versuche zum Asian-Disease-Problem, dass der Framing-Effekt auch erhalten bleibt, wenn man die numerischen Informationen durch vage Wortangaben („einige“, „viele“) ersetzt wird und schließen daraus, dass die Versuchspersonen nicht die Zahlenangaben verarbeiten, sondern sich auf die Verhältnisse der Verluste und Gewinne zueinander konzentrieren.

Neurologische Untersuchungen mit *magnetic resonance imaging* (fMRI) deuten daraufhin, dass bei einer Entscheidung zwischen einem sicheren Gewinn und einem unsicheren Gewinn der mentale Aufwand geringer ist, wenn man sich für die sichere Variante entscheidet; wohingegen bei der Wahl zwischen einem sicheren Verlust und einem unsicheren Verlust kein Unterschied in der mentalen Anstrengung festzustellen war (Gonzalez, Dana, Koshino, Just 2005). Die Entscheidung für die sichere Variante ist also mit Blick auf den mentalen Aufwand günstiger als die Entscheidung für die risikobehaftete Variante. Eine positive Formulierung eines Problems kann also leichter sowohl den mentalen Aufwand für die Entscheidung als auch mögliche negativen Gefühle minimieren.

Kritik Eine erste Kritiklinie gegen die beobachteten Framing-Effekte stellt auf die Anstrengungen ab, die den Probanden beim Entscheiden zwischen den verschiedenen Optionen entstehen. Diese seien im Vergleich zu den Anreizen, korrekt zu überlegen, zu gering. Nach dieser Lesart verschwinden die Framing-Anomalien, wenn man den Probanden ausreichende finanzielle Anreize bietet, welche die Kosten der intellektuellen Anstrengung aufwiegen. Dem halten die Verfechter des Framing entgegen, dass auch bei entsprechenden Auszahlungen an die Versuchspersonen nicht immer die Ergebnisse erreicht werden, die den Postulaten der Erwartungsnutzentheorie entsprechen.

Auch Beratung kann helfen, die Effekte des Framing zu reduzieren (Druckman 2001): Man legt Menschen eine Entscheidungssituation mit den üblichen Formulierungen zum Framing vor (beispielsweise das Asian-

Desease-Problem in Problem 5), allerdings mit dem Zusatz, dass jeweils ein Programm von einer politischen Partei empfohlen wird („Programm 1, das von den Republikanern empfohlen wird....", und „Programm 2, das von den Demokraten empfohlen wird..."). Dabei zeigt sich, dass Partei-Empfehlungen den Framing-Effekt deutlich reduzieren; bei Wählern der Republianer verschwindet der Framing–Effekt mehr oder weniger vollständig: Sie befürworten – unabhängig davon, wie das Entscheidungs-Problem formuliert ist – das Progamm, das ihre Partei empfiehlt. Bei politisch neutralen Versuchspersonen, die weder die Republikaner noch die Demokraten favorisieren, findet man nach wie vor Framing-Effekte. Auch weitere Versuche zeigen, dass glaubwürdiger Rat Framing-Effekte reduziert – wenn Menschen also im sozialen Kontext und mit sozialen Kontakten entscheiden, verliert Framing offenbar einen Teil seiner Wirkung. Wer eine feste Meinung hat oder die Möglichkeit hat, Beratung einzuholen, wird nicht zum Opfer des Framing.

Empirisch ist das Bild nicht ganz eindeutig, viele Studien replizieren den Framing-Effekt nicht, wenngleich Kühberger (1998) in einer Übersichtsstudie zu dem Resultat kommt, dass man kleine bis moderate Framing-Effekte in verschiedenen Versuchsanordnungen finden kann; empirisch scheinen die Effekte des attributiven Framing am geringsten zu sein (Piñon, Gambara 2005). Es bleibt aber festzuhalten, dass die Art der Studien sowie die Untersuchung der Einflussfaktoren sehr unterschiedlich sind – empirisch bleiben trotz vieler Studien immer noch Fragen offen.

Nicht zuletzt gilt auch für das Phänomen des Framing ein Kritikpunkt, der für viele andere Befunde der Behavioral Economics gilt: Es fehlt eine einheitliche, geschlossene theoretische Basis. Es fehlt eine theoretische Fundierung und damit eine Basis für eine Verallgemeinerung der Framing-Befunde; die Erklärungsansätze zum Framing zeichnen sich durch ein „... hohes Ausmaß an Heterogenität..." aus (Stocké 2005).

3.3.3 Der Status-quo-Bias

▶ **Definition** Der Status-quo-Bias besagt vereinfacht, dass Menschen wollen, dass die Dinge so bleiben, wie sie sind. Wenn sie die Wahl haben zwischen einem bestehenden Zustand und einer Veränderung, so entscheiden sie sich häufiger gegen die Veränderung – sie haben eine Präferenz für den bestehenden Zustand, den Status quo.

Ein einfaches Beispiel illustriert diese Idee (Samuelson, Zeckhauser 1988): Man stellt Versuchspersonen vor die Wahl, Geld anzulegen, das ihr Erbonkel ihnen hinterlassen hat. Dabei stehen zwei verschiedene Anlagemöglichkeiten zur Auswahl, zwischen denen sich die Probanden entscheiden müssen. In den Experimenten zeigt sich, dass die Versuchpersonen jeweils diejenige Anlageform bevorzugen, in der ihnen ihr Onkel das Geld hinterlassen hat, also den Status quo. Hat der Onkel das Geld in Form von Aktien der Firma A hinterlassen, so entscheiden sich die Probanden mehrheitlich, das Geld in diesen Aktien anzulegen; hat der Onkel hingegen das Geld in Form von Aktien der Firma B hinterlassen, so entscheiden sich die Probanden mehrheitlich, das Geld in B-Aktien anzulegen. Hat der Onkel das Geld aber in Bar hinterlassen, so zeigt sich keine besondere Vorliebe für eine der beiden Aktien. Dieser Befund passt zu der Idee, dass Menschen Unterlassungssünden nicht so stark gewichten wie Fehler aus aktiv begangenen Handlungen.

Kasten 13: „So günstig bekommen wir das nie wieder"

Ein kleines Beispiel aus dem Alltag zeigt die Macht des Status-quo-Effekts und eine seiner möglichen Ursachen: Thomas und Heike haben ein Haus geerbt und überlegen, was sie nun machen sollen. Das Haus ist im Nachbarort, ein vergleichbares Haus in der Stadt, in der Thomas und Heike derzeit leben, wäre deutlich teurer (weil die Stadt eine bessere Verkehrsanbindung und Infrastruktur hat). Eigentlich wollen Thomas und Heike in der Stadt bleiben, in der sie jetzt leben – denken aber darüber nach, in das geerbte Häuschen zu ziehen. Auf ihren Wunsch angesprochen, doch in der bisherigen Stadt wohnen zu bleiben, kommt das Argument, dass man ja so ein Häuschen niemals so billig bekommen würde – also nehme man das ererbte Häuschen. Ökonomisch betrachtet ist dieses Argument falsch – wenn Thomas und Heike das Haus verkaufen, erhalten Sie dafür Geld, mit dem sie sich ein anderes Häuschen in der gleichen Qualität und Lage kaufen könnten. Wenn sie das geerbte Haus mit den Häusern in ihrem jetzigen Ort vergleichen, vergleichen Sie Äpfel mit Birnen. Genau genommen haben sie nicht ein Haus geerbt, sondern Geld, das nicht auf einem Festgeldkonto liegt, sondern in einem Haus steckt. Durch den

Verkauf des Hauses kann man dieses Geld jederzeit flüssig machen und sich eine entsprechende Alternative kaufen – man erbt nicht ein Haus, das günstiger ist als alle anderen, sondern man erbt Geld, das zufällig in genau diesem Haus steckt. Verkauft man das Haus nicht, hat man Opportunitätskosten in Höhe des entgangenen Verkaufserlöses – diese Kosten hat man immer, auch wenn das Haus geschenkt ist. Thomas und Heike könnten sich beispielsweise ein gleichwertiges Haus im Nachbarort kaufen. Die relevante Frage bei dieser Entscheidung ist nicht, warum man etwas Ererbtes verkaufen sollte. Fragt man Thomas, ob er das ererbte Haus kaufen würde, wenn er Geld geerbt hätte und man ihm genau dieses Haus zum Kauf anbietet, so ist seine Entscheidung eindeutig: niemals. Warum er dann aber in ein Haus ziehen will, das er nie kaufen würde, nur weil er dieses Haus geschenkt bekommen hat, kann er nicht erklären.

Folgen des Status-quo-Bias Haben die Menschen eine Präferenz für den bestehenden Zustand, so werden bei politischen Wahlen die betreffenden Amtsinhaber einen Amtsbonus haben – sie werden gewählt, weil sie bereits im Amt sind. Samuelson und Zeckhauser (1988) rechnen vor, dass bei Anwendung ihrer empirischen Ergebnisse der Amtsinhaber bei einer Wahl mit 59 % der Stimmen eine Wahl gegen einen Herausforderer gewinnen könnte, selbst wenn die beiden Kandidaten bei einem neutralen Szenario (keiner der beiden Kandidaten ist Amtsinhaber) jeweils 50 % der Stimmen erhalten würden – der Unterschied zwischen den beiden Ergebnissen erkläre sich alleine durch den Amtsbonus, also den Status quo. Auch in anderen Bereichen der Politik dürfte der Status-quo-Bias eine Rolle spielen, nämlich dann, wenn die Bevölkerung Widerstand gegen Reformen zeigt, die zu einer Erhöhung der Gesamtwohlfahrt führt. Fernandez und Rodrik (1991) führen hier als Beispiel den Widerstand in Entwicklungsländern gegen eine Handelsliberalisierung an, der oft vor allem vom Privatsektor ausgegangen sei, der sich anschließend, nach Einführung dieser Politik als einer der größten Befürworter dieser Politik erwiesen habe. In vielen Fällen seien solche Liberalisierungen von autoritären Regimes durchgesetzt worden. Eine Ursache dieses Widerstands sehen sie in der Unsicherheit darüber, wer von solchen Maßnahmen profitieren wird.

Der Status-quo-Bias wird auch dafür verantwortlich gemacht, dass Menschen bei der Bewertung öffentlicher Güter unterschiedliche Beträge angeben, je nachdem, ob sie gefragt werden, wie viel man ihnen zahlen muss, um eine negative Externalität zu ertragen (beispielsweise Abgase von einer Fabrik zulassen oder die Bebauung eines Parks) oder aber, um dafür zu zahlen, dass diese Externalität beseitigt wird (die bestehenden Abgase werden reduziert, der Park wird renaturiert). Im ersten Fall ist die Bereitschaft, Geld zu nehmen geringer, weil man eine Veränderung des Status quo ablehnt, im zweiten Fall zahlt man weniger, weil man für die Veränderung des Status quo nicht mehr bezahlen wird.

Im privaten Bereich von Menschen bedeutet der Status-quo-Bias, dass man seine Gewohnheiten beibehält, stets in den gleichen Geschäften die gleichen Marken kauft, nicht die Arbeit wechselt – kurzum: man bleibt so, wie man ist. Konfrontiert man Menschen mit der Entscheidung zwischen zwei Optionen, so werden sie diejenige wählen, die dem bestehenden Zustand entspricht. Das könnte beispielsweise erklären, warum es bei bestimmten Produkten größere Preisunterschiede gibt, als es der Wettbewerb erwarten lassen würde: Wer einmal bei seiner Wahl bleibt, weil sie der Status quo ist, ist möglicherweise auch bereit, einen höheren Preis zu akzeptieren als den des Wettbewerbsproduktes. Zudem könnte der Status-quo-Bias dazu führen, dass die Reaktion auf Preisänderungen zögerlicher und langsamer ausfällt. Nicht zuletzt könnte der Status-quo-Bias den Erfolg von Probeperioden erklären: Nimmt man ein Produkt zur Probe mit (oder mit der Versicherung, es jeden Tag zurückgeben zu können), und wird der Besitz des Produktes zum Status quo, und man bringt das Produkt nicht zurück.

Auch für Unternehmen bedeutet das, dass sie sich im Zweifelsfall dafür entscheiden, das zu tun, was sie immer getan haben (beispielsweise beenden sie teure Experimente nicht und halten länger an Verlustbringern fest). Samuelson und Zeckhauser (1988) zeigen in einem Experiment, welche Folgen das haben kann: Die Versuchspersonen haben die Aufgabe, zwei Jahre hintereinander darüber zu entscheiden, welche Ausgaben sie für eine (fiktive) Firma machen sollen. Dabei werden sie für jedes Jahr mit Geschäftsprognosen versorgt, die entweder gut oder schlecht sind. Variiert wurden in dem Experiment die Abfolgen der guten und schlechten Geschäftsjahre: Hatten sich die Versuchspersonen im ersten Jahr für hohe Ausgaben entschieden (weil die Prognosen für das betreffende Jahr gut waren), so tendierten sie dazu, auch im zweiten Jahr höhere Ausgaben zu tätigen, auch wenn der Ausblick für das zweite Jahr schlecht war. Das hohe Ausgabenniveau des ersten Jahres war zum Status quo geworden und beeinflusste die Entscheidung für das zweite Jahr.

Erklärungsansätze Als Erklärung für den Status-quo-Bias wird in der Literatur oft der Besitztumseffekt (*endowment effect*) angeführt, die Literatur ist hier aber nicht immer trennscharf; teils wird der Status-quo-Effekt als eigenständiger Effekt betrachtet, teils als Folge des Eigentumseffektes, welcher der Übersichtlichkeit wegen erst im nächsten Kapitel dargestellt wird (vgl. 3.3.4). In diesem Zusammenhang sei hier nur festgestellt, dass die Verlustaversion der Prospect Theory den Status-quo-Bias erklären könnte: Man empfindet die Aufgabe des Status quo als Verlust und bewertet diesen Verlust der Prospect Theory gemäß höher als den potenziellen Gewinn der Alternative. Dies führt zum Status-quo-Bias. Dem halten Samuelson und Zeckhauer (1988) entgegen, dass sich nicht alle experimentellen Befunde zum Status-quo-Bias damit erklären lassen, beispielsweise wenn es darum geht, die Farbe für ein neues Auto zu wählen – auch hier zeigt sich eine Präferenz der Versuchspersonen für die Farbe, die der Händler ihnen als Status quo angeboten hat, bevor ihnen weitere Farboptionen vorgestellt wurden.

Aufgrund der Beobachtung, dass die Präferenz der Versuchspersonen für den Status quo umso deutlicher wird, je komplexer die Entscheidungssituation ist (Boxall, Adamowicz, Moon 2009) kann man vermuten, dass die Entscheidung für den Status quo eine effiziente Heuristik ist (vgl. 2.3.2): Statt eine komplexe Abwägung der Alternativen vorzunehmen, entscheidet man sich für das, was sich bewährt hat. Berücksichtigt man Kosten der Entscheidungsfindung und mögliche Kosten einer Veränderung, so kann es eine rationale Entscheidung sein, sich für den bestehenden Zustand zu entscheiden. Berücksichtigt man darüber hinaus noch die Unsicherheit, ob der neue Zustand tatsächlich besser ist als der Status quo, erhöht diese Unsicherheit die Attraktivität des bestehenden Zustandes, von dem man weiß, dass alles so, wie es ist, funktioniert. Die Entscheidung für den Status quo kann also rational sein. Dabei kann man vermuten, dass der Status quo umso vehementer verteidigt wird, je länger er schon besteht – je länger man eine bestimmte Strategie oder Angewohnheit bereits verfolgt, umso besser kann man sie mit allen Konsequenzen und Kosten einschätzen, und umso mehr besteht auch die Vermutung, dass dieses Verhalten optimal ist, weil es bereits so lange funktioniert. Die Dauer, die der Status quo bereits besteht, kann somit als Hinweis auf dessen evolutorische Überlegenheit interpretiert werden, weswegen es für neue Lösungen umso schwerer wird, sich durchzusetzen. In vielen Fällen dürfte ein Wechsel sogar nur zu sehr hohen Kosten möglich sein, besonders bei Netzwerkgütern wie Standards, Sprachen, Tastaturlayouts oder Softwareprogrammen (Beck 2011).

Eine weitere Erklärungsmöglichkeit für den Status-quo-Bias besteht darin, dass Menschen sich durch einmal getroffene Entscheidungen gebunden fühlen – würde man diese revidieren, so müsste man sich – und dem sozialen Umfeld – eingestehen, dass man einen Fehler gemacht hat. Will man dieses schmerzliche Eingeständnis vermeiden, aber in seinem Denken dennoch konsistent bleiben, so muss man die einmal getroffene Entscheidung gegen Zweifel verteidigen und fortführen, sich also für den Status quo und gegen die Veränderung entscheiden.

Als weitere Erklärung bietet sich die Abneigung der Menschen gegen Reue (*regret aversion*) an (Bell 1982 und Loomes, Sugden 1982; vgl. dazu auch die Idee des Regret in Abschn. 3.1): Menschen berücksichtigen bei ihren Entscheidungen das Bedauern, das sie empfinden könnten, wenn sie nachträglich feststellen, dass andere Entscheidungen besser gewesen wären. Menschen vergleichen also nachträglich das Ergebnis ihrer Entscheidung mit dem Ergebnis der Alternativen, die ihnen zum Zeitpunkt der Entscheidung offenstanden. Zeigt sich im Nachhinein, dass eine andere Entscheidung besser gewesen wäre, so bereuen sie ihre Entscheidung. Das Entscheidende an der Regret-Aversion ist, dass Menschen dieses potenzielle Bereuen bereits zum Zeitpunkt der Entscheidung mit in ihr Kalkül einbeziehen. Man wappnet sich also bereits zum Zeitpunkt der Entscheidung mental gegen eine mögliche Enttäuschung zu einem späteren Zeitpunkt. Stimmt diese Idee, so könnte sie erklären, warum Menschen oft nicht an einer nachträglichen Kontrolle ihrer Entscheidungen interessiert sind. Wenn Menschen diese Reue vermeiden wollen, so werden sie bereit sein, dafür zu bezahlen, also auch eine finanziell schlechtere Alternative vorzuziehen, wenn diese die Aussicht reduziert, dass man die Entscheidung dafür später bereuen wird.

Eng mit der Idee des Regret verbunden ist das Konzept des Omission Bias (Ritov, Baron 1992; Sprance, Minsk, Baron 1991): Den Status quo zu ändern, erfordert eine aktive Handlung, alles so zu belassen, wie es ist, hingegen nur, nichts zu tun. Menschen bevorzugen aber – bei ansonsten gleichen Umständen – eher Unterlassungsfehler als Fehler, die sich aus einer aktiven Handlung ergeben. Menschen bereuen auf kurze Frist vor allem das, was sie getan haben; Konsequenzen einer aktiven Handlung bereut man eher als die Konsequenzen des Nichts-Tuns, wenngleich dies auch eine Handlung ist (vgl. Gilovich, Medvec 1995[10]). Man vergleicht das Ergebnis einer Handlung mit dem Ergebnis einer abgelehnten Option. Das kann zu einem nachträglichen Bedauern führen – wird dies vom Entscheider so antizipiert, so kann er sich unter Umständen gegen die Option entscheiden, die er ursprünglich gewählt hätte.

Hierzu ein einfaches Beispiel (vgl. Kahneman, Tversky 1982): Stan hat Aktien der Firma A und denkt darüber nach, sie zu verkaufen und stattdessen in die Aktien der Firma B zu investieren. Doch er entscheidet sich dagegen und stellt später fest, dass ihn diese Entscheidung einen Gewinn von 2 000 € gekostet hat, den er gemacht hätte, wenn er die Aktie B gekauft hätte. Oliver hingegen besitzt die Aktie B, verkauft sie aber, um Aktie A zu kaufen. Später stellt er fest, dass ihn diese Entscheidung einen Gewinn von 2 000 € gekostet hat, den er gemacht hätte, wenn er die Aktie B behalten hätte. Ökonomisch gesehen ist beiden ein Gewinn von 2 000 € entgangen, es macht also in Euro gemessen keinen Unterschied, ob man B nicht gekauft oder B verkauft hat. Doch wer von den beiden bereut seine Entscheidung mehr? In Befragungen zeigt sich, dass die meisten Menschen glauben, dass Oliver das größere Bedauern empfindet – derjenige, der den Status quo aufgegeben hat. Derjenige, der den bestehenden Zustand aufgibt, wird von seinem Fehler mehr mitgenommen als derjenige, der sich entschlossen hat, nichts zu tun – obwohl beide in Geld gemessen den gleichen Gewinn verpasst haben.

Ein anderes Beispiel zeigen Ritov und Baron (1992): Wenn Eltern die Wahl haben, ihre Kinder einem Risiko einer tödlichen Infektion von 10 zu 10.000 auszusetzen oder aber ihre Kinder vor dieser Infektion zu impfen, bei der ein Risiko von 5 zu 10.000 besteht, an der Infektion zu erkranken, entscheiden sich die Eltern gegen die Impfung, obwohl sie das Risiko der Infektion senkt. Ritov und Baron trennen zwischen der Vorliebe, den Status quo aufrecht zu erhalten und der Vorliebe, nicht zu handeln – beides muss nicht übereinstimmen, wie sie zeigen, aber die Vorliebe, nicht zu handeln, kann zum Status-quo-Bias führen. Wenn man also eine Entscheidungssitu-

[10] Allerdings gibt es Hinweise, dass Menschen auf lange Frist eher das bereuen, was sie nicht getan haben (vgl. Gilovich, Medvec 1995).

ation so darstellt, dass sowohl der Status quo als auch dessen Veränderung eine aktive Handlung erfordern, werde der Status-quo-Bias reduziert.

3.3.4 Der Besitztumseffekt (*endowment effect*)

▶ **Definition** Experimente (vgl. Kasten 14) zeigen, dass Menschen Gegenständen einen höheren Wert beimessen, wenn sie im Besitz dieser Gegenstände sind (Besitztumseffekt; *endowment effect*). Die Wertschätzung für ein Objekt hängt also auch von der Tatsache ab, dass man dieses Objekt besitzt. So liegt in solchen Experimenten der Reservationspreis der Verkäufer eines Gutes (der Preis, bis zu dem sie bereit sind, zu verkaufen) zumeist deutlich über der Zahlungsbereitschaft der potenziellen Käufer dieses Gutes. Vereinfacht gesagt: Der Preis, den ein Mensch für ein Gut verlangt (oder zahlen will) hängt auch davon ab, ob sich dieses Gut in seinem Besitz befindet oder nicht. In der klassischen ökonomischen Theorie hingegen ist der Wert eines Objektes für das einzelne Wirtschaftssubjekt unabhängig vom Besitz dieses Gutes.

Einfache Experimente illustrieren den Besitztumseffekt (siehe dazu auch Kasten 14): Die Probanden bekommen einen Kaffeekrug geschenkt. Später bietet man ihnen an, den Kaffeekrug gegen einen Schokoriegel einzutauschen. Rund 90 % der Studenten entscheiden sich dafür, den Kaffeekrug zu behalten. Eine zweite Gruppe von Versuchspersonen erhält statt des Kaffeekruges einen Schokoriegel und wird später gefragt, ob sie den Schokoriegel gegen einen Kaffeekrug eintauschen wollen. Rund 90 % der Versuchspersonen entschieden sich, den Schokoriegel zu behalten, statt ihn gegen den Krug einzutauschen. Einer dritten Gruppe von Versuchspersonen überlässt man die Wahl, ob sie lieber einen Schokoriegel oder einen Kaffeekrug haben wollten – hier entschieden sich rund 56 % für den Krug, 44 % für den Schokoriegel. Die Wertschätzung der Probanden für die Schokolade und den Krug hat also offenbar etwas damit zu tun, ob sich der jeweilige Gegenstand in ihrem Besitz befindet oder nicht.

Dabei zeigen Experimente, dass der Besitztumseffekt weniger ausgeprägt auftritt bei Gütern des täglichen Bedarfs, die häufig ge- und verkauft werden; bei langlebigen Gebrauchsgütern hingegen ist dieser Effekt ausgeprägter. Für diese Beobachtung spricht auch, dass Wertgutscheine (*tokens*), die in den Experimenten als „Besitz“ an die Versuchspersonen ausgeteilt wurden (vgl. Kasten 14), offenbar keinen Besitztumseffekt auslösten. Ein weiterer Befund spricht für den Einsatz von Beratern: Wenn Menschen andere Menschen beim Verkauf beraten, unterliegen sie offenbar nicht dem Eigentumseffekt (vgl. Marshall, Knetsch, Sinden 1986).

Kasten 14: Experimente zum Besitztumseffekt[11]

In einem ersten Vergleichsmarkt – der Vergleichsgruppe – erhält die Hälfte der Probanden Gutscheine, sogenannte Tokens, deren Wert erst nach dem Ende der Tauschrunden festgelegt wird. Die andere Hälfte der Gruppe erhält die Gelegenheit, diese Tokens von ihren Besitzern zu kaufen. Beide Gruppen kreuzen in einem Fragebogen an, zu welchem Preis sie den Token kaufen (verkaufen) wollen, ohne dass sie den Preis wissen, zu dem sie den Token später kaufen oder verkaufen werden. Die Versuchsleiter sammeln die Fragebogen ein und ermitteln den markträumenden Preis sowie die Anzahl der Geschäfte, die zu diesem Preis zustande kommen würden. Einige zufällig ausgewählte Geschäfte werden dann zu dem markträumenden Preis gemäß der von den Probanden bekundeten Zahlungs- und Verkaufsbereitschaft ausgezahlt – damit will man sicherstellen, dass die in den Fragebögen bekundete Zahlungsbereitschaft auch der tatsächlichen Zahlungsbereitschaft entspricht. In einem nächsten Schritt werden der Hälfte der Probanden (den potenziellen Verkäufern) Gegenstände – beispielsweise Kaffeekrüge oder Kugelschreiber – ausgeteilt, und beide Gruppen werden nach den gleichen Regeln des vorherigen Experiments gefragt, zu welchen Preisen sie einen Krug (Kugelschreiber) kaufen beziehungsweise verkaufen würden. Die Rahmenbedingungen der Experimente waren jeweils gleich bis auf den Umstand, dass statt der Tokens jetzt Gegenstände gehandelt wurden. Während beim Handel mit Tokens im Schnitt die Hälfte aller möglichen Geschäfte abgeschlossen wurde, lag die Zahl der tatsächlich abgeschlossenen Geschäfte in den Experimenten mit den Gütern deutlich darunter. Zudem lag eine deutliche Kluft zwischen dem Reservationspreis der Verkäufer und dem Reservationspreis der Käufer; d. h. der Preis, zu dem die Besitzer der Gegenstände bereit waren zu verkaufen, lag deutlich über dem Höchstpreis, den die potenziellen Käufer, die im Experiment kei-

[11] Vgl. dazu Kahneman, Knetsch, Thaler (2004), S. 55ff.

nen Gegenstand erhalten hatten, zu zahlen bereit waren. Bei den Experimenten mit den Tokens hingegen stimmte der durchschnittliche Preis, zu dem verkauft beziehungsweise gekauft wurde, weitgehend überein.

In einer Variante des Experiments wurde den Versuchspersonen mitgeteilt, dass der Preis, zu dem die Güter dann tatsächlich gehandelt werden, per Zufall bestimmt werde – dadurch wollte man verhindern, dass sowohl Käufer als auch Verkäufer bei der Abgabe ihrer Preise strategische Gebote nennen. Obwohl das Versuchsdesign ohnehin so angelegt war, dass strategische Gebote sinnlos waren, wurde in den Anleitungen den Versuchspersonen noch einmal klar gemacht, dass ihr Gebot keinen Einfluss auf den tatsächlichen Endpreis hat. Die Ergebnisse dieser Variation waren unverändert: Bei Tokens zeigten sich keine Besitztumseffekte, bei den Gütern klafften Verkaufswillen und Kaufbereitschaft deutlich auseinander. In einer weiteren Variante dieses Experiments bildete man drei Gruppen: Käufer, die man mit einem Gut ausstattete, Verkäufer, die ihre Zahlungsbereitschaft nennen sollten und sogenannte *chooser*, die zu verschiedenen Preisen zwischen dem Gut und Bargeld wählen sollten. Auch hier zeigte sich der Besitztumseffekt. Zudem stellte sich heraus, dass der Preis, den die Käufer bereit waren zu zahlen, in etwa dem Preis entsprach, den die *chooser* dem Gut beimaßen. Letzterer Befund schließt aus, dass sich der höhere Preis, den die Verkäufer fordern, aufgrund eines Einkommenseffektes entsteht – indem die Käufer in den Besitz des Gutes kommen, ändern sich möglicherweise ihre Präferenzen, was erklären könnte, warum der Kauf- und Verkaufspreis soweit auseinanderfallen. Da aber die *chooser*, die zwischen dem Geld und dem Gut wählen können, ebenfalls ein höheres Einkommen aufweisen (sie bekommen entweder das Geld oder das Gut), aber die gleiche Zahlungsbereitschaft zeigen wie die Käufer, scheidet der Einkommenseffekt als Erklärung der Differenz zwischen Kauf- und Verkaufspreis aus.

Beispiele und Folgen Eine wichtige Folge des Besitztumseffekts kann sein, dass die Handelsvolumina auf Märkten geringer sind als auf einem Markt ohne Besitztumseffekt. Weil die Verkäufer zu viel verlangen, die Käufer zu wenig zahlen wollen, werden weniger Güter verkauft als bei Abwesenheit des Besitztumseffektes. Wenn allerdings professionelle Verkäufer dem Besitztumseffekt weniger unterliegen – wofür die Experimente mit den Tokens sprechen – dürfte diese Kluft geringer ausgeprägt sein. Das könnte darauf hindeuten, dass Märkte, auf denen professionelle Verkäufer tätig sind, nicht unter zu geringen Handelsvolumina aufgrund des Besitzumseffektes leiden. Der Besitzumseffekt wäre dann ein Phänomen, das eher für private Verkäufe (beispielsweise auf E-Bay) relevant wäre, weniger für große Märkte mit professionellen Akteuren.

Eine andere Folge des Besitztumseffektes können je nach Fragestellung veränderte Präferenzen sein: Befragt man Menschen nach ihrer Bereitschaft, die Zerstörung eines Naturschutzgebietes zu verhindern, so sind sie bereit, dafür einen bestimmten Betrag X zu bezahlen. Fragt man sie jedoch, wie viel Geld man ihnen zahlen muss, damit sie die Zerstörung des Naturschutzgebietes zulassen, so fordern sie signifikant höhere Summen (diese Idee ließe sich auch dem Status-quo-Bias zuordnen).

Für die traditionelle mikroökonomische Analyse kann dieser Effekt die unangenehme Folge haben, dass sich die sogenannten Indifferenzkurven, mit deren Hilfe man in der Mikroökonomie Konsumentscheidungen untersucht, schneiden – was in der traditionellen Mikroökonomie nicht möglich ist. Die Existenz eines Besitztumseffektes würde mit Blick auf diese in der Mikroökonomie üblichen Indifferenzkurven (die geometrischen Orte aller Güterkombinationen, die einem Wirtschaftssubjekt den gleichen Nutzen stiften) bedeuten, dass diese Kurven in ihrer jetzigen Form so nicht stimmen: Eine Güterkombination A, B stiftet nur dann den gleichen Nutzen wie eine zweite Güterkombination C, D, wenn keines dieser Güter sich im Besitz des Wirtschaftssubjektes befindet. Sobald das Wirtschaftssubjekt die Güter A und B besitzt, stiften sie einen anderen Nutzen als das Güterbündel C und D, das sich nicht in seinem Besitz befindet (vgl. Abb. 3.11).

Erklärungsansätze Eine erste Idee könnte darin bestehen, dass Menschen dem Gegenstand, den sie besitzen, einen höheren Wert beimessen. Dies scheint aber nicht der Fall zu sein (vgl. Kahneman, Knetsch, Thaler 1991): So stellt man in Experimenten mit Stiften den üblichen Besitzumseffekt fest; bei Befragungen zur Attraktivität der Stifte verglichen mit anderen Gegenständen zeigte sich aber keine besondere Wertschätzung der Versuchspersonen für die Stifte in ihrem Besitz.

Die zweite Erklärung des Besitztumseffekt ist die Prospect Theory: Wenn Menschen Verluste schwerer empfinden als Gewinne und diese von einem Referenzpunkt aus bewerten, so lassen sich damit die unterschiedlichen

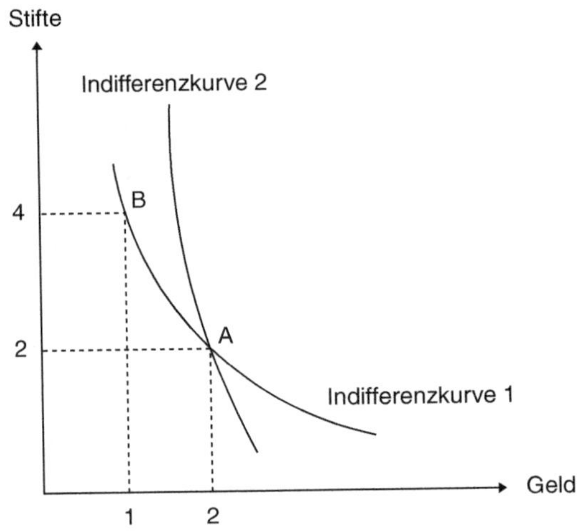

Abb. 3.11 Indifferenzkurven und Besitztumseffekt. Bei einer herkömmlichen Indifferenzkurve ist das Wirtschaftssubjekt bei Indifferenzkurve 1 indifferent zwischen den Punkten A (2 Stifte, 2 €) und B (ein Stift, 4 €) – beide Güterkombinationen stiften ihm den gleichen Nutzen. Jeder Punkt auf einer Indifferenzkurve repräsentiert unterschiedliche Kombinationen von Stiften und Geld, die der Versuchsperson das gleiche Ausmaß an Nutzen bringt (weniger Stifte bedeutet weniger Wohlbefinden, damit der Nutzen konstant bleibt, muss der Verlust von Stiften durch ein Mehr an Geld kompensiert werden). Bei der Existenz eine Besitztumseffektes spielt nun die Ausgangslage eine entscheidende Rolle: War das Wirtschaftssubjekt anfangs mit 2 € ausgestattet, so gilt Indifferenzkurve 1; der Konsument sollte zwischen A und B indifferent sein. Hat der Konsument jedoch anfangs 2 Stifte besessen, so hat der Besitz der Stifte aufgrund des Besitztumseffektes zur Folge, dass er die Stifte nun deutlich höher bewertet als derjenige, der mit 2 € gestartet ist. Er verlangt nun mehr als 2 € an Kompensation für den Verzicht auf einen Stift, weswegen für ihn Indifferenzkurve 2 gilt und nicht Kurve 1. Im Falle des Besitztumseffektes ist die dazugehörige Indifferenzkurve also steiler, mit der Folge, dass sich bei Existenz eines Besitztumseffektes Indifferenzkurven schneiden

Geldforderungen erklären. Der Verkauf eines Gutes wird als Verlust empfunden und dementsprechend höher bewertet als der Kauf eines Gutes, der mental als Gewinn bewertet wird.

Die Differenz zwischen dem gebotenen Kaufpreis und dem geforderten Verkaufspreis könnte auch daher rühren, dass Menschen die sogenannten Opportunitätskosten, also die Kosten einer alternativen, nicht wahrgenommenen Handlung, unterschätzen (Thaler 1980). Wer einen Gegenstand nicht verkauft, dem entgehen die daraus resultierenden Einnahmen, die er für etwas anderes hätte verwenden könnte. Unterschätzt er diese Opportunitätskosten, so verliert dieses Argument an Gewicht – der geforderte Verkaufspreis wird zu hoch. Dem Verlust an Opportunitätskosten steht zudem die Befürchtung gegenüber, zu viel für ein Produkt zu bezahlen, was eine Form des Regret wäre – wer diese Befürchtung überbetont, wird sein Kaufgebot zu niedrig wählen. Die Kombination dieser beiden Fehleinschätzungen könnte die Diskrepanz zwischen gefordertem und gebotenem Preis erklären.

Eine weitere Erklärung für den Besitztumseffekt könnte der sogenannte Projection Bias sein (Loewenstein, O'Donoghue, Rabin 2003): Menschen irren sich bei der Schätzung ihres zukünftigen Nutzens; sie erahnen vielleicht korrekterweise, wie sich ihre Vorlieben ändern werden, aber schätzen die Größe dieser Veränderung falsch ein[12]. Für den Besitztumseffekt bedeutet das, dass die Besitzer eines Gutes möglicherweise überschätzen, wie sehr sie der Verlust des Besitzes schmerzen wird (respektive sie unterschätzen, wie stark ihre Bewertung des Gutes sinken wird, wenn sie es nicht mehr besitzen), weshalb sie ihre Preisforderungen hoch ansetzen – der Projection Bias verstärkt dann den Besitzumseffekt. Unterschätzen zugleich die potenziellen Käufer, wie sehr der Besitz des Gutes ihren Nutzen steigern würde, so verstärkt sich dieser Effekt, da sie aufgrund dieser Fehleinschätzung zu wenig für das Gut bieten werden. Das Resultat ist, dass Käufer (Verkäufer) die Preisforderung (Zahlungsbereitschaft) ihres Gegenübers unterschätzen (überschätzen); Loewenstein, O'Donoghue und Rabin (2003) sprechen von einem egozentrischen Bias.

Ein Experiment (Van Boven, Dunnning, Loewenstein 2000; Van Boven, Loewenstein, Dunning 2003) illustriert diese Idee: Zunächst findet man den üblichen Besitztumseffekt (durchschnittlicher Verkaufspreis 6,37 $; durchschnittlicher Kaufpreis 1,85 $). Anschließend lässt man die Verkäufer schätzen, was die Käufer bereit sind zu zahlen, und die Käufer müssen schätzen, was die Verkäufer verlangen werden. Dabei zeigt sich, dass die Verkäufer den Preis, den die Käufer bieten, überschätzen (sie schätzen ihn auf 3,93), während die Käufer den Preis, den die Verkäufer verlangen werden, unterschätzen (4,39). Allerdings lässt die Idee des Projection Bias zur

[12] Der Projection Bias erklärt beispielsweise auch, warum man nicht mit leeren Magen einkaufen gehen soll – weil man das aktuelle Hungergefühl in die Zukunft überträgt und sich deswegen den Einkaufswagen zu voll lädt.

Erklärung des Besitztumseffektes eine Frage offen: Warum unterschätzen die Käufer den zukünftigen Nutzen, warum überschätzen ihn die Besitzer? Genauso gut kann man argumentieren, dass Menschen den zukünftigen Nutzen eines Gutes überschätzen oder die Folgen des Verlustes unterschätzen. Hier zeigt sich – wie auch bei anderen Ideen der Behavioral Economics – eine Schwäche in der theoretischen Erklärung und Begründung dieses Effekts.

Kritik Eine erste – ökonomische – Erklärung für den Besitztumseffekt besteht darin, dass die Versuchspersonen die Preisforderungen für den Verkauf des Gutes, das sie besitzen, übermäßig hoch ansetzen, um sich damit eine gute Verhandlungsposition zu verschaffen. Umgekehrt ist es für die potenziellen Käufer des Gutes strategisch klug, ihre Zahlungsbereitschaft geringer darzustellen, als sie tatsächlich ist. Damit ließe sich die Differenz zwischen Bereitschaft zu verkaufen (*willingness to accept*, WTA) und der Kaufbereitschaft (*willingness to pay*, WTP) durch einfache strategische Motive erklären. Zumindest lässt sich zeigen, dass bei einem anderen Versuchsdesign die Differenz zwischen WTP und WTA sinkt, auch, wenn die Versuchspersonen Gelegenheit haben, Erfahrungen auf Märkten zu sammeln (vgl. Coursey, Hovis, Schulze 1987). Möglicherweise rührt diese Differenz daher, dass die Versuchspersonen diese Strategien irrtümlicherweise anwenden, obwohl sie bei entsprechendem Versuchsdesign nicht sinnvoll sind. Die Versuche von Kahneman et. al. allerdings fanden mit Hilfe von Marktexperimenten statt, zudem gab man den Versuchspersonen Gelegenheit, zu lernen (vgl. Kahneman, Knetsch, Thaler 1990). Studien zeigen, dass sich mit mehr Wettbewerb und Lernen die Differenz zwischen WTA und WTP reduzieren lässt, aber sie verschwindet nicht.

Weiterhin könnte man den Besitztumseffekt wieder als effiziente Heuristik deuten: Ist man sich unsicher über den Nutzen eines alternativen Gutes, so ist es sinnvoll, eine Risikoprämie für den Verkauf zu fordern – man tauscht etwas Bekanntes, Bewährtes nur dann gegen etwas Unbekanntes ein, wenn man dafür entsprechend entschädigt wird, und zwar auch für das damit verbundene Risiko. Die höhere Wertschätzung, die man dem Eigentum einräumt, resultiert also daraus, dass man den Wert und Nutzen dieses Eigentums kennt und nicht leichtfertig gegen etwas Unbekanntes eintauscht.

Ein weiterer Kritikpunkt besteht in der Vernachlässigung von Lerneffekten (vgl. Camerer 2003, S. 10 f.): Verliert sich der Besitztumseffekt, wenn die Menschen häufiger handeln und dabei merken, dass sie den Verlust, den sie durch den Verkauf erleiden, überschätzt haben; respektive wenn sie etwas über die tatsächliche Höhe der Opportunitätskosten lernen? Wenn der Besitztumseffekt also dadurch entsteht, dass Menschen sich über ihre negativen Gefühle nach einem Verkauf irren, dann sollte dieser Effekt verschwinden, wenn man des öfteren verkauft und dabei lernt, dass die negativen Gefühle nicht so groß sind wie gedacht. In der Tat zeigt sich, dass professionelle Händler dem Besitztumseffekt weniger unterliegen. Letzteres kann allerdings auch damit zusammenhängen, dass die Gegenstände, welche die Händler handeln, für sie gewöhnliche Güter sind und keine Gebrauchsgegenstände – das erleichtert den Verkauf.

Plott und Zeiler (2005) zweifeln an der Eindeutigkeit experimenteller Befunde zum Eigentumseffekt. Ein Überblick über verschiedene Studien zeige, dass der Eigentumseffekt experimentell nicht so robust bestätigt ist, wie es bisweilen in der Literatur dargestellt wird. Sie untersuchen die verschiedenen experimentellen Designs der Untersuchungen zum Eigentumseffekt und identifizieren verschiedene Unterschiede in den Versuchsdesigns:

- Wie erklären die Versuchsleiter den Versuchspersonen, dass die bestmögliche Antwort auf die Fragen die Wahrheit ist, wie vermeidet man also, dass die Versuchspersonen strategische Antworten geben?
- Gibt es vor den Experimenten Versuchsrunden, in denen die Versuchspersonen lernen können?
- Hat man die Versuche in ein möglichst realistisches Marktszenario eingebettet?
- Wie wurde der Eigentumseffekt gemessen?

Bei entsprechender Variation der Versuchsdesigns zeigen Plott und Zeiler, dass sie das Phänomen Eigentumseffekt „…beliebig an- und ausschalten…" können (S. 542). Je nachdem, welche Prozedur man für das Versuchsdesign wähle, könne man den Eigentumseffekt herstellen oder aber bei entsprechender Kontrolle der Prozeduren wieder verschwinden lassen. Sie folgern daraus, dass der Eigentumseffekt kein grundsätzlicher Bestandteil der menschlichen Präferenzen sei, die in anderen Papieren beobachtenen Effekte seien auf Missverständnisse der Versuchspersonen zurückzuführen.

3.3.5 Mentale Kontenführung (*mental accounting*)

▶ **Definition** Mental Accounting (geistige Kontenführung) beschreibt den Prozess, wie Menschen Optionen und ihre Konsequenzen kategorisieren und mental zusammenfassen. Hier zeigt sich im Menschenbild der Behavioral Economics ein wesentlicher Abstrich vom Bild des perfekt rationalen homo oeconomicus: Statt bei Entscheidungen alle relevanten Tatbestände und Vermögenspositionen, also das gesamte Umfeld mit in die Entscheidung einzubeziehen, ordnen Menschen die Konsequenzen unterschiedlicher Handlungen verschiedenen mentalen Konten zu und vernachlässigen alle anderen Aspekte. Ein Mental Account ist sozusagen ein Rahmen (*frame*) zur Evaluation von Entscheidungssituationen.

Problem 7 verdeutlicht den Prozess des Mental Accounting (Kahneman/Tversky, 1984).

1. Situation:	Sie wollen ins Theater gehen und haben bereits für 10 Dollar eine Karte gekauft. An der Kasse angekommen, stellen Sie fest, dass Sie die Karte verloren haben. Kaufen Sie eine neue Karte oder verzichten Sie auf den Theaterbesuch?
2. Situation:	Sie wollen ins Theater gehen, die Karte kostet 10 Dollar, Sie müssen diese noch an der Abendkasse erstehen. An der Kasse angekommen, stellen Sie fest, dass Sie einen Zehn-Dollar-Schein verloren haben. Kaufen Sie eine Karte oder verzichten Sie auf den Theaterbesuch?

Problem 7: Ein Beispiel für Mental Accounting. Bei der ersten Situation gaben 54 Prozent der Befragten an, dass sie keine neue Karte kaufen würden; in Situation 2 hingegen entschieden sich nur 12 Prozent der Befragten dafür, die Karte nicht zu kaufen – obwohl es sich letztlich um das gleiche Problem handelt, so oder so ist der Theaterbesucher um 10 Dollar ärmer. Warum entscheiden sich die Probanden anders, wenn sie die zehn Dollar in Form des Theatertickets verloren haben? Kahneman und Tversky vermuten eine unterschiedliche Organisation der mentalen Konten: Im ersten Fall haben die Probanden die Kosten des Tickets bereits auf einem mentalen Konto für den Theaterbesuch verbucht; ein zweites Ticket, das man ebenfalls auf dem gleichen Konto verbuchen müsste, verdoppelt bei dieser Form der Kontenführung den Preis für die Theatervorstellung. Im zweiten Fall hingegen werden die verlorenen Dollar auf einem anderen mentalen Konto für sonstige Verluste verbucht, aber nicht dem Theaterbesuch angelastet – dadurch verteuert sich dieser nicht. Allerdings schwächte sich dieser Effekt ab, wenn man den gleichen Probanden beide Probleme vorlegte und zuerst Situation zwei mit der verlorenen Dollar-Note präsentierte. Präsentierte man anschließend die Situation mit dem verlorenen Theaterticket, so stieg die Bereitschaft, ein zweites Ticket zu kaufen, deutlich an. Offenbar haben die Probanden bei dieser Reihenfolge der Probleme erkannt, dass beide Situationen den identischen Effekt auf das Gesamtvermögen haben.

Warum Menschen Mental Accounting betreiben, liegt auf der Hand: Niemand kann bei jeder Entscheidung permanent deren Auswirkung auf alle aktuellen und zukünftigen Optionen und Vermögenspositionen berücksichtigen; Mental Accounting hilft Menschen, einen Überblick über ihre Ausgaben und Einnahmen, ihre Kosten und Nutzen zu halten. Das Problem beim Mental Accounting besteht allerdings darin, dass je nach Organisation der Konten Entscheidungssituationen verschieden dargestellt werden und damit zu unterschiedlichen Entscheidungen führen können. Je nachdem, wie eine Entscheidungssituation in mentalen Konten dargestellt wird, können bei ein und der gleichen Entscheidungssituation unterschiedliche Verhaltensweisen resultieren – das zeigt das Beispiel in Problem 7. Werden die zehn Dollar, die man verliert, als Ausgabe für das Theaterticket auf dem Konto „Theaterbesuch" verbucht, so resultiert daraus in vielen Fällen eine andere Entscheidung als wenn die zehn Dollar auf dem Konto „Sonstige Verluste" verbucht werden.

Ein mentales Konto ist also ein Rahmen, innerhalb dessen man die Ergebnisse verschiedener Handlungsoptionen darstellt, evaluiert und kombiniert. Kahneman und Tversky (1984) schlagen dabei drei verschiedene Möglichkeiten der Kontenbildung vor: Ein minimales Konto, ein umfassendes Konto sowie ein topikales (*topic*) Konto. Problem 8 verdeutlicht die unterschiedlichen Möglichkeiten der Kontenbildung.

1. Situation:	Sie wollen in einem Geschäft einen Mantel für 125 Euro und einen Taschenrechner für 15 Euro kaufen. Der Verkäufer macht Sie nun aber darauf aufmerksam, dass es den Rechner in einer anderen Filiale, die etwa 20 Minuten entfernt ist, 5 Euro billiger gibt. Fahren Sie zum anderen Geschäft, um den billigeren Rechner zu kaufen?
2. Situation:	Sie wollen in einem Geschäft einen Mantel für 15 Euro und einen Taschenrechner für 120 Euro kaufen. Der Verkäufer macht Sie nun aber darauf aufmerksam, dass es den Rechner in einer anderen Filiale, die etwa 20 Minuten entfernt ist, 5 Euro billiger gibt. Fahren Sie zum anderen Geschäft, um den billigeren Rechner zu kaufen?

Problem 8: Drei Arten der Bildung mentaler Konten. Hier haben die Probanden drei Möglichkeiten, diese Situation auf mentalen Konten abzubilden. Im ersten Fall, dem sogenannten minimalen Konto, wägt man die 5 Euro gegen 20 Minuten Fahrzeit ab – und entscheidet in beiden Situationen gleich. Bei einem umfassenden Konto hingegen wägt man das gesamte Vermögen plus 5 Euro ab gegen das gesamte Vermögen plus 20 Minuten – und entscheidet auch dann in beiden Situationen gleich. Vom Ergebnis her ändert also die Formulierung der Konten hier nicht die Entscheidung der Probanden, das geschieht nur, wenn diese topikale Konten bilden: In diesem Fall werden die fünf Euro gegen den unmittelbaren Kontext der Entscheidung abgewogen – also fünf Euro im Vergleich zu 15 Euro (Situation 1) oder im Vergleich zu 120 Euro (Situation 2). In diesem Fall kann es zu unterschiedlichen Entscheidungen kommen: Die 5 Euro nehmen sich auf 15 Euro anders aus als bei einer Summe von 120 Euro. In der ersten Situation haben signifikantmehr Probanden sich dafür entschieden, für die 5 Euro den Weg zu machen als bei der zweiten Situation. Das spricht dafür, dass diese Probanden ein topikales Konto gebildet haben. Je mehr Menschen also ihre Entscheidungen nicht umfassend oder minimal, sondern topikal im jeweiligen Kontext machen, um so eher führt Mental Accounting zu unterschiedlichen Ergebnissen wie im obigem Beispiel.

Über die Art und Weise, wie Menschen Mental Accounting betreiben und welche Folgen das für ihr Entscheidungsverhalten haben kann, gibt es mittlerweile eine breite Literatur und viele anschauliche Untersuchungen (vgl. auch Thaler 1999). Im Folgenden sollen einige weiterführende Ideen zum Mental Accounting vorgestellt werden.

Hedonic Framing Die Idee des Hedonic Framing besteht darin, dass Menschen die Ergebnisse ihrer Entscheidungen derart kodieren und mental verbuchen, dass der subjektive Nutzen aus den Entscheidungen für sie so hoch wie möglich wird. Aufbauend auf den Erkenntnissen der Prospect Theory kann man vermuten, dass die Konsequenzen einer Entscheidung unterschiedlich bewertet werden, je nachdem ob sie integriert oder segregiert werden. Der subjektive Wert zweier Ergebnisse x und y kann mental entweder als $v(x+y)$ (Integration) oder als $v(x)+v(y)$ (Segregation) repräsentiert werden. Da die Wertfunktion der Prospect Theory (vgl. 3.2.2) nicht linear ist, wird $v(x+y)$ ungleich $v(x)+v(y)$ sein (an einem Tag zwei Eis essen verschaft uns weniger Nutzen als zweimal an zwei verschiedenen Tagen Eis essen gehen). Die Idee des Hedonic Framing ist, dass Menschen diejenige Darstellungsform wählen, die ihren persönlichen subjektiven Wert maximiert. Thaler (1999) schlägt vier verschiedene Strategien des Hedonic Framig vor:

- *Gewinne voneinander trennen.* Da die Wertfunktion im Gewinnbereich konkav ist, werden einzelne Gewinne subjektiv höher empfunden, wenn sie voneinander getrennt werden, also $v(x)+v(y)>v(x+y)$. Für diese These spricht, dass viele Menschen denjenigen als glücklicher empfinden, der an zwei Tagen hintereinander jeweils 100 € gewinnt als denjenigen, der an einem Tag 200 € gewinnt.
- *Verluste integrieren.* Da die Wertfunktion im Verlustbereich konvex ist, gilt hier $v(x+y)<v(x)+v(y)$. Da mit steigenden Verlusten die Sensitivität bezüglich der Verluste sinkt, wäre es sinnvoll, mehrere Verluste als einen großen Verlust zu integrieren. Also: Nicht zwei Tage hintereinander 100 € verlieren, sondern an einem Tag 200 € verlieren.
- *Kleine Verluste mit größeren Gewinnen integrieren.* Das verringert die Verlustaversion; der kleine Verlust wird von den großen Gewinnen überkompensiert. Der Nutzenverlust aus der Reduktion des großen Gewinns

wird von der Reduktion des Verlustes überkompensiert, da die Wertfunktion bei den Verlusten im Ursprungsbereich steiler ist als bei großen Gewinnen.

- *Kleine Gewinne von großen Verlusten trennen.* Da die Wertfunktion im Gewinnbereich am steilsten ist, kann der Nutzen aus einem kleinen, separat empfundenen Gewinn größer sein als der Nutzenzuwachs, den man erzielt, wenn man mit diesem Gewinn die Verluste ein wenig reduziert.

In Experimenten wurde die Idee des Hedonic Framing nur eingeschränkt bestätigt: Bei Gewinnen zeigten die Probanden in der Tat die Neigung, diese zu trennen und damit einzeln wahrzunehmen, allerdings neigten sie auch dazu, Verluste zu separieren.

Ein Einwand gegen das Hedonic Framing besteht darin, dass Menschen emotional wichtige Ereignisse lieber über mehrere Zeitpunkte verteilen, um die Folgen besser bewältigen zu können (Linville, Fischer 1991): Man verteilt zwei Gewinne auf mehrere Tage, um sie mehr auszukosten. Das entspricht noch den Ideen von Thaler, dass man Gewinne separiert, doch bei den Verlusten sieht es anders aus: Um diese besser bewältigen zu können, verteilen Menschen zwei Verluste lieber auf zwei Tage, um so besser mit den Folgen fertig zu werden – das wäre ein Verhalten, dass gegen die Idee des Hedonic Framing spricht. Die Ideen des Hedonic Framing stehen und fallen mit der Gültigkeit der Wertfunktion nach den Vorstellungen der Prospect Theory.

Transaktionsnutzen und Erwerbsnutzen Thaler (1985) schlägt zwei verschiedene Arten von Nutzen einer Transaktion vor: den Erwerbsnutzen (*acquisition utility*) und den Transaktionsnutzen (*transaction utility*). Der Erwerbsnutzen entspricht in etwa dem klassischen ökonomischen Konzept der Konsumentenrente und ist der Nutzen, den der Käufer eines Gegenstandes unter Berücksichtigung des Preises erlangt. Der Transaktionsnutzen misst den wahrgenommenen Nutzen aus der Transaktion selbst. Er wird gemessen als die Differenz zwischen dem tatsächlich gezahlten Preis und dem Preis, den der Käufer erwartet hätte. In einem einfachen Beispiel befragt Thaler (1985) Probanden, welchen Preis sie bereit sind für ein Bier zu zahlen, das sie in einem vornehmen Hotel oder einem Ladengeschäft kaufen wollen. Im Falle des Hotels sind die Probanden bereit, einen signifikant höheren Preis zu zahlen, obwohl der Ort des Kaufs für die Zahlungsbereitschaft keine Rolle spielen dürfte. Aber im Falle des Hotels erwarten die Käufer auch einen höheren Preis, haben deswegen einen höheren Referenzpreis und sind deswegen bereit, mehr zu zahlen. Der Erwerbsnutzen bleibt unverändert, der Transaktionsnutzen speist sich aus der Erwartung eines höheren Preises im Falle des Hotels. Dieses Modell könnte erklären, warum wir Dinge kaufen, die wir anschließend nicht nutzen: Wir kaufen sie, weil der Transaktionsnutzen so hoch ist (beispielsweise weil es sich um ein Sonderangebot handelt), ohne darauf zu achten, ob der Gesamtnutzen der Transaktion auch positiv ist (ob der Erwerbsnutzen hoch genug ist). Der Transaktionsnutzen wird vom Erwerbsnutzen separiert.

Evaluation von mentalen Konten und Sunk-cost-Effekt Die Entscheidung, ein mentales Konto zu kontrollieren, kann zum sogenannten Sunk-cost-Effekt führen, dass also zusätzliche Kosten oder Anstrengungen unternommen werden, um eine bereits getätigte Ausgabe nicht verloren zu geben. Vereinfacht gesagt handelt es sich um die Angewohnheit vieler Menschen, schlechtem Geld gutes hinterher zu werfen. Obwohl einmal getätigte Investitionen und historische Kosten nach ökonomischer Maßgabe nicht entscheidungsrelevant sind, beeinflussen sie dennoch die Entscheidungen von Menschen. Ein einfaches Beispiel dazu (Thaler 1980): Ein Mann wird Mitglied im Tennis-Club, gegen eine Jahresgebühr von 300 $. Nach drei Wochen hat er einen Tennisarm, aber er spielt dennoch weiter. Sein Argument: Er will nicht die 300 $ umsonst gezahlt haben. Obwohl die 300 $ verloren sind und keinen Einfluss mehr auf die Entscheidung, weiter zu spielen, haben sollten, bestimmen sie dennoch maßgeblich seine Entscheidung.

Erklären lässt sich diese Geschichte mit Hilfe der Prospect Theory: Wenn der Mann aufhört zu spielen, so erleidet er einen Verlust von 300 $; in der Notation der Prospect Theory als $v(-300)$, wenn er die 300 $ mit seiner Wertfunktion (vgl. 3.2.2) bewertet. Der Wert, Tennis zu spielen, sei g, die Kosten, trotz Tennisarm weiter zu spielen, seien c. Dann ist der Nettonutzen des Tennis-Spielens trotz Tennisarm (ausgedrückt mit Hilfe der Wertfunktion) $v(g) + v(-c)$. Angenommen, es gäbe keine 300 $ Gebühren und der Spieler wäre in diesem Fall indifferent zwischen weiterspielen und aufhören, dann würde gelten $v(g) = -v(-c)$. Dann wäre wegen der Konvexität der Wertfunktion v im Verlustbereich $v(g)+v(-(c+300))>-v(-300)$; der Spieler spielt in diesem Fall also weiter.[13]

Der Sunk-cost-Effekt hängt vermutlich auch von der Größe der jeweiligen Ausgabe ab: Für kleinere Routineausgaben erfolgt keine abschließende Ex-post-Evaluation des betreffenden mentalen Kontos, wenn es geschlossen wird. Bei größeren oder ungewöhnlicheren Ausgaben hingegen werden die betreffenden Konten evaluiert – und möglicherweise Maßnahmen ergriffen, um zu verhindern, dass dieses Konto mit einem Verlust schließt. In einem Beispiel befragte man Probanden, ob sie trotz eines Blizzards ein Basketballspiel besuchen würden, wenn sie die Karte bereits gekauft hätten (Thaler 1980). Obwohl die Ausgabe für die Karte eigentlich verloren ist, wagen viele Befragte dennoch den Weg durch den Blizzard, um das Konto, auf dem die Ausgabe für die Karte steht, nicht mit einem Verlust zu schließen. Die Ex-post-Evaluation eines mentalen Kontos kann dazu führen, dass man dem schlechten Geld gutes hinterherwirft.

Allerdings dauert dieser Effekt nicht unbegrenzt an, es lässt sich zeigen, dass die Kosten für eine Ausgabe über die Zeit abgeschrieben werden. Ein Experiment dazu stammt von Arkes und Blumer (1985), die Theaterabonnements zu unterschiedlichen Preisen an Probanden verkauften. Anschließend kontrollierten Arkes und Blumer, wie oft die jeweiligen Gruppen die Karten nutzten. In der ersten Hälfte der Spielzeit besuchten diejenigen Probanden die meisten Vorstellungen, die den höchsten Preis für die Karten gezahlt hatten – ein Hinweis darauf, dass sie das mentale Theaterkonto, auf dem die Kosten für das Abonnement verbucht sind, nicht ins Minus rut-

[13] Aber warum ist $v(g)+v(-(c+300))>-v(-300)$? Zunächst ist annahmegemäß $v(g)=-v(-c)$, damit wäre die linke Seite der Gleichung ohne Berücksichtigung von $v(-300)$ (also der 300 $-Zahlung) gleich Null und damit größer als die rechte Seite der Gleichung (die ist nämlich negativ). Aber was ist mit den 300 $? Da die Wertfunktion im Verlustbereich konvex ist, ist $v(-(c+300))$ zwar kleiner als $-v(-300)$ (bzw. repräsentiert den größeren Verlust), aber durch die Integration der Verluste c mit den 300 $ repräsentiert $v(-(c+300))$ einen relativ gesehen nur wenig höheren Verlust als $-v(-300)$. Indem man nämlich die 300 $ Gebühr und die Kosten c des Tennisarms zusammenrechnet, steigt der Gesamtverlust $v(-(c+300))$ wegen der Konvexität der Wertfunktion nur unterproportional. Da der Gewinn g aber genau so groß ist wie $v(-c)$, bleibt sozusagen nur noch $v(-300)$ übrig – dieser Term ist aber dank der Integration mit c verglichen mit dem $v(-300)$ auf der rechten Seite der Gleichung geringer.

schen lassen wollten. Besucht man aber die Vorstellungen regelmäßig, so bleibt dieses Konto im Plus. Die Besucher, die ihr Abonnement mit einem großen Preisnachlass bekamen, besuchten weniger Vorstellungen – ihr Konto war mit geringeren Kosten belastet. Nach der Hälfte der Spielzeit allerdings gab es keinen Unterschied zwischen den verschiedenen Kartenbesitzern – offenbar haben die Besitzer der teuren Karten ihre Anfangskosten mental abgeschrieben. Allerdings könnte man hier argumentieren, dass diejenigen, die einen höheren Preis für die Karten gezahlt haben, das Theater auch mehr schätzen (sie haben ja die höhere Zahlungsbereitschaft) und deswegen häufiger ins Theater gehen, ihre Besuche aber reduzieren, weil sie in ihren Erwartungen enttäuscht worden sind.

Koppeln und entkoppeln von Zahlung und Konsum Prelec und Loewenstein (1998) schlagen eine doppelte mentale Kontenführung vor, bei der dem Nutzen aus dem Konsum ein unmittelbarer Zahlungsschmerz (*pain of paying*) gegenübersteht, der die Befriedigung aus dem Konsumakt schmälert. Eine zentrale Annahme ihres Modells ist das Prospective Accounting, bei dem Konsum, der bereits im Voraus bezahlt worden ist, genossen werden kann, als wäre er kostenlos und der Schmerz aus einer Vorauszahlung dadurch gelindert wird, indem man sich den zukünftigen Konsum, der aus dieser Zahlung resultiert, vorstellt.

Befragt man Menschen danach, wie sie einen Urlaub oder ein Konsumgut bezahlen wollen, so finden Prelec und Loewenstein Hinweise darauf, dass Menschen eine Vorliebe haben, im Voraus zu bezahlen – also eher eine Aversion gegen Schulden haben. Als mögliche Erklärungen dafür vermuten sie eine Abneigung dagegen, etwas zu bezahlen, was man bereits genossen hat oder aber den Wunsch, den Konsum und Genuss des Produktes abzukoppeln vom nutzenmindernden Bezahlvorgang.

Prelec und Loewenstein erläutern das wie folgt: Wer an die Kosten des Konsums denkt, schmälert in diesem Moment den Nutzen aus dem Konsum; der Bezahlvorgang schmälert also den Nutzen eines Gutes. Spiegelbildlich wird der Schmerz des Bezahlens vermindert durch den Gedanken an den Nutzen, den man aus dem gekauften Produkt zieht. Und je nachdem, wie Menschen nun den Bezahlvorgang und den Konsumvorgang zeitlich gestalten und mental verbuchen, ergeben sich unterschiedliche Nutzenprofile ein und desselben Konsum- und Bezahlvorgangs. Dabei nehmen Prelec und Loewenstein an, dass Menschen den Konsum eines Produktes um so mehr als frei empfinden, je weiter der Bezahlvorgang zeitlich vor dem Konsumvorgang liegt, da vergangene Zahlungen sozusagen mental abgeschrieben werden. Liegt der Bezahlvorgang hingegen unmittelbar hinter dem Konsumvorgang, so ist der Schmerz des Bezahlens am größten, wenn man zukünftige Zahlungen voll wahrnimmt. Mit dieser und einigen weiteren Annahmen lassen sich einige Phänomene beschreiben (Prelec und Loewenstein 1998):

- Bucht man eine Ferienreise auf Kredit, statt im Voraus zu bezahlen, wird der Genuss gegen Ende der Reise sinken, da nur noch wenig Urlaub übrig ist und die anstehenden zukünftigen Zahlungen nun den Genuss der Reise schmälern. Das gilt weniger für den Kauf eines langlebigen Konsumgutes auf Kredit, da den Ratenzahlungen ja noch ein zukünftiger Nutzenstrom aus dem Konsum des Gutes gegenübersteht (jedenfalls so lange das Gut noch genutzt wird, während die Ratenzahlungen laufen). Das bedeutet aber nicht automatisch, dass Konsumenten stets die Vorauszahlung wählen werden, auch die Zeitpräferenzen spielen eine Rolle: Wer ungeduldig ist, fährt trotzdem auf Pump in den Urlaub.
- Die Abneigung, auf Kredit zu konsumieren, könnte erklären, warum junge Menschen sich wenig verschulden, selbst wenn sie später auf ein höheres Einkommen hoffen können, das ihnen die Rückzahlung der Kredite ermöglicht. Rein ökonomisch betrachtet wäre es sinnvoll, sich in jungen Jahren im Vorgriff auf ein späteres höheres Lebenseinkommen zu verschulden.
- Kasinos führen Chips ein, weil es Menschen leichter fällt, Chips zu setzen (und zu verlieren) als Bargeld – in dem Moment, in dem man die Chips kauft, ist der Kaufvorgang mental abgeschlossen und man kann die Chips ohne Reue verspielen. Das würde erklären, warum man bisweilen in Freizeitparks oder auf Kreuzschiffen mit Chips statt mit Bargeld bezahlen muss.
- Kann man etwas nicht im Voraus bezahlen, so kann man die erwarteten Zahlungen mental bereits im Voraus leisten oder aber physisch bereits auf die Seite legen; das trennt den Genuss des Konsums vom Schmerz des Bezahlens. Das funktioniert umso besser, je eher die zukünftigen Zahlungen bereits feststehen, was die Vorliebe vieler Menschen für Festpreisangebote (flat rates) erklären könnte: Man kann die erwartete Zahlung bereits vor Konsum mental oder tatsächlich leisten und so den Vorgang

des Bezahlens vom Konsum trennen. Das könnte erklären, warum viele Menschen eine Telefon-Flatrate haben, obwohl Schätzungen von bis zu 65 respektive 76 % der Kunden ausgehen, die mit einem verbrauchsabhängigen Tarif besser fahren würden (*flat rate bias*) (für einen Überblick über verschiedene Studien, auch für Fitness-Studios, Online-Zeitungen oder Schwimmbäder vgl. Lambrecht und Skiera 2006). Man telefoniert entspannter, wenn man sich nicht mehr um die Kosten des Telefonats sorgen muss.

- Bei Kreditkarten kann der Konsument den Konsum sofort genießen, weil der Zahlungsvorgang mehr oder weniger vom Kauf abgekoppelt ist, da die Kreditkartenschulden zeitlich vom Kaufakt entkoppelt sind; zudem sind die Kreditkartenschulden nicht mehr einzelnen Käufen zurechenbar – was sie aber auch wiederum unangenehm macht.

In der herkömmlichen ökonomischen Theorie wägen die Konsumenten den Nutzen des unmittelbaren Konsums gegen den entgangenen zukünftigen Konsum ab, also die Opportunitätskosten. In der Theorie von Prelec und Loewenstein kann man hingegen von einem doppelten Nutzenentgang der Konsumenten sprechen: Sie tragen nicht nur die Opportunitätskosten, sondern haben auch eine Nutzeneinbuße im Moment des Bezahlens. Dies, so Prelec und Loewenstein, könnte aber eine sinnvolle Funktion erfüllen, indem es impulsives und chronisches Geldausgeben verhindert, zumal Konsumenten die Opportunitätskosten untergewichten würden.

Fungibilität von Einkommen und Vermögen In der herkömmlichen ökonomischen Theorie macht es für eine Entscheidung keinen Unterschied, woher das Geld stammt, mit dem man bezahlen will, wie es gehalten wird oder welchen Zwecken es ursprünglich zugedacht war. Geld ist also vollständig fungibel und kann unabhängig davon, wie es verdient wurde und welchem Zweck es ursprünglich zugedacht wurde, in jede andere Verwendungsrichtung gelenkt werden. Nach der Idee des Mental Accounting jedoch ist das nicht der Fall – Menschen teilen ihr Geld in drei verschiedene Kategorien ein (Thaler 1999): Ausgaben werden in verschiedene Budgets eingeteilt (Miete, Essen, etc.), Vermögen wird auf verschiedenen Konten gehalten (Altersvorsorge, Notfallrücklage, etc.) und Einkommen wird in verschiedene Kategorien (regelmäßiges Einkommen, zufälliges Einkommen) unterteilt. Da das Geld zwischen diesen verschiedenen Kategorien nicht vollständig fungibel ist, kann es zu Verhaltensweisen kommen, die mit der herkömmlichen ökonomischen Theorie nicht im Einklang stehen. Die Aufteilung der Ausgaben in verschiedene Kategorien kann zum einen bei Entscheidungen zwischen verschiedenen Ausgabenarten hilfreich sein, zum anderen eine Hilfe zur Ausgabenkontrolle darstellen, wenn man verschiedene Konten nicht überstrapazieren will.

Allerdings können verschiedene Ausgaben auch als „Kleinigkeit" (*petty cash funds*) vernachlässigt werden und gar nicht verbucht werden – zu kleine Ausgaben werden in der mentalen Kontenbildung nicht erfasst. Das könnte wiederum die Vorliebe vieler Menschen für Einmalzahlungen mit anschließender unbegrenzter Nutzung (*flat rates*) erklären: Man rechnet die einmalige Gebühr auf den Nutzungszeitraum um und erhält dadurch sehr geringe Beträge pro Tag – das fällt dann unter die Kategorie „vernachlässigbare Ausgaben" und entkommt somit leichter der Ausgabendisziplin.

Die Bildung verschiedener Konten kann dazu führen, dass Geld nicht mehr zwischen verschiedenen Ausgabenkategorien fungibel ist. Die Neigung, Geld von Vermögenskonten auszugeben, ist deutlich geringer – im Extremfall kann es passieren, dass man das Kreditkartenkonto überzogen hat und teure Zinsen dafür zahlt, während ausreichend Geld auf Vermögenskonten liegt, das zu deinem deutlich geringeren Zinssatz verzinst wird. Das Kalkül der klassischen Ökonomie – Geld ist gleich Geld, weswegen man das Geld von den Vermögenskonten nimmt, um die Kreditkartenschulden abzulösen, versagt hier. Geld hat in der klassischen Theorie keine Markierungen, woher es kommt, alle Elemente des Vermögens werden in eine Zahl gepackt und sind beliebig austauschbar.

Nicht so in der Welt der mentalen Kontenbildung: Während es in der klassischen ökonomischen Theorie egal ist, ob man 300 € beim Lotto gewinnt oder aber 300 € mit Zinsen gewinnt oder Aktienspekulation, ändert sich das in der Theorie der mentalen Kontenbildung: 300 €, die man bei der Lotterie gewinnt, verbucht man vielleicht auf dem Konto „Glücksfälle" und gibt es leichten Herzens aus, 300 €, sie man sich hart erarbeitet hat, verbucht man hingegen als Arbeitseinkommen, legt es vielleicht beiseite oder gibt es für „ernsthafte" Dinge aus.

Das Verbuchen von Geld auf speziellen Vermögenskonten kann allerdings auch eine (heuristische) Form der Selbstbindung sein: Geld, das auf Vermögenskonten, zur Ablösung der Hypothek oder zur Altersvorsorge verbucht wird, wird weniger leichtfertig ausgegeben und schützt den Sparer davor, seine zukünftigen Altersbezüge zugunsten heutigen Konsums zu opfern.

Eine weitere Verhaltensanomalie, die durch die Bildung verschiedener Einkommenskonten entsteht, besteht darin, dass die Herkunft des Einkommens eine Rolle für dessen Verwendung spielt. So besteht die Möglichkeit, dass Einkommen, die als weniger seriös erachtet werden (aus Lotterien, Glücksspielen oder sonstigen zufälligen unregelmäßigen, unverhofften Einkommensquellen) leichter und für weniger ernsthaften Konsum ausgegeben werden als Einkommen, die aus Quellen stammen, die als ernsthaft empfunden werden (Lohn, Gehalt). Die Art der Einkommensquelle kann also auch über die Art der Verwendung entscheiden.

Dynamische Aspekte Neben der Frage, wie mentale Konten gebildet werden und welche Ereignisse oder Beträge dort wie gebucht werden, ist es auch von Interesse zu überlegen, wie mentale Konten im Zeitablauf gebildet werden (*bracketing*) und welchen Einfluss vorherige Ereignisse auf nachfolgende Entscheidungen haben. Eine natürliche zeitliche Grenze für mentale Konten ist ein Tag. So beobachten Kahneman und Tversky (1974), dass mit dem letzten Rennen des Tages stärker auf long shots (Pferde mit hoher Quote für den Fall, dass sie gewinnen) gewettet wird, wenn der durchschnittliche Spieler an diesem Tag Geld im Minus steht und auf Null kommen will. Offenbar hat der mentale Kontostand vor dem letzten Rennen einen Einfluss auf das Wettverhalten im letzten Rennen. Als Grund dafür kann man vermuten, dass die Spieler ihr Wettkonto jeweils an einem Tag schließen wollen. Und um dieses Konto nicht mit einem Verlust beenden zu müssen, werden die Spieler risikobereiter – ganz so, wie es auch die Prospect Theory erwarten würde. Wenn jedes Rennen auf einem eigenen Konto laufen würde, hätten die vorherigen Rennen keinen Einfluss auf das Wettverhalten im letzten Rennen. Der Tag ist hier offenbar eine natürliche zeitliche Grenze, um ein mentales Konto auch wieder zu schließen.

Ähnliche Ergebnisse erhalten Camerer et al. (1997) in ihrer Studie über das Einkommensverhalten New Yorker Taxi-Fahrer. Jeder Fahrer mietet das Taxi für einen Tag und fährt auf eigene Rechnung. Die ökonomische Ratio gebietet, an guten Tagen länger zu fahren (und leichter ein höheres Einkommen zu erzielen) und an schlechten Tagen früher Schluss zu machen (an solchen Tagen ist es aufwendiger, sein Einkommen zu erzielen). Die Ergebnisse der Studie hingegen deuten darauf hin, dass die Taxifahrer sich tägliche Einkommensziele setzen und an guten Tagen früher Schluss machen (an schlechten Tagen länger arbeiten), wenn sie dieses Einkommensziel erreicht haben. Die Taxifahrer haben also mentale Konten, die sie täglich schließen.

Einen weiteren Effekt nennen Thaler und Johnson (1990) den House-money-Effect: Sie finden in Befragungen, dass vorherige Gewinne riskantes Verhalten begünstigen – das gewonnene Geld wird als Spielgeld, als „house money", also Geld des Casinos, betrachtet. Auf diesem mentalen Konto lässt sich mit dem Geld leichter etwas riskieren. Vorherige Verluste hingegen haben keinen Einfluss auf das Risikoverhalten, es sei denn, es besteht die Chance, seine Verluste wettzumachen.

Zerstörung der Ausgabendisziplin Verkäufer, die um die Idee der mentalen Kontenbildung wissen, können mit einfachen Tricks die Ausgabendisziplin ihrer Kunden untergraben (vgl. auch Beck 2008). Ein Beispiel: Zunächst verkauft man dem Kunden ein teures Produkt, anschließend präsentiert man ihm ein Ergänzungsprodukt dazu, beispielsweise ein Pflegeset zu den teuren Schuhen oder Zusatzversicherungen für elektronische Geräte. Wenn der Kunde die Kosten dafür auf dem gleichen mentalen Konto verbucht wie die Kosten für die ursprüngliche Ausgabe, so kauft er das (überteuerte) Pflegeset, obwohl er dies ohne den ursprünglichen Kauf nie getan hätte.

Hier zerstört die mentale Kontenbildung die Ausgabendisziplin: Dinge, die man unter normalen Umständen zu dem betreffenden Preis nie kaufen würde, wirken optisch billig, wenn sie in einen entsprechenden Kontext stehen und auf einem entsprechenden mentalen Konto verbucht werden. Ein Paradebeispiel sind überteuerte Zusatzversicherungen für elektronische Geräte – verglichen mit dem Anschaffungspreis wirken sie günstig, weswegen man beim Kauf eines elektronischen Geräts eine oftmals sinnlose und teure Zusatzversicherung abschließt (viele der Schadensfälle sind durch die Hausratversicherung gedeckt, zudem wird oft nur der Zeitwert erstattet). Eine Schutzmaßnahme gegen solche Impulskäufe ist eine Cooling-off-Periode: Man nimmt das Angebot zur Kenntnis, wartet aber ein paar Tage ab, bevor man entscheidet.

Diese Form der mentalen Kontenbildung kann erklären, warum Menschen Geldprobleme haben, obwohl sie sich für sparsam halten, nämlich dann, wenn sie kleine Ausgaben auf Konten verbuchen, die sie nicht beachten. Geringe Ausgaben wirken einzeln betrachtet so klein, dass sich eine separate Kontenführung und eine regelmäßige Evaluation dieser Ausgaben auf entsprechenden Konten nicht zu lohnen scheinen. Solche kleinen Ausgaben (*petty cash*) werden deswegen auf einem mentalen Sammelkonto verbucht, das nicht regelmäßig überprüft wird. Geringe Ausgaben fliegen damit unter unserem finanziellen Radar und finden – im Gegensatz zu den großen Anschaffungen – keine Beachtung. Summieren sich diese Kleinausgaben aber, kann man rasch ein finanzielles Problem bekommen, vor allem, wenn diese Ausgaben regelmäßig anfallen.

Mentale Kontenbildung kann auch erklären, warum Menschen Dinge kaufen, die sie eigentlich nicht benötigen – nämlich dann, wenn diese als Sonderangebote angeboten werden. Der Preisnachlass, den ein Sonderangebot suggeriert, wird in solchen Fällen auf einem separaten Konto verbucht, auf dem nur dieses Sonderangebot verbucht wird, aufgrund des Preisnachlasses macht man auf diesem Konto einen Gewinn. Berücksichtigt man aber nicht die Gesamtbuchhaltung („Brauche ich das Produkt, das es hier im Sonderangebot gibt, überhaupt?"), so kauft man Dinge, die man eigentlich nicht benötigt. Es ist der unmittelbare Gewinn auf dem separaten Konto „Sonderangebot", der zum Kauf verführt, während der Gesamtnutzen des Angebotes vernachlässigt wird. Das knüpft eng an die Idee des bereits besprochenen Transaktionsnutzens an.

Kritik Letztlich muss man festhalten, dass die Theorie der mentalen Kontenbildung rein deskriptiv ist – wir wissen nichts darüber, wie und warum mentale Konten gebildet werden, das kann je nach Person, Zeitpunkt oder Vermögens- und Einkommensform variieren. Insofern lassen sich alle beobachteten Phänomene durch eine entsprechende Art der Kontenbildung erklären. Dadurch gerät die Theorie der mentalen Konten in Gefahr, zu einer nachträglichen (schlimmstenfalls willkürlichen) Ad-hoc-Erklärung für jedwede Beobachtung zu verkommen. Es fehlt also ein einheitliches Theoriegebäude.

Bonini und Rumiati (1996) zeigen beispielsweise mit Variantionen des Experiments zum Taschenrechner und dem Mantel (vgl. Problem 8), wie man mit einfachen Umformulierungen des Experiments die Kontenbildung der Versuchspersonen beeinflussen kann. In der ursprünglichen Form fahren die Versuchspersonen 20 min, um 5 $ Preisnachlass auf einen Taschenrechner zu bekommen, der nur 15 $ kostet, sie unterlassen diese Fahrt aber, wenn der Taschenrechner 125 $ kostet. Dieses Verhalten, das auf die Bildung eines topikalen Kontos hindeutet, verschwindet bei entsprechender Variation des Problems: Stellt man den Kauf der beiden Gegenstände (des Mantels und des Taschenrechners) in den Kontext eines größeren Einkaufs (die Versuchspersonen bekommen eine ganze Einkaufsliste) oder gibt man ihnen ein festes Budget vor, so bilden sie kein topikales Konto mehr – die Versuchspersonen setzen jetzt den Preis des Taschenrechners in Relation zu ihren gesamten Einkäufen oder ihrem gesamten Einkaufsbudget und entscheiden in beiden Formulierungen des Problems gleich. Das gleiche Resultat erhält man, wenn man die Versuchspersonen explizit darauf hinweist, dass sie nicht nur den Taschenrechner, sondern auch den Mantel in dem anderen Geschäft bekommen.

Letztlich dürfte auch die mentale Kontenbildung eine effiziente Heuristik sein – kein Mensch kann permanent einen Gesamtüberblick über all seine Finanzen behalten; deswegen müssen wir einzelne Zahlungsvorgänge in separierten Konten betrachten. Fraglich ist, ob diese mentale Kontenführung auch bei größeren finanziellen Fragen erfolgt – hier kann man Berater fragen und nimmt sich mehr Zeit für seine Entscheidungen.

Literatur

Andreoni, James; Harbaugh, William T. (2009), Unexpected Utility: Experimental Tests of Five Key Questions about Preferences over Risk, University of Oregon Economics Department Working Paper series, No. 2010–14, December 2009.

Arkes, Hal R.; Blumer, Catherine (1985), The psychology of sunk costs, Organizational Behavior and Human Decicion Processes 35 (1), 1985, pp. 124–140.

Bell, David E. (1982), Regret in Decision Making Under Uncertainty, Operations Research, September/October 1982, 30, pp. 961–981.

Birnbaum, Michael H. (2004), Tests of rank-dependent utility and cumulative Prospect Theory in gambles represented by natural frequencies: Effects of format, event framing, and branch splitting, Organizational Behavior and Human Decision Processes Vol. 95 (2004), pp. 40–65.

Birnbaum, Michael H. (2011), Testing theories of risky decision making via critical tests, Frontiers in Psychology, Nov. 2011, Vol. 2, Article 315/1, URL: http://www.ncbi.nlm.nih.gov/pmc/articles/PMC3216027/; doi: 10.3389/fpsyg.2011.00315

Birnbaum, Michael H.; Navarrete, Juan B. (1998), Testing descriptive utility theories: Violations of stochastic dominance and cumulative independence, Journal of Risk and Uncertainty, Vol. 17, pp. 49–78.

Birnbaum, Michael H.; Stegner, Steven E. (1979), Source credibility in social judgment: Bias, expertise, and the judge's point of view, Journal of Personality and Social Psychology, Vol. 37, pp. 48–74.

Bonini, Nicolao; Rumiati, Rino (1996), Mental Accounting and acceptance of a price discount, Acta Psychologica 93, pp. 149–160.

Boxall, Peter; Adamowicz, W. L. (Vic); Moon, Amanda (2009), Complexity in choice experiments: choice of the status quo alternative and implications for welfare measurement, The Australian Journal of Agricultural and Resource Economics, 53, pp. 503–519.

Breuer, Wolfgang; Gürtler, Marc (2006), Kumulative Prospect Theory; Arbeitspapiere der Betrieblichen Finanzwirtschaft; RWTH Aachen, Bfw50V1/06.

Camerer, Collin (1989), An Experimental Test of Several Generalized Utility Theories, Journal of Risk and Unceratinty, Vol. 2, pp. 61–104.

Chapman, Gretchen; Johnson Eric B. (2002), Incorporating the irrelevant: Anchors in judgments of belief and value, in: Gilovich, Thomas; Griffin, Dale; Kahneman, Daniel (eds.): Heuristics and Biases: The Psychology of Intuitive Judgment (2002), pp. 120–138.

Coursey, D., Hovis, J. and Schulze, W. (1987), The disparity between willingness to accept and willingness to pay measures of value, Quarterly Journal of Economics, vol. 102, pp. 679–90.

Druckman, James N. (2001), Using credible Advice to overcome Framing effects, The Journal of Law, Economics and Organization, Vol. 17, pp. 62–82.

Englich, Birte; Soder, Kirsten (2009), Moody experts – How mood and expertise influence judgmental anchoring, Judgment and Decision Making, Vol. 4, pp. 41–50.

Epley, Nicholas; Gilovich, Thomas (2005), When Effortful Thinking Influences Judgmental Anchoring: Differential Effects of Forewarning and Incentives on Self-generated and Externally Provided Anchors, Journal of Behavioral Decision Making, Vol. 18, pp. 199–212.

Fernandez, Raquel; Rodrik, Dani (1991), Resistance to Reform: Status Quo Bias in the Presence of Individual- Specific Uncertainty, American Economic Review, Vol. 81, No. 5 (Dec., 1991), pp. 1146–1155.

Fishburn, Peter C. (1982), Nontransitive Measurable Utility, Journal of Mathematical Psychology, 26 (1982), pp. 31–67.

Fishburn, Peter C. (1983), Transitive Measurable Utility, Journal of Economic Theory, 31 (1983), pp. 293–317.

Forbes, William (2009), Behavioral Finance, John Wiley & Sons; West Sussex.

Furnham, Adrian; Boo, Hua Chu (2011), A literature review of the anchoring effect, The Journal of Socio-Economics, Vol. 40, Issue 1, February 2011, pp. 35–42.

Gilovich, Thomas; Medvec, Victoria Husted (1995), The Experience of Regret: What, When, and Why, Psychological Review, Vol. 102, No. 2, pp. 379–395.

Gonzalez, Cleotilde; Dana, Jason; Koshino, Hideya; Just, Marcel (2005), The framing effect and risky decisions: Examining cognitive functions with fMRI, Journal of Economic Psychology, Vol. 26 (2005), pp. 1–20.

Kahneman, Daniel; Tversky, Amos (1982), The psychology of preferences, Scientific American, 146, pp. 160–173.

Kahneman, Daniel; Tversky, Amos (1984), Choices, Values and frames, American Pschologist, 39:4, pp 342–350.

Kahneman, Daniel; Tversky, Amos (1986), Rational Choice and the framing of decisions, Journal of Business, 59:4, pp 5251–5278.

Kahneman, Daniel; Knetsch, Jack; Thaler, Richard (1991), Anomalies: The Endowment effect, Loss Aversion and Status Quo Bias, in: The Journal of Economic Perspectives, Vol.5, No. 1, pp. 193–206.

Kahneman, Daniel; Knetsch, Jack; Thaler, Richard (2004), Experimental Tests of the endowment Effect and the Coase Theorem, in: Collin Camerer, George Loewenstein, Matthew Rabin (eds.): Advances in Behavioral Economics, Russel Sage Foundation New York (2004), pp. 55–74.

Karmarkar, Uday S. (1978), Subjectively Weighted Utility: A Descriptive Extension of the Expected Utility Model, Oraginzational Behavior and Human Performance 21 (1978), pp. 61–72.

Kühberger, Anton (1995), The framing of decisions: A new Look at old Problems, Oragnizational Behaviour and Human Decision Processes, Vol. 62, No. 2, May, pp. 230–240.

Kühberger, Anton (1998), The influence of framing on risky decisions: A meta-analysis, Organizational Behavior and Human Decision Processes, 75, (1), pp. 23–55.

Lambrecht, A.; Skiera, B. (2006), Ursachen eines Flatrate-Bias - Systematisierung und Messung der Einflussfaktoren, Schmalenbachs Zeitschrift für betriebswirtschaftliche Forschung, Vol. 58, Heft 5. S. 460–489.

Levin, Irvin P.; Gaeth, Gary J. (1988), Framing of attribute information before and after consuming the product, Journal of Consumer Research, Vol. 15, pp. 374–378.

Irwin P. Levin; Schneider, Sandra L.; Gaeth, Gary J. (1998), All Frames Are Not Created Equal: A Typology and Critical Analysis of Framing Effects, Organizational Behavior and Human Decision Processes, Vol. 76, No. 2, November, pp. 149–188.

Lichtenstein, Sarah; Slovic, Paul (1971), Reversal of Preference between bids and choices in gambling decisions, Journal of Experimental Psychology, Vol. 89, pp. 46–55.

Linville, Patricia W.; Fischer, Gregory W. (1991), Preferences for separating orcombing events, Journal of Personality and Social Psychology, 60, 5–23.

Loewenstein, George; O'Donoghue, Ted; Rabin, Matthew (2003), Projection bias in predicting future utility, The Quarterly Journal of Economics, November 2003, pp. 1209–1249.

Loomes, Graham; Sudgen, Robert (1982), Regret Theory: An Alternative Theory of Rational Choice under Uncertainty, The Economic Journal, Vol. 92, No. 368 (Dec. 1982), pp. 805–824.

Machina, Mark J. (1987), Choice Under Uncertainty: Problems Solved and Unsolved, Economic Perspectives, Volume 1, Number 1 (Summer 1987), pp. 121–154.

Machina, Mark J. (1989), Dyamic Consistency and Non-Expected Utility Models of Choice under Uncertainty, Journal of Economic Literature, Vol. XXVII (December 1989), pp. 1622–1668.

Marshall, J.D.; Knetsch, J.; Sinden, J.A. (1986), Agents evaluations and the disparity in measures of economic loss, Journal of Economic Behavior and Organization, 7, pp. 115–127.

McKenzie, Craig M. (2004), Framing effects in inference tasks – and why they are normatively defensible, Memroy & Cognition 32/6 (2004), pp. 874–885.

McKenzie, Craig; Nelson Jonathan D. (2003), What a speakers choice of frame reveals: Reference points, frame selections and framing effects, in: Psychonomic Bulletin & Revies, 10/3 (2003), pp. 596–602.

Meyerowitz, Beth E.; Chaiken, Shelly (1987), The effect on message framing on breast-self-examination attitudes, intentions and behavior, Journal of Personality and Social Psychology 52, (1987), pp. 500–510.

Mussweiler, Thomas; Strack, Fritz (2000), The Use of Category and Exemplar Knowledge in the Solution of Anchoring Tasks, Journal of Personality and Social Psychology, Vol. 78, No. 6, pp. 1038–1052

Neilson, William; Stowe, Jill, (2002), A Further Examination of Cumulative Prospect Theory Parameterizations, Journal of Risk and Uncertainty, Vol. 24:1, pp. 31–46.

Orr, Dan; Guthrie, Chris (2006), Anchoring, Information, Expertise, and Negotiation: New Insights from Meta-Analysis, Ohio State Journal on Dispute Resolution, Volume 21 Issue 3 (2006), pp. 597–628

Piñon, Adelson; Gambara, Hilda (2005), A meta-analytic review of framming effect: risky, attribute and goal framing, Psicothema 2005, Vol. 17, No. 2, pp. 325–331.

Plott, Charles R.; Zeiler, Kathryn (2005), The Willingness to Pay–Willingness to Accept Gap, the "Endowment Effect," Subject Misconceptions, and Experimental Procedures for Eliciting Valuations, American Economic Review, June 2005, Vol. 95 No. 3, pp. 530–545.

Prelec, Drazen; Loewenstein, George (1998), The red and the black: Mental accounting of savings and debt, in: Marketing Science, Vol. 17, No. 1 (1998), pp. 4–28.

Quiggin, John (1982), A Theory of Anticipated Utility, Journal of Economic Behavior and Organization 3 (1982), pp. 323–343.

Rabin, Matthew (2000), Risk Aversion and Expected-Utility Theory: A Calibration Theorem, Econometrica, Vol. 68, No. 5 (Sept. 2000), pp. 1281–1292.

Reyna, Valerie F.; Brainerd, Charles (1991), Fuzzy-trace Theory and Framing Effects in Choice: Gist Extraction, Truncation, and conversion, Journal of Behavioral Decision Making, Vol. 4, pp. 249–262.

Ritov, Illana; Baron, Jonathan (1992), Status-quo Bias and Omission-Bias, Journal of Risk and Uncertainty, 1992, 5, 49–61.

Samuelson, William; Zeckhauser, Richard (1988), Status Quo Bias in Decision making, Journal of Risk and Uncertainty, 1, pp. 7–59.

Savage, Leonard J. (1954), The foundations of Statistics, New York.

Spranca, Marc; Minsk, Elisa; Baron, Jonathan (1991), Omission and commission in judgment and choice, Journal of Experimental Social Psychology, pp. 27, pp. 76–105.

Starmer, Chris (2000), Developments of Non_Expected Utility-Theory: The Hunt for a descriptive Thoery of Choice under Risk, Journal of Economic Literature Vol. XXXVIII (June 2000), pp. 332–382.

Stockè, Volker (1998), Framing oder Informationsknappheit? Zur Erklärung der Formulierungseffekte beim Asian-Disease-Problem, in: U. Druwe; V. Kunz (Hrsg.): Anomalien in Handlungs- und Entscheidungstheorien, Opladen: Leske & Budrich, S. 197–218.

Stocké, Volker (2000), Framing und Rationalität: Die Bedeutung der Informationsdarstellung für das Entscheidungsverhalten, Scientia Nova, Oldenbourg 2000.

Strack, Fritz; Mussweiler, Thomas (1997), Explaining the enigmatic anchoring effect: mechanisms of selective accessibility, Journal of Personality and Social Psychology, Vol. 73, pp. 437–446.

Thaler, Richard (1980), Toward a positive Theory of consumer choice, Journal of Economic Behavior and Organization, vol. 1, (1), pp. 39–60.

Thaler, Richard (1985), Mental accounting and consumer choice, Markenting Science 4 (1985), pp. 199–214.

Thaler, Richard (1999), Mental accounting matters, Journal of behavioral decicion making, 12, 1999, pp. 183–206.

Thaler, Richard; Johnson, E.J. (1990), Gambling with the house money and tryin to break even: The effects of prior outcomes on risky choice, Management Science 36, pp. 643–660.

Tversky, Amos; Thaler, Richard (1990), Anomalies: Preference Reversals, Journal of Economic Perspectives, Vol. 4, No. 2. (Spring, 1990), pp. 201–211.

Van Boven, Leaf; Dunning, Davis, Loewenstein, George (2000), Egocentric Empathy Gaps Between Owners and Buyers: Misperceptions of the Endowment Effect, Journal of Personality and Social Psychology, Vol. 79, No. 1, pp. 66–76.

Van Boven, Leaf; Loewenstein, George; Dunning, David (2003), Mispredicting the Endowment Effect: Underestimation of Owners' Selling Prices by Buyer's Agents, Journal of Economic Behavior and Organization, LI (2003), pp. 351–365.

Der Schwache Mensch: Zinsen, Diäten und Sucht

4

4.1 So funktioniert Zeit: Diskontierung

Bevor wir uns anschauen, wie Menschen mit Zeit umgehen und warum dieser Umgang bisweilen merkwürdig anmutet, müssen wir kurz verstehen, wie Zeit im ökonomischen Sinne funktioniert, respektive was es mit Zinsen und Sparprozessen auf sich hat.[1] Wer bereits die nötigen Kenntnisse über Diskontierung hat, kann diesen Abschnitt überspringen.

Schauen wir uns dazu ein einfaches Beispiel an: Sie haben gerade 100 € zur Hand und wollen diese in ein gutes Essen investieren. Da kommt ein Bekannter vorbei, der ebenfalls essen gehen möchte und fragt, ob Sie ihm nicht die 100 € leihen könnten – in einem Jahr zahle er sie Ihnen wieder zurück. Da der Freund kein so enger Freund ist, sehen Sie nicht ein, warum Sie heute zu seinen Gunsten auf das Essen verzichten sollen. Aber Ihr Freund macht Ihnen einen Vorschlag: Wenn Sie ihm 100 € überlassen, dann zahlt er Ihnen in einem Jahr 110 € zurück – Ihr Verzicht auf das Essen heute wird in einem Jahr mit 10 € entlohnt. Klingt fair, oder?

Ob das fair ist, hängt von Ihren ganz persönlichen Vorlieben ab, oder von dem, was Ökonomen Zeitpräferenzen nennen. Ist es Ihnen 10 € wert, ein Jahr lang auf Ihr Essen zu verzichten? Nehmen wir an, der Freund bietet Ihnen statt der 10 € nur 9 € – und Sie lehnen ab; sie wollen mindestens 10 € dafür haben, dass Sie ein Jahr auf 100 € verzichten. Damit haben Sie

[1] Die hier vorgestellten Methoden finden Sie in jedem Buch zur Finanzmathematik, eine gute Einführung ist beispielsweise (Wüst 2006).

H. Beck, *Behavioral Economics*,
DOI 10.1007/978-3-658-03367-5_4, © Springer Fachmedien Wiesbaden 2014

etwas sehr wichtiges über Ihre Zeitpräferenzen verraten: Ihre persönliche Zeitpräferenzrate, Ihr persönlicher Zinssatz beträgt 10 %. Das ist genau der Prozentsatz des ursprünglichen Geldbetrages (der 100 €), den man Ihnen zahlen muss, damit Sie ein Jahr auf dieses Geld warten. Ihr persönlicher Zinssatz ist also der Preis des Verzichts, und je höher dieser Zinssatz ist, umso schmerzlicher ist der temporäre Verzicht für Sie und umso mehr muss man Ihnen zahlen, damit Sie diesen Verzicht tatsächlich leisten. Als Faustformel kann man sich merken: Je schwerer uns der Verzicht fällt, desto höher ist unser persönlicher Zinssatz, den wir fordern – das ist unser Preis für Zeit. In Formeln gesprochen bedeutet das:

$$V_n = V_0 + V_0 \cdot i, \tag{4.1}$$

wobei V_n = der Betrag am Ende des Jahres ist; V_0 der ursprüngliche Betrag zu Jahresbeginn und i der Zinssatz, den Sie verlangen. Nun kann man diese Gleichung umformulieren zu

$$V_n = V_0 \cdot (1+i); \tag{4.2}$$

d. h. der endfällige Betrag (die 110 €) errechnet sich, indem ich den Anfangsbetrag (100 €) mit dem Term eins plus Zinssatz multipliziere ($110 = 100\,(1+0{,}1)$). Was aber, wenn der Freund das Geld nicht in einem Jahr, sondern erst in zwei Jahren zurückzahlen will? Natürlich will man für das zweite Jahr auch wieder 10 % Zinsen. Damit bekommt man aber vom Freund nach zwei Jahren nicht 20 €, sondern sogar 21 € an Zinsen zurück, wie eine einfache Überlegung zeigt: Die 100 € werden das erste Jahr dem Freund ausgeliehen, dafür zahlt er 10 € Zinsen. Das sind die 110 €. Wenn der Freund diese jetzt aber nicht zurückzahlt, sondern ein weiteres Jahr behält, so leiht er sich von uns nun ja nicht 100 €, sondern 110 € (Sie können sich das so vorstellen, dass Sie nach einem Jahr Ihr Geld zurückhaben wollen und der Freund Sie bittet, auf die Rückzahlung samt Zinsen ein weiteres Jahr zu warten, dann leihen Sie ihm also nicht 100, sondern 110 €). Diese 110 € werden nun auch wieder mit 10 % verzinst, das macht bei einem Zins von 10 % 11 € an Zinsen. Damit zahlt Ihnen der Freund nach zwei Jahren insgesamt 121 € zurück; die 100 € plus 10 € Zinsen für das erste Jahr und 11 € Zinsen für das zweite Jahr. In eine Gleichung gepackt ist das dann

$$V_n = V_0 \cdot (1+i) + (V_0 \cdot (1+i)) \cdot i; \tag{4.3}$$

nämlich 110 € aus dem ersten Jahr (erster Term auf der rechten Seite der Gleichung), die jetzt noch einmal verzinst werden mit i (zweiter Term auf der rechten Seite). Diese Gleichung lässt sich durch Ausklammern umformen zu

$$V_n = V_0 \cdot (1+i)^2; \tag{4.4}$$

Das gleiche Spiel kann man nun für weitere Perioden wiederholen und erhält allgemein gerechnet

$$V_n = V_0 \cdot (1+i)^n. \tag{4.5}$$

Allgemein gesagt erhalten Sie den zukünftigen Wert einer Zahlung, die V_0 wert ist und die sich mit i Prozent verzinst, indem sie V_0 mit dem Term $(1+i)^n$ multiplizieren, wobei *n* die Anzahl der Jahre angibt, über die hinweg V_0 verzinst wird. Der Term $(1+i)$ wird dabei als Aufzinsungsfaktor bezeichnet.

Damit haben wir die erste wichtige Formel für den (ökonomischen) Umgang mit Zeit. Für unsere Zwecke jedoch wird es viel wichtiger sein zu wissen, was ein zukünftiger Betrag heute wert sein wird. In unserem Beispiel haben wir gesehen, dass die 110 €, die uns der Freund in einem Jahr zahlen will, uns genau so viel wert sind wie 100 € heute (das muss so sein, sonst wären Sie nicht bereit, auf die 100 € heute zu verzichten). Genau diese Fragestellung wird uns in diesem Kapitel beschäftigen: Wie viel ist uns eine zukünftige Aussicht wert? Wenn man uns beispielsweise fragt (und das werden wir später tun), was man uns zahlen muss, damit wir in einem Jahr auf 110 € verzichten, so überlegen wir uns implizit, wie viel wir für den heutigen Verzicht haben wollen. Glücklicherweise ist diese Frage rasch beantwortet, sie steckt bereits in Gleichung 4.5. Diese Gleichung beantwortet uns die Frage, was aus V_0 Euro heute wird, wenn man sie zu i Prozent anlegt. Diese Frage muss man jetzt nur umdrehen: Was sind V_n Euro, die ich morgen bekomme, bei einem Zins von i heute wert? Die Antwort auf diese Frage erhält man, wenn man Gleichung 4.5 nach V_0 auflöst:

$$V_0 = V_n \left(\frac{1}{1+i} \right)^n \tag{4.6}$$

Gleichung 4.6 gibt uns den sogenannten Gegenwartswert oder Barwert eines zukünftigen Betrages V_n an. 110 € in einem Jahr sind dieser Gleichung nach bei einem Zinssatz von 10 % heute $110 \cdot (1/1 + 0{,}1)^n = 100$ € wert, wobei n (die Anzahl der Jahre) in diesem Fall gleich eins ist. Diese Gleichung wird sich noch als sehr wertvoll erweisen.

Der Term $1/(1+i)$ wird als Diskontierungsfaktor bezeichnet; er gibt an, wie stark sich der Wert eines Geldbetrages V_n in unserer subjektiven Wahrnehmung reduziert, wenn wir ihn nicht heute, sondern später erhalten. In unserem Beispiel mit dem Freund, dem wir Geld leihen, bedeutet das, dass 110 € in einem Jahr uns heute nur $1/(1+0{,}1) \cdot 110$, also 100 € wert sind. Je kleiner der Diskontierungsfaktor ist, umso weniger sind uns diese 110 € in einem Jahr heute wert. In unserem Beispiel beträgt er $1/(1+0{,}1) = 0{,}909090$. Nehmen wir einmal an, Sie sind nicht bereit, 100 € heute gegen 110 € in einem Jahr einzutauschen. Das mag dann daran liegen, dass Sie ungeduldig sind, Sie wollen 100 € lieber heute als morgen ausgeben, deswegen wollen Sie mit einer höheren Zahlung in einem Jahr dafür entschädigt werden, dass Sie heute auf 100 € verzichten. Sie fordern beispielsweise 120 €. Das hieße, Sie fordern einen Zinssatz von 20 %, denn $100\,(1+0{,}2) = 120$. Anders herum ausgedrückt bedeutet das, dass Ihr Diskontfaktor in diesem Fall 0,83334 beträgt, denn $100 = 120\,(1/(1+0{,}2)) = 120 \cdot 0{,}83334$.

Daraus folgern wir: Je höher der Zinssatz ist, den Sie für einen Verzicht fordern, umso niedriger ist der Diskontfaktor, mit dem zukünftige Zahlungen abgewertet werden. Ein hoher Zins (niedriger Diskontfaktor) zeugt also davon, dass Sie eine hohe Gegenwartspräferenz haben – Sie fordern einen hohen Ersatz (Zins) für den heutigen Verzicht respektive versehen zukünftige Zahlungen mit einem größeren Abschlag (der Diskontfaktor ist niedriger).

Für die weiteren Ausführungen brauchen wir jetzt noch eine weiter Idee: Was, wenn wir den Zins nicht jährlich, sondern beispielsweise halbjährlich berechnen wollen? Angenommen, Sie haben einen Zinssatz von 10 % vereinbart – das wären am Ende des Jahres für die 100 € 110 €. Aber wie viel Zinsen wären das nach einem halben Jahr? Natürlich nicht zehn Euro, denn wenn Ihr Freund Ihnen nach Ablauf des Jahres nochmals zehn Euro zahlen würde, hätten Sie ja 20 € an Zinsen, also 20 % eingestrichen. Also wird er Ihnen für ein halbes Jahr nur 5 € zahlen, will heißen: 5 % auf die 100 €. Wenn Sie nun die Zinsen je Quartal, also für drei Monate berechnen, so sind das dementsprechend nicht viermal 10 €, sondern vier mal 2,50 €, also ein Zinssatz von 2,50 % – das entspricht dann einem Viertel des Zinssatzes. Das nennt sich lineare Verzinsung und liest sich in eine Formel gepackt so:

$$V_n = V_0 \cdot (1 + t \cdot i), \tag{4.7}$$

wobei t für die Anzahl der Perioden steht; $t = 1$ bedeutet, dass wir von einem Jahr sprechen – Gl. 4.7 reduziert sich dann auf Gl. 4.2, die einfache Verzinsung über ein Jahr. In unserem Beispiel beträgt der Endwert, den Ihnen Ihr Freund bei halbjährlicher Zinszahlung zurückzahlt, dann $100 + 100 \cdot (½ \cdot 0,1) + 100 \cdot (½ \cdot 0,1) = 110$. Der erste Term (100) ist die Rückzahlung des Kapitals, der zweite Term $100 \cdot (½ \cdot 0,1)$ sind die Zinsen, die Sie auf das erste halbe Jahr erhalten, der dritte Term dementsprechend die Zinsen für das zweite Halbjahr. Zusammengefasst zahlt Ihr Freund Ihnen also $100\,(1 + (½ \cdot 2 \cdot 0,1)$. Der Term ½ steht für das halbe Jahr; die 2 steht dafür, dass Sie ja zweimal eine Zinszahlung erhalten. Werden die Zinsen dreimal im Jahr berechnet, so macht das dann entsprechend dieser Formel $100\,(1 + (⅓ \cdot 3 \cdot 0,1) = 110$. Wichtig bei dieser Art der Verzinsung ist, dass die unterjährig berechneten Zinsen aber erst am Ende der Laufzeit auf Ihr Konto fließen und sich deshalb über den Rest der Laufzeit nicht noch einmal zusätzlich verzinsen. Die Zinsen, die man Ihnen für das erste Halbjahr berechnet, werden Ihnen erst am Ende des Jahres aufs Konto gezahlt, weswegen sie keine Zinseszinsen für das zweite Halbjahr erbringen.

Das ist aber ein wichtiger Punkt: Die Zinsen, die Sie nach einem halben Jahr oder jedes Quartal bekommen, könnten Sie ja theoretisch wieder an Ihren Freund verleihen, und zwar wieder zu 10 %. Dann hat die unterjährige Zahlung der Zinsen auf einmal eine wichtige Bedeutung. Nehmen wir an, dass Ihr Freund Ihnen nach einem halben Jahr den ersten Schwung Zinsen zahlt. Nach einem halben Jahr werden also $½ \cdot 0,1\,\%$ Zinsen, also 5 € fällig. Diese 5 € leihen Sie jetzt wieder Ihrem Freund, der Ihnen darauf nochmals Zinsen zahlen muss, und zwar ½ · 0,1 % – da er diese 5 € sich nur ein halbes Jahr leiht. Das macht dann 25 Cents an zusätzlichen Zinsen. Jetzt können wir zusammenzählen, wie viel wir nach einem Jahr zurückgezahlt bekommen:

$$100 + 100 \cdot (\tfrac{1}{2} \cdot 0{,}1) + 100 \cdot (\tfrac{1}{2} \cdot 0{,}1) + 100 \cdot (\tfrac{1}{2} \cdot 0{,}1)\,(\tfrac{1}{2} \cdot 0{,}1) = 110{,}25.$$

Der letzte Term auf der linken Seite der Gleichung sind die 5 € Zinsen aus dem ersten Halbjahr, die nun für das zweite Halbjahr nochmals mit ½ · 0,1 % verzinst werden. Sie sehen, dass jetzt – bei sogenannter geometrischer Verzinsung, wenn also auf die unterjährigen Zinsen wiederum Zinsen gezahlt werden –, die Endsumme, die Sie von Ihrem Freund erhalten, größer ist als im Fall der linearen Verzinsung, wenn auf die unterjährigen Zinsen keine Zinsen gezahlt werden. Der Unterschied beträgt genau die 25 Cents, die Sie als Zinsen auf ihre 5 € erhalten, die Sie nach dem ersten halben Jahr wieder an Ihren Freund ausleihen. Damit ist die Verzinsung Ihrer 100 € unter dem Strich – der Fachmann sagt effektiv – nicht mehr zehn Prozent, sondern 10,25 %. Die zehn Prozent sind also im Falle der geometrischen Verzinsung nicht die Zinsen, die Sie effektiv erhalten; die 10,25 % sind Ihre Effektivzinsen, weil Sie Ihnen sagen, dass Sie – inklusive der Zinsen auf die unterjährigen Zinsen – für Ihre 100 € insgesamt 110,25 € erhalten.

Wie wichtig diese Effektivverzinsung ist, wird klar, wenn wir statt einer Zinszahlung nach sechs Monaten vier Zinszahlungen nach jeweils drei Monaten annehmen – also Zinsen, die jedes Quartal fällig werden. Jetzt wird das Ganze etwas unübersichtlicher, wenn wir das per Hand ausrechnen wollen: Auf jede Zinszahlung, die wir innerhalb eines Quartals bekommen, kommen noch einmal Zinsen für das darauffolgende Quartal dazu. Wir bekommen also nach den ersten drei Monaten die erste Zinszahlung, das sind 2,50 €, nämlich 100 € mit ¼ · 0,1 % verzinst. Diese 2,50 € werden wieder über die verbleibenden Zahlungstermine verzinst. Das gleiche geschieht mit den Zinszahlungen aus den anderen Quartalen – Sie sehen, das wird rasch unübersichtlich.

Aber zum Glück können wir uns das Leben einfacher machen, denn wir haben ja bereits eine Formel, mit deren Hilfe wir die Ergebnisse solcher Zinseszinsenprozesse ausrechnen können, nämlich Gl. 4.5. Dort hatten wir gesehen, dass sich der Endwert eines solchen Zinseszinsprozesses durch die Gleichung $V_n = V_0 \cdot (1+i)^2$ bestimmen lässt. Das hat auch jetzt Gültigkeit, wir müssen nur zwei kleine Änderungen an dieser Formel vornehmen, wenn wir sie auf solche unterjährige Prozesse anwenden: Zum einen beträgt der Zins nun nicht i, sondern i/m, wobei m für die Anzahl der unterjährigen Perioden steht. Allerdings müssen wir auf der anderen Seite berücksichtigen, dass die Zinsen dafür häufiger gezahlt werden, nämlich m-mal pro Jahr, und das *n* Jahre lang. Unsere Formel zur Berechnung der unterjährigen Verzinsung sieht so aus:

$$V_n = V_0 \left(1 + \frac{i}{m}\right)^{mn} \tag{4.8}$$

Gleichung 4.8 zeigt uns, wie wir unterjährige Zinsen über mehrere Perioden berechnen: Genauso wie bei der jährlichen Verzinsung müssen wir den Zins durch die Anzahl der Zinszahlungstermine teilen; die Zahl dieser Termine müssen wir aber auch berücksichtigen, wenn wir die Zahlungen alle zusammenrechnen. Je höher die Zahl der Zinszahlungstermine, umso größer wird der Betrag, den wir am Ende des Jahre erhalten, weil immer mehr unterjährige Zinszahlungen nochmals verzinst werden. Bei 24 Zinsterminen sind es 110,49 €, bei 360 Terminen 110,51 €. Damit ist aber auch eines klar: Dieser Effekt ist nach oben begrenzt, bei stündlicher Verzinsung (518.400 h) ist der Zuwachs in der Endsumme nur noch in der Nachkommastelle messbar. Offenbar strebt der Wert dieser Zinszahlungsreihe einem Grenzwert zu, und diesen Grenzwert kann man ausrechnen. Nimmt man an, dass die Anzahl der Zinszahlungstermine m pro Jahr gegen unendlich geht, so berechnet sich die Endsumme meiner 100 €, die ich zu 10 % anlege, durch folgende Gleichung:

$$V_n = V_0 \cdot e^{i \cdot n}, \tag{4.9}$$

wobei e die sogenannte Eulersche Zahl ist, deren Wert näherungsweise 2,71828 beträgt. Wenn wir also 100 € zu 10 % anlegen, und die Anzahl der Zinszahlungstermine gegen Unendlich geht (Ihr Freund zahlt Ihnen jede Milliardstel Mikrosekunde Zinsen), so erhalten Sie am Ende des Jahres 110,52 \$ ($= 100 \cdot e^{0,1 \cdot 1}$). Legen Sie das Geld auf zwei Jahre bei unendlich vielen Zinszahlungsterminen an, so erhalten Sie nach zwei Jahren 122,14 Euro

($=100 \cdot e^{0,1 \cdot 2}$). Diese Art der Verzinsung nennt man stetige Verzinsung des Kapitals, im englischen „continous compounding". Wenn wir statt dem Endwert V_n den Anfangswert V_0 herausfinden wollen, so müssen wir Gl. 4.9 nur nach V_0 auflösen und erhalten

$$V_0 = V_n \cdot e^{-(i \cdot n)}, \tag{4.10}$$

Diese Form der Verzinsung wird in den vielen Studien der Ökonomen genutzt, die sich mit Entscheidungsproblemen beschäftigen, die sich über längere Zeiträume erstrecken. Ein einfaches Beispiel: Man fragt Probanden, wie viel man ihnen zahlen muss, damit sie auf 15 $ sofort verzichten und diese erst in einem Jahr erhalten. Im Schnitt verlangten die Probanden 50 $, das macht einen Zinssatz von stolzen 120 % (Thaler 1981). Das erkennen wir mit Hilfe von Gl. 4.10: V_0 ist 15; V_n ist 50, die Zinszahlung erfolgt nach einem Jahr, dann erfüllt ein Zins von 120 % die Gleichung $15 = 50 \cdot e^{-1,2 \cdot 1}$. Sollten Sie auf die 15 $ einen Monat verzichten, so forderten die Versuchspersonen 20 $, das macht dann auf ein Jahr gerechnet einen Zins von 345 %, denn es gilt: $15 = 20 \cdot e^{-3,45 \cdot (1/12)}$.

Jetzt kann man sich natürlich fragen, warum die Ökonomen die stetige Verzinsung bei ihren Experimenten verwenden – etwas, was kein Mensch tut, oder? Die meisten von uns denken – wenn Sie überhaupt an solche Dinge wie Verzinsung denken – vermutlich in Jahreszinsen, weil es einfacher ist und nicht zuletzt auch weil man hier einen Vergleichszins noch am wahrscheinlichsten mental zur Hand hat – man sieht ihn beispielsweise, wenn man am Schaufenster einer Bank vorbei läuft. Aber rein ökonomisch gesehen ist die stetige Verzinsung die richtige Idee: Wenn ich auf einen Euro heute verzichte, so könnte mir dieser Euro jede nächste Sekunde einen Nutzen stiften, auf den ich verzichte, also muss ich auch den Nutzenverlust berücksichtigen, den ich dadurch erleide, dass ich den Euro in dieser Sekunde nicht nutzen kann – und eine entsprechende Verzinsung für diesen Euro fordern.

Ein einfaches Beispiel verdeutlicht diese Idee: Bleiben wir bei unserem Freund, dem wir 100 € leihen. Wenn er uns 10 % Zinsen verspricht, sind das linear gerechnet 10 € Zinsen am Ende des Jahres. Was aber, wenn die Bank um die Ecke Ihnen auch zehn Prozent bietet – allerdings bei monatlicher Zinszahlung, mit Wiederanlage der Zinsen? Dann wissen wir, dass wir am Ende des Jahres insgesamt $100 \cdot (1 + 0,1/12)^{12 \cdot 1} = 110,47$ € von der

Bank erhalten – und müssen dementsprechend 47 Cents mehr von unserem Freund fordern, damit wir ihm das Geld leihen. Nun stellen Sie sich das Leben vor wie eine Bank, die Ihnen für jeden Euro eine postwendende Verzinsung anbietet – nämlich für all die Gelegenheiten, auf die Sie verzichten, wenn Sie auf diesen Euro verzichten. Und diese Verzinsung des Lebens ist eine stetige, weswegen Ökonomen bei Entscheidungsproblemen, in denen es um Zeit geht, gerne die stetige Verzinsung verwenden. Der zweite Grund für die Anwendung der stetigen Verzinsung ist trivialer: es lässt sich leichter damit rechnen. Das lässt aber die Frage unberührt, ob diese Form der Verzinsung der richtige Maßstab ist, um den menschlichen Umgang mit Zeit zu beurteilen.

Mit Hilfe dieses Werkzeugkastens schauen wir uns nun zunächst an, wie die traditionelle Ökonomie Entscheidungen mit Einbezug der Zeit versteht und modelliert; im nächsten Schritt untersuchen wir, welche Probleme das mit sich bringt und welche Lösungsvorschläge die Behavioral Economics machen.

4.2 Das klassische Modell der Zeitpräferenzen und die Kritik daran

Bevor wir klären, wie Ökonomen Entscheidungen unter Einbezug der Zeit modellieren, müssen wir eine wichtige Frage beantworten: Warum verlangen Menschen Geld dafür, dass sie Geld verleihen; beziehungsweise warum wollen sie dafür entschädigt werden, wenn sie etwas, was sie jetzt haben können, auf einen späteren Zeitpunkt verschieben sollen? Dazu lassen sich fünf Gründe finden, nämlich:

- *Unsicherheit.* Wenn wir heute auf etwas verzichten, um dafür morgen etwas zurückzubekommen, so haben wir zwei Unsicherheiten: Erstens wissen wir nicht, ob wir morgen noch da sein werden, um das Ersparte zu genießen, zweitens wissen wir nicht, ob derjenige, zu dessen Gunsten wir verzichtet haben, uns auch morgen für unseren heutigen Verzicht entschädigen kann und wird. Wenn wir also heute 100 € verleihen, dann wissen wir nicht, ob wir morgen noch da sind, um die 100 €, die wir dann zurückgezahlt bekommen, zu genießen – also wäre es besser, sie gleich heute zu verprassen. Zweitens wissen wir nicht, ob der Freund, dem wir das Geld leihen, auch morgen noch da ist, um es uns zurückzuzahlen, und ob er dazu in der Lage und Willens ist. In der Finanzbranche spricht man vom Ausfallrisiko. Und diese beiden Risiken will man entschädigt wissen. Wir verlangen also Zinsen, weil wir für das Risiko entschädigt werden wollen, dass wir das Geld, das wir heute verleihen, morgen nicht genießen können – auf den Finanzmärkten spricht man von einer Risikoprämie.

- *Opportunitätskosten.* Opportunitätskosten sind eines der wichtigsten Basiskonzepte der Ökonomie. Sie bezeichnen den Wert der nächstbesten Alternative, die man zugunsten der realisierten Alternative nicht gewählt hat. Wenn Sie 100 € Ihrem Freund leihen, so verzichten Sie auf die Möglichkeit, diese 100 € anderweitig produktiv anzulegen – beispielsweise, indem Sie diese zur Bank tragen und dort 10 % Zinsen bekommen. Diese zehn Prozent der Bank sind Ihre Opportunitätskosten, und die bestimmen auch die Höhe Ihrer Zinsforderung Ihrem Freund gegenüber. Das erklärt, warum wir Geld fordern, wenn wir auf eine Ressource temporär verzichten sollen: In der Zeit, in der wir auf diese Ressource verzichten, könnte sie uns in einer anderen Verwendung Nutzen stiften; und dieser entgangene Nutzen sind die Opportunitätskosten, für die wir entschädigt werden wollen.
- *Inflation.* Ein weiterer Aspekt unserer Zinsforderungen ist natürlich die Inflation: Wenn die Kaufkraft des Geldes mit der Zeit sinkt, so bedeutet das, dass wir für die 100 €, die wir heute verleihen, heute sagen wir 100 Tafen Schokolade kaufen könnten; in einem Jahr, wenn wir das Geld zurückbekommen, können wir aufgrund der Inflation für die gleichen 100 € nur noch sagen wir 80 Tafeln Schokolade kaufen. Also fordern wir zuzüglich der Rückzahlung einen Inflationsausgleich, der nominale Zinssatz, den wir fordern, ist höher als der reale, inflationsbereinigte Zinssatz.
- *Ungeduld.* Es ist offenbar eine menschliche Eigenschaft, ungeduldig zu sein – wir wollen etwas lieber heute als morgen haben. Über die Ursachen dieser Ungeduld mag man viel spekulieren, zumal sie den Gesamtnutzen eines Menschen über seine Lebenszeit hinweg senken kann: Wenn man davon ausgeht, dass der zusätzliche Nutzen eines Gutes mit zunehmendem Konsum sinkt (man spricht von einem sinkenden Grenznutzen des Konsums), dann wäre es geschickter, den Konsum eines Gutes über seine

Lebensspanne hinweg zu verteilen. Also: Statt zehn Bier an einem Abend zu trinken, könnte es nutzenstiftender sein, an fünf Abenden je zwei Bier zu trinken. Damit könnte Ungeduld – die Ungeduld, die Biere lieber heute als in den kommenden Tagen zu trinken – unseren Gesamtnutzen reduzieren (man hat nur einen lustigen Abend und eine Menge Kopfschmerzen statt fünf fast genauso lustiger Abende ohne Kopfschmerzen).

- *Multiple Persönlichkeiten.* Ein auf den ersten Blick etwas merkwürdiges Konzept ist die Idee der multiplen Persönlichkeiten: Man unterstellt, dass der Mensch unterscheidet zwischen seinem heutigen Ich und einem späteren Selbst, und dass ihm das Wohl des späteren Selbst, das ja sozusagen eine andere Person ist, weniger am Herzen liegt als das Wohl seines heutigen Ichs – und deswegen lieber zugunsten des heutigen Selbst konsumiert. Schließlich liegt einem das eigene, heutige Ich näher als das Wohl einer im Grunde genommen unbekannten Person. Dieser Ansatz lässt allerdings die Frage offen, ob und wenn ja warum man keinen Unterschied macht zwischen einer gänzlich fremden Person und einer fremden, zukünftigen Person, die man ja später einmal selbst sein wird.

Kasten 15: So ermittelt man persönliche Zinssätze

Die persönlichen Zinssätze von Menschen lassen sich auf zwei Arten herausfinden: Durch Beobachtungen oder durch Laborexperimente. Bei Experimenten bietet man Versuchspersonen verschiedene Optionen zu verschiedenen Zeitpunkten an und ermittelt deren Zeitpräferenzen anhand ihrer Antworten. So fragt man beispielsweise, was den Versuchspersonen lieber ist: 10 € sofort oder 20 € in einen Jahr. Sind beide Alternativen für die Versuchsperson gleichwertig, so kann man daraus schließen, dass ihr persönlicher Zinssatz 100 % beträgt. Persönliche Zinssätze lassen sich auch mittels Beobachtungen herausfinden: Man beobachtet beispielsweise, wann ein Käufer zwei Klimaanlagen als gleichwertig erachtet. Anlage Nummer eins spart auf ein Jahr 20 € Stromkosten, ist dafür 10 € teurer als Anlage Nummer zwei, die für 20 € mehr Energie verbraucht als Anlage eins. Erachtet der Käufer beide Klimaanlagen als gleichwertig, so beträgt sein persönlicher Zinssatz 100 %: Ob er heute 10 € mehr für Anlage eins ausgibt oder in einem Jahr 20 € mehr an Stromkosten bei Anlage zwei zahlt, ist ihm egal, also sind 10 € heute für ihn äquivalent zu 20 € in einem Jahr – macht einen Zinssatz von 100 %. Wendet man diese Technik an, so kommt man zu sehr unterschiedlichen Ergebnissen: Untersuchungen zum Konsumentenverhalten beim Kauf von Klimaanlagen ergeben persönliche Zinssätze der Konsumenten von 17 bis 20 %. Das ist so, als würden Sie ein Sparkonto, das Ihnen einen risikofreien jährlichen Zins von bis zu 20 % anbietet, verschmähen. Bei Kühlschränken fanden sich Zinssätze zwischen 45 und 300 %, bei Tiefkühltruhen wiesen die Käufer einen persönlichen Zinssatz von 138 % auf, und beim Kauf von elektrischen Wasserkochern waren es rund 243 % (Hausmann 1979). Dabei zeigte sich, dass Menschen mit höherem Einkommen einen Zinssatz fordern, der deutlich näher bei den tatsächlichen Zinssätzen liegt, die an den Kreditmärkten gezahlt werden; in den unteren Einkommensklassen verlangt man deutlich höhere Zinsen – bis zu 90 %. Entweder sind arme Menschen ungeduldiger, oder sie können es sich nicht leisten, auf einen Schlag so viel Geld auszugeben, oder aber sie haben ein anderes Verständnis von Zins- und Zinseszinsprozessen. Ein anderes, in der Realität ausgeführtes Experiment erbrachte einen persönlichen Zinssatz von 17,5 % (Warner, Pleeter 2001): Als das amerikanische Militär seine Personalstärke um 60.000 Mitarbeiter reduzieren wollte, bot man den Arbeitnehmern eine Abfindung, damit sie gehen. Die Mitarbeiter hatten die Wahl zwischen einer einmaligen Zahlung und einer jährlichen Rente. Beispielsweise hatte ein Soldat, der ausscheiden wollte, die Wahl zwischen 22.000 $ bar auf die Hand und einer jährlichen Rente von 3.000 $ über 18 Jahre. Die beiden Alternativen waren so aufeinander abgestimmt, dass sie bei einem Zinssatz von 17,5 % gleichwertig waren: Hätte man die 22.000 $ zu einem Zins von 17,5 % auf 18 Jahre angelegt, so hätte man bei komplettem Kapitalverzehr jährlich 3.000 $ erhalten. Knapp die Hälfte aller Offiziere und rund 90 % des sonstigen Personals wählten die sofortige Einmalzahlung und zeigten damit, dass ihnen 22.000 $ bar einen Zinssatz von mindestens 17,5 % wert sind. Überschlägig hat dies den amerikanischen Streitkräften rund 1,7 Mrd. $ gespart.

Mit diesen Überlegungen, warum Menschen Zinsen verlangen, können wir nun das klassische Modell entwickeln, mit dem Ökonomen die Entscheidungen von Menschen beschreiben, in denen Zeit eine Rolle spielt.

Die Grundidee des sogenannten Discounted-Utility-Modells (DU-Modell), das ein enger Verwandter des Erwartungsnutzenkonzepts (vgl. Abschn. 3.1) ist, besteht darin, dass Menschen ihren Gesamtlebensnutzen

Tab. 4.1 Ein hypothetisches Konsumprofil über drei Jahre

Periode	$n=0$	$n=1$	$n=2$	$n=3$
Zahlung	100	100	110	120

maximieren wollen; beschrieben durch eine intertemporale Nutzenfunktion $u=u(c_0, c_1, c_2, \ldots c_n)$, wobei u den Nutzen repräsentiert und c den Konsum der jeweiligen Periode (c_n steht also für den Konsum in der n-ten Periode). Da wir aber gesehen hatten, dass Menschen für den Verzicht heute entschädigt werden wollen, ist klar, dass zukünftiger Konsum nicht den gleichen Nutzen stiftet wie gegenwärtiger Konsum – der Konsum, den wir in einem, zwei, drei Jahren haben, ist uns aus heutiger Perspektive weniger wert als der Konsum heute. Wenn wir also den zukünftigen Konsum mit dem heutigen Konsum vergleichbar machen wollen, müssen wir den zukünftigen Konsum mittels des aus Abschn. 4.1 bekannten Diskontierungsfaktors abzinsen. Damit stellt sich die Summe des gesamten Nutzens eines Menschen am heutigen Tag wie folgt dar:

$$U(c_0, c_1, \ldots c_n) = \Sigma_{n=0}^{T} \left(\frac{1}{1+i}\right)^n U(c_n) \tag{4.11}$$

Will heißen: Um den Gesamtnutzen eines Menschen zum gegenwärtigen Zeitpunkt zu berechnen, summiert man den gesamten zukünftigen Konsum auf, nachdem man zuvor den jeweiligen Konsum in der Periode n mit dem entsprechenden Diskontierungsfaktor $(\frac{1}{1+i})^n$ auf die Gegenwart abgezinst hat. Ein einfaches Beispiel macht das deutlich. Gegeben sei folgende Konsumprofil (vgl. Tab. 4.1):

Zum gegenwärtigen Zeitpunkt ($n=0$) konsumieren Sie also im Wert von 100 €, im Jahr darauf sind es ebenfalls 100 €, zwei Jahre später sind es 110 € und im dritten Jahr konsumieren Sie 120 €. Der Zinssatz betrage zehn Prozent ($i=0{,}1$). Als weitere Vereinfachung wollen wir annehmen, dass der Nutzen $u(c_n)$ des Konsums dem Wert des Konsums entspricht, also beispielsweise $u(100)=100$. Der gegenwärtige Gesamtnutzen dieser Konsumreihe berechnet sich dann mit Hilfe von Gleichung 4.11 (bei einem Zinssatz von 10 Prozent) als:

$$\begin{aligned} U(c_0, c_1, \ldots c_n) &= \left(\frac{1}{1+i}\right)^0 100 + \left(\frac{1}{1+i}\right)^1 100 + \left(\frac{1}{1+i}\right)^2 110 + \left(\frac{1}{1+i}\right)^3 120 \\ &= 371{,}97 \end{aligned}$$

Wollte man also seinen gesamten Konsum von heute an über die nächsten drei Jahre heute auf einen Schlag konsumieren, so würde man dafür einen Nutzen in Höhe von 371,97 erhalten; man wäre also bereit, das hypothetische Zahlungsprofil aus Tab. 4.1 gegen 371,97 € bar auf die Hand einzutauschen.

Das ist die Idee des DU-Modells: Menschen planen ihren Konsum über alle zukünftigen Perioden und gewichten die zukünftigen Konsumzahlungen mit einem (persönlichen) Diskontfaktor, der den zukünftigen Konsumeinheiten ein geringeres Gewicht verleiht als dem heutigen Konsum. Dann maximieren Sie den Gesamtnutzen über ihre Lebenszeit, indem sie unter Berücksichtigung des geringeren Nutzens zukünftigen Konsums ihren Konsum so über ihre Lebenszeit verteilen, dass diese Summe des gegenwärtigen und zukünftigen Konsums maximiert wird.

Dass die Menschen angesichts des geringeren Nutzens des zukünftigen Konsums nicht alles sofort konsumieren, liegt an der Nutzenfunktion $u(c_n)$. Hier wird in der Regel unterstellt, dass der zusätzliche Nutzen des Konsums (der Grenznutzen) abnehmend ist, d. h. es kann trotz des geringeren Wertes des zukünftigen Konsums sinnvoll sein, heutigen Konsum in die Zukunft zu verschieben, weil er dort einen höheren zukünftigen Nutzen stiftet (das ist die Sache mit den zwei Bier an fünf Abenden statt zehn Bier an einem Abend)[2]. Sie sehen, hinter diesem Modell stecken einige Annahmen und Implikationen, die es im Folgenden zu hinterfragen gilt. Das wären im Einzelnen (vgl. Frederick, Loewenstein, O'Donoghue 2002):

- *Integration weiterer Alternativen.* Wenn einer Entscheidungssituation eine weitere Alternative hinzugefügt wird, muss diese den Gesamtkontext des DU-Modells berücksichtigen. Wenn also der Konsument im Beispiel von Tab. 4.1 vor die Wahl gestellt wird, heute zusätzlich 100 € zu bekommen oder aber in zwei Jahren 115 €, so entscheidet er zwischen diesen beiden Alternativen nicht isoliert, sondern berücksichtigt diese Option im Kontext seiner bisherigen Situation – er wägt also ab, wie diese Entscheidung all seine heutigen und zukünftigen Konsumentscheidungen beeinflusst und entscheidet dann. Das ist angesichts der begrenzten

[2] Technisch gesehen bedeutet das, dass die Nutzenfunktion der Menschen konkav ist (vgl.dazu Kasten 12). Je mehr man von einem Produkt konsumiert, umso geringer wird der zusätzliche Nutzen aus einer weiteren konsumierten Einheit – deswegen lohnt es sich, den Konsum zeitlich zu strecken.

Problemlösungskapazität des Menschen und der Tatsache, dass vermutlich niemand seine zukünftigen Konsumpläne ausgetüftelt bis ins Detail im Kopf hat, eine heroische Annahme. Statt also zu fragen, wie die Option 100 € heute oder 115 € in zwei Jahren sein gesamtes Konsum- und Nutzenprofil verändert, wird ein Entscheider in vielen Fällen diese Entscheidung isoliert fällen, also nur mit Blick auf die beiden Optionen.

- *Unabhängigkeit im Nutzen.* Das DU-Modell unterstellt, dass der Gesamtnutzen sich aus der diskontierten Summe des Nutzens jeder einzelnen Periode zusammensetzt. Wie sich der Nutzen über die Zeit verteilt, ist dabei nicht wichtig. Es sagt also nichts darüber aus, wie Menschen ihre Nutzenmuster über die Zeit verteilt haben wollen: Wollen Sie vielleicht eher eine gleichmäßige Verteilung des Nutzens, oder aber eine stetige Zunahme? Wenn man heute ein hohes Nutzenniveau erreicht hat, so wäre ein Rückgang des Nutzenniveaus am nächsten Tag doppelt schmerzlich, man will also vermeiden, dass man in seinem Nutzenniveau zurückfällt. Wenn dem so ist, hat der Nutzen der Vorperiode einen Einfluss auf die Höhe des Nutzens der nächsten Periode – was im DU-Modell nicht berücksichtigt ist.
- *Unabhängigkeit im Konsum.* Das gleiche Argument gilt auch für die Verteilung des Konsums über die Zeit: Das DU-Modell unterstellt, dass der Konsum der Vorperiode keinen Einfluss auf die Höhe des Nutzens des Konsums der aktuellen Periode hat. Wenn man beispielsweise bereits gestern italienisch essen war, so hat dies keinen Einfluss auf den Nutzen eines italienischen Essens heute. Wir werden in den folgenden Abschnitten einige einfache Beispiele sehen, die diese Annahme in Frage stellen.
- *Konstante Nutzenfunktion.* Das DU-Modell unterstellt weiter, dass die Nutzenfunktion $u(c_n)$, die jedem Konsumakt ein bestimmtes Nutzenniveau zuordnet, über den gesamten Zeitraum hinweg konstant bleibt. Wenn wir aus dem italienischen Essen heute einen Nutzen von 10 ziehen, so werden wir auch in zehn, zwanzig Jahren aus dem gleichen italienischen Essen einen Nutzen von 10 ziehen – unsere Vorlieben ändern sich also über all die Jahre hinweg nicht.
- *Konstanter Diskontfaktor.* Das DU-Modell unterstellt weiter, dass die Menschen jedes Gut mit dem gleichen Diskontfaktor abzinsen. Haben wir beispielsweise einen persönlichen Zinssatz von $i = 10\,\%$, so ist unser persönlicher Diskontfaktor für ein Jahr $1/(1+0{,}1) = 0{,}90901$. Mit diesem Diskontfaktor zinsen wir nicht nur einen Geldbetrag ab, den man uns in

einem Jahr verspricht, sondern auch ein Essen, eine Reise oder eine Auszeichnung, die man uns in einem Jahr verspricht. Was aber, wenn wir das Essen mit einem höheren Diskontfaktor abzinsen? Wenn unser persönlicher Zinssatz für ein Essen nur 5 % beträgt, so liegt unser Diskontsatz für ein Essen in einem Jahr bei $1/(1+0{,}05)=0{,}95$. Ein Essen zu 100 € in einem Jahr ist uns dann mehr wert (nämlich 95 €) als 100 € in einem Jahr (die wären uns nur 90,90 € wert). Wenn wir also unterschiedliche Güter mit unterschiedlichen Diskontfaktoren abzinsen (sprich: bei verschiedenen Gütern ein unterschiedliches Ausmaß an Ungeduld haben), stimmt die Annahme des DU-Modells nicht mehr. Wer auf 100 € leichter warten kann als auf eine Überraschung im Wert von 100 €, wendet auf die Überraschung einen anderen Zinssatz an als auf die 100 €.

- *Zeitkonsistenz.* Eine der markantesten Verletzungen des DU-Modells ist die sogenannte Zeitinkonsistenz. Das DU-Modell unterstellt, dass Menschen jeden Konsum, jede Zahlung mit dem gleichen Zinssatz diskontieren, unabhängig davon, wann dieser Konsum oder diese Zahlung anfällt. Ein einfaches Beispiel: Wer sich heute für 1010 € in 13 Monaten statt 1000 € in 12 Monaten entscheidet, sollte sich auch in 12 Monaten für 1010 € in einem Monat statt 1000 € sofort entscheiden. Genau das aber beobachtet man nicht immer: Auf lange Frist sind Menschen offenbar geduldig, und sind bereit, statt 12 Monate auf 1000 € 13 Monate auf 1010 € zu warten; doch vor die unmittelbare Wahl zwischen 1000 € heute und 1010 € in einem Monat gestellt wählen sie oft die sofortigen 1000 €. Dieses Phänomen der Zeitinkonsistenz versucht man mit Hilfe des sogenannten hyperbolischen Diskontierens zu erklären, das wir uns in Abschn. 4.3.1 ansehen.
- *Positive Zeitpräferenzen.* Das DU-Modell unterstellt, dass man Menschen dafür bezahlen muss, damit sie Konsum in die Zukunft verschieben. Experimente allerdings zeigen, dass Menschen unter bestimmten Umständen bereit sind, für eine Verschiebung ihres Konsums zu bezahlen. Beispielsweise waren Versuchspersonen bereit, etwas dafür zu bezahlen, wenn sie den Kuss eines Filmstars nicht heute, sondern später bekommen (Loewenstein 1987). Vorfreude kann also unsere Zeitpräferenzen umdrehen und dazu führen, dass unser Diskontfaktor größer als eins wird – wir sind bereit, für eine Verschiebung des Konsums zu bezahlen, um uns die Vorfreude darauf zu erhalten. Genauso sind Menschen bereit, negative Ereignisse sofort in Kauf zu nehmen, statt diese aufzuschieben.

Die folgenden Abschnitte dieses Kapitels beschäftigen sich mit diesen Kritikpunkten am klassischen DU-Modell und zeigen die Ergebnisse der Forschung zum Zeitverhalten von Menschen (für eine umfassende Übersicht vgl. im Folgenden auch Frederick, Loewenstein, O'Donoghue (2002)).

4.3 Zeitanomalien

4.3.1 Diäten, Sucht und gute Vorsätze: Zeitinkonsistenz

Eine der wichtigsten Implikationen des DU-Modells ist, wie wir gesehen haben, die sogenannte Zeitkonsistenz: Eine Entscheidung zwischen zwei zeitlich verschiedenen Optionen sollte sich nicht ändern, wenn man beide Optionen um die gleiche Zeitspanne nach vorne oder nach hinten verschiebt. Wer also heute bekundet, dass er lieber 13 Monate auf 1010 € wartet statt 12 Monate auf 1000 €, der sollte auch in einem Jahr, wenn die 12 Monate vorbei sind, lieber in einem Monat 1010 € statt sofort 1000 € wählen. Dies ergibt sich unmittelbar aus der Struktur des DU-Modells: Der Diskontfaktor, mit dem dort zukünftige Zahlungen abgezinst werden, ist unabhängig von der Entfernung, in der die beiden Entscheidungen getroffen werden – entscheidend ist nur der zeitliche Abstand zwischen den beiden Optionen, solange diese gleich bleiben, ändert sich die Entscheidungssituation nicht.

Das Beispiel in Tab. 4.2 verdeutlicht diese Idee. Nehmen wir an, wir stellen die Versuchsperson vor die Alternative, in einem Jahr 1000 € oder aber in zwei Jahren 1100 € zu bekommen (Situation 1). Hat die Versuchsperson einen persönlichen Zinssatz von $i=0{,}1$, also zehn Prozent, so wird sie gemäß der Diskontierungsmethode, die wir in Abschn. 4.1 kennen gelernt haben, die 1000 € über ein Jahr abzinsen ($1000 \cdot (1/(1/1+0{,}1)) = 909{,}09$). Da er die 1100 € erst in zwei Jahren erhält, wird er diese ebenfalls mit zehn Prozent abzinsen, allerdings über zwei Jahre ($1100 \cdot (1/(1+0{,}1))^2 = 909{,}09$). Im Endergebnis sehen Sie, dass der Gegenwartswert beider Alternativen der gleiche ist – die Versuchsperson betrachtet also beide Alternativen als gleichwertig.

Jetzt verschieben wir beide Optionen in Situation Nummer 2 einfach um ein Jahr nach hinten – die 1000 € gibt es jetzt erst in zwei Jahren, die 1100 € hingegen erst in drei Jahren. Wenn Sie jetzt wieder beide Alternativen entsprechend auf die Gegenwart abdiskontieren, dann stellen Sie fest, dass sich

Tab. 4.2 Zeitkonsistentes Verhalten bei exponentiellem Diskontieren

		Situation 1		Situation 2	
$i=0{,}1$	*Diskontfaktor* $\left(\frac{1}{1+i}\right)^n$	*Option 1*: 1000 € in einem Jahr	*Option 2*: 1100 € in zwei Jahren	*Option 3*: 1000 € in zwei Jahren	*Option 4*: 1100 € in drei Jahren
Gegenwartswert		909,09	909,09	826,45	826,45
Ein Jahr ($n=1$)	0,90909	1000	–	–	–
Zwei Jahre ($n=2$)	0,82644	–	1100	1000	–
Drei Jahre ($n=3$)	0,75131	–	–	–	1100

für die Entscheidung der Versuchsperson nichts geändert hat – beide Optionen sind für Sie immer noch gleichwertig. Zwar haben sich beide Alternativen nach hinten verschoben, aber der zeitliche Abstand zwischen ihnen ist immer noch der gleiche, und da sich der Diskontfaktor $\frac{1}{1+i}$ nicht ändert, wenn sich die Optionen nach hinten verschieben, ändert sich auch nichts an der relativen Attraktivität der beiden Optionen.

Zeitinkonsistentes Verhalten Diese Folge des exponentiellen Diskontierens stimmt aber nicht immer mit der Realität überein, wie das obige Beispiel gezeigt hat: Wer in 13 Monaten 1010 € wählt statt in 12 Monaten 1000 €, sollte auch die 1010 € in einem Monat den 1000 € heute vorziehen – analog zu dem Beispiel in Tab. 4.2.Tut er dies nicht, so ist sein Verhalten zeitinkonsistent, und wir müssen uns fragen, woher das kommt.

Beispiele für zeitinkonsistentes Verhalten finden sich in vielen Bereichen des menschlichen Lebens:

- Viele Vorsätze, ein gesünderes Leben zu führen, leiden unter Zeitinkonsistenz: Man ist bereit, auf lange Frist mehr Gesundheit gegen den Verzicht auf Tabak, Alkohol, Fett oder Couch-Abende einzutauschen; kurzfristig aber ist man ungeduldig und bevorzugt die schnelle Belohnung durch gesundheitsschädliches Verhalten gegenüber der viel später erfolgenden Belohnung in Form einer besseren Gesundheit. Also: Ab nächstem Jahr hört man auf, zu rauchen, weil man ab nächstem Jahr die

Gesundheit dem Genuss vorzieht, doch wenn der 1. Januar kommt, greift man wieder zur Zigarette, weil man der kurzfristigen Versuchung erliegt.
- Auch Sparvorhaben leiden unter Zeitinkonsistenz: Man weiß, dass man im Alter Ersparnisse benötigt und will langfristig Konsumverzicht leisten, um im Alter nicht am Hungertuch zu nagen, doch kurzfristig siegt die Versuchung, heute zu konsumieren statt für morgen zu sparen.
- Ähnliche Probleme hat man bei der Entscheidung, heute für eine Klausur zu lernen oder seine Freizeit zu genießen: Man will langfristig für die Klausur lernen, weil man eine gute Note möchte (welche die Belohnung für den Verzicht auf die Freizeit ist), aber kurzfristig schätzt man die Belohnung aus dem Freizeitkonsum mehr als die gute Note – und muss deswegen in Nachtschichten lernen (ein Anwendungsbeispiel für Studenten finden Sie bei Wüst, Beck 2012).

Eine Erklärungsmöglichkeit für dieses Verhalten besteht darin, dass Menschen unterschiedliche Zinssätze für unterschiedliche Zeiträume verlangen. Das zeigt eine einfache Befragung (vgl. Thaler 1981): Man fragt Probanden, was man ihnen zahlen muss, damit sie heute auf 15 $ verzichten. Sollten sie einen Monat auf 15 $ verzichten, so verlangten sie als Kompensation 20 $ einen Monat später; sollten Sie auf die 15 $ ein ganzes Jahr verzichten, so forderten sie 50 $; für zehn Jahre Verzicht forderten sie 100 $. Das macht eine jährliche Verzinsung von 345 % auf einen Monat, 120 % auf ein Jahr und 19 % auf zehn Jahre (vgl. dazu die Berechnungen in Abschn. 4.1). Offenbar ändert sich also der Zinssatz, den Menschen fordern, mit der Länge des Zeitraums, über den sie auf etwas verzichten sollen, und je länger sie auf etwas verzichten sollen, umso geringer wird der Zinssatz, den sie fordern. Experimentell ist diese Beobachtung recht gut bestätigt: Je länger der Zeitraum des Verzichtes ist, umso geringer ist die Verzinsung die wir fordern.

Das bedeutet gemäß der Ideen aus Abschn. 4.1, dass der Diskontierungsfaktor umso geringer wird, je weiter ein Ereignis in der Zukunft liegt. Ein hoher Zins (niedriger Diskontfaktor) zeugt davon, dass Sie eine hohe Gegenwartspräferenz haben – Sie fordern einen hohen Ersatz (Zins) für den heutigen Verzicht, respektive versehen zukünftige Zahlungen mit einem größeren Abschlag (der Diskontfaktor ist niedrig). Und offenbar ist diese Gegenwartspräferenz umso größer, je näher ein Ereignis rückt. Damit wäre wir bei einer ersten Idee, wie man dieses Phänomen erklären kann: menschliche Ungeduld. Der Unterschied, etwas jetzt zu haben oder aber in einem Jahr ist deutlich fühlbarer als der Unterschied zwischen der Aussicht, etwas in zwei Jahren oder in drei Jahren zu haben. Je näher also ein Ereignis rückt, umso ungeduldiger werden wir, und umso ungeduldiger wir werden, umso höher wird der Zins, den wir für einen Verzicht fordern (umso geringer wird also der Diskontierungsfaktor).

Hyperbolisches Diskontieren Dieses Verhalten lässt sich mittels einer etwas modifizierten Diskontierungsfunktion modellieren, indem wir eine nur geringfügige Modifikation des Diskontierungsfaktors vornehmen: Wir erweitern den Faktor $\frac{1}{1+i}$ im Nenner um den Zeitfaktor n – wir multiplizieren den Zinssatz i mit dem Jahr, in dem die jeweilige Zinszahlung erfolgen soll. Erfolgt also die in Aussicht gestellte Zahlung in zwei Jahren, so verändert sich unser ursprünglicher Diskontierungsfaktor $\frac{1}{1+i}$ zum neuen Diskontierungsfaktor. $\frac{1}{1+in}$ Das mathematische Kalkül hinter dieser Idee ist einfach: Je weiter das Ereignis, das man abdiskontieren will, in der Zukunft liegt, umso größer ist die Zahl der Jahre n, mit der der Zinssatz i im Nenner multipliziert wird – und umso kleiner wird der gesamte Diskontierungsfaktor.

Nun wird auch der normale Diskontfaktor, den wir bisher kennen gelernt haben, mit steigender Zahl der Jahre immer kleiner, wie Tab. 4.2 zeigt. Bei der hyperbolischen Diskontierungsfunktion gibt es aber einen wichtigen Unterschied: Beim normalen Diskontieren sinkt der Diskontfaktor um einen konstanten Faktor, der relative Abstand zwischen den Diskontfaktoren für jeweils ein Jahr wird (bei einem Zinssatz von 10 %) immer um den Faktor 0,9091[3] verringert, mit dem man den Diskontfaktor im Jahr n multipliziert, um den Diskontfaktor des Jahres $n+1$ zu erhalten. Die Rate, mit welcher der Diskontfaktor sinkt, die sogenannte *Diskontierungsrate*, ist also beim herkömmlichen Diskontieren konstant. Egal in welchem Jahr man sich befindet, man erhält den Unterschied im Barwert zwischen dem

---

[3] Diesen Faktor erhält man, wenn man den Diskontfaktor für das Jahr $n+1$ durch den Diskontfaktor für das Jahr n teilt. In Tab. 4.2 beispielsweise ergibt 0,7513 (der Diskontfaktor für $n=3$ Jahre) dividiert durch 0,8264 (der Diskontfaktor für $n=2$ Jahre) rund 0,9091; dividiert man 0,8264 durch 0,9091 (der Diskontfaktor für $n=1$ Jahr), so erhält man auch 0,9091 (sieht man von Rundungsfehlern ab).

Jahr n und dem Jahr $n+1$, indem man den Betrag des Jahres $n+1$ mit dem Faktor 0,9091 multipliziert (bei einem Zinssatz von 10 %).

Beim hyperbolischen Diskontieren verhält es sich anders: Der Diskontfaktor für das erste Jahr beträgt 0,9091, für das zweite Jahr $1/(1+0{,}1\cdot 2)=0{,}8333$ und für das dritte Jahr $1/(1+0{,}1\cdot 3)=0{,}7692$. Die Rate, mit welcher der Diskontfaktor sinkt (die Diskontierungsrate), ist im Gegensatz zum normalen Diskontieren nicht konstant, sondern hängt vom dem Zeitpunkt ab, an dem man sich befindet. Beim normalen Diskontieren wird ein Betrag stets um den gleichen Faktor (im Beispiel bei einem Zins von 10 % 0,9091) pro Periode verringert, beim hyperbolischen Diskontieren hingegen ist dieser Faktor abhängig von dem Zeitpunkt, von dem aus abgezinst wird. Und je weiter der Zeitpunkt, von dem aus abgezinst wird, in der Zukunft liegt, umso größer wird die Diskontierungsrate und nähert sich dem Wert eins, d. h. umso geringer wird der Unterschied zwischen dem diskontierten Wert aus der Periode n und der Periode $n+1$. Man diskontiert also zwischen zwei Perioden umso stärker, je näher man sich zeitlich an diesen Perioden befindet.

Ein kurzes Beispiel macht diese Idee deutlich: Bei einem Zins von 10 % wird ein Betrag von 100 € auf ein Jahr um den Faktor 0,9091 abdiskontiert; 100 € in einem Jahr sind also heute 90,90 € wert $(100\cdot(1/(1+0{,}1\cdot 1))$. Auf zwei Jahre werden 100 € mit dem Faktor 0,8333 $(100\cdot(1/(1+0{,}1\cdot 2))$ abdiskontiert; 100 € in zwei Jahren sind beim hyperbolischen Diskontieren also heute 83,33 € wert. Das Verhältns dieser beiden Werte zueinander ist 0,9167.

Wenn man nun 100 € in 20 Jahren abdiskontiert, macht das 33,33 € $(100\cdot(1/(1+0{,}1\cdot 20))$, 100 € in 21 Jahren sind 32,25 € wert $(100\cdot(1/(1+0{,}1\cdot 31))$. Der Unterschied zwischen den beiden Werten liegt in ihrem Verhältnis zueinander: Das Verhältnis zwischen 83,33 und 90,90 € ist 0,9167; das Verhältnis zwischen 32,25 und 33,33 ist 0,9676. Mit anderen Worten: Der zeitliche Abstand führt dazu, dass der Unterschied zwischen den beiden abdiskontierten Werten deutlich geringer wird, nur weil sie weiter entfernt in der Zukunft liegen.

Machen Sie den Test mit dem normalen Diskontieren: 100 € in einem Jahr sind 90,91 € wert; 100 € in zwei Jahren 82,64 €. Das Verhältnis zwischen den beiden Werten beträgt 0,9091. Vergleicht man nun mit 100 € in 20 Jahren (abdiskontierter Gegenwartswert = 14,86 €) und 100 € in 21 Jahren (abdiskontierter Gegenwartswert = 13,51 €), so beträgt das Verhältnis zwischen den beiden Werten wieder 0,9091–100 € in 21 Jahren sind also um den Faktor 0,9091 weniger wert als 100 € in 21 Jahren, genauso wie 100 € in zwei Jahren um den Faktor 0,9091 weniger wert sind als 100 € in einem Jahr.

Egal, zu welchem Zeitpunkt man die Werte berechnet, der relative Abstand zwischen den beiden Werten, die man vergleicht, bleibt immer der gleiche. Beim hyperbolischen Diskontieren hingegen wird dieser relative Abstand geringer (da man mit einem Diskontfaktor abdiskontiert, der gegen Eins strebt), damit wird der Unterschied zwischen den Gegenwartswerten umso unbedeutender, je weiter die Vergleichswerte in der Zukunft liegen. Auf kurze Frist macht dieser Unterschied viel aus, weshalb man eher die sofortige Option nimmt, auf lange Zeit verschwindet der Unterschied zwischen den beiden Optionen immer mehr, so dass man auch bereit ist, auf die spätere Option zu warten.

Das ist genau das, was wir modellieren wollen: Je weiter ein Ereignis in der Ferne liegt, umso geduldiger werden wir, und umso eher sind wir bereit, noch länger auf dieses Ereignis zu warten. Diese Art der Modellierung der Zeitpräferenzen, die man in der Literatur als hyperbolisches Diskontieren bezeichnet, kann zu zeitinkonsistentem Verhalten führen, wie Tab. 4.3 zeigt.

Hat man nun die Wahl zwischen 1000 € in neun Jahren und 1060 € in zehn Jahren (Situation 2), so entscheidet man sich bei hyperbolischem Diskontieren für die 1060 € in zehn Jahren – sie weisen mit 530 € den höheren Gegenwartswert auf als die 1000 € in neun Jahren (deren Gegenwartswert beträgt nur 526,32 €). Das ändert sich aber, wenn nun acht Jahre herum sind und man erneut vor die Wahl gestellt wird (Situation 1): Möchte man lieber in einem Jahr 1000 € oder in zwei Jahren 1060 €? Der zeitliche Abstand zwischen den beiden Entscheidungen ist zwar immer noch der gleiche, aber beide Ereignisse sind zeitlich näher gerückt, und jetzt ändert sich bei hyperbolischem Diskontieren die Präferenzordnung: Die 1000 € in einem Jahr haben nun einen Gegenwartswert von 909,91 €, die 1060 € in zwei Jahren bringen es hingegen nur auf einen Gegenwartswert von 883,33 € – jetzt entscheidet man sich für die 1000 €.

Es ist die zeitliche Nähe der Ereignisse, die dieses Verhalten auslöst: Je näher das Ereignis rückt, umso wichtiger wird es für uns, umso höher wird also der Unterschied in den abdiskontierten Alternativen und umso eher

Tab. 4.3 Zeitinkonsistentes Verhalten bei hyperbolischem Diskontieren

		Situation 1		Situation 2	
$i=0{,}1$	*Diskontfaktor* $\left(\frac{1}{1+in}\right)$	*Option 1*: 1000 € in einem Jahr	*Option 2*: 1060 € in zwei Jahren	*Option 3*: 1000 € in neun Jahren	*Option 4*: 1060 € in zehn Jahren
Gegenwartswert		909,09	883,33	526,32	530
Ein Jahr ($n=1$)	0,9091	1000			
Zwei Jahre ($n=2$)	0,8333		1060		
Neun Jahre ($n=9$)	0,5263			1000	
Zehn Jahre ($n=10$)	0,5				1060

greifen wir zur sofortigen Alternative. Je weiter diese Ereignisse weg liegen, um so geduldiger werden wir, umso geringer wird also der Unterschied zwischen den zwei abdiskontierten Alternativen und umso eher sind wir bereit, Verzicht zu leisten. Das kann dann zu zeitinkonsistentem Verhalten führen.

Die Liste der zeitinkonsistenten Verhaltensweisen ist lang und prominent: Man entscheidet sich zum Zeitpunkt t für eine Option in t + 1, doch sobald der Zeitpunkt t + 1 gekommen ist, entscheidet man sich dagegen – weil nun die gestiegene Ungeduld zu zeitinkonsistentem Verhalten führt. Das Paradebeispiel für solches Verhalten ist der Vorsatz, an Silvester mit dem Rauchen aufzuhören oder eine Diät zu beginnen. Um das zu erklären, stellen wir uns die Entscheidung für eine Diät oder für das Nichtrauchertum wie eine Investition mit entsprechenden Auszahlungen vor: Heute entscheiden wir uns dafür, in zwei Monaten mit dem Rauchen aufzuhören. Als Belohnung für diesen Verzicht winkt eine bessere Gesundheit, frischerer Atem und weniger Kosten für Tabak – das ist der Zinssatz, der Ertrag, den wir für den Verzicht, unsere Investition dann erhalten. Da aber der Zeitpunkt, zu dem wir aufhören, jetzt noch weit entfernt ist, fordern wir – wie oben gesehen – einen relativ bescheidenen Betrag als Gegenleistung für diesen Verzicht. Sind die zwei Monate aber vorüber und der Verzicht rückt näher, ändert sich unsere Zeitpräferenz: Jetzt fordern wir für den Verzicht wesentlich mehr. Die bessere Gesundheit, der frischen Atem und die Minderausgaben für Zigaretten reichen als Bezahlung nun nicht mehr aus, um den Verzicht aufzuwiegen, und wir beerdigen unsere guten Vorsätze.

Kasten 16: Der Marshmallow-Test

Ein klassischer Test, mit dem man die Fähigkeit von Kindern testet, auf Belohnungen zu warten, ist der sogenannte Marshmallow-Test (Mischel, Ebbesen, Zeiss 1972): Man setzt ein Kind in einem Raum an einen Tisch und zeigt ihm eine Bretzel und ein Marshmallow; das Kind soll dann sagen, welche der beiden Leckereien es lieber möchte. Dann macht man dem Kind ein Angebot: Der Betreuer verlässt den Raum, und wenn er zurückkommt, darf das Kind die ausgewählte Leckerei essen. Wenn dem Kind aber die Wartezeit auf den Betreuer zu lange wird, kann es eine Glocke klingeln, dann kommt der Betreuer sofort zurück, allerdings darf das Kind dann nicht die bevorzugte Leckerei essen, sonderen die andere. Also: Möchte das Kind lieber den Marshmallow statt der Bretzel und wartet geduldig, bis der Betreuer zurück kommt, darf es den Marshmallow essen; ist es aber ungeduldig und klingelt nach dem Betreuer, kommt dieser vorzeitig zurück, darf das Kind nur die Bretzel essen. Auf diese Art kann man die Selbstbehrrschung der Kinder testen, wobei sich zeigte, dass die Zeit, welche die Kinder auf das begehrte Objekt warteten, geringer war, wenn das begehrte Objekt zu sehen war. Gab es hingegen Möglichkeiten, sich abzulenken (es waren Spielzeuge vorhanden) oder man forderte sie auf, über etwas Lustiges nachzudenken, erhöhte sich die Wartezeit, also die Geduld der Kinder. In späteren Studien zeigte sich, dass die Fähigkeit der Kinder, auf die Belohnung zu warten, eng korreliert war mit späteren Eigenschaften wie sozialen Kompetenzen, der Fähigkeit, mit Frustration umzugehen, dem Wortschatz und akademischen Fähigkeiten (Shoda, Mischel, Peake 1990). Überspitzt gesagt wurde der Marshmallow-Test als eine Art Prognose der zukünftigen akademischen Fähigkeiten eines Kindes gefeiert: Je länger das Kind auf das begehrte Objekt warten kann, umso erfolgreicher wird es später. Allerdings werden auch Zweifel angemeldet (Kidd, Palmeri, Aslin 2013): Wenn man die Kinder zuvor in eine Situation brachte, in der sie enttäuscht wurden (der Versuchsleiter versprach ihnen etwas, was er dann nicht hielt), verkürzten sich die Wartezeiten deutlich. Die Ungeduld der Kinder war jetzt eine rationale Strategie: Hatten sie erfahren, dass sich ein Erwachsener nicht an sein Versprechen hält, warum sollten sie dann erwarten, dass sie für ihr Warten belohnt werden? Also ist es rational, das begehrte Objekt sofort zu essen. Die Wartezeiten im Marshmallow-Test werden also vermutlich auch über andere Umweltvariablen bestimmt.

Die Form der Diskontierung, die für das Beispiel in Tab. 4.3 gewählt wurde, ist nicht die einzig zwingende Möglichkeit, hyperbolisches Diskontieren zu modellieren. In einer vereinfachten Version beispielsweise kann man es als $1/n$ (Ainslie 1975) modellieren, in einer allgemeineren Form modelliert man die Diskontierungsfunktion als $\left(\frac{1}{1+\alpha n}\right)^{\beta/\alpha}$ (Loewenstein, Prelec 1992). Je größer α wird, umso mehr nähert sich die Funktion einer Stufenfunktion an, bei welcher der Wert in der ersten Periode mit dem Wert eins gewichtet wird, die Werte der nachfolgenden Perioden hingegen mit einem Wert, der kleiner als eins ist und für alle Perioden annähernd identisch. In Reinform spricht man bei dieser Stufenform vom quasi-hyperbolischem Diskontieren, das im Gegensatz zum hyperbolischen Diskontieren mathematisch leichter zu handhaben ist. Der Nutzen des heutigen und des zukünftigen Konsums beim quasi-hyperbolischen Diskontieren bestimmt sich dann wie folgt (vgl. beispielsweise Laibson 1997):

$$u(c_1, c_2, \dots c_T) = u(c_1) + \beta \cdot \Sigma_{n=1}^{T} \delta^n u(c_n) \quad (4.12)$$

Der Konsum der zukünftigen Perioden wird mit dem Faktor $\delta^n < 1$ abgezinst, dieser wird umso kleiner, je weiter der Konsum c_n in der Zukunft liegt (dafür sorgt der Exponent n). Die Diskontrate sinkt also von der ersten Periode (1) zur nächsten Periode (zwischen der ersten und der zweiten Periode beträgt sie $\frac{1-\delta\beta}{\delta\beta}$), bleibt danach aber konstant. Damit imitiert diese Funktion zeitinkonsistentes Verhalten zwischen der ersten und der zweiten Periode, in den anschließenden Perioden ist die Diskontrate wie beim exponentiellen Diskontieren konstant (und beträgt $\frac{1-\delta}{\delta}$).

Mit hyperbolischem Diskontieren lässt sich also erklären, warum Menschen gute Vorsätze fassen, sie aber nicht einhalten, wenn der Moment der Versuchung naht: Solange die Ereignisse weit weg liegen, reicht ein geringer Ertrag aus dem Verzicht, um sich dafür zu entscheiden, steht der Verzicht jedoch unmittelbar bevor, so fordert man höhere Erträge aus dem Verzicht und entscheidet sich nun gegen ihn.

Diskontieren aufgrund von Ähnlichkeiten Ein alternativer Ansatz zur Modellierung zeitinkonsistenter Präferenzen stammt von Rubinstein (Rubinstein 2003). Ein einfaches Experiment zeigt die Grundidee:

> Situation 1: In 60 Tagen sollen Sie Ihre neue Stereoanlage erhalten. Bei Auslieferung müssen Sie 960 Dollar zahlen. Sind Sie bereit, die Auslieferung um einen Tag zu verschieben, wenn man Ihnen dafür 2 Dollar zahlt?
> Situation 2: Morgen soll ihre neue Stereoanlage geliefert werden. Sie müssen bei Auslieferung 1080 Dollar zahlen. Sind Sie bereit, die Auslieferung um 60 Tage zu verschieben, wenn man Ihnen dafür einen Preisnachlass von 120 Dollar gewährt?

Geht man nach dem hyperbolischen Diskontieren, stellt sich das Ganze wie folgt dar: Ist jemand nicht bereit, wegen 2 $ die Auslieferung der Stereoanlage von 60 Tagen auf 61 Tage zu verschieben, so wird er auch nicht willens sein, morgen die Auslieferung für einen Preisnachlass von 120 $ zu verschieben, wenn die Verschiebung des Liefertermins ebenfalls 60 Tage oder mehr beträgt. Warum ist klar: Wer in 60 Tagen nicht willens ist, für 2 $ einen Tag länger zu warten, der ist – nach der Lesart des hyperbolischen Diskontierens – erst recht nicht bereit, für den gleichen Betrag morgen die Auslieferung um einen Tag zu verschieben, und auch nicht übermorgen oder überübermorgen – und für die nächsten 60 Tage. Genau das aber würde man bei Situation Nr. 2 tun: 60 Tage mal 2 $ in Kauf zu nehmen für eine Verschiebung der Auslieferung. Damit ist klar: stimmt die Idee des hyperbolischen Diskontierens, dann werden alle Versuchspersonen, die bei Situation 1 eine Verschiebung ablehnen, das auch bei Situation 2 tun.

Doch genau das kommt bei Befragungen nicht heraus: 43 % der Befragten lehnten bei Situation 1 eine Verschiebung ab, bei Situation 2 hingegen akzeptierten 69 % eine Verschiebung – ein Verstoß gegen die Idee des hyperbolischen Diskontierens. (Einen weiteren Verstoß gegen das hyperbolische Diskontieren zeigt Problem 9, das Sie in Rubinstein (2003) finden)

Laut Rubinstein passiert hier folgendes: Die Versuchspersonen betrachten bei Situation Nummer eins die beiden Auszahlungen und entdecken keinen sonderlich großen Unterschied – also entscheiden sie sich gegen eine Verschiebung. Bei Situation 2 hingegen sind die beiden Geldbeträge stark unterschiedlich, weswegen sie sich hier nun für die Verschiebung der Auslieferung entscheiden. Nach dieser Idee lässt der Entscheidungsprozess eines Menschen in Bezug auf zeitliche Prozesse in drei Stufen unterteilen:

1. Zunächst sucht man nach dominanten Alternativen: Gibt es unter den zur Auswahl stehenden Alternativen eine, die in allen Belangen besser als jede andere Alternative ist? Falls dies der Fall ist, entscheidet man sich für diese Alternative, falls nicht, erfolgt Schritt Nummer 2.
2. Jetzt sucht man nach Ähnlichkeiten zwischen den zur Auswahl stehenden Alternativen: Gleichen sich die zur Auszahlung anstehenden Geldbeträge oder sind sie sich zumindest sehr ähnlich? Oder sind die zur Auswahl stehenden Zeiträume sehr ähnlich? Sind sich die Alternativen hinsichtlich einer Dimension sehr ähnlich (die Geldbeträge unterscheiden sich kaum oder die Zeiträume sind sich recht ähnlich), so trifft man seine Entscheidung anhand des Merkmals, in dem sich die Alternativen unterscheiden.
3. Findet man keine Ähnlichkeiten, so trifft man seine Entscheidung anhand anderer Kriterien.

<table>
<tr><th></th><th>Alternative A</th><th>Alternative B</th></tr>
<tr><td>1. Sie haben die Wahl zwischen:</td><td>467 Dollar am 17. Juni 2004</td><td>607,07 Dollar am 17. Juni 2005</td></tr>
<tr><td>2. Sie haben die Wahl zwischen:</td><td>467 Dollar am 16. Juni 2005</td><td>467,39 Dollar am 17. Juni 2005</td></tr>
<tr><td colspan="3">Problem 9: Bei der ersten Wahl entschieden sich 55 Prozent der Probanden dafür, ein Jahr auf die 140,07 Dollar mehr bei Alternative B zu warten; bei der zweiten Wahl hingegen entschieden sich 54 Prozent der Befragten dafür, wegen 39 Cents nicht einen Tag länger zu warten – selbst wenn dieser eine Tag noch ein paar Jahre entfernt liegt (das Experiment wurde 2002 ausgeführt). Will heißen: 39 Cents waren den Versuchspersonen nicht ausreichend, um in der Zukunft einen Tag zu warten. Was aber mit Wahl A? Hier liegen 365 Tage Warten zwischen den beiden Alternativen, multipliziert mit den 39 Cents Warteprämie, macht das 142,35 Dollar. Will heißen: Für 142,35 Dollar ist man eigentlich nicht bereit, ein Jahr zu warten – aber genau das tun die Probanden in Wahl A, wenn sie sich entscheiden, die 607,07 Dollar zu nehmen statt der 467 Dollar ein Jahr früher – die Differenz zwischen den beiden Werten beträgt 140,07 Dollar und damit sogar weniger. Man will also in drei Jahren nicht wegen 39 Cents einen Tag länger warten, ist aber bereit, in zwei Jahren für 39 Cents pro Tag ein Jahr länger zu warten – das verträgt sich nicht mit der Idee des hyperbolischen Diskontierens, dass Menschen auf lange Frist geduldig sind (also in drei Jahren den einen Tag länger warten), auf kürzere Frist ungeduldiger sind (also in zwei Jahren nicht länger warten); in diesem Beispiel ist es sogar anders herum.</td></tr>
</table>

Angenommen, Sie haben die Wahl zwischen 100 € in 60 Tagen und 101 € in 80 Tagen. Da sich die Zahlungen sehr ähnlich sind, entscheiden Sie anhand des Zeitfaktors, bei dem sich beide Alternativen deutlich unterscheiden – und entscheiden sich für die 100 €. Sobald also die Zahlungen sich sehr stark ähneln, fokussieren Sie sich auf die zweite Komponente des Entscheidungsproblems, den Zeithorizont und nehmen den kürzeren. Wenn Sie also einen großen Unterschied sehen zwischen „heute" und „in einem Jahr", dann müssen sich x Euro heute und y Euro in einem Jahr deutlich unterscheiden (und x muss kleiner als y sein), sonst würden Sie aufgrund des unterschiedlichen Zeithorizonts sich für die x Euro heute entscheiden. Wenn Sie keinen großen Unterschied zwischen „in 10 Jahren" und „in 11 Jahren" sehen, dann müssen x und y sich ähnlich sein (und $x<y$), sonst hätten Sie eine klare Präferenz für den höheren der beiden Beträge.

Subadditives Diskontieren Ein weiterer Ansatz, mit dessen Hilfe man zeitinkonsistentes Verhalten modellieren kann, stammt von Read (2001). Die Grundidee des subadditiven Diskontierens stammt aus anderen Anwendungsgebieten der Behavioral Economics: So zeigt sich bei Experimenten, dass Menschen oft bereit sind, für einzelne Teile eines Angebots mehr zu zahlen als für die Summe dieser Einzelteile. Hat man beispielsweise die Wahl zwischen einem Gewinn mit einer Wahrscheinlichkeit von einem Drittel und zwei unabhängigen Gewinnen mit einer Wahrscheinlichkeit von je einem Sechstel, so bevorzugt man die zweite Alternative, obwohl die gesamte Wahrscheinlichkeit eines Gewinnes in beiden Fällen die gleiche ist. Wer also bereit ist, für ein Abendessen 20 $ zu zahlen, ist möglicherweise bereit, für die einzelnen Bestandteile des Abendessens in der Summe mehr als 20 $ zu bezahlen (12 $ für das Essen, 10 $ für die Getränke).

Ähnliches kann man sich auch für den Umgang von Menschen mit dem Faktor Zeit vorstellen. Will man den Wert einer Zahlung in einem Jahr auf den heutigen Tag schätzen, so hat man zwei Möglichkeiten: Man kann den Zeitraum als ein Jahr wahrnehmen oder aber als 12-mal einen Monat. Beim klassischen Diskontieren sollte diese Wahrnehmung keinen Unterschied machen – der Gegenwartswert der Zahlung ist immer der gleiche, unabhängig davon, ob das Jahr als ein Jahr wahrnimmt oder als 12 Monate. Beim subadditiven Diskontieren hingegen macht diese Wahrnehmung einen Unterschied – die Abzinsung der Summe insgesamt wird größer, wenn das Jahr in zwölf einzelne Abschnitte zerlegt wird (der gesamte Diskontierungsfaktor wird also kleiner).

Beim exponentiellen Diskontieren spielt es keine Rolle, in wie viele Intervalle man einen Zeitraum unterteilt – das Endergebnis wird immer das gleiche sein. Formal sieht das folgendermaßen aus: Der Gegenwartswert einer Summe V_2 in zwei Jahren ist heute, im Jahr Null, $V_2 = \left(\frac{1}{1+i}\right)^2$. Der Gegenwartswert von V_2 im Jahr eins ist (von Jahr zwei aus gesehen) $V_2\left(\frac{1}{1+i}\right)$. Jetzt muss man diese Summe noch einmal um ein weiteres Jahr abzinsen (von Jahr eins auf Jahr Null), und der Gegenwartswert dieser Summe ist wieder $V_2\left(\frac{1}{1+i}\right)$. Damit ist der Wert der Zahlung in Jahr Null dann $V_2\left(\frac{1}{1+i}\right)V_2\left(\frac{1}{1+i}\right) = V_2 = \left(\frac{1}{1+i}\right)^2$, also der gleiche Wert, den man erhält, wenn man V_2 direkt über zwei Jahre abzinst.

Beim subadditiven Diskontieren verhält es sich hingegen anders: Eine Versuchsperson hat sich beispielsweise entschlossen, dass man ihr in 24 Monaten 212 € zahlen muss, damit sie heute auf 100 € verzichtet – das macht einen Diskontierungsfaktor von 0,47 auf 24 Monate. Zerlegt man diese 24 Monate nun in drei Teilintervalle von je 8 Monaten, so sinkt der Diskontierungsfaktor (aufgrund von Faktoren, die wir weiter unten kennen lernen); sinkt er beispielsweise auf auf 0,39, so fordert man für die 100 € heute 256 € in 24 Monaten. Dadurch, dass man den Zeitraum in drei Intervalle zerlegt hat, fordert man nun eine größere Entschädigung für den Verzicht heute. Die Summe der Abzinsungen über die einzelnen Intervalle ist geringer – damit sinkt der Diskontierungsfaktor und damit auch die Bereitschaft, auf die 100 € heute zu verzichten, weswegen man nun eine höhere Kompensation für das Warten fordert.

Um die Grundidee des subadditiven Diskontierens zu verstehen, muss man zwischen Intervall und Verschiebung unterscheiden. Abbildung 4.1 erläutert diesen Unterschied.

Auswahl A ist eine kleinere Summe jetzt oder eine größere Summe nach 12 Monaten; Auswahl B ist die Wahl zwischen einer kleineren Summe jetzt und einer größeren Summe in 24 Monaten; und Auswahl C ist die Wahl zwischen einer kleineren Summe in 12 Monaten und einer größeren Summe in 24 Monaten. Für Auswahl A sind die Verschiebung und die Länge des Intervalls identisch (12 Monate), für Auswahl B sind Intervall und Verschiebung ebenfalls identisch (24 Monate). Bei Auswahl C allerdings ist das Intervall 12 Monate, die Verschiebung allerdings 24 Monate.

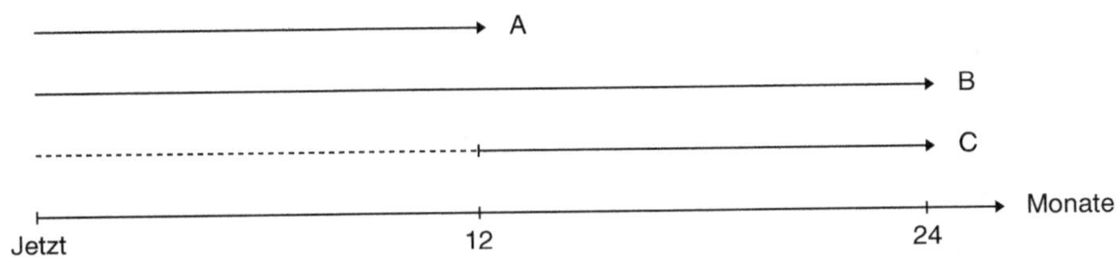

Abb. 4.1 Unterscheidung zwischen Intervall und Verschiebung

Die meisten Studien zum hyperbolischen Diskontieren beschränken sich auf einen Vergleich von A und B und finden, dass der Diskontierungsfaktor, mit dem die spätere Zahlung auf die Gegenwart abgezinst wird, um so kleiner (größer) wird, je kleiner (größer) das Intervall ist. Genau das ist die Ungeduld auf kurze Frist und die Geduld auf lange Frist, das hyperbolische Diskontieren: Je kürzer das Intervall ist, um so mehr will man für eine Verschiebung einer Zahlung von jetzt auf das Ende des Intervalls entschädigt werden, respektive um so weniger ist die Zahlung zum Ende des Intervalls wert. Bei längeren Intervallen hingegen steigt der Diskontierungsfaktor, eine Zahlung am Ende des Intervalls wird nicht so stark abgewertet.

Abbildung 4.1 erklärt, wie subadditives Diskontieren zeitinkonsistentes Verhalten erklären könnte. Viele Studien zeigen zeitinkonsistentes Verhalten, indem sie Entscheidungssituationen abrufen wie die folgende:

A: Wählen Sie zwischen 120 Euro jetzt oder 250 Euro in 12 Monaten
B: Wählen Sie zwischen 120 Euro in 12 Monaten und 250 Euro in 24 Monaten

Entscheidet man sich bei A für die 120 € sofort und bei B für die 250 € in 24 Monaten, so ist dies zeitinkonsistentes Verhalten, das sich durch hyperbolische Diskontierungsfunktionen erklären ließe. Das Problem bei dieser Fragestellung, so die Kritik, besteht darin, dass zwar die Länge der Intervalle gleich ist, aber die Verschiebung nicht berücksichtigt wird – die Entscheidung zwischen den 120 und den 250 € in Alternative B ist nicht die gleiche wie in Alternative A, da sie erst in 12 Monaten stattfindet; dieser Unterschied hat ebenfalls Einfluss auf die Höhe des Diskontfaktors. Man vergleicht also in der Darstellung von Abb. 4.1 nicht die Auswahl A und B, sondern A und C, und unterstellt dabei, dass die Verschiebung der beiden Zahlungen um 12 Monate von den Versuchspersonen ignoriert wird.

Bei subadditivem Diskontieren könnte diese Verschiebung eine Rolle spielen. Die grundlegende Idee besteht darin, dass Menschen Beträge insgesamt mit einem geringeren Faktor abzinsen, wenn eine Verschiebung in mehrere Intervalle zerlegt wird. So zeigt Read (2001), dass die gesamte Abzinsung über einen Zeitraum im Schnitt um rund 40 % höher ausfällt, wenn man diesen Zeitraum in drei gleich lange Intervalle zerlegt (das lange Intervall wird also geringer abgezinst, mithin ein höherer Diskontierungsfaktor verwendet). Nimmt man also die Alternative B als das längere Intervall wahr, so wird man einen entsprechend höheren Diskontierungsfaktor anwenden – dann wird man die 250 € in 24 Monaten entsprechend weniger abzinsen und sich für sie entscheiden. Alternative A hingegen nimmt man als ein kleineres Intervall wahr und zinst deswegen die 250 € stärker ab (verwendet einen geringeren Diskontfaktor) und entscheidet sich entsprechend nun für die 100 €.

Erklärungen für subadditives Diskontieren Eine Begründung für subadditives Diskontieren stellt auf die Aufmerksamkeit ab, die Menschen Ereignissen zukommen lassen: Menschen messen Dingen umso mehr Gewicht bei, je mehr Aufmerksamkeit sie ihnen schenken. Nach dieser Lesart wird die Bedeutsamkeit einer Verschiebung eines Ereignisses umso größer, je mehr Aufmerksamkeit man den einzelnen Intervallen der Verschiebung widmet. Wenn etwas in seine Einzelteile zerlegt wird, erhalten die Einzelteile zusammengenommen eine größere Aufmerksamkeit als in der Summe (Support Theorie). Damit empfinden wir eine Verschiebung in der Gesamtheit umso stärker, in je mehr Intervalle wir diese zerlegen – und diskontieren diese Verschiebung stärker ab, d. h., wir wenden einen geringeren Diskontfaktor an, der das Warten unattraktiver erscheinen lässt.

Beim Regressions-Effekt besteht die Idee darin, dass Menschen bei der Schätzung unbekannter Parameter dazu neigen, sich mit ihrer Schätzung zum Mittelwert hin zu bewegen – was zur Folge hat, dass sehr kleine Werte überschätzt, sehr große Werte hingegen unterschätzt werden. Wenn ein Entscheider die Wahl hat zwischen 100 € heute und einem größeren Betrag später, so kann nun Folgendes passieren: Liegt zwischen heute und später nur ein kleiner Zeitabschnitt, so wird man tendenziell die Warteprämie, also den Geldbetrag, den man statt der 100 € heute verlangt, überschätzen. Nach unten nämlich ist diese begrenzt (sie kann höchstens Null werden), nach oben aber ist theoretisch jede Forderung möglich. Je kleiner das Intervall zwischen heute und später ist, um so geringer sollte die Warteprämie sein, und um so größer kann der Schätzungsfehler bezüglich der Warteprämie ausfallen, man fordert deutlich zu viel – so entsteht subadditives Diskontieren.

Eine weitere Erkenntnis der Experimente Reads: Der Diskontierungsfaktor war für jedes Intervall mehr oder weniger der gleiche, unabhängig davon, wie weit es zeitlich entfernt war. Das bedeutet, dass mit steigendem Abstand zu Heute keine steigende Geduld (abnehmende Ungeduld), i.e. sinkende Diskontierungsfaktoren zu beobachten sind (tatsächlich zeigte sich sogar, dass der Diskontierungsfaktor für das erste Intervall am höchsten war, was darauf hindeutet, dass mit steigendem Zeithorizont sogar die Ungeduld zunimmt – im ersten Intervall wertet man die zukünftige Zahlung am wenigsten ab).

Superadditivität und Diskontieren über Intervalle Die Idee des subadditiven Diskontierens lässt sich weiterentwickeln zu einer Theorie, die sowohl auf die Länge als auch auf die Entfernung der Intervalle abstellt, über die diskontiert wird (Scholten, Read 2006). Wenn Menschen zwischen zwei Alternativen wählen, SB (eine kleine Summe bald) und GS (eine große Summe später), so wird SB über das Intervall $0 \rightarrow t_b$ abgezinst, die große Summe GS über zwei aufeinanderfolgende Intervalle $0 \rightarrow t_b$ und $t_b \rightarrow t_S$ abgezinst. Für die Abzinsung über diese Intervalle spielt es dabei eine Rolle, wann ein Intervall beginnt und wann es endet – also die Länge des Intervalls und sein zeitlicher Abstand zum Ausgangszeitpunkt. Das Modell des Diskontierens über Intervalle beruht auf mehreren Ideen:

- *Verschiebungseffekt.* Die Sensibilität der Menschen in Bezug auf die Verschiebung eines Ereignisses nimmt mit der Länge des Zeitraums ab, über den das Ereignis verschoben wird. Je weiter also das Ereignis vom aktuellen Bezugspunkt entfernt ist, um so weniger relevant wird es – um so größer ist der Diskontierungsfaktor, den man anwendet (d. h. um so geringer ist dann relativ gesehen die Kompensation, die man für den Verzicht erwartet). Der Unterschied von 4 Wochen ist also in unserer Wahrnehmung bedeutsamer, wenn wir zwischen 100 € heute und 120 € in vier Wochen entscheiden müssen als wenn wir zwischen 100 € in 26 Wochen oder 120 € in 30 Wochen entscheiden müssen. Dies ist der sogenannte Verschiebungseffekt (*delay effect*).

- Die zweite Annahme baut auf der Kritik traditioneller Modelle auf, die davon ausgehen, dass es für die Verzinsung respektive Abzinsung keine Rolle spielt, wenn ein Intervall in mehrere Teilintervalle zerlegt wird. Das Diskontieren über Intervalle hingegen nimmt an, dass hier Subadditivität und Superadditivität möglich sind.
- *Subadditivität.* Unterteilt man ein Intervall, über das abgezinst werden soll, in mehrere Teilintervalle, so kann es zu Subadditivität kommen: Die Diskontierung ist über das gesamte Intervall höher als über die Teilintervalle; Menschen sind (wie bereits gesehen) über kurze Intervalle ungeduldiger als über längere Intervalle; auf kurze Frist ist der Diskontierungsfaktor (der Zins) bei kurzen Intervalen geringer (höher) als bei langen Intervallen.
- *Superadditivität.* Unterteilt man ein Intervall, über das abgezinst werden soll, in mehrere Teilintervalle, so kann es auch zu Superadditivität kommen: Die Diskontierung über mehrere Teilintervalle ist nun größer als über das Gesamtintervall (der Diskontierungsfaktor ist über die Summe der Teilintervalle größer als über das Intervall als Ganzes). Wer beispielsweise dreimal hintereinander eine Woche auf jeweils 25 € warten muss empfindet das als weniger schmerzhaft als wenn er drei Wochen auf 75 € warten muss. Über jeweils eine Woche werden die 25 € also stärker abgezinst (der Diskontierungsfaktor ist also in der Summe größer als bei den 75 € über drei Wochen).

Scholten und Read vermuten, dass mit geringer Länge der Intervalle Superadditivität vorliegt, die mit steigender Länge der Intervalle in Subadditivität übergeht: Wenn die Veränderung der Zeitkomponente im Vergleich zur Veränderung des Geldbetrages, den man erhält, gering ist, liegt Superadditivität vor – die Zeitkomponente wird als vernachlässigbar empfunden, man konzentriert sich auf den Geldbetrag. Eine Woche wirkt im Vergleich zu den 25 € vernachlässigbar, man wartet auf die 25 €. Eine Wartezeit (Intervalllänge) von drei Wochen hingegen wirkt im Vergleich zu den 25 € recht groß, man konzentriert sich auf die Wartezeit und ist nicht mehr bereit, zu warten. Die Beziehung zwischen dem Diskontierungsfaktor und der Intervalllänge ist also U-förmig: Für kurze Intervalle ist der Diskontierungsfaktor groß (man zinst zukünftige Beträge wenig ab), was dazu führt, dass man bereit ist, auf diesen Betrag zu warten (Superadditivität). Mit steigender Intervalllänge allerdings steigt die Bedeutung des Zeitfaktors, man zinst zukünftige Beträge nun stärker ab (der Diskontfaktor sinkt) und wählt den heutigen statt den zukünftigen Betrag. Für Intervalle mittlerer Länge ist der Diskontfaktor also geringer als für kurze Intervalle (Subadditivität). Er steigt wieder mit steigender Länge des Intervalls an – je länger das Intervall also wird, umso weniger zinst man den zukünftigen Geldbetrag ab, was die Bereitschaft erhöht zu warten.

Ein Beispiel illustriert Super- und Subadditivität – folgende Optionen standen den Versuchspersonen zur Auswahl:

- A: 500 Pfund in einer Woche
- B: 525 Pfund in zwei Wochen
- C: 550 Pfund in drei Wochen

Je nachdem, wie sich die Versuchspersonen entscheiden, kann man nun deren Zeitpräferenzen festmachen. Wer A statt B gewählt hat, B statt C und A statt C wählt, hat zeitkonsistent gehandelt und gezeigt, dass er ungeduldig ist – er zieht stets den sofortigen Betrag der zukünftigen Zahlung vor. Wer hingegen B statt A wählt, C statt B und C statt A, handelt auch zeitkonsistent und zeigt, dass er stets willens ist, auf den zukünftigen Betrag zu warten. Superadditives Verhalten hingegen liegt vor, wenn man B statt A wählt, C statt B, aber A statt C. Dieses Verhalten ist zeitinkonsistent und weist Superadditivität auf: Man entscheidet sich bei kurzen Zeitintervallen stets für die Variante zu warten, bei einem längeren Intervall hingegen (von A bis C) zieht man den sofortigen Geldbetrag vor. Bei kurzen Intervallen zinst man den zukünftigen Geldbetrag wenig ab (der Diskontierungsfaktor ist groß) und wählt deswegen den späteren Betrag; beim längeren Intervall hingegen zinst man stärker ab (der Diskontierungsfaktor ist klein), weshalb man nun den sofortigen Betrag wählt.

Die letzte Variante ist Subadditivität: Man wählt A statt B, B statt C, aber C statt A. Bei kurzen Intervallen wählt man die sofortige Zahlung, zinst also die zukünftige Zahlung stark ab (der Diskontfaktor ist klein). Wird das Intervall jedoch länger, so steigt der Diskontfaktor, man zinst den zukünftigen Betrag weniger ab und entscheidet sich nun für die zukünftige Zahlung.

Weitere Erklärungsansätze für zeitinkonsistentes Verhalten Ein weiterer alternativer Erklärungsansatz für zeitinkonsistentes Verhalten sind Einflüsse wie Hunger, Gier, Schmerz oder andere ungesteuerte, impulsive Gefühle (Loewenstein 1996). Solche Gefühle können zeitinkonsistentes Verhalten auslösen, indem sie eine Entscheidung beeinflussen: In der Hitze des Moments werden Objekte oder Handlungsweisen attraktiver, weswegen man sich dafür entscheidet und gegen die langfristige Option. Wer also eine Diät plant, wird angesichts akuten Hungers leichter geneigt sein, mit seinen guten Vorsätzen zu brechen – was zeitinkonsistentes Verhalten zur Folge hat. Wenn die akute Nähe der Belohnung oder andere Faktoren wie Gerüche, Geräusche oder vertraute Situationen solche ungesteuerten Gefühle auslösen, tragen diese dazu bei, dass sich Menschen zeitinkonsistent verhalten. Wer um die Gefahr solcher impulsiver Entscheidungen weiß, wird versuchen, Situationen zu vermeiden, in denen er solchen Versuchungen ausgesetzt ist – wer Diät hält, wird vermeiden, in eine Konditorei zu gehen. Und wer seiner Drogensucht entkommen ist, tut gut daran, sich nicht mehr in der Drogenszene aufzuhalten, um der Gefahr der Versuchung zu entgehen.

Individuelle Charakteristiken dürften dabei auch eine große Rolle spielen: Vergleicht man die individuellen Diskontraten von Rauchern, Nichtrauchern und Ex-Rauchern miteinander, so zeigt sich, dass Raucher auch bei Geldbeträgen stärker diskontieren, also ungeduldiger sind als Nichtraucher und Ex-Raucher (Bickel, Odum, Madden, 2011).

Eng verwandt mit dieser Erklärung ist die Idee, dass Menschen sich bei der Schätzung ihres zukünftigen Nutzens irren; sie erahnen vielleicht korrekterweise, wie sich ihre Vorlieben ändern werden, aber unterschätzen die Größe dieser Veränderung (*projection bias*, vgl. Loewenstein et al. 2003). Das führt dazu, dass Menschen, die im Winter ihren Sommerurlaub planen, zu warme Urlaubsorte wählen, vor lauter Hunger zu große Portionen bestellen und mit dem Rauchen anfangen, weil sie annehmen, dass sie jederzeit wieder damit aufhören können. Das könnte beispielsweise erklären, warum man lieber nicht mit leerem Magen einkaufen geht: Wer hungrig ist kauft mehr ein, weil er vermutet, dass sein zukünftiger Bedarf an Lebensmitteln genau diesen hungrigen Zustand reflektiert – man denkt fälschlicherweise, dass man auch später noch so hungrig ist.

Der Projection Bias führt dann zu einem Verhalten, mit dem sich Menschen selbst schaden: Unterschätzen Sie die zukünftigen negativen Auswirkungen ihrer jetzigen Handlung, so konsumieren sie in der Gegenwart zu viel und schaden sich damit in der Zukunft. Das führt zu zeitinkonsistentem Verhalten: Man beginnt mit dem Rauchen mit dem Vorsatz, es nach den stressigen Prüfungen wieder zu beenden, hört nach den Prüfungen aber nicht auf, da man den Einfluss des Nikotins und die Schwierigkeit, mit dem Rauchen aufzuhören, unterschätzt hat.

Zauberman und Lynch (2005) finden einen weiteren Erklärungsansatz über die Idee der verfügbaren Ressourcen (*slack ressources*): Wenn Menschen erwarten, dass ihnen zur Lösung einer bestimmten Aufgabe in Zukunft mehr Ressourcen zur Verfügung stehen als jetzt, ist es naheliegend, dass man heute vorhandene Ressourcen konsumiert anstatt abzuwarten und sie für die Zukunft zu reservieren, da man ja erwartet, dass man in dieser Zukunft mehr Ressourcen als jetzt zur Verfügung hat. Man willigt also beispielsweise heute ein, in sechs Monaten einen aufwendigen Vortrag zu halten, weil man erwartet, dass man in ein paar Monaten mehr Zeit hat, diesen Vortrag vorzubereiten – obwohl das im Durchschnitt nicht so sein wird. Müsste man mit den Vorbereitungen für den Vortrag sofort beginnen, würde man ablehnen, weil man zu wenig Zeit hat. Da man aber den Aufwand für den Vortrag erst in einigen Monaten aufbringen muss, wenn man erwartet, dass man mehr Zeit hat, sagt man zu – man diskontiert also das zukünftige Investment sehr stark. Ist der Termin des Vortrags nun näher gerückt, erkennt man, dass man weniger Zeit hat als erwartet und bereut diese Entscheidung – jetzt diskontiert man also das zukünftige (nun näherliegende) Ereignis weniger stark und erzeugt damit zeitinkonistentes Verhalten.

Stimmt diese Erklärung, so kann man erwarten, dass Menschen weniger Gegenwartspräferenz zeigen, wenn es um Geld geht statt um Zeit: Der zukünftige Bedarf an Geld lässt sich in der Regel besser abschätzen als der zukünftige Bedarf an Zeit, zudem kann man Mangel an Geld auch mit einem Kredit überbrücken – das alles führt dazu, dass Menschen bei Aufgaben, bei denen es um Geld geht, weniger zu zeitinkonsistentem Verhalten neigen als bei Aufgaben, bei denen es um Zeitaufwand geht. In der Tat zeigen die Experimente von Zauberman und Lynch, dass die Versuchspersonen erwarten, in Zukunft mehr Zeit und Geld zu haben; hinsichtlich der zur Verfügung stehenden Zeit war dieser Optimismus allerdings ausgeprägter.

Ein weiterer Erklärungsansatz für zeitinkonsistentes Verhalten stammt von O'Donoghue und Rabin (2000): Menschen führen ihre Vorsätze nicht aus, weil sie statt einem kleinen Schritt den großen Wurf machen wollen. Statt also beispielsweise das Geld für die Altersvorsorge von einem Konto, das mit zwei Prozent verzinst wird, auf ein Konto mit sechs Prozent Zinsen zu transferieren, wartet man ab, weil man Aussicht auf ein Konto mit 6,2 % Verzinsung hat. Doch die Suche nach dem Konto mit den 6,2 % schiebt man nun vor sich her und lässt das Geld auf dem Konto mit den zwei Prozent. Dadurch, dass man eine weitere, bessere Option hinzufügt, führt man die zweitbeste Option nicht durch und schiebt so die Entscheidung vor sich her. Wer also plant, seinen Keller einmal in einer großen Aktion aufzuräumen, wird mit Blick auf dieses Vorhaben nicht einen einzelnen Schrank aufräumen, sondern auf den Tag warten, an dem er den ganzen Keller in einem Rutsch aufräumen will – und der Keller bleibt unaufgeräumt. Ein anderes Beispiel wäre das Lernverhalten von Studenten: Anstatt wenigstens eine Stunde am Tag zu lernen, vertröstet man das schlechte Gewissen auf den großen Lerntag, an dem man gleich ein paar Stunden lernt – und lässt so die Stunde ungenutzt verstreichen. Den großen Lerntag allerdings schiebt man vor sich her. So intuitiv einleuchtend dieser Ansatz ist, kann er nicht erklären, warum Menschen die größere, bessere Option, den Lerntag, das 6,2-Prozent-Konto oder den Aufräumtag vor sich herschieben.

Kasten 17: Die List des Odysseus

Wie schützt man sich vor zeitinkonsistentem Verhalten? Je nachdem, wie weitsichtig ein Mensch ist, wird er bereits heute erkennen, dass er morgen Probleme haben wird, sich an seine guten Vorsätze zu halten. Wenn man dies aber erkennt, kann man sich ein Beispiel am antiken Helden Odysseus nehmen. Dieser wurde auf seinen Fahrten vor ein Problem gestellt: Es galt, eine Meerenge zu überwinden, in der die gefährlichen Sirenen auf Beute lauerten. Steuerte ein Schiff durch diese Meerenge, so sangen die Sirenen so unwiderstehlich, dass jeder Kapitän, hingerissen von den Gesängen, sein Schiff auf die Klippen und in den sicheren Tod lenkte. Keine schöne Sache. Nun wollte Odysseus gerne die Sirenen singen hören, aber auch sein Schiff sicher durch die Meerenge bringen. Also verstopfte er seinen Männern die Ohren mit Wachs, sich selbst ließ er an einen Mast binden und befahl, keinen seiner Befehle zu beachten, solange man durch die Meerenge fahre. Das ist die Idee der Selbstbindung: Man weiß bereits im Voraus, dass man der Versuchung der Sirenen nicht widerstehen kann. Deswegen trifft man zu einem Zeitpunkt, in dem die Versuchung noch nicht so stark ist, weil sie zeitlich weit entfernt ist, Vorkehrungen, die es später unmöglich machen, den Lockrufen der Versuchung zu erliegen. Diesen Trick können wir uns zunutze machen – beispielsweise bei der Vorsorge für das Alter. Ein Beispiel sind die sogenannten Christmas Clubs, die früher in den Vereinigten Staaten populär waren. Diese Clubs funktionieren nach einem einfachen Prinzip: Man zahlt einen Betrag ein, der bis zum Weihnachtsfest in der Clubkasse bleibt – erst kurz vor dem Fest bekommt man sein Geld zurück und kann damit Weihnachtsgeschenke einkaufen. Ökonomisch gesehen ist ein solcher Club Nonsens: Wenn man Geld für Geschenke sparen will, bringt man es zur Bank und streicht Zinsen ein, wenn man es abholt – der Christmas Club hingegen zahlt keine Zinsen. Aber dafür hat der Christmas Club einen entscheidenden Vorteil, auf den es den Mitgliedern offenbar ankommt: Er rückt das Geld nicht vor dem Fest raus und schützt uns damit vor zeitinkonsistentem Verhalten. Der Christmas Club verhindert damit, dass wir den Versuchungen der Gegenwart erliegen, indem wir uns selbst in unseren Möglichkeiten beschränken. Wer ein realistisches Selbstbild hat, weiß, dass er Schwächeanfälle haben wird. Deswegen schließt er sein Geld weg und wirft den Schlüssel weg – und schützt sich heute vor seiner Schwäche, die er morgen erwartet. Genauso wie Odysseus sich an den Mast seines Schiffes binden lässt, um der Verlockung der Sirenen zu widerstehen, bindet man sein Geld im Christmas Club fest und widersteht so den Lockrufen der Sirenen im eigenen Kopf. Die Idee dieser sogenannten Selbstbindung ist mächtig, sie gibt es in Hunderten von Varianten, immer mit dem gleichen Ziel: Schutz vor zukünftigen Schwächen. Allerdings muss man darauf achten, ob die Selbstbindung wirklich wirksam ist: Wer sich in einem Fitness-Studio anmeldet, in der Absicht, sich durch den monatlichen Beitrag dazu zu zwingen, regelmäßig Sport zu treiben, erzeugt keine wirksame Bindung – man schreibt den Monatsbeitrag einfach mental ab und bleibt dann doch auf dem Sofa sitzen.

Die Rolle der Unsicherheit ist im Zusammenhang mit Zeitinkonsistenz noch nicht hinreichend geklärt (vgl. bspw. Benzion et al. 1989). Xia (2011) zeigt beispielsweise, wie eine entsprechende Risikoeinschätzung zu zeitinkonsistentem Verhalten führen kann: Mit steigender Distanz eines Ereignisses vom heutigen Zeitpunkt steigt das Risiko, ob dieses Ereignis auch wirklich stattfinden wird, was den Erwartungswert einer zukünftigen Auszahlung reduziert. Wer also den früheren Betrag wählt, dokumentiert damit möglicherweise lediglich seine Einschätzung, dass das Risiko, auf den späteren Betrag zu warten, zu groß ist.

Wenn nun – wie beim Größeneffekt (vgl. den folgenden Abschnitt) – große Beträge stärker diskontiert werden als kleine Summen, so stehen zwei Effekte in Konkurrenz zueinander: Die Zunahme des Risikos mit steigenden zeitlichen Abstand reduziert die Attraktivität der späteren (größeren) Auszahlung. Da diese aber nicht so stark diskontiert wird wie die geringe spätere Auszahlung, kann es zu zeitinkonsistentem Verhalten kommen. Man bevorzugt also in einem Fall (heute 100 € oder in einem Monat 110 €) die sofortige kleinere Auszahlung (weil die spätere Auszahlung abdiskontiert wird), im anderen Fall (in einem Jahr 1000 € oder in einem Jahr und einem Monat 1100 €) aber die spätere Auszahlung, weil hier der Größeneffekt sozusagen die Abdiskontierung aus Risikoerwägungen schlägt. Kurz gesagt: Vielleicht ist zeitinkonsistentes Verhalten nicht immer zeitinkonsistent, sondern ein Resultat der Strategie, Risiken zu minimieren – also mithin eine recht rationale Veranstaltung.

4.3.2 Weitere Anomalien

Vorzeicheneffekt Viele Studien zeigen, dass Menschen Gewinne stärker diskontieren als Verluste. Menschen scheinen eine Vorliebe dafür zu haben, Verluste sofort hinzunehmen, statt sie aufzuschieben, was ökonomisch betrachtet korrekt wäre – je länger man diesen Verlust vermeiden kann, um so länger kann man das Geld beispielsweise zinstragend anlegen. Das Vorzeichen eines Geldbetrags hat also Einfluss auf die Höhe des Diskontierungsfaktors, mit dem wir diesen Geldbetrag abzinsen. Handelt es sich um einen Verlust, so ist dieser Diskontfaktor deutlich höher als wenn wir einen Gewinn abdiskontieren.

In einer Studie demonstriert Thaler (1981) den Vorzeicheneffekt, indem er die Versuchspersonen fragt, was sie bereit sind zu zahlen, um eine Strafe später zu zahlen. Dabei zeigt sich, dass die Zinssätze signifikant niedriger liegen als im Falle eines angenommenen Lottogewinns: Befragt, was man ihnen zahlen muss, damit sie bereit sind, auf die Auszahlung eines Lottogewinns warten, waren diese bereit, bei einem Gewinn von 15 $ ein Jahr zu warten, wenn man ihnen 60 $ zahlt – das entspricht einem Zinssatz von knapp 140 %[4]. Wer eine Strafe von 15 $ (100 $) um ein Jahr verschieben wollte, war nur bereit, dafür 20 (118) Dollar zu zahlen; das entspricht einem Zinssatz von 29 (16) Prozent. Gewinne werden also mit einem größeren Zinssatz abgezinst als Verluste.

Eine mögliche Erklärung für den Vorzeicheneffekt besteht darin, dass Menschen eine Aversion gegen Schulden haben: Sie zahlen Darlehen oder Hypotheken schneller zurück als sie müssten, selbst wenn sie dafür weniger Zinsen bezahlen müssen als sie für ihr Erspartes erhalten (was dafür sprechen würde, die Zahlung der Schulden so lange wie möglich aufzuschieben). Berücksichtigt man die Existenz von Inflation, so ist diese Schuldenaversion rätselhaft, da ein Schuldner alleine schon mit Blick auf die reale Entwertung seiner Schulden Interesse daran haben muss, seine Schulden möglichst lange vor sich her zu schieben, zumal die erwartete Inflationsrate mit in dem Zinssatz enthalten ist, den der Schuldner zahlt. Möglicherweise ist die Schuldenaversion auch eine Art Heuristik, eine einfache Methode zur Lösung komplexer Probleme: Schulden bedeuten, dass man aufgrund des Schuldendienstes in Zukunft in seiner finanziellen Bewegungsfreiheit eingeschränkt ist – dieser Verlust an zukünftiger finanzieller Bewegungsfreiheit bedeutet einen Verlust an Optionen. Um sich seine Bewegungsfreiheit in einer ungewissen Zukunft zu sichern, befreit man sich möglichst rasch von Schulden, um zu vermeiden, dass man spätere Möglichkeiten nicht nutzen kann.

Eine andere Erklärung des Vorzeicheneffektes stellt darauf ab, dass es neben dem Nutzen eines Gutes auch den Nutzen aus der Vorfreude auf ein Gut gibt – positive oder auch negative Vorfreude. Damit ließe sich der Vor-

[4] Das erkennen wir mit Hilfe von Gleichung 4.10: V_0 ist 15; V_n ist 60, die Zinszahlung erfolgt nach einem Jahr, dann erfüllt der Zins von 140 % (gerundet) die Gleichung $15 = 60 \cdot e^{-1{,}4 \cdot 1}$. In dieser Form sind alle die heir verwendeten Zinssätze berechnet worden.

zeicheneffekt erklären: Wenn negative zukünftige Ereignisse stärkere Emotionen auslösen als positive zukünftige Ereignisse, so wird der Nutzen aus der Vorfreude diesen Effekt generieren – die Vorfreude aus der zukünftigen Zahlung wiegt weniger als die negative Vorfreude aus dem zukünftigen Verlust, weswegen man diese weniger diskontiert (einen niedrigeren Zinssatz anwendet). Generell bedeutet das, dass Menschen für unterschiedliche Güter unterschiedliche Zinssätze anwenden, je nachdem, wie hoch das Ausmaß der positiven oder negativen Vorfreude ist.

Größeneffekt Ein weiterer empirischer Befund, der sich nicht mit den Annahmen des traditionellen DU-Modells (vgl. 4.2) deckt, ist der sogenannte Größeneffekt: Menschen diskontieren große Beträge stärker als kleine Beträge. In der Studie von Thaler (1981) wurden Versuchspersonen befragt, was man ihnen zahlen muss, damit sie bereit sind, auf die Auszahlung eines Lottogewinns warten. Dabei waren diese bereit, bei einem Preis von 15 $ ein Jahr zu warten, wenn man ihnen 60 $ zahlt – das entspricht einem Zinssatz von knapp 140 %, dieses Beispiel haben wir oben bereits besichtigt. Bei einem Gewinn von 250 (3000) Dollar verlangten sie 350 (4000) Dollar, was einem Zinssatz von 34 (29 %) entspricht. Mit steigenden Beträgen sank – auch auf Fristen von 3 Monaten oder drei Jahren – der Zinssatz, den die Versuchspersonen als Kompensation für die Wartezeit verlangten. Dieses Phänomen wird in der Literatur als Größeneffekt (*magnitude effect*) bezeichnet.

Dabei unterstreicht Thaler, dass die Versuchspersonen mit ihren Entscheidungen umso näher am normativen Modell des Diskontierens liegen, je größer die Summen sind, um die es geht (Thaler, 1981, S. 205). Das spreche für die Idee, dass Menschen sich im Kleinen irren, die „großen", wichtigen Dinge hingegen richtig machen. Möglicherweise steckt hinter dem Größeneffekt einfach nur die Idee, dass es sich bei kleinen Beträgen nicht lohnt, großartig nachzurechnen – man verlangt einfach einen Betrag aus dem Bauch heraus. Bei großen Beträgen hingegen geht es um seriöse Summen, jetzt ist es schon deutlich sinnvoller, nachzurechnen oder gar einen Experten hinzuzuziehen. Bei Experimenten mit Ratten und Tauben, denen man Futter mit unterschiedlichen Zeitverzögerungen anbot, zeigte sich, dass diese Tiere zwar auch hyperbolisch diskontieren, aber nicht dem Größeneffekt unterliegen (Green et al. 2004).

Eine mögliche Erklärung (Loewenstein, Thaler 1989) für den Größeneffekt besteht darin, dass Menschen nicht nur relative Unterschiede, sondern auch absolute Unterschiede wahrnehmen. Der Unterschied zwischen 100 und 150 $ erscheint uns größer als der Unterschied zwischen 10 und 15 $, obwohl der relative Unterschied der gleiche ist. Deswegen ist man bereit, auf die 150 $ ein Jahr zu warten, aber nicht auf die 15 $. Ein zweiter Erklärungsansatz (ebenda) wäre, dass Menschen auch hier Mental Accounting betreiben (vgl. 3.3.5): Kleine Beträge werden auf ein Konto „Laufende Posten" verbucht und sofort konsumiert, größere Beträge hingegen wandern auf ein mentales Sparkonto. Die Kosten des Wartens auf einen kleinen Betrag werden dann als verschobener Konsum betrachtet, die Kosten des Wartens auf große Beträge hingegen nur als Kosten entgangener Zinsen. Sobald aber die Kosten aufgeschobenen Konsums höher bewertet werden als die Kosten entgangener Zinsen, werden Menschen für kleine Beträge höhere Zinsen fordern, um für das Verschieben des Konsums entschädigt zu werden; für größere Beträge hingegen fordert man weniger Zinsen. Das würde im Extremfall bedeuten, dass Menschen für große Beträge einen Zinssatz fordern, der sich eng am aktuellen Marktzins (zusätzlich einer Risikoprämie) bewegt.

Benhabib, Bisina und Schottera (2010) geben eine andere Erklärung für den Größeneffekt: Jede zukünftige Zahlung wird mit einem Fixkostenblock (der sich in empirischen Schätzungen auf durchschnittlich 4 $ belief) belastet, was dazu führt, dass die gegenwärtige Zahlung dadurch per se attraktiver wird. Man befrachtet sozusagen jede in der Zukunft liegende Zahlung mit einem Malus von 4 $; Optionen, die in der Zukunft liegen, werden also von den Menschen automatisch erst einmal schlechter eingeschätzt – man könnte das auch als eine Art Heuristik interpretieren – nimm jetzt, was Du kriegen kannst, spätere Zahlungen haben per se einen Malus von 4 $. Formal gilt für den Gegenwartsbetrag x in Abhängigkeit vom Zeitraum t

$$V(x,t) = \begin{cases} 1 & f\text{ür } t = 0 \\ e^{-in} - \dfrac{b}{x} & f\text{ür } t > 0 \end{cases}, \tag{4.13}$$

wobei b für den Fixkostenbetrag steht, den man als Kostenfaktor auf jede zukünftige Zahlung draufschlägt (i ist der Zinssatz; *n* die Anzahl der Perioden); der Betrag den man unmittelbar erhält (t = 0), wird hingegen von diesen Fixkosten nicht belastet. Dadurch, dass der Fixkostenbetrag b durch den Betrag x, um den es geht, dividiert wird, wird der Einfluss der Fixkosten immer geringer, je größer der Betrag ist, den man abdiskontiert; je größer x wird, umso mehr strebt der Term $\frac{b}{x}$, der beim abdiskontieren zusätzlich abgzogen wird, dem Wert Null entgegen – damit wird die Gleichung zur einfachen Formel für exponentielles Diskontieren, wie es im DU-Modell genutzt wird. Damit ließe sich der Größeneffekt erklären: Bei kleinen Beträgen schlagen die Fixkosten für den zukünftigen Betrag stärker zu Buche als bei großen Beträgen. Diskontiert man 10 € nach Maßgabe von Gleichung 4.13 ab (ein Jahr, 5 % Zinsen und 4 € Fixkosten), so beträgt deren Gegenwartswert 9,11 €, bei 1000 € sind es 951 €; die 10 € werden also deutlich stärker abdiskontiert, man verlangt also für 10 € einen höheren Zinssatz als für 1000 €.

Sowohl die Erklärung über Mental Accounting als auch über den Fixkosteneffekt sprechen allerdings dafür, dass der Größeneffekt sowohl bei Gewinnen als auch bei Verlusten auftritt – was sich nicht mit den Ergebnissen einiger empirischer Studien deckt: Zwar finden Estle et al. (2006), dass mit steigenden Beträgen der Zins, den die Versuchspersonen verlangen, sinkt (der Diskontfaktor nimmt zu), aber bei Verlusten war der Einfluss der Höhe des Betrags auf die Höhe des geforderten Zinssatzes deutlich geringer ausgeprägt. Mit anderen Worten: Für Verluste muss der Größeneffekt angezweifelt werden. Weiterhin zeigt sich in den Experimenten, dass probabilistische Gewinne („Sie erhalten X Dollar mit einer Wahrscheinlichkeit von Y Prozent") im Gegensatz zu zukünftigen sicheren Gewinnen stärker diskontiert werden, hier steigt also der Zins, den die Versuchspersonen verlangen. Zudem hatte die Größe des Betrags nahezu keinen Einfluss auf den geforderten Zinssatz, wenn es sich um probabilistische Gewinne handelte. Diese Ergebnisse sprechen dagegen, dass ein und derselbe kognitive Prozess für beide Formen der Diskontierung – zeitlich und probabilistisch – verantwortlich sind.

Kasten 18: Wucherzinsen in Amerika

In Befragungen und Beobachtungen hat man festgestellt, dass Menschen extrem hohe Zinssätze verlangen, die sich mit normalen ökonomischen Argumenten kaum noch erklären lassen. Aber Menschen zahlen auch zu hohe Zinssätze: So gibt es in den Vereinigten Staaten sogenannte *payday loans*, bei denen sich die Kunden kurzfristige Kredite über geringe Beträge – typisch sind 300 $ – leihen können. Zur Besicherung der Kredite hinterlegen die Kunden einen Scheck über den ausgeliehenen Betrag plus der Gebühr. Zum Fälligkeitsdatum, meist ein Tag nach der Lohnzahlung (*payday*), löst der Kreditgeber dann den Scheck ein oder aber der Kunde löst ihn bar aus. Das bemerkenswerte an diesen Krediten ist die Höhe der Gebühr: Die Kreditbüros verlangen im Schnitt auf zwei Wochen 15 $ je 100 $ Kredit – das macht einen jährlichen Zinssatz von 390 %; in Einzelfällen sind es sogar mehr als 700 % Zins. Das hat dazu geführt, dass beispielsweise Ohio den Zins, den die Kreditbüros nehmen dürfen, auf maximal 28 % beschränkt hat (o. V. 2008).

Die Speed-Delay-Asymmetrie Ein weiterer Befund von Experimenten ist, dass Menschen unterschiedlich diskontieren, je nachdem, ob sie etwas verschieben oder beschleunigen wollen. Fragt man Versuchspersonen, was sie bereit sind zu bezahlen, um eine Zahlung früher zu erhalten, so liegt ihre Zahlungsbereitschaft deutlich unter dem Betrag, den sie fordern, damit sie den gleichen Betrag um den gleichen Zeitraum nach hinten verschieben.

Ein Experiment illustriert diesen Befund (Loewenstein 1988): Man schenkt Studenten einen Gutschein für den örtlichen Musikladen. Allerdings variiert der Zeitpunkt, zu dem die Studenten den Gutschein erhalten sollen: Einige erhalten den Gutschein nach einer Woche, andere nach vier respektive acht Wochen. Dann befragt man die Studenten, was man ihnen zahlen muss, damit sie den Gutschein später bekommen oder was sie bereit sind dafür zu zahlen, dass sie den Gutschein früher erhalten. Wer also beispielsweise den Gutschein in vier Wochen erhalten soll, gibt an, was er bereit ist zu zahlen, um den Gutschein in einer Woche zu erhalten oder aber was man ihm zahlen muss, damit er den Gutschein erst in acht Wochen erhält. Der Befund: Die Prämie, die man den Studenten zahlen musste, damit sie bereit waren, den Erhalt des Gutscheins zu verschieben, war doppelt so hoch wie der Betrag, den sie zahlen wollten, damit sie den Gutschein früher erhalten. Beispielsweise forderten die Studenten im Schnitt 84 Cents, wenn sie statt vier Wochen acht Wochen auf den Gutschein warten sollten; sie waren aber nur bereit, 37 Cents zu zahlen, wenn sie den Gutschein statt nach acht Wochen nach vier Wochen haben wollten. Menschen verlangen also für die Verzögerung von erwarteten Ereignissen mehr, als sie bereit sind für die Beschleunigung erwarteter Ereignisse zu zahlen.

Eine mögliche Erklärung für diesen Befund könnte die aus der Prospect Theory bekannte Verlustaversion sein: Der negative Nutzen aus einem Verlust (respektive einer Verschiebung) wäre danach größer als der Nutzen, den man aus einem Gewinn (einer Beschleunigung) zieht. Eine alternative Erklärung besteht in der Unsicherheit über den Erhalt des Geschenks oder der Geldsumme: Möglicherweise wird die Bitte um eine Verschiebung als Signal aufgefasst, dass es Probleme bei der Rückzahlung geben könnte – was zu einer höheren Forderung führt.

Eine andere Erklärung für diese Asymmetrie besteht darin, dass die Reihenfolge, in der die Optionen bei einer Entscheidung präsentiert werden, eine Rolle spielt (vgl. Appelt, Hardisty, Weber 2011). Wenn wir die Wahl haben zwischen 100 $ heute und 110 $ in drei Monaten, dann sind die 100 $ heute die vorgegebene Standardoption (default), die bevorzugt wird, weswegen man die 110 $ in drei Monaten stärker diskontiert. Der Grund für dieses Verhalten könnte schlichtweg Verfügbarkeit sein: Wer die 100 heute als Standardoption und damit als Ausgang seiner Überlegungen interpretiert, sammelt zunächst Argumente für diese Option, gewinnt mehr solcher Argumente und gewichtet diese stärker als die Argumente dafür, drei Monate zu warten. Steht man hingegen vor der Entscheidung, sich zwischen 110 $ in drei Monaten oder 100 $ heute zu entscheiden, ist die spätere Option, also das Warten auf die 110 $, die Standard-Option; nun generiert man mehr Argumente zugunsten dieser Option und gewichtet diese stärker – und entscheidet sich für die spätere Option. Hier kombinieren sich also zwei Effekte – die Verfügbarkeitsheuristik (vgl. 2.2.2) und das Framing (vgl. 3.3.2).

Stimmt diese Überlegung, so ließe sich damit auch Politik betreiben: Will man beispielsweise bei der Altersvorsorge die Menschen zu mehr Sparen bewegen, präsentiert man ihnen die Option, länger auf ihr Geld zu warten, als Standardoption. In Experimenten fanden Appelt, Hardisty und Weber (2011) allerdings, dass die Versuchspersonen bei Verlusten mehr Gewicht auf die Argumente für die sofortige Option legten, was dazu führte, dass man bei Verlusten tendenziell die Option bevorzugt, diese sofort hinzunehmen. Dies würde den Vorzeicheneffekt (s. oben) erklären.

Vorliebe für steigende Konsumprofile Ein weiterer Befund, der nicht im Einklang mit dem DU-Modell steht, ist die Vorliebe von Menschen für steigende Reihen (Loewenstein, Sicherman 1991). Menschen ziehen eine Reihe mit steigenden Werten einer Reihe mit fallenden Werten zumeist vor.

So zeigten Probanden bei Befragungen eine starke Vorliebe für steigende Lohnprofile, selbst wenn diese nachteiliger sind als fallende Lohnprofile. Vor die Wahl gestellt zwischen einem Lohnprofil über drei Jahre, das durch die Zahlungen (80, 90, 100) charakterisiert ist und einem Lohnprofil, das durch (100, 90, 80) charakterisiert ist, neigen Probanden dazu, das erste Profil zu wählen, obwohl dieses bei Berücksichtigung der Opportunitätskosten ungünstiger ist als das zweite Profil – die Zahlungen der ersten zwei Jahre kann man ja zinsbringend anlegen. Hinzu kommen Unsicherheitsaspekte: Was, wenn man nach einem Monat entlassen wird oder der Arbeitgeber nach einem Monat pleite geht? Auch dann steht man besser da, wenn man Profil Nummer zwei wählt.

Eine mögliche Erklärung für dieses Verhalten könnte Verlustaversion sein. Wer ein bestimmtes Einkommensniveau erreicht hat, betrachtet dieses als Besitzstand – ein niedrigeres Einkommen wird dann als Verlust empfunden, den man vermeiden will. Genau genommen ist ein sinkender Lohn ein Verlust an Konsummöglichkeiten, und um diesen gefühlten Verlust zu vermeiden, sind Menschen sogar bereit, Geld zu bezahlen, nämlich die entgangenen Zinsen auf das fallende Lohnprofil. Indem man auf diese Zinsen verzichtet, bezahlt man den Preis dafür, dass man später ein steigendes Einkommen hat statt ein sinkendes – auch wenn letzteres in der Summe höher wäre. Weiterhin könnte die Verlustaversion auch Einfluss auf die Wahrnehmung der Reihen haben: Wenn jeder Wert einer Reihe als Referenzpunkt für den darauf folgenden Wert wahrgenommen wird, dann besteht eine Reihe aus aufsteigenden Werten aus einer Reihe von Gewinnen, eine Reihe von absteigenden Werten jedoch aus einem Anfangsgewinn, gefolgt von Verlusten. In diesem Fall wäre für die Versuchspersonen die Reihe mit aufsteigenden Zahlen attraktiver (Hassenzahl 2007).

Eine weitere Erklärungsmöglichkeit ist ein einfaches psychologisches Prinzip: Der Nutzen des Konsum hängt offenbar nicht von dessen absoluter Höhe, sondern vom bisherigen Konsum ab – man gewöhnt sich also an ein bestimmtes Konsumniveau. Steigert man nun seinen Konsum, so zieht man alleine aus dessen Zunahme einen zusätzlichen Nutzen. So wie man sich allmählich an heißes Wasser oder laute Musik gewöhnt, so gewöhnt man sich an sein aktuelles Konsumniveau – und will deshalb immer mehr konsumieren.

Weitere Möglichkeiten zur Erklärung dieses Befundes wären der sogenannte Antizipationsnutzen (Loewenstein 1987) – man bevorzugt steigende Konsumprofile, weil man dann etwas hat, auf das man sich freuen kann, oder aber die Angst, sich durch steigende Zahlungsreihen zu verpflichten; die hohen Anfangszahlungen werden sozusagen als Vorschuss interpretiert, dem man sich verpflichtet fühlt (zu diesen und weiteren Erklärungsansätzen vgl. Hassenzahl 2007).

Nun könnten die Arbeitnehmer, die steigende Lohnprofile wollen, diesen Wunsch nach steigendem Konsum ja lösen, indem sie sparen – wäre da nicht die Gefahr, der Versuchung des gegenwärtigen Konsums zu erliegen. Das ist eine weitere mögliche Erklärung, warum es steigende Lohnprofile gibt: Der geringere Lohn zu Berufsanfang ist gleichbedeutend mit einem Zwangssparen, und diese Ersparnisse werden mit zunehmendem Alter sozusagen aufgelöst, was später den gewünschten höheren Konsum ermöglicht. Insofern werden die Unternehmen zur Zwangssparbüchse der Arbeitnehmer, wenngleich eine Sparbüchse mit einem hohen Risiko: Der Haken an diesen Lohnarrangements besteht darin, dass die Arbeitnehmer darauf hoffen müssen, dass die Arbeitgeber auch ihren Teil dieser Abmachung einhalten.

Nun steht dem Verlangen nach einer Verbesserung des Konsumprofils allerdings das Verlangen nach unmittelbarer Bedürfnisbefriedigung entgegen, und diese beiden widersprechenden Bedürfnisse bestimmen nun die Konsummuster – doch wann siegt welches Motiv? Eine Idee besteht darin, dass das relative Gewicht dieser beiden Motive davon abhängt, wie man eine Entscheidungssituation wahrnimmt. Dazu ein einfaches Gedankenexperiment (Loewenstein, Prelec 1991): Stellen Sie sich vor, Sie besuchen eine fremde Stadt. Dort haben Sie zwei Verabredungen: Mit einem alten, guten Freund und mit einer nervenden, unangenehmen Tante. In welcher Reihenfolge machen Sie Ihre Besuche: Zuerst den Freund oder erst die Tante? Rund 90 % aller Menschen besuchen zuerst die Tante, dann den Freund. Was aber, wenn Sie die Stadt zweimal besuchen – kommendes Wochenende und dann wieder in 26 Wochen? Jetzt entscheiden sich 48 % der Befragten, zuerst am kommenden Wochenende den Freund zu besuchen und dann in 26 Wochen die Tante. Für viele der Befragten reichten 25 Wochen Abstand aus, um die beiden Besuche nicht mehr als eine Reihe wahrzunehmen. Beide Besuche werden damit als getrennte Ereignisse wahrgenommen – und dann siegt die Ungeduld. Ein anderes Ergebnis erhält man, wenn man den Besuch der Stadt wieder auf eine Woche beschränkt – allerdings erst in 26

Wochen. Jetzt sind die Vorlieben wieder eindeutig: 83 % der Befragten besuchen lieber erst die nervige Tante und dann den Freund – auch wenn beide Besuche erst in 26 Wochen stattfinden sollen.

Es ist also eine Frage der Wahrnehmung, ob die Ungeduld siegt oder ob wir gute Ereignisse weiter nach hinten verschieben, weil wir eine kontinuierliche Verbesserung wollen. Nehmen wir mehrere Ereignisse – Besuche in unterschiedlichen Restaurants – als eine Reihe wahr, so neigen wir dazu, diese Ereignisse in einer aufsteigenden Reihenfolge zu bevorzugen. Sobald diese Ereignisse für uns aber in keinem zeitlichen oder inneren Zusammenhang stehen, siegt die Ungeduld und wir bevorzugen die guten Ereignisse sobald als möglich.

Um es auf den Punkt zu bringen: Menschen haben zwei widersprechende Bedürfnisse, wenn es um Zeit geht – Ungeduld und das Verlangen, sich nicht zu verschlechtern. Und je nachdem, wie wir den Zeitraum sehen, innerhalb dessen wir diese Bedürfnisse befriedigen wollen, ziehen wir die Befriedigung dieser Bedürfnisse vor oder verschieben sie nach hinten. Unsere Wahrnehmung von Zeit und unser Zeithorizont sind entscheidend dafür, wann und in welcher Reihenfolge wir unsere Bedürfnisse und Wünsche erfüllen.

Eine letzte Idee zur menschlichen Vorliebe für steigende Konsumprofile besteht darin, dass die Experimente nicht die Frage beantworten, was nach dem Ende des hypothetischen Profils kommt. Angenommen, man hat die Wahl zwischen Reihe 1 (10, 20, 30) und Reihe 2 (30, 20, 10), so ist keine Aussage gemacht, wie es nach dem Ende der Reihe weitergeht. Bei Lohnzahlungen kann das eine wichtige Rolle spielen: Geht man davon aus, dass alle weiteren Auszahlungen nach der dritten Auszahlung die gleiche Tendenz wie die Reihe oder nur den gleichen Wert haben wie der letzte Wert der Reihe, dann ist es naheliegend, die aufsteigende Reihe zu wählen.

Ein weiterer noch ungeklärter Punkt ist, in welchem Verhältnis die Vorliebe für steigende Konsumprofile zu der starken Präferenz der Menschen für gegenwärtige Belohnungen steht – warum will man im ersten Fall Konsum aufschieben, im zweiten Fall aber so rasch wie möglich haben?

Kasten 19: Höhere Löhne für Busfahrer und Piloten

Warum steigen die Löhne von Arbeitnehmern mit steigendem Alter und steigender Betriebszugehörigkeit? Die naheliegende Antwort ist die steigende Produktivität: Wer älter ist, länger im Job ist und mehr Erfahrung hat, bringt seinem Arbeitgeber mehr ein als ein Berufsanfänger. Frank und Hutchens (1993) geben zwei Beispiele, bei denen dieses Argument ihre Ansicht nach nicht greift. Bei Piloten und Busfahrern steigt die Entlohnung mit zunehmendem Alter, doch die Produktivität in diesen Berufen ist spätestens nach fünf, sechs Berufsjahren die geiche wie nach 30 Berufsjahren; möglicherweise lässt sie sogar mit zunehmendem Alter nach, weil Reaktionsfähigkeit, körperliche Fitness und der allgemeine Gesundheitszustand abnehmen. Warum also steigen die Lohnprofile dennoch? Eine Idee besteht darin, dass man für den Arbeitnehmer Anreize schafft, nicht das Unternehmen zu wechseln – wer mit steigender Dienstzeit einen höheren Lohn bekommt, hat einen Anreiz, im Unternehmen zu bleiben. Die Firma kann nun in die firmenspezifische Ausbildung des Arbeitnehmers investieren, ohne dass sie befürchten muss, dass dieser anschließend kündigt und die teure Investition in ihn umsonst war. Die zweite Erklärung für steigende Lohnprofile ist *shirking* (bummeln): Wer sein Unternehmen hintergeht oder bummelt, riskiert die Entlassung und damit die späteren Lohnerhöhungen. Frank und Hutchens wollen diese Erklärung nicht für Busfahrer und Piloten gelten lassen: Zum einen sei deren Ausbildung wenig unternehmensbezogen und bei Eintritt ins Unternehmen bereits abgeschlossen; zudem gebe es in diesen Berufen wenig Möglichkeiten, zu bummeln. Allerdings kann man vermuten, dass auch bei Piloten und Busfahrern unternehmensspezifische Erfahrung durchaus wertvoll sein kann. Eine weitere Erklärung für steigende Lohnprofile liest sich wie eine Verschwörung der Arbeitnehmer: Da sie befürchten, dass ihre Produktivität zu gering ist, drängen sie zu einheitlichen Lohnabschlüssen für alle Arbeitnehmer – für die guten sowie die weniger produktiven. Der Einheitslohn ist von Vorteil für die Bummler, aber nicht für die produktivsten Mitarbeiter, und sobald diese erkennen, dass der Einheitslohn für sie zu gering ist, wechseln sie. Wenn jedoch die Löhne mit steigender Betriebszugehörigkeit zunehmen, würden sie bei einem Wechsel ebenjene Lohnsteigerungen verlieren – und haben Anreize, zu bleiben. Auch das wollen Frank und Hutchens für Piloten und Busfahrer nicht gelten lassen: Die Selektion von guten und schlechten Fahrern oder Piloten sei sehr früh abgeschlossen – wer Flugangst hat, wird nicht Pilot, wer nicht einparken kann, fährt keinen Bus.

Tab. 4.4 Vier verschiedene Konsumprofile

Option	Erstes WE	Zweites WE	Drittes WE	Viertes WE	Fünftes WE	Wahl (%)
A	*Franzose*	Zu Hause	Zu Hause	Zu Hause	Zu Hause	11
B	Zu Hause	Zu Hause	*Franzose*	Zu Hause	Zu Hause	89
C	*Franzose*	Zu Hause	Zu Hause	Zu Hause	*Hummer*	49
D	Zu Hause	Zu Hause	*Franzose*	Zu Hause	*Hummer*	51

Vorliebe für gleichmäßige Konsumprofile Menschen haben offenbar nicht nur eine Vorliebe für steigende Konsumprofile, sondern sie legen auch Wert auf eine gleichmäßigere Verteilung guter und schlechter Ereignisse über die Zeit. Das wäre eine Verletzung einer weiteren Annahme des DU-Modell, dass nämlich die Verteilung des Nutzens über die Zeit keinen Einfluss auf den Gesamtnutzen hat.

Loewenstein und Prelec (1993) illustrieren diese Idee, indem sie die Versuchspersonen zwischen zwei Konsumprofilen wählen lassen (vgl. Tab. 4.4): Bei Option A und B haben die Versuchspersonen die Wahl, am Wochenende (WE) zu Hause zu essen oder aber in einem vornehmen französischen Restaurant (Franzose). Jetzt haben sie zunächst die Wahl zwischen Option A und B – bei Option A isst man sofort beim Franzosen und die nächsten Wochenenden zu Hause, bei Option B hingegen isst man erst in der dritten Woche beim Franzosen; die ersten beiden Wochen hingegen zu Hause. Entgegen der Ratio des DU-Modells entscheiden sich die meisten Probanden (89 %) für Option B.

Jetzt gibt man den Versuchspersonen die Wahl zwischen Option C und D, die jeweils identisch sind mit A und B, abgesehen von einem Unterschied: In der letzten Woche geht es jetzt zu einem Luxusrestaurant, wo man Hummer dinieren kann. Da aber beide Optionen in der letzten Woche den Hummer vorsehen, sollte sich die Wahl der Versuchspersonen nicht verändern, denn alle anderen Aspekte der Entscheidungssituation haben sich nicht verändert. Wer also Option B Option A vorzieht, sollte auch Option D der Option A vorziehen. Doch genau das geschieht nicht: jetzt wählen immerhin 49 % Option C, die – bis auf die letzte Woche – identisch ist mit Option A. Das Hinzufügen einer neuen Option hat zu einer Veränderung der Präferenzen geführt. Eine intuitiv naheliegende Erklärung für diesen Befund besteht darin, dass Menschen eine Vorliebe für eine gleichmäßige Verteilung von Konsumprofilen haben (was sich recht gut mit der Idee des sinkenden Grenznutzen bei steigendem Konsum erklären ließe). Eine alternative Erklärung wäre die Idee der Vorfreude: Man startet bei C mit einem schönen Erlebnis, und kann sich nun noch einige Wochen auf ein noch schöneres Erlebnis freuen. Diese Idee gilt es nun zu beleuchten.

Vorfreude und Angst Das Standard-Modell für Zeitpräferenzen geht davon aus, dass Menschen einen Nutzenzuwachs so rasch wie möglich haben wollen, wohingegen sie unangenehme Dinge so weit wie möglich nach hinten schieben möchten. Diese Vorstellung deckt sich nicht ganz mit der intuitiven Idee, unangenehme Dinge rasch hinter sich zu bringen oder schöne Dinge aufzuschieben, um sich etwas Vorfreude zu bewahren.

Loewenstein (1987) zeigt die Bedeutung solcher Emotionen wie Vorfreude und negativer Vorfreude: Die Versuchspersonen sollten sich vorstellen, 1.000 $ zu verlieren, einen Elektroschock zu bekommen oder einen Kuss von einem Filmstar ihrer Wahl abzustauben. Dann wurden sie gefragt, was sie bereit wären zu zahlen, um den Elektroschock oder den Geldverlust nach hinten zu verschieben oder aber um den Kuss früher zu bekommen. Die Versuchspersonen waren grundsätzlich bereit, dafür zu bezahlen, um den Verlust der 1.000 $ hinauszuzögern. Auffällig war allerdings, dass sie zwischen drei Stunden, 24 h und drei Tagen praktisch keinen Unterschied machten, und auch ein Jahr Verlustaufschub honorierten sie nicht mit einer deutlich größeren Zahlung. Erst die Aussicht, den Verlust um zehn Jahre aufzuschieben, erhöhte ihre Bereitschaft, dafür zu bezahlen, deutlich.

Anders hingegen war es beim Filmstarkuss: Hier waren die Versuchspersonen bereit, mehr dafür zu bezahlen, wenn sie den Kuss erst in drei Tagen statt sofort bekommen. Anstatt Geld zu verlangen, damit man sich drei Tage länger geduldet, zahlte man Geld dafür, dass man drei Tage auf das Ereignis warten durfte. Menschen sind offenbar bereit, für Vorfreude Geld zu bezahlen – wir ziehen einen Nutzen aus einer Vorfreude, und für diesen Nutzen sind wir bereit zu bezahlen.

Das gegenteilige Ergebnis zeigte sich bei den drohenden Elektroschocks: Eine Verschiebung des Schocks um Stunden oder um ein bis drei Tage machte für die Versuchspersonen praktisch keinen Unterschied – sie zeigten kaum Bereitschaft, für die Verschiebung zu zahlen. Erst wenn zur Diskussion stand, den Elektroschock um ein oder zehn Jahre zu verschieben, zeigten sie eine sichtbare Bereitschaft, für die Verschiebung zu bezahlen. Der Grund besteht vermutlich in der ängstlichen Erwartung eines negativen Ereignisses. Wir wollen uns nicht zu lange mit der Angst vor dem kommenden Ereignis herumschlagen und erst recht nicht für diesen Angstaufschub bezahlen.

Ein ähnliches Ergebnis erzielte man in Experimenten, wenn man Probanden nach dem Mindestlohn fragte, den man ihnen zahlen muss, damit sie in der kommenden Woche die Hamsterkäfige im Labor sauber machen (Loewenstein 1987). Im Schnitt verlangten die Befragten 30 $. Sollten Sie aber die Hamsterkäfige erst in einem Jahr säubern, so verlangten sie im Schnitt 37 $ – obwohl ihnen das Gehalt sofort ausgezahlt werden sollte, die Arbeit aber erst in einem Jahr zu erledigen gewesen wäre. Der Grund für diese Forderungen könnte der unangenehme Gedanke an das Käfigsäubern sein, den man nun ein Jahr mit sich herumschleppen muss – und für diesen mentalen Verschleiß fordert man eine Entschädigung respektive einen höheren Lohn als für den Fall, dass man das Käfigsäubern gleich hinter sich bringt.

Diese Experimente legen die Idee nahe, dass Menschen ihre Erwartungen mit auf die Rechnung schreiben: Für angenehme Dinge sind sie bereit, eine Warteprämie zu zahlen, um sich Vorfreude zu erhalten. Bei unangenehmen Dingen fordern sie Geld dafür, dass sie darauf warten müssen und sich länger mit den negativen Vorgefühlen herumplagen.

4.4 Kritik und politische Implikationen

Die Ergebnisse und Überlegungen der Behavioral Economics zum menschlichen Umgang mit Zeit bleiben nicht ohne Kritik, die wichtigsten Punkte sollen hier kurz aufgezeigt werden.

Irrelevanz auf gesamtwirtschaftlicher Ebene Auf individueller Ebene, so ein Kritikpunkt, mögen Menschen bisweilen merkwürdige Angewohnheiten im Umgang mit Zeit haben, diese spielen aber auf gesamtwirtschaftlicher Ebene keine Rolle, da diese Fehlverhaltensweisen nicht systematisch sind, sondern zufällig verteilt. Manche Menschen irren immer, manche Menschen zeitweilig, aber nicht alle Menschen irren sich immer, könnte man diesen Kritikpunkt beschreiben. Die Fehler einzelner Marktakteure gehen im großen gesamtwirtschaftlichen Bild unter. Dieser Kritik halten die Verfechter der Behavioral Economics entgegen, dass die oben diskutierten Abweichungen eben nicht zufällig sind, sondern systematisch – und wenn sie systematisch sind, dann hat dieses Verhalten auch Konsequenzen auf gesamtwirtschaftlicher Ebene. Die Wahrheit dürfte vermutlich wie so oft in der Mitte liegen: Es wäre sicherlich übertrieben zu postulieren, dass alle Menschen bei Diäten versagen, nicht mit Zinseszinsrechnung umgehen können oder gleichmäßige Konsumprofile vorziehen, das bedeutet aber nicht, dass diese Phänomene nur rein zufällige Erscheinungen sind. Empirische Evidenz kommt von Eisenhauer und Venturea (2006), die unter fast 5000 Befragten feststellen, dass weniger als ein Viertel der Befragten hyperbolisch diskontiert. Eine mögliche Erklärung, welche die Autoren für diesen Befund anbieten, ist, dass in vielen Studien zu zeitinkonsistentem Verhalten die Befragten jüngere Menschen (vor allem Studenten) sind, die möglicherweise aufgrund ihrer Jugend eher zu zeitinkonsistentem Verhalten neigen.

Experimente haben wenig Aussagekraft für die Realität All die Ergebnisse haben nach Auffassung ihrer Kritiker wenig Relevanz für die Realität, da sie in Laborversuchen entstehen und damit in einer unnatürlichen Umgebung – in der Realität, so das Argument, sind Menschen viel cleverer und handeln richtig. Damit zusammen hängt auch der Kritikpunkt, dass die Anreize für richtiges Verhalten in den Experimenten nicht ausreichend seien – bei entsprechenden Anreizen würden Menschen ihr Verhalten sorgfältiger überdenken; zudem fehlen in diesen Experimenten Lerneffekte. Dieser Kritik muss man entgegenhalten, dass man viele der in diesem Kapitel diskutierten Verhaltensweisen auch in der Realität findet (ein Beispiel dafür finden Sie auch in Kasten 15). Zudem gibt es auch Experimente mit recht hohen Belohnungen für die Probanden und der Möglichkeit, zu lernen, dennoch änderte sich deren Verhalten zumeist nicht deutlich.

Auf der anderen Seite muss man konstatieren, dass manche Experimente zum Zeitverhalten der Menschen den Eindruck erwecken, dass sie speziell konzipiert wurden, um entsprechende Effekte zu erzielen. Die Studie von Appelt, Hardisty und Weber (2011) kann man an dieser Stelle beispielhaft kritisieren: In einem Experiment wurden 55 % der ausgefüllten Fragebögen von der Untersuchung ausgeschlossen, weil sie entweder unbrauchbar waren oder inkonsistente Ergebnisse lieferten, oder anders formuliert: Mehr als die Hälfte der Versuchspersonen zeigte ein Verhalten, das nicht auszuwerten war – möglicherweise haben sie den Fragebogen nicht verstanden. Darf man diese Probanden einfach unter den Tisch fallen lassen, und was bedeutet dieser Befund für die Aussagekraft dieser Studie?

Dass Experimente auch gemacht werden, um bestimmte Resultate zu generieren, liegt nahe, der Grund dafür sind die Anreize, denen die Wissenschaftler ausgesetzt sind: Wer sensationelle Befunde aus seinen Experimenten liefern kann, kommt damit leichter in prestigeträchtige akademische Journals, mit entsprechenden Konsequenzen für Karriere und Einkommen. Auch Wissenschaftler sind Menschen, und zuweilen suchen sie nicht nur die Wahrheit, sondern auch einen Job.

Theoretische Beliebigkeit Ein weiterer Kritikpunkt ist der Befund, dass eine einheitliche, konsistente theoretische Alternative zum DU-Modell fehlt. In der Tat gibt es keine einheitliche, geschlossene Theorie für die oben diskutierten Befunde, und viele Anomalien im Umgang mit Zeit lassen sich durch konkurrierende Modelle darstellen; oftmals durch einfache ökonomische Überlegungen ohne Irrationalität erklären. Zudem sind viele Modelle mit Unklarheiten behaftet: So ist beispielsweise unklar, welchen Referenzpunkt Menschen wählen, wenn sie steigende Konsumprofile wollen – die Bestimmung des Referenzpunktes aber ist der Dreh- und Angelpunkt dieser Modelle. Ohne einen solchen Referenzpunkt kann man nicht bestimmen, wann Menschen Zahlungen oder Ereignisse für einen Verlust oder einen Gewinn halten, aber genau die Wahrnehmung als Gewinn oder Verlust ist es, die der Theorie nach eine Verhaltensanomalie entstehen lässt oder nicht. Man kann also über die nachträgliche Wahl des Referenzpunktes jedes im Labor beobachtete Verhalten ex post erklären.

Mit Blick auf die Konstruktion ökonomischer Modelle muss man konstatieren, dass ein großer Vorteil des DU-Modells seine logische Stringenz und mathematische Beherrschbarkeit ist – unter dem Strich hat dieses Modell wichtige Fortschritte in der ökonomischen Theorie gebracht und ist damit ein nützliches theoretisches Werkzeug, trotz der hier aufgezeigten Schwächen, um welche Ökonomen auch wissen. Doch das darf nicht darüber hinwegtäuschen, dass das DU-Modell zwar in sich geschlossen und logisch konsistent ist, aber viele Anomalien oder auch rationale Verhaltensweisen im Umgang mit Zeit nicht ohne weiteres einbeziehen kann.

Auch sehen sich die Verfechter des DU-Modells selbst dem Vorwurf der theoretischen Beliebigkeit ausgesetzt, wenn sie postulieren, dass das Problem der Zeitinkonsistenz lediglich ein Problem sich wandelnder Präferenzen sei. Wenn Menschen beispielsweise sich nicht an eine Diät halten, so kann das daran liegen, dass sie zum Zeitpunkt, als sie die Diät beschlossen hatten, andere Ziele hatten (beispielsweise andere Menschen mit dem Vorsatz beeindrucken, den oder die Partnerin besänftigen), später aber diese Ziele gegen andere, wichtigere Ziele austauschen. Dann wäre Zeitinkonsistenz praktisch nur ein Problem sich wandelnder Vorlieben und Ziele und mithin immer noch Ausdruck rationalen Verhaltens. Nimmt man dieses Argument ernst, so bedeutet das, dass man jegliches Verhalten nachträglich rationalisieren kann, indem man wechselnde Ziele oder Präferenzen annimmt.

Aber keine Frage – eine einheitliche, geschlossene Theorie zum menschlichen Umgang mit Zeit fehlt. Man kann fast allen Erklärungsansätzen einen mehr oder weniger gehaltvollen Beitrag zur Lösung solcher Fragen bescheinigen, und vermutlich haben die meisten Theorien ihre Existenzberechtigung. So vielfältig wie die menschliche Psyche, die menschliche Natur ist, so vielfältig sind auch die Motive und Einflussfaktoren im Umgang mit Zeit – und damit auch die Zahl der Modellansätze, die man benötigt, um dieses Verhalten zu erklären.

Literatur

Ainslie, George (1975), Specious reward: A behavioral Theory of impulsiveness and impulse control, Psychological Bulletin, Vol. 82, No. 4, pp. 463–496.

Appelt, Kirstin C.; Hardisty, David J.; Weber, Elke U. (2011), Asymmetric discounting of gains and losses: A query Theory account, Journal of Risk and Uncertainty Vol. 43 (2011), pp. 107–126.

Benhabib, Jess; Bisina, Alberto; Schottera, Andrew (2010), Present-bias, quasi-hyperbolic discounting, and fixed costs, Games and Economic Behavior, Vol. 69, Iss. 2 (July 2010), pp. 205–223.

Benzion, Uri, Rapoport, Amnon, Yagil, Joseph, (1989), Discount rates inferred decisions: An experimental study, Management Science 35, pp. 270–284.

Bickel, Warren K.; Odum, Amy L.; Madden, Gregory J. (2011), Impulsivity and cigarette smoking: delay discounting in current, never, and ex-smokers, Psychopharmacology Vol. 146 (1999), pp. 447–454.

Eisenhauer, Joseph G.; Ventura, Luigi (2006), The prevalence of hyperbolic discounting: some European evidence; Applied Economics, 2006, Vol. 38, pp. 1223–1234.

Estle, Sara J.; Green, Leonard; Myerson, Joel; Holt, Daniel D. (2004), Differential effects of amount on temporal and probability discounting of gains and losses, Memory & Cognition, 2006, Vol. 34, No. 4, pp. 914–928.

Frank, Robert H.; Hutchens, Robert M. (1993), Wages, Seniority and the demand for rising consumption profiles, Journal of Economic Behavior & Organization, Vol. 21(3), pp 251–276.

Frederick, Shane; Loewenstein, George; O`Donoghue, Ted (2002): Time Discounting and time preference: a critical review; mimeo, 2002.

Green, Leonard; Myerson, Joel; Holt, Daniel D.; Slevin, John R; Estle, Sara L. (2004), Discounting of delayed food rewards in pigeons and rats: Is there a magnitude effect?, Journal of Experimental Analysis of Behavior, Vol 1 (2004), No. 1 (January), pp. 39–50.

Hassenzahl, Marc (2007), Die psychologischen Grundlagen der Reihenpräferenz und –wahl, Darmstadt.

Hausman, Jerry (1979), Individual discount rates and the purchase and utilization of energy-using durables, Bell Journal of Economics, Vol. 10 (1), pp. 33–54.

Kidda, Celeste; Palmeria, Holly; Aslina, Richard N. (2013), Rational snacking: Young children's decision-making on the marshmallow task is moderated by beliefs about environmental reliability, Cognition, Vol. 126, Issue 1 (January 2013), pp. 109–114.

Laibson, David (1997), Golden eggs and hyperbolic discounting, Quarterly Journal of Economics, 112, pp. 443–477.

Loewenstein, George (1987), Anticipation and valuation of delayed consumption, Economic Journal, Vol. 97 (1987), pp. 666–684.

Loewenstein, George (1988), Frames of mind in intertemporal choice, Management Science, 34 (1988), pp. 200–214.

Loewenstein, George (1996), Out of Control: Visceral Influences on Behavior, Organizational Behavior and Human Decision Processes, Vol. 65, No. 3, March, pp. 272–292.

Loewenstein, George; Prelec. D., (1992), Anomalies in intertemporal choice: Evidence and an interpretation, Quarterly Journal of Economics May (1992), pp. 573–597.

Loewenstein, George; Sicherman, Nachum (1991), Do workers prefer increasing wage profiles?, Journal of Labor Economics, Vol. 9, pp. 67–84.

Loewenstein, George; Thaler, Richard H. (1989), Anomalies: Intertemporal choice, Journal of Economic Perspectives, Vol. 3, No. 4 (Autumn 1989), pp. 181–193.

Loewenstein, George; O'Donoghue, Ted; Rabin, Matthew: Projection bias in predicting future utility, Quartely Journal of Economics, November 2003, pp. 1209–1248.

Mischel, Walter; Ebbesen, Ebbe B.; Zeiss, Antonette Raskopf (1972), Cognitive and Attentional Mechanisms in Delay of Gratification, Journal of Personality and Social Psychology, Vol. 21 (1972), No. 2, pp. 204–218.

o. V. (2008), Ohio will Zinsen von 390 Prozent verbieten, in: Frankfurter Allgemeine Zeitung Nr. 126 vom 2. Juni 2008, S. 13.

Read, Daniel (2001), Is time-discounting hyperbolic or subadditive?, Journal of Risk and Uncertainty, 23:1, pp. 5–32.

Rubinstein, Ariel (2003): "Economics and psychology"? The case of hyperbolic discounting, International Economic Review, Vol. 44 (Nov.), No. 4, pp. 1207–1216.

Scholten, Marc; Read, Daniel (2006), Discounting by Intervalls: A generalized model of intertemporal choice, Management Science, Vol. 52, No. 9 (September 2006), pp. 1424–1436.

Shoda, Yuichi; Mischel, Walter; Peake, Philip K. (1990), Predicting Adolescent Cognitive and Self-Regulatory Competencies From Preschool Delay of Gratification: Identifying Diagnostic Conditions, Developmental Psychology, Vol. 26 (1990), No. 6, pp. 978–986.

Thaler, Richard H. (1981), Some empirical evidence on dynamic inconsistency, Economic Letters, 8, pp. 201–207.

Warner, John T.; Pleeter, Ausl (2001), The personal discount rate: evidence from military downsizing programs, American Economic Review 91 (2001), pp. 33–53.

Wüst, Kirsten (2006): Finanzmathematik. Vom klassischen Sparbuch zum modernen Zinsderivat, Gabler, Wiesbaden 2006.

Wüst, Kirsten; Beck, Hanno (2012), Student Effort in Preparing for Exams: Intertemporal Preferences and Loss Aversion, Decision Sciences Journal of Innovative Education; Volume 10, Number 2 (April 2012), pp. 245–262.

Xia, Bianjun (2011), A simple explanation of some key time preference anomalies, Canadian Journal of Economics/Revue canadienne d'Economique, Vol. 44, No. 2, pp. 695–708.

Zauberman, Gal; Lynch, John G. Jr. (2005), Resource Slack and Propensity to Discount Delayed Investments of Time Versus Money, Journal of Experimental Psychology, Vol. 134, No. 1, pp. 23–37.

Weitere Forschungsfelder 5

5.1 Altruismus, Fairness und Reziprozität

5.1.1 Problemstellung und Begriffe

Problemstellung Die Hypothese, dass Menschen eigensüchtig handeln, ist bei Ökonomen vermutlich vor allem deswegen so beliebt, weil sie präzise Vorhersagen ermöglicht: Wer als Ökonom eine Situation analysiert, fragt nach den Anreizen, denen die betroffenen Personen in dieser Situation ausgesetzt sind – und leitet aus den Anreizen die Handlungen der Beteiligten und deren Folgen ab. In der Regel liegt man damit sehr gut: Viele alltägliche Phänomene, viele Marktprozesse lassen sich mit Hilfe der Idee der Anreize und des Eigennutzes hervorragend erklären - nicht zuletzt deswegen, weil bei eigensüchtigem Verhalten die Motive und das Verhalten gut prognostizierbar sind. Andererseits gibt es viele Phänomene und Beobachtungen, die dieser Idee – zumindest auf den ersten Blick – widersprechen:

- Warum sind Menschen bereit, zu sogenannten öffentlichen Gütern einen Beitrag zu leisten, der höher ist als der Nutzen, den sie aus diesem Beitrag ziehen? Stellen Sie sich vor, die örtliche Feuerwehr sammelt Geld, um auf dem jährlichen Fest ein Feuerwerk zu veranstalten. Ein Feuerwerk ist ein perfektes öffentliches Gut: Niemand kann Sie vom Konsum dieses Feuerwerks ausschließen (Nicht-Ausschließbarkeit vom Konsum), und wenn Sie dieses Feuerwerk bewundern, also konsumieren, stört das nicht den Genuss anderer Gäste, die sich das Feuerwerk ebenfalls ansehen (Nicht-

H. Beck, *Behavioral Economics*,
DOI 10.1007/978-3-658-03367-5_5, © Springer Fachmedien Wiesbaden 2014

Rivalität im Konsum). Ein eigennutzorientierter Mensch würde also nichts für das Feuerwerk spenden – man kann ihn nicht zwingen, dafür zu bezahlen, man kann ihn aber auch nicht daran hindern, als Trittbrettfahrer das Feuerwerk trotzdem zu genießen. Und dennoch: Experimente (und die Realität) belegen, dass Menschen bereit sind, mehr Beiträge zu öffentlichen Gütern zu leisten, als sich durch ihr reines Eigeninteresse erklären lässt.

- Wieso sind Menschen bereit, freiwillig Geld zu spenden, beispielsweise für karitative Organisationen? Ein einfaches Beispiel dafür ist das sogenannte Diktator-Spiel: Spieler Nummer 1 erhält einen Geldbetrag und darf ihn beliebig zwischen sich und Spieler Nummer 2 aufteilen – er darf theoretisch auch das ganze Geld für sich behalten. Dennoch zeigt sich in Experimenten, dass Spieler Nummer 1 – der Diktator – in den meisten Fällen auch Spieler Nummer 2 berücksichtigt. Mit purem Eigennutzstreben lässt sich dieses Verhalten nicht erklären. In Experimenten zeigt sich, dass die Diktatoren im Schnitt 10 bis 25 % an Spieler 2 zahlen (Fehr, Schmidt 2005; S. 7).
- Warum sind Menschen bereit, für die Bestrafung anderer Menschen zu bezahlen? Ein Beispiel dafür ist das sogenannte Ultimatum-Spiel (vgl. bspw. Camerer, Thaler 1995): Hier geht es darum, eine Geldsumme zwischen zwei Spielern aufzuteilen. Spieler Nummer 1 legt fest, wie viel Prozent der Summe an Spieler Nummer 2 gehen sollen. Stimmt Spieler 2 zu, erhält er den entsprechenden Anteil an dieser Summe, der Rest geht an Spieler 1 und das Spiel ist beendet. Nummer 2 kann aber auch ablehnen – dann gehen beide leer aus. Für den Ökonomen ist das Ergebnis des Spiels klar: Spieler Nummer 2 wird jegliche Summe akzeptieren, da ihn selbst ein Prozent des Geldbetrages besser stellt als 0 %, die er bekommt, wenn er ablehnt. Somit kann Spieler 1 getrost 99 % des Geldes einstecken. Sein Kontrahent wird lieber zustimmen und mit einem Prozent zufrieden sein, statt abzulehnen. In Versuchen jedoch hat man andere Beobachtungen gemacht: Zumeist bietet Spieler 1 einen Prozentsatz zwischen 40 und 50 %, selten weniger als 20 %; und je kleiner das Angebot von Spieler 1 wird, umso wahrscheinlicher wird es abgelehnt. Ein Befund, der nicht zum menschlichen Egoisten passt: Obwohl dem zweiten Spieler durch die Ablehnung Geld verloren geht, zieht er es vor, seinen Mitspieler für eine als ungerecht empfundene Verteilung des Geldes zu bestrafen. Fairness spielt also eine Rolle für den Ausgang des Spiels. (Fehr, Schmidt 2005; S. 6).

- Auch das sogenannte Gift-Exchange-Spiel illustriert die Idee der Fairness: Hier hat man zwei Spieler, A und B. Spieler A (der Arbeitgeber) bietet eine Summe w an, die man als Lohn interpretieren kann. Lehnt Spieler B (der Arbeitnehmer) das Angebot ab, ist das Spiel zu Ende und beide Spieler gehen leer aus. Nimmt Spieler B hingegen an, so wählt er jetzt ein Anstrengungsniveau e aus. Je höher er e wählt, um so mehr steigt der Ertrag von Spieler A (der Ertrag des Unternehmers), um so geringer fällt allerdings der Ertrag für Spieler B aus – je mehr sich der Arbeitnehmer anstrengt, um so härter verdient er sein Geld. Ein komplett eigennütziger Arbeitnehmer würde nach dem Lohnangebot immer das kleinste Anstrengungsniveau wählen; wenn das wiederum der Arbeitgeber vorausahnt, wird er das Lohnniveau so niedrig wie möglich wählen. Experimente mit diesem Spiel zeigen allerdings, dass die Anstrengung e, welche Spieler B wählt, eng mit der Höhe des Lohnangebotes w korreliert ist – Arbeitnehmer belohnen großzügigere Lohnangebote mit erhöhten Anstrengungen. Damit könnte man eine Erklärung dafür gefunden haben, wieso Arbeitgeber selbst in Zeiten hoher Arbeitslosigkeit die Löhne nicht senken wollen: Weil sie sonst fürchten, dass die Bemühungen ihrer Arbeitnehmer und damit deren Produktivität nachlassen – das könnte unter dem Strich mehr kosten, als man mit der Lohnsenkung verdienen könnte.

Diese Beobachtungen lassen sich zumindest vordergründig nicht mit Hilfe des Konzepts des selbstsüchtigen Menschen erklären. Dennoch – neben der großen Erklärungskraft der Eigennutzhypothese gibt es einen weiteren Grund, warum Ökonomen bisher davor zurückschreckten, diese Hypothese in Frage zu stellen: In dem Moment, in dem man beliebig alle möglichen Motive – Rache, Eigennutz, Altruismus – zulässt, lässt sich nahezu jedes Verhalten durch die Wahl der entsprechenden Annahmen erklären. Ökonomische Theorie wird damit zur Beliebigkeit, alles lässt sich durch die Wahl entsprechender Vorlieben erklären. Das wäre das Ende der Ökonomie als wissenschaftliche Theorie. Befürworter der Idee der sozialen Präferenzen allerdings weisen darauf hin, dass sich dank neuer experimenteller Möglichkeiten die Vorlieben und Haltungen der Menschen mittlerweile wesentlich besser bestimmen lassen; das öffne die Tür zur Untersuchung der Vorliebe der Menschen für Fairness und andere soziale Präferenzen.

In vielen ökonomischen Handlungen und Entscheidungssituationen spielen also auch andere Überlegungen als Eigennutz eine Rolle – sie sollen Gegenstand dieses Kapitels sein. Lassen Sie uns damit beginnen, einige Begriffe zu definieren (für Überblicke, auch zu den Experimenten vgl. Fehr (2001), Fehr, Schmidt (1999) und Fehr, Schmidt (2005)).

Altruismus Altruismus bedeutet, dass man sich um das Wohlergehen anderer Menschen sorgt. Altruistische Menschen steigern ihren Nutzen dadurch, dass es anderen Menschen gut geht. Formal sieht das wie folgt aus:

$$U^1(x) = (1-r)\,\pi^1(x) + r\pi^2(x), \qquad (5.1)$$

wobei U^1 der Gesamtnutzen der Person 1 ist, den sie aus der Situation x zieht. Der Term $\pi^1(x)$ ($\pi^2(x)$) ist der Nutzen, den Person 1 (2) aus der Situation x zieht. Je größer nun r ist, um so mehr vergrößert der Nutzen von Person 2 auch den Nutzen von Person 1 – das ist Altruismus; Person 1 geht es besser, wenn es auch Person 2 besser geht. Die Größe von r bestimmt dabei das Ausmaß des Altruismus, für reine Egoisten ist $r = 0$. Ein wichtiger Aspekt von Altruismus besteht darin, dass keine Gegenleistungen für soziales Verhalten gefordert werden, man tut also nicht einen Gefallen, um eine Gegenleistung zu erhalten.

Vergeltung Bei Vergeltung geht es darum, freundliches Verhalten mit freundlichem Verhalten zu beantworten, unfreundliches Verhalten hingegen mit unfreundlichem Verhalten zu bestrafen. Streng davon zu unterscheiden ist *kooperatives oder bestrafendes Verhalten*: Hier geht es darum, durch entsprechendes eigenes Verhalten das Verhalten des Gegenüber zu beeinflussen, um in Zukunft einen höheren Nutzen aus einer Zusammenarbeit zu ziehen. Beispielsweise signalisiert man durch bestrafende Maßnahmen seinem Gegenüber, dass er nichts davon hat, sich unkooperativ zu verhalten, weil er dann postwendend bestraft wird. Durch diese Bestrafung zwingt man ihn zu kooperativem Verhalten, was auch demjenigen, der die Bestrafung durchgeführt hat, höhere Erträge einbringt. Bei Vergeltung hingegen spielt dieses Motiv keine Rolle, hier geht es ausschließlich darum, jemanden für unfaires Verhalten zu bestrafen – ohne die Erwartung, in Zukunft dadurch ein Wohlverhalten des Bestraften zu erzwingen, dass auch dem Bestrafenden nutzt.

Ein einfaches Beispiel für diese beiden Begriffe ist das Verhalten des Spielers Nummer 2 im Ultimatum-Spiel: Lehnt er das Angebot von Spieler Nummer 1 ab, so erhält er nichts, ebenso wie Spieler Nummer 1. Wird das Spiel nur einmal ausgeführt, so macht diese Bestrafung ökonomisch betrachtet keinen Sinn – da man durch die Strafe ja nicht Spieler 1 dazu bewegen kann, das nächste Mal kooperativer zu sein und mehr von der aufzuteilenden Summe abzugeben. Wird das Spiel hingegen mehrmals gespielt, so kann diese Bestrafung sinnvoll sein, wenn sie Spieler Nummer 1 dazu bewegt, in den folgenden Runden kooperativer zu sein – dann handelt es sich also um eine Bestrafung mit dem Zweck, in Zukunft höhere Erlöse aus dem Ultimatum-Spiel zu erzielen.

Fairness Letztlich lässt sich Fairness nicht exakt definieren, sondern liegt im Auge des Betrachters – was der eine als fair empfindet, ist für den anderen unfair. Im täglichen Wirtschaftsleben spielt Fairness in vielen Bereichen eine Rolle (vgl. auch Fehr 2001):

- Im Arbeitsleben findet über den Lohnfindungsprozess eine Art Gift-Exchange-Spiel statt: Der Arbeitgeber wählt ein Lohnniveau, der Arbeitnehmer anschließend sein Anstrengungsniveau. Wenn Menschen wirklich auf Fairness Wert legen, werden die Lohnverhandlungen dadurch beeinflusst – ein Chef, der Löhne zahlt, die in den Augen der Arbeitnehmer unfair sind, muss damit rechnen, dass die Produktivität seiner Mitarbeiter sinkt. Empfinden Mitarbeiter beispielsweise Lohnkürzungen – auch wenn sie betrieblich notwendig sind – als unfair, so würde dem Arbeitgeber keine andere Möglichkeit bleiben, die Löhne indirekt zu kürzen (beispielsweise über Outsourcing, Verschlechterung der Arbeitsbedingungen, Verzicht auf Neueinstellungen). Diese Ideen könnten erklären, warum Löhne auch in Rezessionen nach unten hin starr sind (Fehr, Gächter 1998).
- Auch bei Steuern können Fairness-Überlegungen eine Rolle spielen – gerecht empfundene Steuern zahlen sich leichter, was zu einem Rückgang der Steuerhinterziehung führt.
- Wenn Konsumenten einen Preis als unfair empfinden, werden sie nicht kaufen, auch wenn das Gut ihnen eigentlich diesen Preis wert wäre. Aus dieser Perspektive heraus wäre es unklug von einem Unternehmen, die Preise für ein Gut zu erhöhen, wenn beispielsweise eine Umweltkatastro-

phe dieses Gut knapp und nötig gemacht hat. Bei einer Schneekatastrophe wäre es demnach nicht ratsam, die massiv gestiegene Nachfrage nach Schneeschaufeln mit Preiserhöhungen zu beantworten oder bei Epidemien die Preise für Impfstoffe zu erhöhen.

- Generell dürften in Märkten Fairness-Überlegungen eine Rolle spielen, wenn es um langfristige Geschäftsbeziehungen geht – wer langfristig seine Kunden behalten will, muss sie fair behandeln.
- Der Verhandlungsprozess zwischen einem Verkäufer und einem Käufer hat Ähnlichkeit mit der Struktur eines Ultimatum-Spiels: Wenn beispielsweise der Mindestpreis, den der Verkäufer verlangt, 10 € ist, und der Höchstpreis, den der Verkäufer zu zahlen bereit ist, 20 € beträgt, so gibt es einen Betrag (eine sogenannte Rente) von zehn Euro, welche Käufer und Verkäufer im Rahmen der Verhandlungen zwischen sich aufteilen können; lehnt einer der beiden ab, so bekommt keiner der beiden seinen Anteil an dieser Rente.
- Die Debatten um eine Bestrafung des Finanzsektors nach der Finanzkrise 2008 zeigen, dass auch hier Fairness-Überlegungen eine Rolle spielen – die (vermeintlich?) Schuldigen an der Krise sollen für die Folgen ihres Handelns büßen, und die Politik kommt diesen Forderungen nach – Moral spielt in der Wirtschaftspolitik eine wichtige Rolle (zur Moralisierung der Wirtschaftspolitik vgl. Beck, Prinz 2010).
- Auch die Akzeptanz sozialpolitischer Regeln dürfte von Fairness-Überlegungen abhängen – eine als ungerecht empfundene Sozialpolitik wird bei den Wählern nicht ankommen, unabhängig davon, ob diese Politik wirklich fair ist oder Wirkung zeigt. Ein Paradebeispiel dafür ist die Abwahl der Regierung Schröder nach den von ihr durchgesetzten Hartz-Reformen.

Sowohl im Ultimatum-Spiel als auch im Gift-Exchange-Spiel zeigen Experimente, dass Fairness-Überlegungen eine Rolle spielen, da sich in vielen Fällen Menschen nicht eigennutzmaximierend im engeren Sinne verhalten: Sie bestrafen im Ultimatum-Spiel Spieler für eine unfaire Aufteilung der Geldsumme, und im Gift-Exchange-Spiel richtet Spieler 2 (bspw. der Arbeitnehmer) seine Anstrengungen nach dem Ausmaß der Summe, welche Spieler 1 (der Arbeitgeber) gezahlt hat. Ein weiteres Spiel, das ähnlich funktioniert, ist das Vertrauensspiel: Spieler 1 erhält einen Betrag y, von dem er zwischen Null und 100 % Spieler 2 anvertrauen kann. Der Leiter des Experiments verdreifacht diesen Betrag, der an Spieler 2 geht; dieser kann nun einen beliebigen Prozentsatz dieses verdreifachten Betrags zurücksenden an Spieler 1. Rein theoretisch sollte Spieler 1 kein Geld senden, weil er antizipieren muss, dass Spieler 2 kein Geld zurücksenden wird – in der Praxis allerdings ist dies in Reinform zumeist nicht der Fall.

Die bisweilen anzutreffende Interpretation, dass faires Verhalten nicht zu der Idee des Eigennutzmaximierers und des gewinnmaximierenden Unternehmens passt, muss allerdings mit Vorsicht gesehen werden (Smith 2008): So kann man auch argumentieren, dass Konsumenten versuchen, durch den Ruf nach Fairness sich bessere Preise zu sichern – man schiebt also Fairness als Argument vor, um sich selbst bessere Konditionen zu sichern, das Fairness-Argument soll also die eigennützigen Motive verdecken. Auch Unternehmen können sich durch vordergründig faires Verhalten die Loyalität ihrer Kunden sichern und langfristig dadurch den Wettbewerb reduzieren. Zudem zeigt Smith, dass bei Präferenz der Kunden für Fairness (im Sinne, dass ein Anstieg des Gewinns des Produzenten als negative Externalität, als negativer Nutzen für die Kunden, wahrgenommen wird) ein Markt zwar anders reagiert als ein normaler Markt, in dem sich die Konsumenten keine Gedanken über den Gewinn des Unternehmens machen, aber das langfristige Gleichgewicht dennoch exakt jenes ist, das vom klassischen Wettbewerbsmodell vorhergesagt wird. Die Wahrnehmung von Fairness verändert in diesem Beispiel zwar die Marktprozesse, aber nicht die Marktergebnisse.

Eine Interpretationsmöglichkeit besteht darin, dass ein neuer Zustand, der Anfangs als unfair wahrgenommen wurde (respektive als Besitzstand angesehen wurde), nach einer Zeit der Gewöhnung zum neuen Referenzlevel wird und damit nicht mehr als unfair wahrgenommen wird. Das wiederum ließe auch die Vermutung zu, dass Klagen gegen unfaires Verhalten (beispielsweise unfaire Preise) auch Ausdruck einer eigennützigen Haltung sind – man empfindet es als unfair, wenn man gegenüber dem alten Zustand (den alten Preis) benachteiligt wird; letztlich wäre es dann der Versuch, eine ungünstige Veränderung abzuwehren.

Reziprozität Reziprozität ist die Neigung, mit anderen Spielern zu kooperieren respektive nett zu Spielern zu sein, die nett zu einem selbst sind (positive Reziprozität) und Spieler, welche die Normen der Kooperation verletzen, zu bestrafen (negative Reziprozität, vgl. Fehr, Gächter 1998). Im

Gegensatz zu bestrafendem Verhalten üben Menschen reziprokes Handeln auch dann aus, wenn ihnen aus ihrem Handeln kein zukünftiger materieller Gewinn erwächst (Fehr, Gächter 2000).

Positive Reziprozität lässt sich bei Vertrauensspielen und Gift-Exchange-Spielen feststellen, negative Reziprozität bei Ultimatum-Spielen. Die Existenz von Spielern, die Reziprozität als Strategie nutzen, kann dazu dienen, soziale Normen durchzusetzen. Egoistische Spieler ändern dann ihr Verhalten und werden kooperativ, allerdings nicht, weil sie bessere Menschen werden, sondern weil sie auf diese Weise bessere Ergebnisse erzielen können.

Beispiele für Reziprozität sind Vergeltungsmaßnahmen respektive Racheakte ethnischer Volksgruppen untereinander oder aber die Neigung von Menschen, auf kleine Geschenke mit entsprechendem Entgegenkommen zu reagieren – weswegen Spendenaktionen oftmals mit kleinen Geschenken verbunden sind, man bekommt einen Kalender oder Weihnachtskarten von einer Wohlfahrtsaktion zusammen mit einem Überweisungsträger für eine Spende für die betreffende Aktion. Allerdings ist es schwierig, Reziprozität von Vergeltung abzugrenzen, oft dienen reziproke Handlungen dazu, kooperatives Verhalten zu erzwingen und sich damit langfristig einen Vorteil zu verschaffen. So können beispielsweise die Rachaktionen ethnischer Volksgruppen dazu dienen, zukünftige Grausamkeiten abzuwenden – letztlich kann man dann Reziprozität als Ausdruck einer spieltheoretisch recht erfolgreichen Tit-for-tat-Strategie (wie Du mir, so ich Dir) ansehen.

Fehr und Gächter (2000) interpretieren reziprokes Verhalten als eine soziale Norm, die vor allem bei unvollständigen Kontrakten mit unvollständiger Information hilfreich ist. Sie können bei der Finanzierung öffentlicher Güter, der Durchsetzung eines Steuercodes helfen, können vor Missbrauch von Sozialsystemen schützen und tägliche kleine Konflikte einfach lösen. Nimmt man an, dass alle diese Ziele letztlich den Gesamtnutzen der Allgemeinheit steigern, wären soziale Normen eine recht rationale, effiziente Strategie zur Steigerung der Gesamtwohlfahrt, die letztlich jedem dienen – mithin ein sehr ökonomisches Verhalten. Fraglich ist, ob man in diesem Fall von einem Versagen der Idee des eigennützigen Menschen sprechen kann.

Ein Beispiel für die Vorteile von reziprokem Verhalten liefert der Arbeitsmarkt: Geht man davon aus, dass Arbeitsverträge nicht alle Details des

Arbeitsverhältnisses regeln können und die Einhaltung der Verträge nicht immer überwacht werden kann, kann reziprokes Verhalten ersatzweise sicherstellen, dass sich beide Seiten nicht gegenteilig übervorteilen. Senkt der Arbeitgeber den Lohn, so antworten die Arbeitnehmer mit geringerer Arbeitsleistung – kalkuliert der Arbeitgeber diese Reaktion ein, wird er sich bemühen, angemessene Löhne zu zahlen. Allerdings kann dies zu Arbeitslosigkeit führen, wenn Arbeitgeber aus Angst vor einer Bestrafung durch die Arbeitnehmer nicht die Löhne senken, obwohl es wirtschaftlich betrachtet nötig wäre – es kommt zu Lohnstarrheit nach unten.

Ein Kritikpunkt an dieser Argumentation ist, dass die Anstrengungen der Arbeitnehmer als Gegenleistungen für den höheren Lohn nur kurzfristig sind. Langfristig könnte folgendes passieren: Unter dem Eindruck des Wohlwollens des Arbeitgebers, der höhere Löhne zahlt, ist man bereit mehr zu arbeiten. Doch hat sich erst einmal dieser Eindruck gelegt, hat man sich an den hohen Lohn gewöhnt, weswegen man nun seinen Arbeitsaufwand wieder reduziert. Genau das ist das Ergebnis einer Studie von Gneezy und List (2006): Zuerst heuerte man Versuchpersonen für verschiedene Tätigkeiten an (in einem Fall die Eingabe von Daten, in einem anderen Fall das Sammeln von Spenden). Einer Hälfte der Versuchspersonen versprach man einen bestimmten Lohn und zahlte diesen. Der anderen Hälfte versprach man den gleichen Lohn, erhöhte diesen aber vor Beginn der Arbeit. Zunächst zeigte sich das erwartete Ergebnis: Die Anstrengungen der Versuchspersonen, denen man freiwillig mehr Lohn gezahlt hatte, waren größer als die Bemühungen derjenigen, denen man nur den zuvor versprochenen Lohn zahlte. Allerdings zeigte sich nach wenigen Stunden, dass diese Unterschiede in den Bemühungen komplett verschwanden – man hätte also genau so gut nur den versprochenen Lohn zahlen können. Offenbar lässt die Bereitschaft, auf faire Löhne auch mit fairen Anstrengungen zu reagieren, mit der Zeit nach. Möglicherweise wird der höhere Lohn nach einer Weile als Besitzstand empfunden, auf den man ein Anrecht hat (weitere Ideen finden sich bei Goette, Huffmann, Fehr 2004 und Fehr und Goette 2004).

Rein reziprokes Verhalten hätte man in Spielen, die nur einmal gespielt werden – was sich theoretisch im Labor abbilden lässt. Bei einem einmaligen Ultimatum-Spiel hat der bestrafende Spieler nichts davon, dass er den anderen Spieler bestraft. Allerdings kann man kritisch fragen, ob den Versuchspersonen immer klar ist, dass es sich um ein einmaliges Spiel handelt. Ist reziprokes Handeln eine soziale Norm, so muss man fragen, warum die

Versuchspersonen diese eingeübten sozialen Normen in einem Laborexperiment vernachlässigen sollten, sie aber dann wieder im echten Leben akzeptieren und befolgen. Um es mit Smith (2008) zu formulieren: Es gibt keine Möglichkeit, zu verhindern, dass die Versuchspersonen die Normen, derer sie sich im täglichen Leben bedienen, mit ins Labor nehmen und sie auch bei einmaligen Spielen anwenden. Warum sollte man eine Laborsituation, in der man ja auch mit Menschen interagiert, anders behandeln als alltägliche Situationen, in denen man es mit Menschen zu tun hat? Stimmt dieser Einwand, dann muss man alle Experimente im Labor mit einer gehörigen Portion Skepsis betrachten.

5.1.2 Eine Anwendung: Öffentliche Güter

▶ **Definition** Öffentliche Güter wie beispielsweise die Landesverteidigung zeichnen sich durch Nicht-Rivalität im Konsum und Nicht-Ausschließbarkeit vom Konsum aus und gelten als klassisches Beispiel für Marktversagen: Wenn man Konsumenten nicht von der Nutzung eines Gutes ausschließen kann, werden diese auch nicht bereit sein, sich an der Finanzierung dieses Gutes zu beteiligen, dieses aber dennoch nutzen. Man weigert sich also, einen Beitrag zur Landesverteidigung zu zahlen, profitiert aber im Ernstfall dennoch von deren Existenz. Dieses sogenannte Trittbrettfahrerverhalten ist das Grundproblem öffentlicher Güter und es deutet – zumindest in der Theorie – darauf hin, dass öffentliche Güter nur durch den Staat bereitgestellt werden, der diese Güter mit Zwangseinnahmen (Steuern) finanzieren kann.

Experimente Zahlreiche Experimente beschäftigen sich mit öffentlichen Gütern um festzustellen, inwieweit es tatsächlich zu Trittbrettfahrerverhalten kommt, oder aber inwieweit Kooperation zwischen Menschen dazu führt, dass öffentliche Güter trotz des Risikos von Trittbrettfahrern privat finanziert werden. Ein typisches Experiment zu öffentlichen Gütern sieht in etwa wie folgt aus:

- In einer Gruppe von n Versuchspersonen erhält jeder Teilnehmer einen Geldbetrag, beispielsweise fünf Euro. Jeder Teilnehmer kann das Geld entweder mit nach Hause nehmen oder aber in ein öffentliches Gut investieren.

- Wird das Geld in das öffentliche Gut investiert, so wird es mit einem Faktor k multipliziert, der größer ist als 1, aber kleiner als n, die Anzahl der Teilnehmer.
- Das Geld aus dem öffentlichen Gut, also die Summe aller Investments, wird multipliziert mit k und anschließend zu gleichen Teilen auf alle Teilnehmer verteilt.
- Jeder Beitrag zum öffentlichen Gut erhöht also die Auszahlung für alle Teilnehmer, wer aber spendet, muss von diesem Gesamtertrag aus dem öffentlichen Gut seinen Beitrag als Kosten abziehen.
- Wer nichts spendet, behält also seinen ursprünglichen Geldbetrag, wird aber an den Erträgen aus dem öffentlichen Gut beteiligt. Das entspricht dem Charakter des öffentlichen Gutes: Man kann niemanden davon ausschließen, aber auch niemanden dazu zwingen, sich an der Finanzierung zu beteiligen.

Ein einfaches Beispiel mit Zahlen macht dieses Experiment deutlich. Die Teilnehmerzahl sei 4, jeder Euro, der in das öffentliche Gut investiert wird, wird mit dem Faktor k=2 multipliziert, also verdoppelt. Investiert jeder fünf Euro in das öffentliche Gut, so sind das 4 mal 5, also 20 €, die dann auf 40 € verdoppelt werden (mit k=2 multipliziert), das ist sozusagen der Ertrag aus dem öffentlichen Gut. Anschließend werden diese 40 € zu gleichen Teilen auf die vier Teilnehmer verteilt, so dass am Ende dieses Spiels jeder Teilnehmer 10 € erhält. Wenn aber ein Spieler (der Trittbrettfahrer) nichts investiert, so werden dreimal fünf Euro, also 15 €, in das öffentliche Gut investiert, diese werden dann auf 30 € verdoppelt und wieder auf alle Teilnehmer verteilt, auch auf den Teilnehmer, der nichts investiert hat – das ist ja gerade der Charakter des öffentlichen Gutes, dass man niemanden vom Konsum dieses Gutes (in diesem Fall den Auszahlungen) ausschließen kann. Damit erhält der nicht-kooperative Spieler 7,50 € aus dem öffentlichen Gut, zusammen mit seinen 5 €, die er nicht investiert hat, kommt er auf 12,50 € und stellt sich damit besser als im ersten Fall, in dem er sich an der Finanzierung des öffentlichen Gutes beteiligt hat. Die anderen Spieler allerdings kommen nur auf 7,50 €, das ist weniger als für den Fall, dass alle Spieler kooperieren.

Die rationale, eigennutzmaximierende Strategie besteht also darin, nichts in das öffentliche Gut zu investieren (also Trittbrettfahrer zu sein) und zu hoffen, dass andere investieren. Im schlimmsten Fall hat man nur die fünf Euro Anfangsausstattung, sobald aber ein Spieler in das öffentliche Gut investiert, gewinnt man. Investiert man selbst in das öffentliche Gut, die anderen Spieler aber nicht, so stellt man sich schlechter: Fünf Euro Investment werden auf zehn Dollar verdoppelt und dann auf alle Spieler verteilt, das macht dann 2,50 € pro Kopf – der Spieler, der als einziger investiert hat, stellt sich damit nun schlechter, er hat unter dem Strich nur 2,50 € statt der anfänglichen fünf Euro; die anderen Spieler haben 7,50 €.

Ein rein eigennutzorientierter Mensch wird also nie einen Beitrag zum öffentlichen Gut leisten. Das ist das klassische Problem öffentlicher Güter: Würden alle investieren, wären die Auszahlungen für alle Beteiligten höher; doch aufgrund der Anreize, Trittbrettfahrer zu spielen, investiert niemand und alle stellen sich schlechter. Eine rein ökonomische Sichtweise prophezeit also, dass sich niemand an der Finanzierung öffentlicher Güter beteiligen wird. Sozialpsychologische Theorien prophezeien, dass sich einige Teilnehmer an der Finanzierung des öffentlichen Gutes beteiligen werden, andere hingegen Trittbrettfahrer sein werden; allerdings werden sich viele Teilnehmer nur mit einem Teil ihres Geldes, nicht mit den kompletten fünf Euro, beteiligen. Die Gründe für dieses Verhalten können beispielsweise Altruismus, soziale Normen oder Gruppendynamik sein. Diese Prognose ist, wie Experimente zeigen, realistischer, aber unpräzise, da sie keine Angaben darüber machen kann, wer wann wie viel zum öffentlichen Gut beitragen wird.

Experimente geben der zweiten Hypothese recht (vgl. Dawes, Thaler 1988): Im Schnitt investieren Versuchspersonen bei solchen Experimenten 40 bis 60 % ihres Einsatzes – das deckt sich nicht mit der Idee eines rein egoistischen Homo Oeconomicus. Allerdings zeigen die Experimente, dass es ein Trittbrettfahrerproblem gibt. Unterscheidet man zwischen einem einmaligen Spiel oder einem Experiment, bei dem die Versuchspersonen in mehreren Runden hintereinander in ein öffentliches Gut investieren, so zeigt sich, dass in den ersten Runden die Kooperationsbereitschaft der Versuchspersonen ähnlich hoch ist wie in einmalig durchgeführten Experimenten; mit zunehmender Spieldauer allerdings sinkt die Kooperationsbereitschaft deutlich (für einen Überblick vgl. Ledyard 1995).

Damit ist klar, dass die Ergebnisse solcher Experimente vermutlich von sehr vielen Faktoren abhängen: Alter, Geschlecht und Ausbildung der Versuchspersonen, vor allem deren Anzahl n, die Ausgestaltung der Auszahlungen (der Anfangsbetrag, den sie erhalten, der Faktor k, mit dem ihr Investment multipliziert wird), die Kommunikationsbedingungen (Darf man sich absprechen? Kennt sich die Gruppe? Sitzt man nur vor einem Computerterminal oder echten Menschen gegenüber? Werden die Ergebnisse bekannt gegeben?), die Anzahl der Wiederholungen – alle diese Faktoren, die sich durch einen entsprechenden Versuchsaufbau berücksichtigen lassen, dürften Einfluss auf die Ergebnisse der Experimente haben.

Anzahl der Wiederholungen Wiederholt man das Spiel mit dem öffentlichen Gut mehrmals, so sinkt wie bereits erwähnt nach den ersten Spielrunden der durchschnittliche Beitrag der Spieler zum öffentlichen Gut – je häufiger man spielt, desto ausgeprägter wird das Trittbrettfahrertum. Eine mögliche Erklärung könnten Lerneffekte sein: In den ersten Runden haben die Mitspieler die Struktur des Spiels noch nicht richtig nachvollzogen, doch mit zunehmender Spieldauer erkennen sie, dass Trittbrettfahren die für sie beste Strategie ist. Doch andere Experimente legen nahe, dass diese Interpretation nicht richtig ist (vgl. Andreoni 1987): Man lässt die Versuchspersonen 10 Runden spielen und startet dann das Experiment neu, sagt, dass man noch einmal 10 Runden spielt, mit den gleichen Spielern. Das Ergebnis: In den ersten zehn Runden zeigte sich wieder, dass mit zunehmender Spieldauer die durchschnittliche Kooperationsbereitschaft – gemessen anhand der durchschnittlichen Beitragsrate zum öffentlichen Gut – sinkt. Startete man das Spiel wieder neu, war der durchschnittliche Beitrag zum öffentlichen Gut mit 44 % ähnlich hoch wie im ersten Durchgang (48 %). Damit ist ausgeschlossen, dass die Spieler das Spiel in den ersten Runden nicht korrekt durchschaut haben: Obwohl sie im Verlauf des ersten Spiels von Kooperation zu mehr Trittbrettfahren gewechselt waren, begannen sie die nächste Runde wieder mit Kooperation.

Eine mögliche Erklärung für dieses Verhalten wäre, dass Menschen eine reziproke Strategie spielen – man ist kooperativ, wenn es die anderen Spieler auch sind, man bestraft sie, wenn sie sich unkooperativ verhalten (sogenannte Tit-for-tat-Strategie). Diese Strategie gilt in der spieltheoretischen Literatur als äußerst erfolgreich, weswegen es nahe liegt, dass Menschen diese Strategie anwenden – man ist kooperativ, solange es der andere Spieler auch ist, verhält er sich unkooperativ, so verhält man sich ebenfalls unkooperativ. Allerdings kann dieser Ansatz nicht erklären, warum Menschen auch in einmaligen Spielen kooperieren – dort funktioniert eine solche Strategie nicht. Reziprozität lebt davon, dass der Gegenspieler auf das eigene Angebot zur Kooperation reagieren kann, das geht nur, wenn es mehrere Spielrunden gibt.

Auch andere Experimente, in denen den Spielern gesagt wurde, dass sie gegen ständig wechselnde Spieler antreten, sprechen gegen diese Idee. In dieser Situation nützt eine solche Strategie ebenfalls nichts; dennoch zeigte sich ein ähnlich hohes Ausmaß an Kooperation wie in den anderen Spielen (vgl. Dawes, Thaler 1988). Zudem gibt es noch ein theoretisches Argument gegen die Interpretation, dass die Versuchspersonen hier eine Tit-for-tat-Strategie spielen: in wiederholten Spielen, in denen der Endpunkt, also das letzte Spiel feststeht, ist die spieltheoretisch optimale Strategie, von Anfang an nicht zu kooperieren. Der Grund dafür ist, dass man in der letzten Spielrunde sich auf alle Fälle unkooperativ verhalten sollte, da dies die höchsten Auszahlungen verspricht. Antizipiert man dies als rationaler Spieler, so verhält man sich bereits in der vorletzten Runde unkooperativ, was andere rationale Spieler wiederum antizipieren und sich in der vorvorletzten Runde unkooperativ verhalten. Wer also das Ergebnis der letzten Spielrunde antizipiert, kommt durch Rückschluss auf die vorherigen Runden (*backward induction*) zu dem Ergebnis, dass man sich bereits ab der ersten Runde unkooperativ verhält.

Bestrafungsmöglichkeiten Eine weitere Modifikation der Experimente zu öffentlichen Gütern besteht darin, Bestrafungsmöglichkeiten für nichtkooperative Spieler einzuführen. Man spielt ein normales Spiel mit einem öffentlichen Gut, mit einer Variation: Nachdem alle Spieler simultan darüber entschieden haben, wie viel sie für das öffentliche Gut spenden, werden die Beiträge der einzelnen Spieler öffentlich gemacht und die Spieler haben die Möglichkeit, unkooperative Spieler zu bestrafen. Die Bestrafung reduziert die Auszahlungen für den unkooperativen Spieler, allerdings auch die Auszahlungen desjenigen, der bestraft – Bestrafung gibt es also nicht zum Nulltarif. Bei vollständig rationalen Spielern sollte die Bestrafungsmöglichkeit nichts an den Ergebnissen der Experimente ändern: Da es bei einer endlichen Zahl von Spielen nicht rational ist, nicht-kooperative Spieler zu bestrafen (da es Geld kostet), wird niemand bestrafen, und da ein rationaler Spieler das antizipiert, wird er dementsprechend nicht kooperativ sein.

Letzteres entspricht nicht den experimentellen Tatsachen: So zeigt sich, dass die Existenz von Bestrafungsmöglichkeiten dazu führt, dass die Versuchspersonen zwei- bis viermal soviel zum öffentlichen Gut beitragen wie in Experimenten ohne Bestrafungsmöglichkeiten, zudem bleiben die Beiträge im Verlauf der Experimente stabil, statt abzunehmen wie bei den Experimenten ohne Bestrafungsmöglichkeiten. Dabei werden Mitspieler umso stärker bestraft, je mehr ihr Beitrag unter den durchschnittlichen Betrag fällt, den die anderen Spieler leisten (Fehr, Gächter 2000).

Die Tatsache, dass Spieler bereit sind, für die Bestrafung anderer Mitspieler Geld auszugeben, spricht gegen die Erklärung, dass Menschen sich aus reinem Altruismus an der Finanzierung öffentlicher Güter beteiligen – ein Altruist würde kein Geld dafür ausgeben, andere Menschen zu bestrafen. Möglicherweise spielt hier eher der Wunsch nach Gerechtigkeit und Fairness eine Rolle.

Kommunikation Experimente zeigen, dass sich der durchschnittliche Beitragssatz steigern lässt, indem man Kommunikation unter den Teilnehmern des Experimentes zulässt. Spieltheoretisch betrachtet ist das unlogisch, solange es keine bindenden Sanktionsmöglichkeiten gibt, um falsche Versprechungen anschließend zu bestrafen. Eine Erklärung dafür könnte sein, dass eine Diskussion um Beiträge zum öffentlichen Gut Argumente für ein kooperatives Verhalten mental verfügbarer machen, was die Bereitschaft zu einem solchen Verhalten erhöht. Zudem kann eine Diskussion auch den inneren Zusammenhalt einer Gruppe, das Gemeinschaftsgefühl stärken, was die Bereitschaft, einem Beitrag zum öffentlichen Gut zu leisten, steigern dürfte. Kommunikation steigert nach dieser Lesart das vertrauen untereinander.

Weitere Faktoren Weitere Einflussfaktoren auf das Verhalten der Spieler sind die Anreize, also die Auszahlungen aus dem privaten Gut und dem öffentlichen Gut, hier zeigt sich, dass mit zunehmenden Erträgen des öffentlichen Guts auch die Kooperationsbereitschaft steigt. Steigt der relative Grenznutzen des öffentlichen Gutes und steigt die Produktivität des privaten Gutes bei der Herstellung des öffentlichen Gutes (je Geldeinheit privatem Gut können mehr Einheiten des öffentlichen Gutes hergestellt werden, k steigt also), so steigt die Attraktivität des öffentlichen Gutes und auch die Kooperationsbereitschaft – obwohl das spieltheoretisch nicht einleuchtet. Auch die Anzahl der Personen, die an einem solchen Spiel beteiligt sind, hat Einfluss auf die Kooperationsbereitschaft. Theoretisch gibt es hier zwei Argumente: Mit steigender Zahl der Mitspieler wird es immer schwieriger, unkooperatives Verhalten zu entdecken, weswegen die Bereitschaft, etwas zum öffentlichen Gut beizutragen, sinken sollte. Andererseits kann man auch vermuten, dass mit steigender Anzahl von Mitspielern der Nutzen aller Spieler steigt, wenn die Produktion des öffentlichen Gutes steigt – da der Nutzen des öffentlichen Gutes jedem Spieler zugute kommt, steigt der altruistische Anreiz, mehr zum öffentlichen Gut beizutragen, da dadurch der Nutzen einer größeren Gruppe gefördert wird. Je mehr Menschen von dem Beitrag zum öffentlichen Gut profitieren, umso größer wird der Anreiz, aus altruistischen Motiven einen Beitrag zu diesem Gut zu leisten. Weitere Variablen, welche die Ergebnisse solcher Spiele beeinflussen können, sind unter anderem Asymmetrie in den Auszahlungen, Informationsstrukturen (kennen die Spieler alle Auszahlungen?) und die ökonomische Vorbildung der Versuchspersonen.

Das Fazit dieser Experimente fällt weder eindeutig gegen noch für den Homo Oeconomicus aus (vgl. Ledyard 1995):

- Die Ergebnisse lassen sich nicht mit reiner Spieltheorie erklären.
- Die Beiträge der Spieler zum öffentlichen Gut hängen auch vom individuellen Eigennutz ab – die Spieler zeigen also durchaus auch eine Tendenz zum egoistischen Verhalten.
- Altruismus oder Gruppensolidarität können die Ergebnisse der Experimente ebenfalls nicht komplett erklären.
- Es ist möglich, die Experimente so zu gestalten, dass 90 % der Spieler eigennützig sind und sich so verhalten, wie es die Spieltheorie vorhersagt.
- Es ist möglich, die Experimente so zu gestalten, dass fast alle Spieler einen Beitrag zum öffentlichen Gut leisten.
- Es scheint drei Arten von Spielern zu geben: Spieler, die sich bis auf wenige Fehler so verhalten, wie es die Spieltheorie vorhersagt; Spieler, die sich eigennützig verhalten, wenn die Anreize hoch genug sind, und Spieler, deren Verhalten sich nicht durch die Spieltheorie erklären lässt.

Diese teils widersprüchlich anmutenden Ergebnisse machen deutlich, dass trotz der vielen Experimente noch viele Fragen offen bleiben.

5.1.3 Erklärungsansätze und Kritik

Lernprozesse Will man die Annahme egoistischer Menschen nicht über Bord werfen, so kann man die Befunde aus den Ultimatum-Spielen mit Lerneffekten erklären: Spieler 2 lernt erst langsam, dass es sich für ihn nicht lohnt, Gebote abzulehnen, zumal die Ablehnung niedriger Gebote nicht sonderlich teuer für ihn ist; für Spieler 1 hingegen ist eine Ablehnung teuer, weswegen er rasch lernt, dass er freundlichere Angebote machen muss, um nicht zu viel zu verlieren. Wenn diese Idee stimmt, so könnte es sehr lange dauern, bis die Spieler in das Gleichgewicht gelangen, das man bei rein egoistischem Verhalten erwarten sollte. Fraglich ist allerdings, ob ein so einfaches Spiel tatsächlich so schwer zu lernen zu sein scheint (vgl. Fehr, Schmidt 2005).

Soziale Präferenzen Die Grundidee der sozialen Präferenzen besteht darin, dass Menschen ihren Nutzen nicht nur aus dem eigenen Konsum oder Besitz materieller Dinge ziehen, sondern auch daraus, wie gut oder schlecht es anderen Personen geht (Charness, Rabin 2002). Diese sozialen Präferenzen können Altruismus, eine Aversion gegen Ungleichheit, eine Vorliebe für Gleichverteilung oder die Sorge um die eigene Rangstellung innerhalb einer Gruppe sein.

Soziale Präferenzen sind nicht gleichzusetzen mit Altruismus; hier geht es darum, dass Menschen bestimmte Vorstellungen davon haben, wie die Welt auszusehen hat. Das lässt sich beispielsweise über die Vorstellungen der Menschen von einer gerechten Verteilung erklären: Wie möchte man, dass die Wohlfahrt zwischen den Bürgern eines Landes aufgeteilt ist? Formal sieht das wie folgt aus:

$$U^1 = (1-r)\pi^1 + rW(\pi^1, \pi^2), \qquad (5.2)$$

wobei π^1 (π^2) der Anteil ist, der Person 1 (2) zufließt, und $W(\pi^1, \pi^2)$ die Vorstellungen von Person 1 von einer gerechten Verteilung des Wohlstandes widerspiegelt. Weicht die tatsächliche Verteilung des Wohlstandes W^* von der gewünschten Verteilung W ab, so reduziert das den Gesamtnutzen von Person 1.

Das Diktator-Spiel dokumentiert am besten soziale Präferenzen: Wenn soziale Präferenzen die Ursache für die Ergebnisse in den Ultimatum-Spielen sind, dann sollten sich die Ergebnisse in Diktator-Spielen nicht ändern. Auch wenn man Spieler 2 nun die Möglichkeit nimmt, das Angebot abzulehnen, für Spieler 1 bleibt immer noch die Möglichkeit, das Geld entsprechend seiner sozialen Präferenzen aufzuteilen. Allerdings ist der Prozentsatz dessen, was der Diktator im Schnitt an den Mitspieler abgibt, deutlich geringer als bei den Ultimatum-Spielen, wo der zweite Spieler mit seiner Ablehnung den ersten Spieler bestrafen kann. Diese Differenz zwischen den Prozentsätzen, die man im Ultimatum- und im Diktator-Spiel gibt, könnte Ausdruck der Furcht vor einer Bestrafung im Ultimatum-Spiel sein. Anders gesagt: Die Ergebnisse der Ultimatum-Spiele lassen sich nicht komplett mit sozialen Präferenzen erklären, andernfalls würden sich diese Ergebnisse in Diktator-Spielen nicht ändern.

Das erste Problem an diesem Erklärungsansatz besteht darin, dass wir nichts über die Richtung der sozialen Präferenzen wissen oder aussagen können. Beim Diktator-Spiel zeigen die Versuchspersonen Altruismus in dem Sinne, dass das Wohlergehen der anderen Spieler auch ihr Wohlergehen steigert, im Ultimatum-Spiel hingegen ist das Gegenteil der Fall: Hier steigert man offensichtlich seinen Nutzen, wenn man den Gegenspieler bestraft. Es ist also nicht alleine eine altruistische Ader, die unser Verhalten bestimmt, sondern es kommt wohl auch auf den Kontext an. Das zeigen auch Variationen des Diktator-Spiels: Wenn man dem ersten Spieler, dem Diktator, das Gefühl vermittelt hat, dass er das Geld, das er bekommt, auch verdient hat, dann senkt das deutlich seine Bereitschaft, mit dem zweiten Spieler zu teilen – das gleiche gilt auch bei abnehmender sozialer Distanz. Wir teilen vielleicht einen Gewinn, der uns in den Schoß fällt, mit unserem Freund, aber wir werden zögerlicher, wenn wir unser Gehalt mit einem Fremden teilen sollen. Und wenn wir uns den Gewinn erarbeitet haben, fällt uns das Teilen ebenfalls schwer.

Ungleichheitsaversion Ein Mensch hat eine Abneigung gegen Ungleichheit, wenn sein persönlicher Nutzen davon abhängt, wie gleichmäßig Ressourcen zwischen ihm und seinen Mitmenschen verteilt sind. Steigt die Ungleichheit, so sinkt der Nutzen der ungleichheitsaversen Person. Entscheidend bei diesem Konzept ist natürlich die Definition von Ungleichheit;

in Experimenten wird diese in der Regel definiert als gleichmäßige Verteilung der Auszahlungen, die man im Rahmen des Experiments vornimmt.

Aber wie sollte eine gerechte Verteilung aussehen? Angenommen, zwei Personen finden zehn Euro auf der Straße, wie würden sie diese zwischen sich aufteilen? Ökonomisch betrachtet würde man die Gesamtwohlfahrt der beiden Personen, also die Summe des Nutzenzuwachses dadurch maximieren, indem man das Geld demjenigen geben würde, der davon den höchsten Nutzen hat. Unzweifelhaft steigt der Gesamtnutzen beider Personen, wenn Person 1 Millionär ist, Person 2 nichts hat, wenn man die gefundenen 10 $ vollständig Person 2 gibt. Allerdings finden sich Hinweise darauf, dass Menschen oftmals eine 50:50-Regelung bevorzugen und als fair ansehen, den unterschiedlichen relativen Nutzen, den beiden Personen aus dem Geld ziehen könnten, also vernachlässigen. Eine weitere Verteilungsmaxime könnte darin bestehen, dass demjenigen, der das Geld zuerst gesehen hat oder der mehr Anstrengungen unternommen hat, es zu bekommen (beispielsweise, indem er den Gullydeckel angehoben hat), auch Anspruch auf einen größeren Anteil hat. Einen weiteren Ansatz, wie man Wohlfahrtsgewinne zwischen zwei Personen aufteilen kann, zeigt Kasten 20.

Kasten 20: Wie teilt man fair?

Eine einfache Frage (Yaari, Bar-Hillel 1984): Es sind 12 Grapefruits und 12 Avocados zwischen Jones und Smith zu verteilen. Beide essen Grapefruits und Avocados nur wegen des Vitamin-Gehaltes, Geschmack, Farbe und alles andere ist beiden völlig egal. Dabei wissen wir von den Ärzten, dass Jones aus jeder Grapefruit 100 mg Vitamine zieht, aber keine Vitamine aus Avocados ziehen kann. Smith hingegen zieht sowohl 50 mg Vitamine aus Grapefruits als auch aus Avocados. Wie verteilen wir die Früchte zwischen beiden Personen? Ökonomisch gesehen wäre es sinnvoll, wenn Jones alle Grapefruits und Smith alle Avocados bekommt – das macht dann 1200 mg Vitamine für Jones und 600 mg Vitamine für Smith; insgesamt 1800 mg Vitamine. Versuchspersonen hingegen bevorzugten eine andere Verteilung: 8 Grapefruits für Jones (macht 800 mg Vitamine) und 12 Avocados plus 4 Grapefruits für Smith – macht ebenfalls 800 mg Vitamine. Die Versuchspersonen empfanden es also als fair, wenn jeder der beiden den gleichen Nutzenzuwachs aus der Verteilung der Früchte hat. Eine solche Verteilungsregel allerdings impliziert, dass diejenige Person, die einen geringeren Nutzen aus den Früchten zieht, mehr davon bekommt - der Gesamtnutzen dieser Verteilung ist allerdings nur 1600 mg Vitamine, verglichen mit 1800 mg Vitamine, die man bei der ökonomisch optimalen Verteilung erreicht. Die als fair empfundene Verteilung der Früchte hat also gesamtwirtschaftlich gesehen einen Wohlfahrtsverlust als Folge. Smith (2008) zeigt sechs mögliche Interpretationen von Fairness auf: Gleicher Nutzen für alle, gleiche Ergebnisse für alle, gleiche Chancen für alle, Leistungsgerechtigkeit, Eigentumsrechte oder Reziprozität (man gibt einen Gefallen zurück).

Menschen scheinen sowohl Ungleichheit in Bezug auf ihre Person, aber auch in Bezug auf andere Menschen zu berücksichtigen, wie das Third-Party-Punisment-Spiel illustriert: Spieler A bekommt eine Summe S und soll sie aufteilen zwischen sich und Spieler B, der keinen Einfluss auf das Spiel hat. Spieler C beaufsichtigt das Spiel, er bekommt als Ausstattung S/2 und kann nun Spieler A bestrafen, wenn er der Ansicht ist, dass dieser nicht fair genug geteilt hat. Für jede Einheit S, die er von seiner Ausstattung ausgibt, reduziert er die Ausstattung um 3 Einheiten. Wenn er also der Meinung ist, dass Spieler A nicht fair geteilt hat, kann er seine Ausstattung mit Mitteln dazu benutzen, A zu bestrafen – allerdings kostet es ihn auch etwas. Aus der Tatsache, dass Menschen dies wirklich in Experimenten tun (rund 60 % der Versuchspersonen bestrafen Spieler A) lässt sich schließen, dass wir auch auf Gleichheit und Fairness bei Dritten Wert legen (Fehr, Fischbacher 2004).

Eine Variation dieses Spiels zeigt aber auch zugleich die Grenzen dieser Idee: Spieler A darf eine Verteilung einer Geldsumme zwischen sich und Spieler B und Spieler C vorschlagen. Spieler B ist wiederum passiv, Spieler C darf annehmen oder aber ablehnen – dann erhält niemand etwas. Wenn also A beispielsweise eine Verteilung ($x^A = 200$; $x^B = 100$, $x^C = 200$) vorschlägt und C akzeptiert, dann erhält A 200, B 100 und C 200 €. Jetzt wiederum zeigen Experimente, dass eine Ablehnung der von A vorgeschlagenen Verteilung durch C nur mit Blick auf C's Auszahlung erfolgt – wie viel B erhält, spielt in diesem Experimenten eine untergeordnete Rolle.

Unter dem Strich scheint klar, dass Ungleichheit und der Status anderer Menschen eine Rolle für die Entscheidungsfindung spielen, aber wann wer in welchem Maße wen in sein Kalkül mit einbezieht, ist völlig offen. Wir wissen, dass andere Menschen und deren relative Position für unser Verhalten eine Rolle spielen – alles, was darüber hinausgeht, ist unsicher. Wir wissen also kaum, wann ein anderer Mensch und dessen Lage für uns relevant sind oder werden. Vermutlich sind andere Personen für uns umso relevanter, je kleiner und homogener die Gruppe ist, innerhalb derer wir uns bewegen. Das könnte aber auch bedeuten, dass diese Experimente darunter leiden, dass sie in eher kleinen Gruppen gespielt werden – möglicherweise ändern sich die Resultate, wenn die Gruppe größer ist. Das würde auch erklären, wann und warum Menschen zu Trittbrettfahrern werden: wenn die Gruppe hinreichend groß ist.

Recht erfolgreich in der Erklärung vieler Ergebnisse aus Ultimatum- und Diktator-Spielen sind Modelle, die auf Ungleichheitsaversion und die relative Stellung zu anderen Personen abstellen. Das ERC-Modell (*equity, reciprocity, competition*, also Gleichheit, Reziprozität und Wettbewerb, vgl. Bolton, Ockenfels 2000) unterstellt eine Motivationsfunktion, bei welcher der Nutzen eines Spielers neben der Auszahlung selbst auch vom Anteil abhängt, den er von der Gesamtauszahlung erhält. Dabei wird unterstellt, dass Menschen eine Auszahlung anstreben, die so nahe wie möglich am Durchschnitt dessen liegt, was alle anderen Spieler ausgezahlt bekommen. Ein Spieler wäre also glücklich, wenn alle Spieler den gleichen Betrag bekommen, aber er wäre eben so glücklich, wenn einige Spieler viel, andere wenig erhalten, solange er den Durchschnitt aller Auszahlungen erhält.

Im Gegensatz dazu unterstellen Fehr und Schmidt (1999), dass Menschen jeden Unterschied zu den Auszahlungen anderer Spieler meiden. Das kann sowohl freundliches als auch bestrafendes Verhalten erklären; in Diktator-Spielen kann diese Hypothese freundliches Verhalten erklären, in Ultimatum-Spielen hingegen auch bestrafendes Verhalten. In dieser Theorie bevorzugt man also ganz klar den Fall, in dem alle den gleichen Betrag bekommen vor der Situation, in der es einige Reiche und einige Arme gibt. Während also beispielsweise bei Fehr und Schmidt die Mittelklasse eine Vorliebe dafür hätte, Reiche zu besteuern und mit den Steuererträgen die Armen zu unterstützen, wären die Menschen im ERC-Modell zufrieden, wenn sie der Mittelschicht angehören (Engelmann, Strobel 2000). Engelmann und Strobel sehen in Experimenten eher Fehr und Schmidt bestätigt als die ERC-Theory, werfen aber beiden Theorien vor, dass sie sowohl altruistische Motive als auch Effizienzüberlegungen der Spieler (die auch

Motive haben, die Summe aller Auszahlungen zu maximieren) vernachlässigen. Weitere hybride Modelle zu sozialen Präferenzen finden sich bei Fehr und Schmidt (2005).

Soziale Normen Eine andere Erklärung für die experimentell beobachtete Ungleicheitsaversion bieten Fershtman, Gneezy und List (2012) an. Sie variierten das Diktatorspiel: Jetzt durfte der Diktator entscheiden, ob er 11 $ und der zweite Spieler 2 $ bekommt oder ob jeder Spieler 8 $ bekommt. In dieser einfachen Version entscheiden sich 75 % für die gleichverteilten 8 $ – ein Hinweis auf eine Vorliebe für Gleichverteilung. In einer Variante des Spiels allerdings wird den Diktatoren mitgeteilt, dass die Verteilung des Geldes von den Ergebnissen einer Aufgabe abhängt, welche beide Spieler zu erfüllen haben (einen GMat-Test machen oder aber aus einer Reihe von Buchstaben einzelne Buchstaben ankreuzen) – gewinnt der Diktator, so bekommt er elf Dollar und zweite Spieler nur zwei Dollar, verliert der Diktator gegen den zweiten Spieler, so erhält jeder Spieler 8 $.

Bei genauerem Hinsehen zeigt sich, dass der Dikator immer noch vor der gleichen Entscheidungssituation steht: Hat er eine Vorliebe für gleichverteilte Einkommen (also die 8-Dollar-Lösung), so kann er einfach bei den Aufgaben jegliche Anstrengung unterlassen oder die Aufgaben erst gar nicht ernsthaft versuchen – dann kommt automatisch eine Gleichverteilung der Einkommen zustande. In den Experimenten zeigte sich allerdings, dass die Versuchspersonen sich überwiegend anstrengten, um das Spiel zu gewinnen, was nicht zu der Idee passt, dass Menschen eine Vorliebe für gleichverteilte Einkommen haben. In einer Kontrollgruppe prüften Fershtman, Gneezy und List, ob die Lust und der Spaß am Wettbewerb eine Ursache für dieses Verhalten sein könnten (indem man einfach die Auszahlungen umdrehte – wenn der Dikator verlor, erhielt er 11 $ und der andere Spieler 2 $; beim Sieg erhielt jeder Spieler 8 $). Diese Hypothese konnte anhand der Ergebnisse des Experiments verworfen werden.

Fershtman, Gneezy und List erklären die Ergebnisse ihres Experiments mit der Existenz sozialer Normen: In der einfachen Version des Spiels, in welcher der Diktator über die Verteilung des Geldes entscheidet, befolgt er eine soziale Norm, die besagt, dass man in solchen Fällen eine Gleichverteilung anstrebt (man könnte das Verteilungsgerechtigkeit nennen). In der wettbewerblichen Version, in der die Verteilung des Geldes von der Bewältigung einer Aufgabe abhängt, kollidiert diese Norm mit einer zweiten Norm, dass unterschiedliche Leistungen auch unterschiedliche Einkommensverteilungen zulassen (Leistungsgerechtigkeit); und je nach Situation kann diese Norm die Oberhand über das Verhalten gewinnen.

Wie stark diese Normen sein können, zeigt ein weiterer Befund (für einen Überblick vgl. Smith 2002 und die dort angegebene Literatur): Variiert man das Diktator-Spiel dahingehend, dass sichergestellt ist, dass weder die anderen Mitspieler noch die Leiter der Experimente wissen, wer wie viel Geld abgegeben hat, so sinken die Spendenraten der Diktatoren nochmals deutlich auf rund zehn Prozent. Mit anderen Worten: Sobald man sicher ist, dass niemand erfährt, wie man sich verhält (und dabei möglicherweise gegen eine Norm verstößt), tendiert man zu einem deutlich weniger solidarischem Verhalten. Die Anonymität großer Gruppen wäre damit ein weiterer Grund dafür, dass Menschen in großen Gruppen geringere Solidarität zeigen.

Ähnliche Ergebnisse zeigen sich bei Cherry, Frykblom und Shogren (2002): Wenn die Diktatoren sich die 10 (40) Dollar, die sie anschließend teilen sollen, erst verdienen mussten, stieg der Anteil der Dikatoren, die überhaupt nicht teilen (also Spieler 2 Null Dollar zukommen lassen), von 19 % (15 % bei 40 $) auf 79 (70) Prozent. Stellte man nun noch sicher, dass auch der Leiter des Experiments nicht erfuhr, ob der Diktator geteilt hat, so stieg der Prozentsatz der Diktatoren, die nicht teilten, auf 95 (97) Prozent.

Kasten 21: Egoistische Ökonomen

Spielt man das Ultimatum-Spiel mit Ökonomie-Studenten und Studenten anderer Fachbereiche, so erhält man ein klares Ergebnis (Marwell, Aimes 1981): Ökonomen teilen weniger, wenn sie den Betrag aufteilen sollen, und sie akzeptieren geringere Beträge, wenn sie in der Rolle des zweiten Spielers sind. Sie sind also unkooperativer, wenn es darum geht zu teilen, sie akzeptieren aber auch eher unkooperative Neigungen ihrer Gegenspieler, wenn sie in der Rolle des zweiten Spielers sind. Woher kommt diese egoistische Neigung der Ökonomen? Hier gibt es zwei Möglichkeiten: Entweder das Studium der Ökonomie führt dazu, dass Menschen eigennütziger werden, oder aber es sind die egoistischeren Menschen, die sich dazu entschließen, Ökonomie zu studieren. Werden Ökonomen also geboren oder gemacht? Das lässt sich herausfinden, indem man die Unterschiede zwischen Studienanfängern betrachtet: Vergleicht man Erstsemesterstudenten der Ökonomie mit anderen Studienanfängern, so zeigen bereits die Erst-Semester-Ökonomen einen Hang zu mehr Egoismus als ihre nicht-ökonomischen Kommilitonen. Sie sind bereit, im Ultimatum-Spiel geringere Beträge zu akzeptieren und neigen dazu, weniger Geld an ihre Mitspieler zu geben. Was den Einfluss des Ökonomie-Studiums selbst auf die Kooperationsbereitschaft angeht, so sind die Ergebnisse gemischt: Carter und Irons (1991) zeigen, dass mit steigender Studiendauer der Egoismus-Unterschied zwischen den Ökonomen und den Nicht-Ökonomen verschwindet; Frank, Gilovich und Regan (1993) hingegen erhalten – allerdings mit einem etwas anderen experimentellen Aufbau – einen gegenteiligen Befund; zudem haben sie sich verschiedene Ökonomie-Kurse angesehen und dabei herausgefunden, dass Unterricht, der stark auf das ökonomische Eigennutz-Modell abzielt, kooperationshemmende Effekte haben kann. Der Einfluss des Ökonomie-Unterrichts auf die Kooperationsbereitschaft ist also nicht eindeutig. Sind Ökonomen schlechtere Menschen? Nicht notwendigerweise, denn die Studien zeigen, dass die Kooperationsbereitschaft der Probanden auch davon abhängt, welches Verhalten sie von ihren Gegenspielern erwarten. Möglicherweise ist es ja auch so, dass diejenigen, die das Modell des Homo Oeconomicus besser verinnerlicht haben, ihren Mitmenschen mißtrauischer gegenübertreten und deswegen weniger kooperationsbereit sind – dann wäre es nicht der Charakter der Ökonomen, der sie zu Egoisten macht, sondern ihr Bild von den anderen Menschen. Vielleicht ist es ja nicht der Egoismus, den wir fürchten müssen, sondern die Furcht vor dem Egoismus.

Präferenzen auf Gegenseitigkeit Eine weitere Klasse von Erklärungsansätzen geht davon aus, dass Menschen auf den Charakter ihres Gegenüber achten: Altruistische Menschen handeln altruistisch, wenn sie glauben, dass ihr Gegenüber ebenfalls altruistisch ist; und sie handeln eigennützig, wenn sie vermuten, dass ihr Gegenüber ebenfalls eigennützig ist. Diese Theorie lässt sich nur schwer von der Theorie der intentionalen Gegenseitigkeit abgrenzen, die besagt, dass es die Motive eines Mitspielers sind, auf die es ankommt, da es extrem schwer ist, zwischen einer Person und ihren Motiven zu unterscheiden.

Intentionale Gegenseitigkeit Diese Modelle stellen darauf ab, dass Menschen auf die Intentionen ihres Gegenübers Wert legen. Sie handeln altruistisch, wenn sie glauben, dass auch ihr Gegenüber altruistisch handeln will. Entscheidend ist also nicht, welchen Charakter, sondern welche Absichten unser Gegenüber hat. Das würde bedeuten, dass in Spielen, in denen man nichts über die Intentionen seines Gegenübers herausfinden kann, auch keine Bestrafung erfolgen würde.

Dazu ein Experiment: Man spielt das Ultimatum-Spiel, allerdings mit einer kleinen Änderung: Die Aufteilung der Geldsumme wird nicht von Spieler 1, sondern von einem Zufallsgenerator vorgenommen. Jetzt reduziert sich die Schwelle, ab der Spieler 2 akzeptiert, deutlich, was dafür spricht, dass es ihm vor allem auf die Absichten seines Gegenüber ankommt, weniger darauf, dass die Verteilung ungleich ist – ein Punkt für die Idee der intentionalen Gegenseitigkeit, ein Punktverlust für die Idee der Ungleichheitsaversion. Wird die Verteilung der Summe aber von einer dritten Person vorgenommen, so sinkt die Akzeptanzschwelle nicht – das wiederum passt nicht zur Idee, dass es die Motive sind, auf die es ankommt. Gleiches gilt auch für den Wissensstand der Spieler: Die Bestrafung eines Spielers ist wahrscheinlicher, wenn er in den Augen seiner Mitspieler wissentlich handelt – wer hingegen eine ungleiche Verteilung vorschlägt, ohne aber zu wissen, wie ungleich diese ist, kommt tendenziell eher davon.

Das zeigt eine einfache Variation des Ultimatum-Spiels (Kagel, Kim, Moser 1996): Man fordert A auf, 100 Chips zwischen sich und B aufzuteilen, wobei die Chips für A und B einen unterschiedlichen Wert haben. Beispielsweise erhält A für jeden Chip drei Geldeinheiten, B hingegen nur eine Einheit. Die faire Aufteilung wäre nun eigentlich 75 Chips für B und 25 für A. Glaubt B aber, dass A nicht weiß, welchen Wert die Chips für ihn haben, so steigt seine Bereitschaft, auch andere Aufteilungen der Chips zu akzeptieren.

Die Idee, dass es die Motive anderer Menschen respektive ihre Absichten sind, die für uns zählen, hat allerdings ein Problem: Sie kann nicht erklären, warum Versuchspersonen in Diktator-Spielen einen Teil der Summe an ihre Mitspieler abtreten, obwohl sie es nicht müssten – hier liegt ja kein Verhalten vom Mitspieler vor, anhand dessen man erkennen kann, welche Intentionen oder welcher Typ von Mitspieler vorliegt. Die Empirie deutet darauf hin, dass bei freundlichem Verhalten weniger das Motiv des Gegenübers oder seine Person eine Rolle spielt, sondern dass hier jetzt eher die Ungleichheitsaversion und das Streben nach Effizienz im Vordergrund stehen.

Kasten 22: Schönheit in Ultimatum- und Diktator-Spielen

Auch das Aussehen der Spieler in Ultimatum- und Diktator-Spielen kann Einfluss auf die Ergebnisse haben, wie eine Studie von Rosenblat (2008) zeigt, die ein einfaches Diktator-Spiel mit Untersuchungen zum Aussehen der Versuchspersonen verbindet. Jede Versuchsperson bekam neun Pesos – die Experimente wurden in Argentinien durchgeführt – geschenkt und wurde gefragt, ob sie diese Pesos mit einer anderen, ihr unbekannten Person teilen mag. Die Ergebnisse waren die bereits referierten, sie änderten sich aber, wenn man den potenziellen Spendern ein Foto des zu Beschenkenden zeigte und dazu ein Band abspielte, auf dem dieser eine Zwei-Minuten-Botschaft an den Spender hinterließ. Dabei zeigte sich: Je attraktiver der zu Beschenkende war (das Aussehen wurde von einer unabhängigen Gruppe eingeschätzt), umso mehr spendete der Schenker. Allerdings musste man den Schenkern dazu ein Bild des zu Beschenkenden und dessen Stimme zugleich vorstellen – zeigte man ihnen nur ein Bild oder spielte ihnen nur die Stimme vor, so sank die Spendenbereitschaft. Die Inhalte der Ansprachen an die Spender auf deren Spendenverhalten waren offenbar weniger wichtig. In eine ähnliche Richtung deuten auch Experimente mit Ultimatum-Spielen (Solnick, Schweitzer 1999): Spielt man diese Spiele mit Blick auf die Attraktivität der Spieler, so zeigt sich, dass Spieler 1 umso bereitwilliger an Spieler 2 spendet, je attraktiver dieser ist. Und es zeigt sich, dass die attraktiveren Spieler, wenn sie in der Rolle von Spieler Nummer 2 sind, keine höheren Ansprüche an Spieler 1 stellen als andere Spieler; sie lehnen die gleichen Beträge ab wie andere Spieler, die weniger attraktiv sind. Allerdings erwarten die anderen Spieler mehr vom attraktiven Spieler, wenn er Spieler 1 war. Das deutet darauf hin, dass die attraktiveren Menschen mehr Geld – sprich: Einkommen – nicht deswegen bekommen, weil sie es fordern, sondern weil man es ihnen freiwillig anbietet. Ganz so einfach ist der Zusammenhang zwischen Schönheit und Verhandlungsgeschick aber nicht: Es waren in der Rosenblat-Studie lediglich die Frauen, die angesichts der Schönheit ihres Gegenübers mehr spendeten, für Männer hingegen spielte die Schönheit ihres Gegenübers keine Rolle – solange also vor allem Männer über Einstellungen entscheiden, dürfte die Schönheit am Arbeitsmarkt nur eine untergeordnete Rolle spielen. Bei den Ultimatum-Spielen zeigte sich, dass nicht nur die schönen Menschen mehr Geld erhielten, sondern auch Männer (generell zu Schönheit und Arbeitsmarkt vgl. Hamermesh, Biddle 1994).

Eigennutz Yang, Weimann und Mitropoulos (2006) erklären das Verhalten von Menschen bei Ultimatum-Spielen mit eigennützigem Verhalten: In solchen Spielen hat der zweite Spieler die Möglichkeit, den ersten Spieler zu bestrafen oder zu belohnen, um damit dessen Verhalten in eine von ihm gewünschte Richtung zu bringen. Strafe und Belohnung als Strategien haben hier den Charakter einer sozialen Sanktion, eines speziellen öffentlichen Gutes für alle Spieler, die auf das Angebot des ersten Spielers antworten. Spieler 1 antizipiert diese Sanktionsmechanismen und verhält sich entsprechend – man könnte auch von einer Peitschen-und-Zuckerbrot-Heuristik sprechen. Spieler 2 nutzt die Strategie, zu bestrafen und zu belohnen, eher intuitiv, also heuristisch (vgl. Abschn 2.1), kann damit aber, so Yang, Weimann und Mitropuolos, seine Auszahlungen maximieren.

Dahinter steht auch die Idee, dass eine solche Strategie evolutionär sinnvoll ist, weswegen sie auch bei einmaligen Spielen sinnvoll sein könnte – einigt man sich langfristig darauf, in solchen Situtaionen zu bestrafen, dann bedeutet das einen langfristigen Vorteil für Spieler 2. Dieses Argument schließt nicht aus, dass Spieler in solchen Situationen auch altruistisch handeln oder weiteren sozialen Präferenzen folgen, doch ist es plausibel, wenn Menschen in Konfliktsituationen (letztlich handelt es sich bei diesen Spielen um solche) auf einmal ihre sozialen Präferenzen und ihre Vorliebe für Reziprozität entdecken, während sie in ähnlichen Situationen (beispielsweise auf Märkten) eigennützig handeln (Yang, Weimann und Mitropoulos 2007)?

Diese Idee deckt sich mit dem Argument, dass Fairness eine evolutionär sinnvolle Strategie sein kann, die Märkte funktionsfähig macht (Smith 2002): Nicht jedes Detail des Austauschs und Handels kann per Gesetz eindeutig geregelt werden, so dass eine Ideologie der Ehrlichkeit erst dauerhaften Handel möglich macht und anzeigt, dass die Menschen handeln, nicht stehlen wollen. Eine Kultur der Fairness fungiert sozusagen als Ersatz für viele Details im Geschäftsleben, deren rechtliche Regelung nur schwer möglich wäre oder aber zu viele Kosten aufwerfen würde und macht damit Märkte funktionsfähig, sie senkt die Transaktionskosten. Darüber hinaus ändern nicht-eigennützige Handlungen oder Motive nicht die Resultate von Märkten – Spezialisierung und Wohlstandsschaffung. Dies gilt auch anders herum: Die Wohlfahrtsgewinne von Märkten können und werden auch für uneigennützige Dinge – Spenden, Stiftungen – genutzt. Märkte nutzen Rechtschaffenheit, aber eliminieren sie nicht.

Kritik Ein Kritikpunkt an Ultimatum- und Diktator-Spielen besteht darin, dass es sich letztlich nur um Laborsituationen mit geringen Beträgen handelt. Um diesem Makel abzuhelfen, wurden Experimente mit größeren Beträgen durchgeführt (eine Übersicht findet sich bei Fehr, Schmidt 2005), teilweise in ärmeren Ländern, wo es um einen Monatslohn ging – und die Ergebnisse änderten sich nicht wesentlich (vgl. Henrich et al. 2005). Auch bei größeren Geldbeträgen sind Menschen offenbar bereit, in der spezifischen Situation des Ultimatum-Spiels zu teilen. Auch ließen sich bei verschiedenen Experimenten keine besonderen kulturellen Unterschiede feststellen. Allerdings zeigen sich deutliche Unterschiede in den Ergebnissen, wenn man den Kontext des Experiments ändert. Variiert man die Umweltbedingungen beispielsweise des Ultimatum-Spiels (in einer Version wird das Geld beispielsweise einfach einem Spieler zugeteilt, in einer anderen Version verdient er sich die Position als Spieler 1), so ändern sich die Ergebnisse; ebenso ändern sich diese, wenn man die Spiele den Versuchspersonen statt in Normalform in extensiver Form darstellt (Smith 2002). Die Intentionen der Spieler spielen offenbar eine wichtige Rolle bei der Frage, ob man bereit ist, zu teilen.

Eine weitere Frage besteht darin, ob Menschen fair sein wollen oder ob es ihnen reicht, fair zu erscheinen. Eine Möglichkeit, das in Experimenten herauszufinden, besteht in einer bereits angesprochenen Variation des Ultimatum-Spiels (Kagel, Kim, Moser 1996). Man gibt den Versuchspersonen als zu verteilenden Betrag 100 Chips, deren Wert aber für die beiden Spieler variieren kann. Zudem kann man jetzt noch die Informationsverteilung variieren, also den Umstand, welcher der beiden Spieler weiß, wie viel die Chips für den anderen wert sind. Wenn die Chips für beide Spieler den gleichen Wert haben und jeder Spieler das auch weiß, liegt das Standard-Ultimatum-Spiel vor; der Prozentsatz, zu dem man teilt, liegt in der Nähe von 50 %. Wenn nun beispielsweise der erste Spieler, der die Verteilung bestimmt, weiß, dass die Chips für ihn 30 Cents wert sind, für Spieler Nummer zwei aber nur 10 Cents, dann wäre eine faire Aufteilung 75 Chips für Spieler Nummer zwei. Wenn aber Spieler Nummer zwei nicht weiß, dass die Chips für Spieler Nummer zwei 30 Cents wert sind, dann kann Spieler 1 getrost die Chips 50:50 teilen – in den Augen von Spieler 2 wirkt er damit fair, ist es aber de facto nicht. Jetzt kommt in den Experimenten heraus, dass Spieler Nummer 1 in der Tat die Chips 50:50 teilt – es reicht ihm also, wenn er den Eindruck erweckt, fair zu sein. Ganz so uneigennützig sind Menschen vielleicht doch nicht. Das würde für die bereits erörterte Idee sprechen, dass Fairness auch als Norm angesehen wird, der man nachkommen will.

Kritik gibt es auch bei den Gift-Exchange-Experimenten, hier bleibt ein Aspekt unberücksichtigt: die Dauer dieser kooperativen Zusammenarbeit. Berücksichtigt man, dass manche Entscheidungen unter unmittelbaren Eindrücken des Umfeldes getroffen werden, so kann es sein, dass diese Eindrücke sich mit der Zeit verflüchtigen und man seine Entscheidung ändert. Kurz gesagt könnte Folgendes passieren: Unter dem Eindruck des Wohlwollens des Arbeitgebers, der höhere Löhne zahlt, ist man bereit mehr zu arbeiten. Doch hat sich erst einmal dieser Eindruck gelegt, hat man sich an den jeweiligen Zustand gewöhnt, so kann es passieren, dass man dann seinen Arbeitsaufwand wieder reduziert. Genau das ist das Ergebnis der bereits besprochenen Studie von Gneezy und List (2006): Offenbar lässt die Bereitschaft, auf faire Löhne mit fairen Anstrengungen zu reagieren, mit der Zeit nach.

List (2007) zeigt in einer Übersicht über rund 200 Experimente zum Diktator-Spiel, dass Variationen des Spiels zu deutlich anderen Ergebnissen führen können: Erlaubt man beispielsweise Spieler 1, Spieler 2 Geld wegzunehmen, sinkt die Anzahl der Spieler, die sich fair verhalten – was sich mit vielen Erklärungen zum Diktator-Spiel (beispielsweise soziale Präferenzen oder Ungleichheitsaversion) nicht vereinbaren lässt. Ein weiterer Befund von List (2006) ist es, dass in Laborexperimenten das Verhalten der Menschen recht gut zu der Idee sozialer Präferenzen passt, doch sobald man eine identische Anordnung von Anreizen auf echten Märkten testet (wo sich die Versuchspersonen nicht beobachtet fühlen), so verschwindet dieses Verhalten – auf echten Märkten reduzieren sich soziale Präferenzen deutlich.

So hat List zuerst im Labor künstliche Märkte für Baseball-Karten untersucht, bei denen die Verkäufer – eigennütziges Verhalten auf beiden Seiten unterstellt – die niedrigste Qualität liefern und die Käufer den niedrigsten Preis bieten sollten. Im Labor allerdings bieten die Verkäufer eine bessere Qualität und die Kunden zahlen mehr (*gift exchange*). Sobald die Verkäufer allerdings in echten Märkten denken, dass ihr Verhalten nicht mehr beobachtet wird, verschwindet dieser Effekt: Sie verkaufen den Kunden niedrige Qualität für hohe Preise.

Lediglich bei lokalen Anbietern lassen sich Hinweise darauf finden, dass diese eine bessere Qualität bieten – was sich sehr gut mit dem Aufbau von Reputation und der Hoffnung auf langfristige Geschäftsbeziehungen erklären lässt. Verkäufer, die nicht erwarten, noch einmal Geschäfte mit den Kunden zu machen, zeigen keine Neigung zu sozialen Präferenzen. Ähnliche Ergebnisse zeigen Hoffmann et al. (1994): Sie kommen bei der Untersuchung von Double-blind-Diktator-Spielen, bei denen niemand außer dem Entscheider (dem Diktator) weiß, wie er entschieden hat, zu dem Ergebnis, dass eigennütziges Verhalten in diesem Fall noch ausgeprägter wird. Sie interpretieren dieses Ergebnis dahingehend, dass ein Verhalten, das den Nutzen anderer Menschen berücksichtigt, durch strategische Erwartungen motiviert ist. Kurzum: Menschen verhalten sich im Labor anders als in echten Märkten, wenn sie unbeobachtet sind.

Dieser Befund findet sich auch schon bei kleinen Kindern: Gibt man ihnen Aufkleber mit der Option, diese mit einem anderen Kind zu teilen, so sind sie großzügiger, wenn sie den Empfänger ihrer Gabe sehen und wenn sie die Sticker, die sie hergeben, in einen transparenten Container (statt in einen undurchsichtigen Container) legen, wo der Empfänger sehen kann, wie viele Aufkleber geschenkt werden. Je transparenter also ihre Schenkung ist, umso großzügiger werden die Kinder (Leimgruber et al. 2012).

Betrachtet man die Ergebnisse der Ultimatum-Spiele evolutionär, so bietet sich eine interessante Interpretation an (Smith 2008; S. 218 ff.): Verhaltensnormen oder Moralvorstellungen, die zu Kooperation anhalten, sollen kurzfristig eigennutzmaximierendes Verhalten zugunsten einer langfristig angelegten Kooperation verhindern, welche die Zusammenarbeit und das Zusammenleben einer Bevölkerung erleichtert, indem sie beispielsweise Transaktionskosten senkt (man muss nicht alle Vertragsdetails regeln, man vertraut Geschäftspartnern) und die Erwartungen aller Beteiligten stabilisiert. Solche Normen, die über einen langen Zeitraum in immer wieder ähnlichen Situationen – mehrmals oder einmalig – eingeübt werden, etablieren sich, wenn sie sich als evolutionär überlegen erweisen – eben weil sie die wohlfahrtsfördernde Kooperation erleichtert. Mit anderen Worten: Kooperation und Fairness haben sich als Norm in einem sozialen Prozess entwickelt, die das Miteinander der Menschen vereinfacht hat, diese Norm liegt also im langfristigen Interesse aller Menschen.

Solche Normen allerdings können schlecht an der Labortür abgelegt werden, weswegen die Vorstellung, in einem Labor die Menschen zu einem einmaligen Spiel zu bewegen, in dem es eine eindeutig dominante, eigennützige Strategie gibt, unrealistisch ist – Menschen sind es gewohnt, immer eine Situation nach der anderen zu bewältigen, eine Reihung von Situationen, die man streng genommen als einmalige Spiele interpretieren könnte, wird von den Menschen in einem sozialen Zusammenhang wahrgenommen. Diese Erfahrung sozialen Verhaltens wird auch im Labor durchkommen – je nach Versuchsanordnung mehr oder weniger. Dies könnte erklären, warum man in einmaligen Ultimatum-Spielen mehr Kooperation erhält, als es eine spieltheoretische Analyse für ein solches Spiel erwarten lassen würde.

Solche evolutionär überlegenen Strategien haben sich vermutlich zuerst in Kleingruppen entwickelt, wo die Einhaltung solcher Normen einer strengen sozialen Kontrolle unterliegen – in modernen Gesellschaften hingegen ist diese soziale Kontrolle nicht mehr hinreichend gesichert, was erklärt, warum wir heutzutage institutionelle Regeln benötigen, die für ein geregeltes Miteinander sorgen – viele dieser Regelungen haben sich vermutlich ebenfalls evolutionär entwickelt.

5.2 Emotionen

Der klassische Homo Oeconomicus in den Modellen der Ökonomen kennt keine Emotionen, keinen Neid, kein Bedauern, keine Freude – er entscheidet rein nach rationalen Gesichtspunkten. Diese Vernachlässigung der Emotionen bei der Modellbildung resultiert aus der Tatsache, dass Emotionen die Prognosekraft ökonomischer Modelle enorm reduzieren würden, da sie menschliches Verhalten noch unberechenbarer machen. Nichtsdestotrotz gibt es in der Literatur auch Ansätze, Emotionen in ökonomische Modelle einzubeziehen (für einen Überblick und auch im Folgenden vgl. Elster 1998).

Die unterschätzte Rolle von Emotionen Emotionen gelten als unberechenbare Verhaltenskomponente, weswegen die Ökonomen diese bei der theoretischen Modellbildung vernachlässigten, um mathematisch beherrschbare Modelle zu erhalten. Dabei drängen sich Emotionen als Determinante menschlichen Verhaltens förmlich auf. So können sie beispielsweise zeitinkonsistentes Verhalten erklären (vgl. 4.3.1): In der emotionalen Hitze des Moments (Gier, Wut) werden Objekte oder Handlungsweisen attraktiver, weswegen man sich gegen die langfristige Option entscheidet. Akuter Hunger und Gier zerstören gute Vorsätze. Die Nähe der Belohnung oder andere Faktoren wie Gerüche, Geräusche oder vertraute Situationen lösen ungesteuerte Gefühle aus, die zu zeitinkonsistentem Verhalten führen. Ein anderes Beispiel für die Rolle von Emotionen sind Verhandlungen – möglicherweise bricht man diese ab, weil man sich unfair behandelt fühlt oder weil man wütend auf den Verhandlungspartner ist, obwohl das zu nachteiligen Ergebnissen führt.

Der Wissenstand über Emotionen lässt sich in drei Hypothesen zusammenfassen (vgl. Kopcke, Little, Tootell 2004):

- Erstens sind emotionale Reaktionen schneller als kognitive Prozesse – zuerst kommen die Emotionen, dann die kognitive Interpretation des Geschehens; die Emotionen sind also schon da, bevor wir bewusst nachdenken.
- Zweitens haben Emotionen das Potenzial, uns in komplett andere Menschen zu verwandeln.
- Drittens neigen Menschen dazu, die Auswirkungen von Emotionen auf ihr Handeln, ihre Zukunft und ihre Vergangenheit zu unterschätzen.

Was menschliche Emotionen und Affekte so unberechenbar macht, ist wohl auch der Umstand, dass Menschen in der Lage sind, Emotionen als solche zu erkennen und gegebenenfalls durch kognitive Prozesse zu überwinden – man wird wütend, will im ersten Impuls handeln, erkennt aber rechtzeitig die Unbesonnenheit eines solchen Tuns und besinnt sich eines besseren, einer rationaleren Handlung. Allerdings ist dabei völlig unklar, wann überlegtes Nachdenken die Oberhand über Gefühle behält und wann sich die Emotionen durchsetzen – genau diese Unsicherheit macht menschliches Handeln so unberechenbar, wenn man Emotionen in die Analyse einbezieht.

Arten von Emotionen Was genau aber sind Emotionen? Medizinisch gesehen handelt es sich um Zustände des Organismus, in denen bestimmte Teile des autonomen Nervensystems eine Veränderung erfahren, verbunden mit Veränderungen in der Physiognomie (Gesichtsausdruck u. ä.) und bestimmten Handlungstendenzen (Strongman 1996). Emotionen können zum einen unabhängig von einem bestimmten Objekt sein (man ist generell ein ängstlicher Mensch), also sozusagen einen mentalen Grundzustand beschreiben, als auch von einem bestimmten Objekt abhängen (man sieht seinen Chef und wird wütend).

Welche Arten von Emotionen gibt es? Elster (1998) unterscheidet sechs verschiedene Kategorien:

- Soziale Emotionen wie Zorn, Hass, Schuld, Stolz oder Scham,
- Emotionen über etwas, das hätte passieren können: Bedauern, Enttäuschung oder Erleichterung,
- Emotionen darüber, was passieren könnte: Angst und Hoffnung,
- Emotionen über das, was passiert ist: Freude und Kummer,
- Emotionen über den Besitz anderer: Neid, Eifersucht oder Schadenfreude,
- andere Emotionen wie romantische Gefühle, Zufriedenheit oder Ekel.

Was macht eine Emotion aus? Erstens werden Emotionen im Gegensatz zu Gefühlen wie Hunger oder Schmerz durch mentale Prozesse ausgelöst: Wir bilden uns eine Einschätzung über etwas, diese Einschätzung löst dann Neid, Angst, Hass oder Schuldgefühle aus. Zweitens referieren Emotionen auf ein Objekt: Man ist neidisch auf eine Person, man fühlt sich beschämt über den Zustand einer Angelegenheit, man hat Angst vor dem dunklen Keller. Drittens verändern Emotionen den physiologischen Zustand eines Menschen (beispielsweise Herzklopfen, Unwohlsein), dies zeigt sich viertens auch oft nach außen (Körperhaltung, Erröten, Gesichtsausdruck etc.).

Fünftens lösen Emotionen zumeist eine Handlung aus: Wer sich schämt, will sich verstecken, wer hasst, will zerstören, wer zornig ist, sinnt auf Rache. Solche unmittelbaren, durch Emotionen ausgelösten Handlungen können aber durch soziale Normen verhindert werden – wenn eine Gesellschaft den Wert von Mut betont, unterdrückt das den Fluchtimpuls im Falle der Angst.

Emotionen selbst wählen Inwieweit Menschen sich frei entscheiden können, bestimmte Emotionen zu haben, ist umstritten. Man kann aber beispielsweise bestimmte Situationen vermeiden, von denen man weiß, dass sie zu negativen Emotionen führen. Wer weiß, dass er sich bei einer bestimmten Fernsehsendung zu sehr aufregt, schaut sich diese erst gar nicht an, wer nicht auf seinen Depotauszug schaut, läuft nicht in Gefahr, Zorn, Angst oder Wut zu entwickeln. Dieses Beispiel zeigt aber auch schon die Gefahr eines solchen emotionalen Selbst-Managements: In der Absicht, Situationen zu vermeiden, die zu negativen Gefühlen führen, steckt man den Kopf in den Sand und beraubt sich der Möglichkeit, durch rasche Entscheidungen Schlimmeres zu verhindern, indem man beispielsweise sein Depot neu strukturiert und Verliereraktien verkauft. Allerdings können Emotionen auch zum Gegenteil, zu einem hektischen Aktionismus führen: Man schaut ins Portfolio, wird zornig, ängstlich und verkauft seine Aktien beim ersten Anzeichen einer Krise (zur Frage, inwieweit und wie Menschen Emotionen regulieren können, vgl. bspw. Rivers, Brackett, Katulak, Salovey 2007).

Emotionen zu simulieren kann spieltheoretisch von Vorteil sein, da man auf diese Weise die Annahmen des Gegenüber über die eigene Auszahlungsfunktion beeinflussen kann: Wer sich das Image als jähzorniger Hitzkopf zulegt, macht seinen Gegenspielern glaubhafter, dass er bereit ist, auch sich selbst zu schaden, beispielsweise einen Vernichtungskrieg zu führen, um den Konflikt auszutragen – das kann dann dazu führen, dass der Gegenspieler vor einem Waffengang zurückschreckt.

Shaming Emotionen können auch auf andere Art Probleme lösen, beispielsweise indem sie sozial erwünschtes Verhalten bestärken. Soziale Normen, die einer Stabilisierung der Gemeinschaft dienen, werden bestärkt, wenn man bei den Mitgliedern der Gemeinschaft die Beachtung oder Nicht-Beachtung der Normen mit Gefühlen versieht – Schande, wenn man soziale Normen verletzt (man stiehlt, raubt) oder Stolz, wenn man sie erfüllt (man spendet). Vor diesem Hintergrund kann man versuchen, Emotionen in anderen Menschen zu erzeugen, um ein gewünschtes Verhalten zu erreichen. Beispielhaft dafür ist das sogenannte „Shaming", also der Versuch, in Menschen Schuldgefühle auszulösen, um sie an bestimmten Handlungen zu hindern (vgl. bspw. Gopalan 2007). So hat man beispielsweise im Zuge der Finanzkrise 2008 den Vorständen großer Banken in der Öffentlichkeit stark zugesetzt, und sie angesichts ihrer hohen Gehälter der Gier bezichtigt, so dass einige von ihnen einen Teil ihrer Gehälter zurückgegeben haben, andere haben auf ihre erfolgsbasierten Gehaltsbestandteile verzichtet.

Im besten Fall kann das Erzeugen von Schuldgefühlen dazu führen, dass Taten erst gar nicht begangen werden – allerdings wäre es recht optimistisch, sich darauf zu verlassen. Zudem wirft eine solche Politik auch eine Menge rechtlicher und sozialer Fragen auf, zugespitzt könnte man sagen, dass sie zu einer Art Selbstjustiz führt, bei der jede Handlung an den sozialen Pranger gestellt werden kann – nicht nur aus berechtigter Empörung, sondern auch aus strategischem Interesse. Im schlimmsten Fall lädt die Praxis des Shaming dann dazu ein, alles und jeden als moralisch fragwürdig anzuprangern – im Zeitalter des Internet keine abwegige Vorstellung. Das wäre der Weg in eine Moraldiktatur, die ihre Berechtigung nicht aus demokratisch legitimierten Prozessen zieht, sondern aus der moralischen Empörung einzelner Personen und der Lautstärke ihres Protests. Im allerschlimmsten Fall sind solche Prozesse der Auftakt zu Progromen.

Weitere Forschungsbereiche, in denem Scham und Schuldgefühle eine ökonomische Rolle spielen, sind beispielsweise

- die regionalen und kulturellen Determinanten solcher Gefühle – diese unterliegen in ihrer Intensität und in ihrer Bedeutung kulturellen Einflüssen, was politische oder ökonomische Folgen haben kann. So vermutet Velayutham (2003), dass in asiatischen Gesellschaften Verantwortung nicht explizit übernommen wird, sondern durch Scham, öffentliche Säuberungsrituale und Opfer ersetzt wird – die westlichen Vorstellungen von Verantwortlichkeit und guter Unternehmensführung (Corporate Governance) wie Offenheit, Teilhabe am Prozess und Transparenz seien nicht auf asiatische Gesellschaften anwendbar. Wenn aber die moralischen Kategorien, nach denen Verantwortung in asiatischen Gesellschaften bestimmt wird, mit zunehmender Modernisierung verwässen, kann es zu Krisen und Unternehmensskandalen kommen.

- Schamgefühle können sich auch negativ auswirken, wenn man sich nicht entschuldigen will oder eine öffentlich vertretene Position nicht aufgeben will oder kann (vgl. bspw. Conner, Jordan 2009), beispielsweise wenn ein Führer einer Fraktion oder Partei durch eine öffentliche Entschuldigung zur De-Eskalation beitragen könnte, dies aber nicht kann, beispielsweise, weil er den Zusammenhalt der eigenen Gruppe nicht gefährden will. Das Fehlen von Schamgefühlen kann negativ sein, wenn man es versäumt, seinen Kindern z. B. ein Schamgefühl für den Fall anzuerziehen, dass diese nicht selbst für ihren Lebensunterhalt aufkommen können (vgl. Lindbeck, Nyberg 2006).
- Scham und Schuldgefühle können auch auch bei der Bekämpfung von Kriminalität eine Rolle spielen (vgl. bspw. Buanno, Montolio, Vanin 2009).
- Möglicherweise kann man die Steuermoral der Bürger nicht nur durch hohe Strafen und eine höhere Entdeckungswahrscheinlichkeit, sondern auch durch eine entsprechende soziale Ächtung der Steuerhinterziehung heben (Coricelli; Joffily, Montmarquette, Villeval 2010).
- Emotionen sind möglicherweise wichtige Mechanismen, um soziale Normen zu sichern – die Empörung über Regelverstöße oder Unfairness (wie beispielsweise beim Ultimatum-Spiel) kann dazu beitragen, soziale Normen in einer Gesellschaft zu verankern und durchzusetzen (vgl. Pham 2007).

Emotionen und Entscheidungen Emotionen können einen großen Einfluss auf die Entscheidungen von Menschen haben und dazu führen, dass dieses Verhalten auf den ersten Blick unökonomisch scheint. Möglicherweise können Emotionen aber sogar zu ökonomischeren Entscheidungen führen, nämlich dann, wenn man die begrenzte Informationsverarbeitungskapazität eines Menschen berücksichtigt. Wer versucht, zu viele Informationen zu verarbeiten, um zu einer optimalen Entscheidung zu kommen, wird möglicherweise in eine Entscheidungsparalyse verfallen, statt etwas zu tun, sammelt er Informationen ohne Ende, wägt sie gegeneinander ab, kommt aber aufgrund seiner begrenzten Problemlösungsfähigkeiten zu keinem Ergebnis und entscheidet nicht.

Hier können Emotionen ein wertvoller Helfer sein, indem sie dort eine Entscheidung herbeiführen, wo eine Entscheidung auch notwendig ist – wenngleich vielleicht auf Kosten der erstbesten (aber möglicherweise ohnehin unerreichbaren) Lösung. Wer beispielsweise im Dunklen ein Geräusch hört, hält still und lauscht, wenn Essen bitter schmeckt, spuckt man es aus – ohne vorher langwierige Entscheidungsprozesse zu veranstalten. Insofern könnte man vermuten, dass manche Emotionen als heuristische Entscheidungsregel dienen, wenn es darum geht, eine schnelle Lösung zu finden, wo sie auch nötig ist. Indem die Emotion unsere Aufmerksamkeit auf einen Teilaspekt eines Entscheidungsproblems lenkt, führt sie schnell eine Entscheidung herbei, unter Umgehung eines ansonsten langwierigen Entscheidungsprozesses. Das mag in früheren Zeiten lebensrettend gewesen sein – erst rennen, dann fragen.

Möglicherweise sind Emotionen für die menschliche Entscheidungsfindung wichtiger als man es bisher vermutet, darauf lassen zumindest neurowissenschaftliche Erkenntnisse schließen (vgl. Damasio 2006). Patienten mit Schädigungen des Gehirns (des präfrontalen Cortex) schnitten beispielsweise bei Kartenspielen, bei denen das Risiko eines finanziellen Verlustes bestand, deutlich schlechter ab als gesunde Patienten. Die Aufgabe bestand darin, Karten von den Stapeln A und B oder aber von den Stapeln C und D zu nehmen, jede Karte repräsentierte einen Gewinn, wobei die Gewinne von A und B deutlich größer waren als bei C und D; allerdings konnte man bei A und B auch große Verluste machen, bei C und D hingegen nicht. Die gesunden Patienten nahmen nach einer Lernzeit nur noch Karten von den Stapeln C und D und vermieden damit große Verluste, die hirngeschädigten Personen hingegen nahmen die Karten hauptsächlich von A und B und beendeten das Spiel mit Verlusten. Zwar zeigten sie auch bei Verlusten entsprechende Reaktionen (gemessen über die Hautleitfähigkeit), aber im Vorfeld der Entscheidung, von welchem Stapel man eine Karte zieht, zeigten sie keine emotionalen Reaktionen – wiederum gemessen anhand der Hautleitfähigkeit –, bevor sie eine riskante Entscheidung treffen. Die anderen Probanden zeigen bereits eine emotionale Reaktion, bevor sie riskante Alternativen wählen. Emotionen könnten also Warnsignale sein, die Menschen vor dauerhaft gefährlichen Entscheidungen warnen sollen. Diese Warnsignale fehlten den hirngeschädigten Patienten, sie waren, so die These, offenbar nicht in der Lage, zukünftige Emotionen zu antizipieren.

Dass bedeutet aber nicht, dass Emotionen immer positiv für die Entscheidungsfindung sind: So zeigen Shiv, Loewenstein und Bechara (2005a), dass Emotionen auch zu schlechten Entscheidungen führen können. Probanden mussten sich 20-mal hintereinander entscheiden, ob sie in eine Lotterie investieren, bei der sie gegen einen Einsatz von einem Dollar mit einer Wahrscheinlichkeit von 50 % 2,50 $ gewinnen konnten. Rational ist es hier, die Lotterie zwanzigmal hintereinander zu spielen, da man im Durchschnitt damit 1,25 $ pro Spiel gewinnt (man gewinnt im Schnitt die Hälfte der Spiele, das macht zehnmal 2,50 $, also 25 $, bei einem Gesamteinsatz von 20 $), während man ohne die Lotterie nur den einen Dollar sicher hat. Die Patienten mit Hirnschäden spielten dieses Spiel signifikant häufiger als normale Kontrollprobanden. Diese reagierten auf Lotterien mit schlechtem Ausgang mit einer geringeren Bereitschaft, die Lotterie noch einmal zu spielen und offenbarten damit eine hohe Verlustaversion.

Der Gemütszustand eines Menschen dürfte generell erheblichen Einfluss auf seine Entscheidungen wie auf seine Selbstkontrolle haben – alleine wie, ist mehr oder weniger ungeklärt. Die Zahl der Studien ist groß, die Ergebnisse sind heterogen. Eine Übersicht für solche Studien findet sich bei Winterich und Haws (2011).

Bauchgefühle: Die Somatic-Marker-Hypothese Ausgehend von diesen Beobachtungen hat Damsio (2006) die sogenannte Somatic-Marker-Hypothese entwickelt: Emotionen im Vorfeld einer Entscheidung – körperliche Reaktionen auf Szenarien, die mit der Entscheidung verbunden sind, treten ein, noch bevor wir ein Kosten-Nutzen-Kalkül vornehmen. Noch bevor man also eine Entscheidung abwägt, hat man vor einer Entscheidung eine körperliche Reaktion, eine Emotion, ein schlechtes Gefühl, umgangssprachlich eine Bauchreaktion – die körperliche Reaktion markiert eine Handlungsoption und den damit verbundenen möglichen Ausgang und warnt uns damit davor, diese Option zu wählen. Bestimmte Folgen potenzieller Alternativen werden also mit einer körperlichen Reaktion versehen respektive markiert (*somatic marker*) und warnen uns vor potenziellen zukünftigen Verlusten, die aus dieser Option erwachsen könnten. Aufgrund dieses Bauchgefühls entschließt man sich daraufhin, diese Option auszuschließen und reduziert damit die Anzahl der Alternativen, unter denen es zu wählen gilt. Der somativ marker ist sozusagen ein automatisches emotionales Warnsignal, das uns die Entscheidungsfindung erleichtern soll. Das bedeutet nicht, dass man nun aus dem Bauch heraus entscheidet, aber man nimmt möglicherweise sofort Abstand von der Option, bei der man ein ungutes Gefühl hat und reduziert damit die Anzahl der in Betracht kommenden Alternativen. Der Ursprung des somatic markers könnte in bisherigen Erfahrungen liegen: Man lernt aus alten Erfahrungen und überträgt sie auf zukünftige Ereignisse (zur Kritik und zur Debatte um die Somatic-Marker-Hypothese vgl. Pham 2007).

Emotionen und Kooperation Aus den Ultimatum-Spielen (vgl. 5.1.1) lassen sich auch Ideen über den Einfluss von Emotionen auf kooperative Prozesse entwickeln. Lehnt Spieler 2 beim Ultmatum-Spiel das Angebot von Spieler 1 ab und verliert darauf hin Geld, so kann man dieses Geld auch als Preis betrachten, den man für die Bestrafung von Spieler 1 bezahlt – der Ärger oder die Wut über das schlechte Angebot von Spieler 1 kann eine Ursache dafür sein, dass man dessen Angebot ablehnt. Wird das als unfair empfundene Angebot allerdings als nicht beabsichtigt wahrgenommen, steigt dessen Akzeptanz – wir sind eher bereit, eine unfaire Verteilung hinzunehmen, wenn diese Unfairness nicht beabsichtigt war. Absichtlich unkooperatives Verhalten löst Wut und Ärger aus und führt damit zu anderen Emotionen als Verhalten, das zwar unkooperativ, aber unbeabsichtigt ist und deswegen eher toleriert wird. (vgl. Blount 1995)

Kasten 23: Emotionen, Kaufverhalten und Werbung

Im Marketing spielen Emotionen eine wichtige Rolle, wie schon ein einfaches Experiment zeigt (Mukhopadhyay, Gita 2007): Vergleicht man die emotionalen Zustände von Konsumenten, so zeigt sich, dass diejenigen, die einen ungeplanten Kauf getätigt haben, sich glücklich fühlen, Kunden hingegen, die nicht gekauft haben, empfinden weniger Glück, sind dafür aber stolz – vermutlich, weil sie nicht den Verlockungen des Kaufes erlegen sind. Anschließend zeigte man beiden Personengruppen nun zwei Arten von Werbung, von denen die eine an den Stolz der Konsumenten appelliert („Stolz zu sein, an der Columbia Universität zu studieren"), die andere an das Glücksgefühl („Glücklich zu sein, an der Columbia Universität zu studieren"). Dabei zeigte sich, dass die Konsumenten, die gekauft hatten, sich also glücklich fühlten, sich eher von der zweiten Werbung angesprochen fühlten; wer nicht gekauft hatte, also stolz war, fand die Werbung, die an den Stolz appellierte, attraktiver. Vergegenwärtigten sich die Probanden aber ihre Kauf- (oder Nichtkauf-) entscheidung, verschwand dieser Effekt. Offenbar hatten die Probanden ihren Gemütszustand, ausgelöst durch die Entscheidung zu kaufen oder nicht zu kaufen, auf die Anzeige übertragen; sie glaubten, dass die Anzeige ihr Glücksgefühl oder ihren Stolz ausgelöst hatte. Allerdings sind Gefühle nicht so eindeutig bestimmbar: Wer zu einem deutlichen Rabatt kaufte, zeigte Glück und Stolz zugleich – Stolz vermutlich wegen des Geldes, das man gespart hatte. In einer anderen Studie zeigen Winterich und Haws (2011), dass Menschen zu gesünderem Essen greifen und ungesunde Snacks eher meiden, wenn sie eine zukunftsgerichtete, positive Emotion erfahren haben (Hoffnung); vergangenheitsgerichtete Emotionen (Stolz über etwas Erreichtes) haben diesen Effekt nicht.

Emotionen und der Kosten-Nutzen-Ansatz In der klassischen mikroökonomischen Theorie lassen sich Emotionen als Kosten oder Nutzen modellieren, die Eingang in eine Entscheidung finden; damit lassen sich Emotionen in ein einfaches mikroökonomisches Entscheidungsmodell einbauen. Ob man also beispielsweise etwas stiehlt, hängt vom Wert des Objektes ab und von den Kosten des Diebstahls, die auch die moralischen Kosten beinhalten, die durch Schuldgefühle entstehen – sind diese hoch genug, so wird man nicht stehlen. Ein anderes Beispiel ist der Umgang mit Bettlern: Menschen vermeiden oft die Begegnung mit einem Bettler (beispielsweise, indem sie die Straßenseite wechseln), um sich der Schuldgefühle zu entziehen, die man hat, wenn man auf einen Bettler trifft. Die Entscheidung, die Straßenseite zu wechseln, kann zu einem simplen Grenzkostenkalkül werden: Man spendet Geld an den Bettler, wenn der Grenznutzen des Geldbetrags, der das Schuldgefühl gegenüber dem Bettler lindern soll, größer oder gleich ist dem Grenznutzen des Geldbetrags in anderen Verwendungszwecken. Schuldgefühle sind also emotionale Kosten, zu deren Linderung man spendet – allerdings nur, wenn der Grenznutzen aus der Spende größer ist als der Grenznutzen, den diese Spende in anderen Verwendungrichtungen hätte. Vereinfacht gesagt fragt man sich also, was den größeren Nutzen gibt: Einen Euro spenden und damit die Schuldgefühle reduzieren oder aber diesen Euro in ein anderes Konsumgut, beispielsweise ein Eis, zu investieren und mit den Schuldgefühlen zu leben – Emotionen werden also zum reinen Kostenfaktor (oder auch Nutzenfaktor).

Elster (1998) allerdings kritisiert diese Sichtweise: Gäbe es eine Pille, die alle Schuldgefühle beseitigen würde, so würden solche Akte, die zu Schuldgefühlen führen, billiger werden, da man nun keine Schuld mehr hat – die Pille beseitigt einen wichtigen Kostenfaktor. Dennoch: Wohl kaum ein Mensch, der Schuldgefühle empfinden würde, wenn er stehlen würde, würde diese Pille nehmen wollen – obwohl er damit die Kosten seiner Handlung senken könnte. Wer bereit wäre, sie zu nehmen, müsste sie nicht nehmen. Möglicherweise wird der Ansatz, Emotionen als einfache Kosten oder Nutzen in einer Nutzenfunktion zu modellieren, der Komplexität dieses Phänomens ganz nicht gerecht. Wenn Schuldgefühle aber wichtige soziale Signale setzen, dann wäre es durchaus rational, die Pille nicht zu nehmen, weil man weiß, dass man dadurch sozusagen ein soziales Frühwarnsystem verliert, was einen auf lange Frist in Schwierigkeiten bringen würde.

Emotionen: weitere Befunde Fraglos haben Emotionen einen Einfluss auf das Verhalten der Menschen und ihre Entscheidungen; allerdings gibt es in vielen Fällen keine geschlossenen, kohärenten Theorien, sondern Einzelbefunde (vgl. Pham 2007):

- Die meisten stärkeren Emotionen (außer Traurigkeit) reduzieren die Leistung des Arbeitsgedächtnisses. Das beeinträchtigt beispielsweise bei Ängstlichkeit die Fähigkeit, Informationen abzurufen, zu kombinieren, auf ihre Konsistenz hin zu verifizieren und nach Alternativen zu suchen. Dies gilt aber nicht für schwächere Emotionen, hier kann Sorge beispielsweise zu sorgfältigerem Arbeiten führen.
- Positive Emotionen haben tendenziell positive Auswirkungen auf die Flexibilität im Denken und die Kreativität bei Problemlösungen, allerdings werden Probleme bei positiven Stimmungen eher weniger sorgfälig und weniger datengetrieben gelöst. Bei negativen Stimmungen sind die Ergebnisse tendenziell spiegelbildlich.
- Menschen neigen dazu, Emotionen dem Objekt zuzuordnen, das gerade in ihrem Fokus ist – unabhängig davon, ob dies tatsächlich der Fall ist. Wer an einem sonnigen (regnerischen) Tag gefragt wird, wie glücklich er ist, schätzt sich tendenziell als glücklicher (unglücklicher) ein – das Wetter wird als diagnostischer Wert für das allgemeine Wohlbefinden missdeutet. Das könnte beispielsweise die Korrelation zwischen guten Börsentagen und Wetter erklären, die man in Studien beobachtet hat

(Shua; Hung 2009; Hirshleifer, Shumway 2003), ebenso wie den Befund, dass Niederlagen in Fußballspielen einen Effekt auf Aktienkurse haben können (Edmans, Garcia, Norli 2007).

- Emotionen beeinflussen die Risikowahrnehmung: Negative Emotionen und Furcht (positive Emotionen und Ärger) führen zu einer Überschätzung (Unterschätzung) von Risiken. Generell werden durch emotionale Grundhaltungen subjektive Wahrnehmungen in Richtung der bestehenden Grundhaltung verstärkt; wer beispielsweise traurig ist, nimmt Ereignisse tendenziell eher als traurig wahr.
- Emotionen spielen auch eine Rolle bei der Willensstärke: Negative Emotionen führen eher zu übermäßigem Essen, Rückfällen bei Rauchern, die aufgehört haben zu rauchen, zu verstärktem Kaufverhalten und zu verstärkter Neigung, Versuchungen zu erliegen.
- Emotionen, die durch ein Objekt ausgelöst werden, beschleunigen und verstärken die Entscheidungsfindung („Soll ich dieses Hemd kaufen?") – wer emotional handelt, handelt schneller und auch extremer. Ist in den Zeitungen von Rinderwahn statt von Creutzfeld-Jakob die Rede, sinkt der Konsum an Rindfleisch drastischer.
- Emotionen sind auch abhängig vom Umfeld einer Entscheidung, wer in einem Spiel 10 € gewinnt, ist glücklicher, wenn er in diesem Spiel 5 € hätte verlieren können als wenn er in dem Spiel nur einen Dollar hätte verlieren können. Möglicherweise misst unser affektives System nur ordinal, nicht kardinal, der absolute Wert eines Gegenstandes ist also nicht so entscheidend wie die ordinale Rangfolge von Gegenständen.

5.3 Glücksforschung (happiness research)

Nutzen, Glück und Zufriedenheit Der Grundansatz der Ökonomie besteht darin, dass Menschen ihren Nutzen maximieren wollen – Nutzen ist also das, was Menschen aus dem Konsum von Gütern oder aus ihren Entscheidungen ziehen. Die Idee der Glücksforschung besteht nun darin, nicht den Nutzen eines Menschen zu ermitteln, sondern dessen Zufriedenheit respektive dessen Glück. Vereinfacht gesagt untersucht man den Zusammenhang zwischen ökonomischen Variablen wie Einkommen, Inflation oder anderen Merkmalen und dem Niveau des Glücks oder der Zufriedenheit mit dem Leben.

Aber ist Glück vergleichbar mit der Vorstellung der Ökonomen von Nutzen? Nutzen ist in den Augen der Ökonomen das, was unsere Entscheidungen lenkt – wir entscheiden uns so, dass wir unseren aktuellen und erwarteten Nutzen maximieren. Damit lässt sich nach der Lesart von Ökonomen der Nutzen eines Menschen aus seinen Entscheidungen ablesen – die Alternative, für die er sich entscheidet, ist diejenige, die ihm den höchsten Nutzen stiftet. Das führt zu der Erkenntnis, dass der Nutzen der Menschen dann am höchsten ist, wenn man ihnen möglichst viel Entscheidungsfreiheit einräumt. Wer frei entscheiden kann, wählt diejenige Alternative, die seinen individuellen Nutzen maximiert.

Dieser Ansatz ist in jüngster Zeit in die Kritik geraten. Die Vertreter der Glücksforschung berufen sich auf die Erkenntnisse der Behavioral Economics, vor allem auf die Biasses (vgl. Kap. 2) und die Probleme bei der Zeitinkonsistenz (Kap. 4) und behaupten, dass Menschen nicht immer rationale Entscheidungen treffen – sie machen nach dieser Lesart systematische Fehler bei ihren Entscheidungen, weswegen man ihren wahren Nutzen nicht aus den von ihnen getroffenen Entscheidungen ablesen kann. Stimmt diese Einschätzung, dann wäre der ökonomische Ansatz, das Wohlbefinden von Menschen anhand ihrer Entscheidungen zu messen, verbesserungsfähig. Allerdings wirft das die Frage auf, wer denn entscheidet, welche Handlungsweisen richtig, also glücksstiftender sind.

Bei der Glücksforschung befragt man Menschen direkt, wie glücklich oder zufrieden sie sind. Während die traditionelle Ökonomie Nutzen daran festmacht, wie sich Menschen entscheiden, fragt die Glücksforschung nach dem subjektiven Wohlbefinden der Menschen. Aber ist Glück dasselbe wie Nutzen? Abgesehen von den semantischen Unterschieden gibt es einen fundamentalen Unterschied: So unterliegen viele glücksbestimmende Dinge, die für unser Wohlbefinden wichtig sind – Heirat, Job, Gesundheit – nicht vollständig unserer Entscheidungsgewalt, sondern sind auch von äußeren Umständen abhängig, die wir nicht beeinflussen können. Damit können wir nicht sagen, welche Auswahlmöglichkeiten ein Mensch zum Zeitpunkt seiner Entscheidung hatte; sein aktuelles Glück ist vermutlich nicht nur Ergebnis eines nutzenmaximierenden Prozesses, sondern auch Ergebnis äußerer Umstände, die er nicht kontrollieren kann. Die Glücksgefühle, die wir bei einem Menschen beobachten, sind also nicht alleine Ausdruck seiner Entscheidungen, seines Nutzens, sondern auch Ergebnis zufälliger, nicht steuerbarer Prozesse. Insofern ist Glück nicht identisch mit der Idee von Nutzen, wie ihn Ökonomen definieren. Allerdings kann man auch argumentieren, dass Menschen bei ihren Entscheidungen all diese Unwägbarkeiten mit in ihr Kalkül einbeziehen und den erwarteten Nutzen beziehungsweise das erwartete Glück unter Unsicherheit maximieren.

Ein zentrales Problem der Glücksforschung ist die Frage, wann welche Ereignisse das Glücksempfinden und die Zufriedenheit der Menschen beeinflussen – inwieweit kann man wirklich alle Glücksfaktoren identifizieren und für konkrete politische Maßnahmen nutzen? So ist beispielsweise die allgemeine Zufriedenheit mit dem Leben bei den Franzosen laut Eurobarometer im Jahr 1998 gestiegen – als das Land die Fußballweltmeisterschaft beherbergte und gewann; ähnliches kann man für Portugal beobachten, dort stieg die Lebenszufriedenheit im Jahr 2000, als die portugiesische Nationalmannschaft das Halbfinale der Europameisterschaft erreichte. (DB Research 2006). Solche offenbar glückstiftende Ereignisse eignen sich kaum als Fundament einer wie auch immer gearteten Politik. Um überhaupt Politik betreiben zu können, die das Glück der Bevölkerung erhöht, muss man zunächst das Glück der Bevölkerung messen und dann Zusammenhänge zwischen diesem gemessenen Glück und verschiedenen Umweltvariablen herstellen.

Wie misst man Glück? Der Dreh- und Angelpunkt der Glücksforschung ist die Frage, wie man Glück misst. Hierzu diskutiert man in der Literatur unterschiedliche Verfahren. Objektive Indikatoren für Glück wären beispielsweise die Messung von Hirnströmen oder anderer physiologischer Indikatoren. Eher ökonomisch orientierte Indikatoren wären beispielsweise das Bruttoinlandsprodukt pro Kopf oder Sozialindikatoren wie Lebenserwartung, Teilhabe am Bildungssystem, Zugang zu Wasser oder ähnliche Indikatoren.

Kasten 24: So misst man Glück

Der naheliegende Weg, das Wohlbefinden der Menschen zu messen, besteht darin, Umfragen zu machen, die grundsätzlich alle auf der gleichen Idee beruhen: Man befragt Menschen regelmäßig nach ihrem Wohlbefinden, ihrem Glücksgefühl. Hier gibt es verschiedene Methoden, nach dem subjektiven Wohlbefinden fragen, das auf einer numerischen Skala angegeben wird. Auch mittels Labormessungen kann man das Wohlbefinden der Menschen erfassen: Man setzt sie unangenehmen Erfahrungen aus (kaltes Wasser, Lärm) und bittet sie, auf einer Skala das Ausmaß ihres Wohlbefindens zu dokumentieren. Eine weitere Methode zur Messung von Glück ist die Erlebnis-Stichproben-Methode (*experience sampling method*), hier fragt ein tragbarer Computer die Teilnehmer an solchen Studien mehrmals am Tag, was sie gerade tun, wo sie sind und in welcher Gesellschaft sie sind und welche Gefühle und Emotionen sie haben. Auf diesem Weg gewinnt man detaillierte Erkenntnisse darüber, in welchem Zusammenhang verschiedene Tätigkeiten mit dem Wohlbefinden von Menschen stehen. Ähnlich funktioniert auch die Tagesrekonstruktion (*day reconstruction method*), hier führen die Teilnehmer der Studie ein Tagebuch, in dem sie einzelne Ereignisse während ihres Tages beschreiben und dazu die Intensität ihrer Gefühle angeben, die sie während dieser Ereignisse hatten. Ein weiterer Vorschlag zur Messung von Wohlbefinden ist der U-Index (Kahneman, Krueger 2006), der den Anteil der Zeit misst, die ein Mensch in einem unangenehmen Zustand („unpleasant") verbringt, und auf den Daten aufbaut, die man die aus der Erlebnis-Stichproben-Methode oder der Tagesrekonstruktion gewinnt. Nicht zuletzt versucht man Glück zu messen, indem man physische Reaktionen oder Zustände misst, beispielsweise über bildgebende Verfahren bei der Messung der Gehirnaktivität. So zeigt sich beispielsweise, dass die Erwartung von Geldgewinnen bestimmte Bereiche des Gehirns aktiviert; zugleich stiegen die von den Versuchspersonen selbst angegebenen Glücksgefühle (Knutson et. al. 2001). Diese Ergebnisse legen nahe, das Glücksempfinden von Menschen anhand physiologischer Faktoren zu bestimmen. So zeigen Studien, dass Bluthochdruck und Glücksempfinden negativ korreliert sind, d. h. die Menschen in glücklichen Nationen haben weniger Probleme mit Bluthochdruck – was die Überlegung nahelegt, das Glück einer Nation auf dem Umweg über diese Variable zu messen oder zumindest die Ergebnisse der Glücksforschung über diese Variable zu verifizieren (Blanchflower, Oswald 2007b).

Subjektive Maßzahlen für Glück erhält man, indem man das Wohlbefinden oder die Glücksgefühle von Menschen abfragt (Eurobarometer, European Social Survey, European Quality of Life Survey, European Social Surveys,

Latinobarometers, Asiabarometers). Beispielsweise fragt man Menschen, wie zufrieden sie insgesamt mit ihrem Leben sind: sehr, einigermaßen oder nicht all zu glücklich? Eine andere Möglichkeit besteht darin, das Wohlbefinden der Menschen in mehreren Dimensionen abzufragen (Wie oft in den vergangenen 30 Tagen fühlten Sie sich glücklich? Zufrieden? Lebendig? In guter Laune? Traurig? Nervös? Hoffnungslos?) Diese Indikatoren werden in Studien oft genutzt, haben aber Probleme:

- *Verlässlichkeit.* Die Antwort auf die Fragen, wie glücklich man ist, dürfte durch gegenwärtige Eindrücke oder Stimmungen verzerrt sein (Verfügbarkeitsheuristik, vgl. 2.2.2). Wer am Morgen vom Chef einen Rüffel bekommen hat, antwortet abends auf die Frage nach seiner Zufriedenheit anders als jemand, der am Morgen ein Erfolgserlebnis hatte. Zudem hat das Wort „Glück“ oder „Zufriedenheit“ für Menschen eine unterschiedliche Bedeutung – auch das kann zu Verzerrungen der Umfragen führen, beispielsweise, wenn die Nationalmannschaft das Finale verliert.
- *Validität.* Messen die Umfragen auch wirklich das, was sie zu messen glauben? Der Befragte hat möglicherweise keine Meinung zu der Frage, wie glücklich er ist, oder aber er gibt vor, glücklicher zu sein, als er ist, da er einen guten Eindruck hinterlassen möchte.
- *Vergleichbarkeit.* Die Auffassung von Glück unterliegt kulturellen Unterschieden, das erschwert einen Vergleich zwischen verschiedenen Nationen oder Kulturen – vielleicht sogar auf nationaler Ebene. Auch in zeitlicher Hinsicht kann man nicht sicher sein, dass der Glücksbegriff nicht Veränderungen unterliegt. So kritisieren Sprachforscher die Glücksforschung für ihre Leichtigkeit, die sie beim Umgang mit der Bedeutung des Wortes „Glück“ zeigen – es sei eine Illusion zu glauben, dass die englische Bedeutung des Wortes Happiness der in anderen Sprachen entspreche (Wilkinson 2007). Auch scheint es unterschiedliche Mentalitäten zu geben, was die Auskunft über das eigene Glück gegenüber Dritten angeht – in Asien neigt man eher zur Zurückhaltung, während in Lateinamerika der Glücksindex inflationiert zu sein scheint (vgl. ebenda). Stimmen diese Einwände, so dürften internationale vergleichende Studien zum Glück eine deutlich geringere Aussagekraft haben. Auch innerhalb eines Landes kann es durchaus sein, dass gänzlich unterschiedliche Auffassungen zur Bedeutung des Wortes „Glück“ existieren (beispielsweise in Ländern mit

hohem Einwandereranteil), so dass auch nationale Studien unter diesem Problem leiden könnten.

- *Übersetzbarkeit.* Lassen sich Gefühle wie Glück angemessen und vergleichbar in eine Skala übersetzen? Möglicherweise fühlt sich Person A unglücklicher als Person B, kreuzt aber auf einer Glücksskala die gleiche Zahl an wie B – die persönlichen Standards, wie man solche Gefühle in Zahlen übersetzt, differieren schlichtweg. Das bedeutet, dass Gefühle und Einstellungen weder exakt gemessen noch miteinander verglichen werden können (Wilkinson 2007).
- *Maßstab.* Woran misst man sein Glück – anhand seiner aktuellen Situation, vergleicht man sich mit Menschen, denen es deutlich besser (oder schlechter) geht, oder vergleicht man sich mit seiner Referenzgruppe (mit den Nachbarn, Kollegen oder Mitstudenten)? Je nachdem, welche Referenzgröße man zum Vergleich heranzieht, dürfte auch das persönliche Glücksempfinden unterschiedlich ausfallen (Verglichen mit Ihrem Nachbarn geht es Ihnen besser, als wenn Sie sich mit einem Oscar-Gewinner vergleichen).
- *Kausalität.* Wenn eine Studie beispielsweise herausfindet, dass glückliche Menschen tendenziell häufiger verheiratet sind als unglückliche Menschen, dann sagt das noch nichts über die Kausalität aus: Macht Heirat glücklicher oder heiraten glückliche Menschen häufiger?
- *Anzahl der Einflussfaktoren.* Die Anzahl der Faktoren, die das Wohlbefinden eines Menschen, sein Glück, beeinflussen, dürfte gegen Unendlich gehen. Die erste Frage, die sich in diesem Zusammenhang stellt, ist, ob man die vielen verschiedenen Dimensionen von Glück und Wohlbefinden auf eine einzige Skala, einen einzigen Wert („Alles in allem, wie glücklich sind Sie?"), pressen kann und ob jeder Mensch dies in der gleichen Weise tut. Vernachlässigt man zweitens in einer Untersuchung wichtige Faktoren, die zum Glück beitragen, so erhält man verzerrte Ergebnisse. Beispielsweise sind Gesundheitsversorgung und Volkseinkommen positiv miteinander korreliert; vernachlässigt man diesen Zusammenhang und untersucht nur den Einfluss des Einkommens auf das Glück, so überschätzt man diesen. Andererseits kann man auch argumentieren, dass erst das höhere Volkseinkommen die bessere Gesundheitsversorgung ermöglicht, was die statistische Zwickmühle, in der man steckt, noch größer macht. Je mehr potenzielle Glücksfaktoren man in

die Untersuchung einbindet, umso mehr verliert diese an Aussagekraft und degeneriert zu einer Aufzählung von Glücksfaktoren.

Diese Kritikpunkte lassen sich durch sorgfältiges Design der Studien wenn nicht eliminieren, so doch reduzieren, entgegnen die Verfechter der Glücksforschung. Vor allem Probleme mit der Verlässlichkeit der Studien, so das Argument, ließen sich durch eine größere Zahl von Teilnehmern eliminieren – durch das Gesetz der großen Zahl werden zufällige Einflussfaktoren auf das Befragungsergebnis eliminiert. Grundsätzlich ist dieses Argument richtig, das Problem liegt in der Zufälligkeit der Einflussfaktoren: Größere Stichproben eliminieren Einflüsse auf die Befragungsergebnisse, die zufälliger Natur sind, also nicht systematisch auftreten. Systematische Verzerrungen in den Befragungsergebnissen hingegen werden dadurch nicht beseitigt. Wenn also Menschen beispielsweise ihr Einkommen unterschiedlich empfinden und diese unterschiedlichen Empfindungen unterschiedlich in eine Zahl auf der Zufriedenheitsskala übersetzen, und wenn diese Unterschiede nicht zufälliger, sondern systematischer Natur sind, dann dürften Studien zur Wirkung des Einkommens auf das Glücksempfinden verzerrt sein (Wilkinson 2007).

Nimmt man diese Einwände in Kauf, so lassen sich nun einige Aussagen darüber treffen, welche Faktoren das Wohlbefinden von Menschen wie beeinflussen (vgl. auch im Folgenden dazu Frey, Bruno; Stutzer, Aloys (2002a), (2002b), und (2002c); Beck (2012) sowie die dort angegebene Literatur).

Persönliche Eigenschaften und Glück Die Frage, welche Rolle persönliche Eigenschaften für das Glück eines Menschen spielen, ist grundsätzlich keine ökonomische, allerdings ist es für ökonomische Studien zum Thema Glück wichtig, die persönlichen Einflussfaktoren zu kennen, damit keine verzerrten Schätzungen entstehen. Wer beispielsweise den Einfluss von Arbeitslosigkeit auf das persönliche Glück herausfinden will, muss wissen, welche persönlichen Eigenschaften wie auf das Glücksbefinden wirken und diese herausrechnen, um den Einfluss der Arbeitslosigkeit auf das persönliche Glück zu erhalten.

Optimismus als persönliche Eigenschaft könnte dazu beitragen, glücklicher zu werden, da optimistische Menschen sich mehr trauen, mehr wagen und sich mehr engagieren – und deswegen im Schnitt vermutlich erfolgreicher sein werden als Pessimisten, die erst gar nicht probieren, etwas zu erreichen. Eng damit zusammen hängt die Frage der Kontrollwahrnehmung: Wer der Ansicht ist, dass er großen Einfluss auf den Gang seines Lebens hat, ist beispielsweise bei geringem Einkommen glücklicher, weil er daran glaubt, dass er diese Situation ändern kann. Allerdings taucht hier sofort die Frage auf, ob Optimismus und eine hohe Kontrollwahrnehmung Ursache von höherem Wohlbefinden sind oder aber die Kausalität umgekehrt ist: Glückliche Menschen sind optimistischer. Unrealistischer Optimismus und übersteigerte Kontrollwahrnehmung scheinen auch positiv mit dem Glücksgefühl eines Menschen korreliert zu sein, sie können sich auch offenbar besser an widrige Umstände anpassen.

Ebenso glücklicher sind offenbar extrovertierte Personen, möglicherweise weil sie stärker auf Belohnungen achten und dementsprechend stark reagieren, wenn sie einen positiven Stimulus erhalten. Zudem halten sich extrovertierte Menschen häufiger unter Menschen auf – auch das scheint eine Quelle des Wohlbefindens zu sein.

Kasten 25. Die Kunst des glücklichen Geldausgebens

Vielleicht kann die Glücksforschung sogar ein wenig Lebenshilfe geben, beispielsweise beim Geldausgeben: Dunn, Gilbert und Wilson (2001) jedenfalls fragen sich, warum Geld nicht noch glücklicher macht – möglicherweise, so ihre Idee, deswegen, weil auch Geldausgeben gelernt sein will. Sie nennen einige Ideen, wie man durch kluges Geldausgeben glücklicher wird. Als erstes solle man Erlebnisse statt materieller Güter kaufen: So zeigten Umfragen, dass Menschen beim Kauf von Erlebnissen mehr Glück empfinden als beim Kauf von Gegenständen, dass der Gewöhnungseffekt bei Gegenständen rascher eintrete als bei Erlebnissen, weil Erlebnisse bereits Vorfreude beinhalten und danach häufiger nochmals erlebt werden und weil man diese Erlebnisse mit anderen Menschen teilen kann. Weiterhin sollte man Geld ausgeben, um anderen Menschen zu helfen, auch das schaffe mehr Glück als eine Ausgabe für den eigenen Konsum – man stärke damit soziale Bindungen und sehe sich selbst als besserer Mensch. Dritter Vorschlag: Kleine statt großer Konsumerlebnisse kaufen. Die Frequenz eines Ereignisses sei wichtiger als das absolute Glücksgefühl, das dieses schaffe. So reiche schon eine kurze Unterbrechung in einer Tätigkeit (oder beim Konsum), um Gewöhnungseffekte zu verhindern, die den Genuß des Konsums reduzieren. Auf dieser Idee der Adaption beruht auch die vierte Idee: Menschen gewöhnen sich rascher an schlechte Dinge, als sie denken. Wenn das so ist, könne man häufig auf Versicherungen und Rückgabegarantien verzichten. Im Gegenteil: wenn Menschen einen internen Mechanismus haben, mit dessen Hilfe sie sich an Verhältnisse anpassen, dann reduziert eine Rückgabemöglichkeit das Wohlbefinden, weil man immer im Hinterkopf die Idee hat, dass man das Produkt ja zurückgeben kann. Wer dies nicht kann, arrangiert sich glückstechnisch gesehen eher mit seinem Kauf und ist dann glücklicher. Tipp Nummer fünf: erst zahlen, dann konsumieren; hier finden die Ideen des hedonischen Mental Accounting (vgl. Abschn. 3.3.5) Anwendung. Wer erst zahlt und dann konsumiert, hat die Vorfreude, ohne sich anschließend Gedanken um das Bezahlen machen zu müssen, bestenfalls empfindet er den Konsum sogar als kostenfrei. Der sechste Ratschlag der Forscher: Man soll bei einer Kaufentscheidung mehr an die Details denken, denn diese alltäglichen Details bestimmen zu einem Großteil unser Wohlbefinden und damit auch, wie glücklich wir mit einem Kauf werden. Je mehr wir aber in die Zukunft schauen, um so weniger achten wir auf Details – und überschätzen damit den Nutzen einer zukünftigen Ausgabe. Wer also darüber nachdenkt, ein Ferienhaus zu kaufen, denkt zu viel an Ferienhäuser aus dem Prospekt statt auch über die vielen täglichen Schwierigkeiten eines Hausbesitzers (Nachbarn, Instandhaltung, lange Wege in die Stadt) nachzudenken.

Weitere Studien deuten darauf hin, dass die Lebenszufriedenheit eines Menschen stark von seiner Persönlichkeit bestimmt wird (Diener et al 1999). Untersuchungen mit Zwillingen kommen zu dem Schluss, dass auch genetische Faktoren eine Rolle für das Glück eines Menschen spielen; allerdings könnte das auch daran liegen, dass genetische Faktoren dazu führen, dass man in den gleichen Lebensumständen lebt, was wiederum die Lebenszufriedenheit beeinflusst. (Hirata 2010.) Je mehr aber Persönlichkeitsmerkmale die Lebenszufriedenheit eines Menschen bestimmen, umso geringer dürften die Möglichkeiten der Politik sein, Menschen glücklich zu machen.

Soziodemographische Eigenschaften und Glück Das Alter eines Menschen spielt eine wichtige Rolle für sein Wohlbefinden, wobei Studien zeigen, dass der Zusammenhang nicht eindeutig ist – ältere Menschen müssen nicht zwangsläufig unglücklicher sein als junge Menschen. Möglicherweise liegt das daran, dass alte Menschen ihre Anspruchsniveaus anpassen und dadurch glücklicher werden – wer die Früchte mental nicht so hoch hängt, erreicht sie leichter und ist damit auch zufriedener. Andere Studien deuten darauf hin, dass es einen U-förmigen Zusammenhang zwischen Alter und Glück geben könnte: In jungen Jahren und im Alter ist man glücklicher, zwischen 32 und 50 Jahren gibt es einen Einbruch im subjektiven Wohlbefinden (Dolan, Peasgood, White 2008). Die Gesundheit spielt dabei allerdings eine wichtige Rolle: Wer gesund ist, ist glücklicher, und die Gesundheit ist bei älteren Menschen tendenziell schlechter als bei jüngeren. Klammert man den Einfluss der Gesundheit (und einiger anderer Faktoren) aus, so scheint es, dass man im Alter um 45 herum am unglücklichsten ist, davor und danach ist das Glücksempfinden höher (Oswald 1997; Blanchflower, Oswald 2007a).

Was das *Geschlecht* angeht, so zeigen Studien ein leicht höheres Glücksempfinden bei Frauen, allerdings auch eine höhere Spannbreite der Emotionen: Frauen sind tendenziell eher sehr unglücklich oder sehr glücklich, das mag auch das leicht höhere Glücksbefinden der Frauen erklären. Auch die ethnische Herkunft könnte eine Rolle für das Glücksbefinden spielen, hier zeigen Studien, dass weiße Menschen am glücklichsten sind. Allerdings verschwinden die Unterschiede im Glücksbefinden verschiedener ethnischer Gruppen fast komplett, wenn man Faktoren wie geringere Ausbildung, geringeres Einkommen oder schlechtere Jobs berücksichtigt. Auch der Familienstand hat Einfluss auf das Glücksbefinden, dabei zeigen Studien, dass Verheiratete grundsätzlich glücklicher sind als Singles. Das deckt sich auch mit Studien, welche die positiven Effekte einer Heirat für Gesundheit und Karriere belegen. Allerdings stellt sich auch hier wieder die Frage der Kausalität (siehe Kasten 26), zudem ist dieser Unterschied ist in den vergangenen Jahren geringer geworden.

Auch die *Ausbildung* scheint eine Rolle für das subjektive Wohlbefinden zu spielen: Einige Studien finden einen positiven Zusammenhang zwischen zusätzlicher Ausbildung und Wohlbefinden, andere Studien konstatieren, dass eine mittlere Ausbildung mit der höchsten Zufriedenheit korreliert.

Religiosität hat ebenfalls einen Einfluss auf das Wohlbefinden der Menschen; religiöse Menschen sind tendenziell glücklicher. Das mag zum einen daran liegen, dass eine Religion einem Leben Sinn stiftet und damit Sicherheit verleiht, zudem mag die Aussicht auf ein Leben nach dem Tod ebenfalls zu mehr Glück beitragen. Religiöse Vorschriften wie ein Verbot von Alkohol oder Suchtmitteln haben Einfluss auf die Gesundheit eines Menschen und damit auf das Glücksbefinden eines Menschen. Nicht zuletzt könnten regelmäßige Besuche von Gottesdiensten ebenfalls glückssteigernd sein, da man auf diesem Weg beständig Kontakt zu anderen Menschen hat und soziale Unterstützung erfährt.

Kasten 26: Macht Heiraten glücklich?

Macht eine Heirat glücklich? Das Glücksbefinden verheirateter Menschen ist über fast alle Altersstufen hinweg höher als das derjenigen, die nicht oder später heiraten. Bei den letztgenannten Gruppen taucht ein interessanter Unterschied auf: Zwischen einem Alter von zwanzig und knapp unter dreißig ist das Glücksbefinden derjenigen, die später heiraten, höher als das Glücksgefühl derjenigen, die nie heiraten werden. Das würde darauf hindeuten, dass nicht die Heirat glücklicher macht, sondern dass diejenigen, die glücklicher sind, eher heiraten. Warum, ist klar: In jungen Jahren, wenn beide Gruppen noch nicht verheiratet sind, gibt es offenbar eine Gruppe von Singles, die glücklicher ist – und das sind diejenigen Personen, die später heiraten. Diejenigen, die später nicht heiraten, sind nicht so zufrieden mit ihrem Leben, und das könnte ein Grund sein, warum sie nicht heiraten. Der Befund, dass diejenigen, die später heiraten, in jungen Jahren glücklicher sind, gilt auch für die Altersklasse ab Anfang dreißig. Lediglich um das dreißigste Lebensjahr herum lassen sich keine Unterschiede ausmachen – hier sind diejenigen, die nie heiraten werden, genauso glücklich wie diejenigen, die später noch heiraten werden. Interessanterweise nähert sich das Glücksbefinden derjenigen, die nie heiraten werden, mit zunehmendem Alter wieder dem Niveau der Verheirateten an – vor allem ab dem fünfzigsten Lebensjahr geht es glückstechnisch betrachtet mit den Singles wieder nach oben (vgl. Stutzer, Frey 2005).

Einkommen und Glück Einkommen spielt eine wichtige Rolle für das Wohlbefinden der Menschen, und der erste Befund vieler Studien ist auch der, den man erwartet: Menschen in reicheren Nationen sind glücklicher; je entwickelter ein Land ist, umso glücklicher sind seine Einwohner. Allerdings ist dieser empirische Befund nur begrenzt hilfreich, da ein Land mit hohem Einkommen seinen Bürgern all das bieten kann, was beiträgt zum Wohlbefinden, beispielsweise medizinische Versorgung und stabile politische Verhältnisse. Auf einzelwirtschaftlicher Ebene zeigt sich ebenfalls, dass ein hohes Einkommen glücklicher macht, allerdings gibt es auch Anzeichen dafür, dass der Grenznutzen des Einkommens abnehmend ist: Mit steigendem Einkommen sinkt dessen Einfluss auf das Wohlbefinden der Menschen.

Ein verstörender Befund allerdings ist, dass trotz steigendem realen Sozialprodukt in den Vereinigten Staaten die Zufriedenheit der Bevölkerung insgesamt (also das durchschnittliche Glücksgefühl der Amerikaner) leicht gesunken ist. Dieser Befund wird in der Literatur als Easterlin-Paradox diskutiert (Easterlin 2001): Obwohl das Pro-Kopf-Sozialprodukt in den westlichen Staaten in den vergangenen 50 Jahren gestiegen ist, ist das durchschnittliche Glücksbefinden mehr oder weniger konstant geblieben – macht Geld also nicht glücklich? Eine Erklärung für diese Befragungsergebnisse könnte sein, dass sich in den vergangenen Jahren die Bedeutung des Wortes „Glück" geändert hat – dann wäre der obige Befund ohne Aussagekraft. Für dieses Argument spricht der Befund, dass ein höheres Einkommen auf einzelwirtschaftlicher (individueller) Ebene durchaus zu mehr Glück führt.

Eine andere Erklärung zielt darauf ab, dass ein höheres Einkommen nur bis zu einer bestimmten Schwelle auch mehr Glück generiert, danach werden andere Dinge – Freunde, soziale Beziehungen, Familie – wichtiger. Dieses Argument nehmen Kritiker der traditionellen Wirtschaftspolitik zum Anlass, das Wachstumsziel für entwickelte Volkswirtschaften radikal in Frage stellen, da Wachstum ja nur ein Mittel zum Zweck – mehr Zufriedenheit der Bevölkerung – sein sollte. Allerdings verkennt dieses Argument, dass Wachstum und Fortschritt auch wichtige Glücksinfrastruktur bereitstellt, beispielsweise ein besseres Gesundheitssystem.

Weiterhin kann man zur Erklärung des Paradoxons zwischen einem Einkommenseffekt und einem Status-Effekt unterschieden: Steigt das Einkommen für alle Bürger eines Staates, so steigt auch deren Glücksbefinden – das ist der Einkommenseffekt. Nimmt man nun noch an, dass der zusätzliche Nutzen des Einkommens umso geringer ausfällt, je reicher man wird, dann ist klar, dass mit zunehmendem Einkommen eines Landes zwar das Glück noch steigt, aber der positive Effekt dieses Einkommenszuwachses auf das

Glück immer geringer wird. Einfacher formuliert sinkt der Grenznutzen des Einkommens: Über den ersten Porsche freut man sich mehr als über den dritten. Der Status-Effekt hingegen besagt, dass unser Glücksempfinden in Bezug auf unser Einkommen auch davon abhängt, was unsere Nachbarn verdienen: Je wohlhabender man im Vergleich zu einer Referenzgruppe – den Nachbarn, den Kollegen oder Verwandten – ist, umso glücklicher ist man. Steigt also das Einkommen einer gesamten Volkswirtschaft, so verändert sich das Glücksgefühl über den Status-Effekt gar nicht, weil die Flut des steigenden Einkommens alle Boote gleichmäßig hebt. Der Status-Effekt beschert uns nur mehr Glück, wenn unser Einkommen stärker steigt als das der Nachbarn.

Damit ließe sich das Easterlin-Paradox auflösen: Ein steigendes Einkommen auf gesamtwirtschaftlicher Ebene führt umso weniger zu einer Zunahme des Glücksbefindens, je reicher eine Nation wird. Dass sich dennoch auf individueller Ebene ein positiver Zusammenhang zwischen Einkommen und Glück findet, erklärt sich über den Status-Effekt: Wenn unser persönliches Einkommen steigt, ändert sich der relative Abstand zwischen uns und unseren Nachbarn, und das macht uns glücklicher. Um es platt zu formulieren: Steigen alle Einkommen, so macht mich das nicht glücklicher (und führt zu keinem gesamtgesellschaftlichen Anstieg des Glücks), steigt hingegen nur mein Einkommen, so steigert der damit verbundene Status-Zuwachs mein Wohlbefinden. Oder wie ein russisches Sprichwort es formuliert: Wenn mein Nachbar zehn Kühe hat und ich zehn Kühe, so bin ich zufriedener als wenn mein Nachbar 20 Kühe hat und ich 18.

In der Tat gibt es Studien, die zeigen, dass das Glücksempfinden der Menschen sinkt, wenn das Einkommen der Nachbarn steigt (Luttmer 2005). Studien zeigen aber auch, dass Menschen eine Aversion gegen Ungleichheit haben: So sinkt das Glücksempfinden, wenn die Ungleichheit hoch ist, wobei dieser Effekt in Europa ausgeprägter ist als in den Vereinigten Staaten (Alesina, Di Tella, MacCulloch 2004). Ein Status-Effekt könnte auch erklären, warum Menschen trotz steigendem Konsum ihr Arbeitsangebot nicht verringern. Unterstellt man einen sinkenden Grenznutzen des Konsums, so sollte mit steigendem Einkommen, also steigenden Konsummöglichkeiten, das Arbeitsangebot sinken, da Freizeit nun relativ gesehen wertvoller wird. Wenn aber Status-Motive ein entscheidender Faktor für das Arbeitsangebot sind, dann wird man trotz steigendem Einkommen (sinkendem Grenznutzen des Konsums) sein Arbeitsangebot nicht verringern.

Rund zwei Drittel eines Einkommensanstiegs, so Schätzungen, haben auf gesamtwirtschaftlicher Ebene keinen Effekt, weil sie dem Status-Effekt zum Opfer fallen. Allerdings lässt diese Theorie die Frage offen, welches das Einkommen ist, mit dem sich Menschen vergleichen – das Durchschnittseinkommen des Landes, das Einkommen einer Bezugsgruppe mit ähnlichen demographischen Eigenschaften oder Einkommen, die visibel sind und die man leichter wahrnehmen kann? Zudem müsste man, will man die Wohlfahrt eines Menschen messen, eigentlich seinen Konsum messen statt sein Einkommen, was schwierig ist. Auch der Konsum öffentlicher Güter spielt eine Rolle für die Wohlfahrt und das Glück eines Menschen, vernachlässigt man dies, so wird der Einfluss des Einkommens auf das Glücksbefinden überschätzt.

Ein weiterer kritischer Punkt in der Bestimmung des Einflusses des Einkommens auf das persönliche Glück sind andere Variablen wie beispielsweise Gesundheit oder stabile familiäre Beziehungen: Wer gesund ist und in einer stabilen Beziehung lebt ist glücklicher und hat bessere Chancen auf ein höheres Einkommen – lässt man diese Zusammenhänge außen vor, so überschätzt man den Einfluss des Einkommens auf das Wohlbefinden. Andererseits dürfte vermutlich ein höheres Einkommen auch zu einer besseren Gesundheit und zu stabileren Beziehungen führen, was wiederum für das Einkommen als entscheidende Variable sprechen würde. Diese Zusammenhänge in Schätzungen sauber zu trennen dürfte mehr oder wenig unmöglich sein. Wie dem auch sei: Wenn die Idee vom Status-Effekt stimmt, dann wäre einer der Königswege zu mehr Zufriedenheit, Vergleiche mit dem Nachbarn zu vermeiden.

Eine alternative Erklärung für das Easterlin-Paradox wäre, dass sich mit steigendem Einkommen andere Lebensumstände verschlechtern, die dann auf das Wohlbefinden der Bevölkerung drücken: längere Arbeitszeiten, mehr Umweltverschmutzung, Ungleichheit, Scheidungsraten, Kriminalität steigen mit zunehmendem Wohlstand einer Bevölkerung und beeinträchtigen deren Wohlbefinden. Die Idee ist theoretisch plausibel, aber empirisch falsch: Studien zeigen, dass diese Variablen das Easterlin-Paradox nicht erklären können. Schlimmer noch: Einige dieser Phänomene haben sich in den vergangenen Jahren verbessert, und dennoch ist das Glücksbefinden der Bevölkerung nicht gestiegen – das macht das Easterlin-Paradox sogar noch größer.

Schließlich käme als Erklärung in Betracht, dass Menschen sich an ein Anspruchsniveau gewöhnen – steigt das Einkommen, so steigen auch die Ansprüche an das Leben, der Grad der Zufriedenheit bleibt gleich oder sinkt sogar. Ein Anstieg des Einkommens im ersten Jahr führt zu mehr Zufriedenheit, doch man gewöhnt sich an den neuen Lebensstandard, an das höhere Einkommen und passt seine Erwartungen an das Leben nach oben an. Das hat zur Folge, dass der Zufriedenheitsschub durch das höhere Einkommen nur temporär ist, nach einigen Jahren hat man sich daran gewöhnt und ist wieder genau so (un)zufrieden wir vor dem Gehaltsanstieg. Diese Idee legt den Gedanken nahe, dass das Leben eine hedonische Tretmühle ist und Menschen dazu verdammt sind, immer neuen Zielen hinterherzulaufen, wenn die alten erreicht sind. Steigt unser Einkommen, so sind wir temporär glücklicher, doch nach einer Weile gewöhnen wir uns an den neuen Zustand und haben höhere Erwartungen – womit wir dann genau so glücklich sind wie zuvor. Exemplarisch zeigen das Studien über Lottogewinner (Brickman, Coates, Janoff-Bulman 1978): Ihr Gewinn verschafft ihnen, verglichen mit Nicht-Lotto-Gewinnern, keinen dauerhaften Zuwachs an Zufriedenheit. Allerdings ist die Stichprobengröße dieser Studie mit 22 Gewinnern recht gering.

Kasten 27: Das Brutto-National-Glück

Das Sozialprodukt ist in der klassischen Ökonomik eine Maßzahl für den Wohlstand eines Landes, weist aber als Wohlfahrtsindikator viele Unzulänglichkeiten auf. Als Alternative zum Sozialprodukt werden verschiedene neue Maße vorgeschlagen (vgl. dazu Stiglitz, Sen, Fitoussi o. J.), die auch auf die Ergebnisse der Glücksforschung zurückgreifen. Ziel dieser Ansätze ist die Berechnung eines Brutto-National-Glücks, das statt der Produktion eines Landes dessen Wohlfahrt messen soll. Vorbild für diese Ideen ist das Königreich Bhutan, das einen Bruttonational-Glücksindex (*gross national happiness*) zum Gegenstand seiner Politik gemacht hat, der detaillierte Auskunft darüber geben soll, wie, wo und in welchen Dimensionen sich das Wohlbefinden der Bürger entwickelt (Uran, Alkire, Zangmo 2012). Mit Hilfe dieses Index, der auf 33 gewichteten Indikatoren in neun verschiedenen Bereichen basiert, soll der Staat erkennen, was seine Bürger glücklich macht, wie das Wohlbefinden im Staat verteilt ist und dadurch in der Lage sein, seine Politik besser am Wohlbefinden der Bürger auszurichten. In der Tat misst das Sozialprodukt die Leistungsfähigkeit eines Landes, nicht die Zufriedenheit seiner Bürger. Nichtsdestotrotz betrachtet die Literatur ein nationales Glücksprodukt nicht als Ersatz, sondern als Ergänzung zum Sozialprodukt, denn Wirtschaftspolitik benötigt auch Informationen über die Leistungsfähigkeit des Landes und über die Einkommen der Bürger.

Das würde bedeuten, dass Menschen nie vollständig zufrieden sein werden. Aber nicht nur das: Stimmt diese Idee, so kann man argumentieren, dass ein Mehr an Optionen nicht glücklicher macht, sondern möglicherweise sogar unglücklicher. Wer mehr Möglichkeiten hat, schraubt seine Ansprüche nach oben und ist unglücklich, wenn er diese nicht erfüllen kann. Darüber hinaus würde das bedeuten, dass ein großer Teil unseres Glücks nicht durch die äußeren Umstände, sondern durch unsere persönlichen Eigenschaften bestimmt wird – egal, was kommt, wir passen uns an unsere Umgebung an und erreichen das Glücksniveau, das unsere Persönlichkeit realisieren kann. Extrem verkürzt öffnet diese Sicht der Welt den Weg zum Fatalismus: Es kann uns egal sein, was kommt und sein wird. Diese Sicht der Dinge ist sicherlich übertrieben; eine Studie für Deutschland zwischen 1984 und 1994 (Erhardt, Saris, Veenhoren 2000) zeigt, dass in etwa 30 % der Schwankungen in der Zufriedenheit der Menschen mit ihrem Leben durch äußere Umstände bedingt ist; andere stabile Faktoren wie Persönlichkeitsmerkmale oder soziale Beziehungen haben in etwa den gleichen Einfluss auf das Wohlbefinden.

Fasst man die Resultate weiterer Studien zusammen, so kommt man zu dem Ergebnis, dass rund 60 % eines anfänglichen Glücksanstiegs durch ein gestiegenes Einkommen nach zwei Jahren verschwinden, nur 13 % des Glücksgefühls überleben auf lange Frist (Clark, Frijters, Shields 2008). Das Leben ist vermutlich keine Tretmühle, zumindest keine vollkommene. Andere Arbeiten legen den Schluss nahe, dass fast die Hälfte des persönlichen Glücksempfindens genetisch determiniert ist, 40 % des Glücks durch entsprechende Tätigkeiten erreicht werden und die restlichen 10 % den Lebensumständen geschuldet sind (Lyubomirsky, Sheldon, Schkade 2005).

Neuere Studien allerdings bezweifeln grundsätzlich den fehlenden Zusammenhang zwischen Einkommen und Zufriedenheit, so zeigt die 130 Länder umfassende Studie von Gallup einen deutlichen Zusammenhang zwischen Einkommen und Lebenszufriedenheit, eine weitere Studie von Ipsos bestätigt diesen Eindruck (o. V. 2007). Auch Weimann, Knabe und Schöb (2012) bezweifeln das Easterlin-Paradox: Zum einen kritisieren sie Qualität der Daten, auf denen die Studien zum Glücksempfinden beruhen; vor allem die Daten des World Value Survey seien verzerrt. So hat Deaton (2010) den Zusammenhang zwischen Zufriedenheit und Einkommen mittels der Gallup World Poll in 140 Ländern untersucht. Sein Fazit: Es ist nicht wahr, dass es einen kritischen Wert des Sozialproduktes gibt, ab dem ein Zuwachs des Einkommens keinen Effekt auf die Lebenszufriedenheit hat (S. 245.). Es zeigt sich lediglich, dass mit steigenden Einkommen der Zuwachs an Zufriedenheit abnimmt – was der traditionellen Vorstellung von einem sinkenden Grenznutzen des Einkommens entsprechen würde. Ein Beleg für diese Zweifel an der Validität der Daten zum Easterlin-Urteil könnte der Umstand sein, dass sich über lange Zeiträume keine Zusammenhänge finden zwischen Glück und Variablen wie erhöhter Langlebigkeit, mehr Freizeit, sinkenden Verbrechensraten, sinkende Ungleichheiten zwischen den Geschlechtern, steigenden Staatsausgaben oder gesunkener Kindersterblichkeit, die man eigentlich erwarten müsste (Johns, Ormerod 2007). Nimmt man die Argumente des Easterlin-Paradoxons ernst, so müsste man dementsprechend auch postulieren, dass Verbrechensraten oder Kindersterblichkeit keinen Einfluss auf das Wohlbefinden der Bevölkerung haben; man könnte dann auch argumentieren, dass man das Staatsbudget senken kann, ohne das Glücksgefühl der Bevölkerung zu senken – eine Idee, welcher die meisten Glücksforscher heftig widersprechen dürften.

Ein weiterer Einwand gegen die Studien zu Einkommen und Glück besteht darin, dass die Skala, mit deren Hilfe man das Glück oder die Lebenszufriedenheit der Menschen abfragt, sich im Zeitablauf verändert: Je zufriedener Menschen werden, umso leichter können sie sich noch höhere Zustände der Zufriedenheit vorstellen, und ihre eigene Position sehen sie dann immer noch unter diesen höheren Zuständen. Damit mutiert die Suche nach dem Zufriedenheitsgefühl der Menschen zu einer Jagd nach einem beweglichen Ziel; das Zufriedenheitsniveau von heute lässt sich also nicht mit dem Zufriedenheitsniveau von morgen vergleichen – ist dem so, werden die Studien zu Einkommen und Glück wertlos. Ein drittes Argument gegen das Easterlin-Paradox bezieht sich auf den Zeitbezug der Studien: Wer wohlhabender ist, erfreut sich besserer Gesundheit und lebt länger, ein höheres Einkommen produziert also auch ein längeres Glücksgefühl. Die Studien zu Glück und Einkommen fragen aber immer nur die Zufriedenheit zu einem bestimmten Zeitpunkt ab, nicht aber auf die über die Zeit kumulierte Zufriedenheit. Der Zeitbezug dürfte auch eine weitere Fehlerquelle der Studien zum Easterlin-Paradoxon enthalten: Während die Skala des Glücksempfindens nach oben hin endlich ist, ist das Einkommenswachstum nicht nach oben limitiert. Wer also 1970 auf einer Skala von eins bis fünf seine Glücksgefühle mit einer Fünf bewertet hat, kann 1990 auch nur eine fünf vergeben, auch wenn sein Einkommen sich verdreifacht hat. Und selbst wer 1920 nur eine vier vergeben hat, wird 1990 vielleicht davor zurückscheuen, eine fünf zu vergeben, die ja perfektes Glück signalisieren würde – gibt es das überhaupt? Nicht zuletzt ungeklärt ist die Frage der zeitlichen Verteilung des Glücksempfindens – ist ein Leben, das aus Enttäuschungen und einer großartigen Erfahrung am Ende des Lebens besteht, glücklicher als ein Leben mit mäßigen, aber gleichverteilten Glücksgefühlen? Ist ein Leben mit steigendem Glücksempfinden besser als eines, das großartig beginnt und danach zunehmend an Glück verliert? Diese Fragen werfen letztlich wieder die Frage auf, was Glücksforscher eigentlich genau messen oder messen wollen.

Unter dem Strich muss man davor warnen, aus der Idee des Easterlin-Paradoxons zu leichtfertig politische Empfehlungen zu ziehen, zumindest kann man sagen, dass die Fakten- und Datenlage wohl nicht so ausreichend ist, wie es auf den ersten Blick scheint. Wer über das Easterlin-Paradox diskutiert, kann sich auch fragen, ob er denn zufriedener wäre, wenn sein Einkommen sinkt oder wenn man ihm ein steigendes Einkommen verweigert – was man ja als praktische Konsequenz aus diesem Paradoxon verstehen könnte.

Arbeitslosigkeit und Glück Arbeitslosigkeit hat verständlicherweise einen Einfluss auf das persönliche Glücksbefinden. Eine Ursache dafür ist neben den Einkommenseinbußen der Verlust an Selbstachtung; wer arbeitslos ist, fühlt sich nutzlos, vermisst eine feste Aufgabe, einen Sinn in seinem Leben. Hinzu kommt, dass Arbeitslose zumeist in einem schlechteren gesundheitlichen Zustand sind und dass Arbeitslosigkeit eine Art soziales Stigma erzeugen kann, unter dem der Arbeitslose leidet. Studien deuten darauf hin, dass die Kausalität zwischen Unzufriedenheit und Arbeitslosigkeit –

wer unglücklich ist, wird eher arbeitslos – minimal ist. Individuell zeigt sich, dass Männer stärker unter Arbeitslosigkeit leiden als Frauen, ebenso wie Personen mittleren Alters stärker darunter leiden als junge oder ältere Menschen; Menschen mit höherer Ausbildung leiden stärker unter Arbeitslosigkeit als Personen mit geringer Ausbildung.

Aber nicht nur die individuelle Arbeitslosigkeit, auch Arbeitslosigkeit auf gesamtwirtschaftlicher Ebene hat einen negativen Einfluss auf das Glücksbefinden der Menschen. Zum einen fürchten sie, selbst arbeitslos zu werden, zum anderen leiden sie mit den Arbeitslosen und deren Schicksal. Ein Anstieg der Arbeitslosenquote um einen Prozentpunkt von 9 auf 10 % führt zu einem Rückgang der Lebenszufriedenheit von 0,028 Punkten auf einer Skala von eins bis vier (Di Tella, MacCulloch, Oswald 2001a).

Inflation und Glück Dass Inflation ebenfalls das Wohlbefinden einer Nation beeinflusst, liegt angesichts der massiven Belastungen, die hohe Inflationsraten mit sich bringen, auf der Hand. Eine der wesentlichen Befürchtungen der Bürger ist, dass ihr nominales Einkommen nicht Schritt hält mit der Inflation, dass also ihr Realeinkommen sinkt. Weitere negative Effekte von Inflation, die Menschen fürchten, sind politische Instabilität, sinkende öffentliche Moral sowie eine Beschädigung des nationalen Prestiges. Di Tella, MacCulloch und Oswald (2001b) schätzen, dass ein Anstieg der Inflationsrate um einen Prozentpunkt von acht auf neun Prozent zu einer Reduktion des Glücksgefühls um 0,012 Einheiten einer Skala für das Wohlbefinden von eins bis vier führt. Die herkömmliche ökonomische Literatur schätzt die Wohlfahrtsverluste aus einer Inflation von zehn Prozent auf 0,3 bis 0,5 % des Sozialproduktes; den Schätzungen der Glücksforschung zufolge liegen diese Kosten deutlich höher. Vergleicht man die Wohlfahrtsverluste aus Arbeitslosigkeit (0,028 Punkte) mit den Verlusten aus Inflation (0,012 Punkte), so scheint Menschen die Inflation das kleinere Übel zu sein. Di Tella et al (2001b) schätzen, dass Menschen bereit wären, einen Anstieg der Arbeitslosenquote von einem Prozent einzutauschen gegen einen Anstieg der Inflationsrate um 1,66 %.

Weiterhin zeigt sich, dass die Auffassungen über Inflation zwischen Ökonomen und Nicht-Ökonomen sehr weit auseinander gehen (Shiller 1996). Entgegen der Ansicht der Ökonomen, dass Inflation nur schadet, wenn sie unerwartet ist, zeigt sich in Studien, dass jede Form von Inflation das Glücksbefinden der Bürger reduziert (Frey, Stutzer 2002b). Allerdings beeinträchtigt wie gesehen Arbeitslosigkeit das Wohlbefinden stärker als Inflation; wobei Inflation für junge Menschen mit höherer Ausbildung eine wichtigere Rolle spielt als Arbeitslosigkeit, bei älteren Menschen mit niedriger Ausbildung verhält es sich anders herum (Blanchflower 2008).

Ebenfalls glücksmindernd wirken sich *Rezessionen* aus – um Menschen für die Wohlfahrtsverluste aus einer typischen amerikanischen Rezession zu entschädigen, müsste man ihnen ein zusätzliches Einkommen in Höhe von 200 $ pro Jahr zahlen (Tella, MacCulloch und Oswald 2001a). Das wären drei Prozent des Pro-Kopf-Sozialproduktes, ein Verlust, der größer ist als das Einkommen, das eine Volkswirtschaft in einer Rezession verliert.

Kasten 28: Wer ist glücklich?

Fasst man die Ergebnisse der Glücksforschung zusammen, so lässt sich festhalten, wer am glücklichsten ist (Blanchflower 2008): Glück und Zufriedenheit sind tendenziell größer für Frauen, Menschen mit vielen Freunden, junge und alte Menschen, Verheiratete und in Partnerschaft Lebende, Gesunde, besser Gebildete, Selbständige, Menschen mit höherem Einkommen, religiöse Menschen, Menschen mit niedrigem Blutdruck, Menschen, die mindestens einmal die Woche Sex mit dem gleichen Partner haben, konservative Wähler, ehrenamtlich Tätige, Menschen, die Sport betreiben und Menschen in westlichen Nationen. In Europa haben neun Länder (Dänemark, Finnland, Frankreich, Italien, Luxemburg, Niederlande, Spanien, Schweden und Großbritannien) in den vergangenen Jahren einen positiven Glückstrend erfahren, in Österreich und Irland hat sich das Glücksbefinden der Bürger nicht geändert, in Deutschland, Griechenland und Portugal hat es sich verschlechtert.

Politische Implikationen und Kritik Die politischen Implikationen der Glücksforschung können größer sein, als man es auf den ersten Blick vermutet:

- Wenn Menschen den Einfluss des Einkommens auf ihr Glück tatsächlich überschätzen, so wäre das ein Argument für eine höhere Besteuerung des Einkommens, um dadurch die Menschen zu weniger Arbeit und mehr Freizeit zu bewegen. Stimmt zudem die Idee vom Status-Effekt, so sollte man höhere Steuern auf hohe Einkommen fordern, da der Wettlauf um Status ein Nullsummenspiel ist – was der eine gewinnt, verliert der andere (es sei denn, man unterstellt, dass der Wettlauf mit dem Nachbarn selbst auch einen Nutzen stiftet). Weitet sich dieser Status-Wettlauf auch auf Arbeitszeiten aus, so würde das bedeuten, dass Menschen aus Status-Motiven zu viel arbeiten, was eine höhere Besteuerung der Einkommen rechtfertigen würde, um sie vor sich selbst zu schützen. Allerdings müsste man mit diesem Argument alle Status-Güter und –Tätigkeiten besteuern, was immer man darunter verstehen mag – beispielsweise Golfspielen, ein Instrument lernen oder ähnliche Tätigkeiten.

- Wenn soziale Kontakte ein Faktor für mehr Wohlbefinden und Glück sind, wäre dies ein Argument dafür, die Teilhabe am sozialen Leben zu fördern; man könnte sogar fordern, die räumliche Mobilität der Menschen zu begrenzen, da dadurch soziale Kontakte verloren gehen – dann wäre die Glücksforschung ein Argument gegen eine steuermindernde Pendlerpauschale.
- Die negativen Folgen von Arbeitslosigkeit und Inflation für die Zufriedenheit sprechen für eine Bekämpfung dieser makroökonomischen Krankheiten. Allerdings benötigt man keine Glücksforschung, um die Notwendigkeit einer solchen Politik zu erkennen.
- Wenn Arbeitslosigkeit wie beobachtet das Glück der Menschen reduziert, dann wäre die klassische These von freiwilliger Arbeitslosigkeit nicht haltbar – warum sollten Menschen freiwillig unglücklich sein? Freiwillige Arbeitslosigkeit entsteht nach klassischer Lesart dadurch, dass die Menschen nicht bereit sind, für einen bestimmten Lohn zu arbeiten. Dass Arbeitslosigkeit Menschen unglücklicher macht, könnte aber auch daran liegen, dass sie zu hohe Ansprüche stellen und darüber unglücklich sind – aber dennoch Arbeitslosigkeit einer ihrer Meinung nach unzureichenden Bezahlung vorziehen.
- Weiterhin legen empirische bestimmte Zusammenhänge zwischen Inflation und Arbeitslosigkeit einen typischen Philips-Kurven-Zusammenhang nahe, nach dem man nach keynesianischer Lesart Arbeitslosigkeit durch mehr Inflation bekämpfen kann. Stimmt dieser – von klassischen Ökonomen bestrittene – Zusammenhang dann wäre die Handlungsanweisung aus Sicht der Glücksforschung klar: mehr Inflation zugunsten

von weniger Arbeitslosigkeit. Allerdings leistet die Glücksforschung keinen Beitrag zu der entscheidenden Frage, ob der von dieser Kurve postulierte Zusammenhang langfristig tatsächlich existiert und sich auch politisch nutzen lässt – was aber die entscheidende Voraussetzung dafür ist, mit Hilfe dieser Kurve Politik zu betreiben.

Diese Implikationen zeigen die politische Gefahr, die in den Ergebnissen der Glücksforschung lauert: Sie laden ein zu einer Wirtschaftspolitik, die sich an dem ausrichtet, von dem man vermutet, dass es die Menschen glücklich macht. Überspitzt gesagt könnte das zu einer Art „Glücksdiktatur" führen, die dem Einzelnen zunehmend den Raum nimmt, nach seinen eigenen Vorstellungen glücklich zu werden, mit dem Argument, dass der Staat besser wisse, was den Menschen glücklich mache.

Beispielhaft dafür ist die Idee, die Steuern auf Tabak zu erhöhen, weil dies auch Raucher glücklicher mache. So zeigen Gruber und Mullainathan (2002), dass eine Steuer auf Zigaretten die Wahrscheinlichkeit reduziert, dass Raucher unglücklich sind, oder direkter formuliert: Tabaksteuern machen Raucher glücklicher – auch wenn das einige Raucher vermutlich nicht so sehen werden. Ein Beispiel dafür, wohin eine solche Politik führen kann, sind die rigiden Anti-Raucher-Gesetze in Bhutan, wo der Verkauf von Tabak und Rauchen in Nichtraucher-Bereichen verboten ist und mit bis zu drei Jahren Haft bestraft wird (Wangdi 2011).

Man muss sich darüber im Klaren sein, dass eine solche Politik die Freiheit des Einzelnen einschränkt, und dass bei der Umsetzung der glückspolitischen Konzeption in die Politik letztlich Glücksforscher darüber entscheiden, was andere Menschen glücklicher macht – man muss kein ausgesprochen freiheitsliebender Mensch sein, um die darin steckende Bevormundung zu erkennen.

Berücksichtigt man die statistischen Probleme, die bei der Glücksforschung auftreten, so bleiben am Schluss viele Ergebnisse, die Kritikern zufolge wenig überraschend, aber auch nicht sonderlich zielführend sind: Arbeitslosigkeit macht unglücklich, Geld ist nicht alles, perfektes Glück gibt es nicht. Je spezieller die Ergebnisse der Studien werden, umso problematischer ist die statistische Basis, je gesicherter die Erkenntnisse der Glücksforschung sind, umso trivialer werden sie.

5.4 Neuroökonomik

5.4.1 Grundlagen

Begriffe Neurowissenschaften versuchen über sogenannte bildgebende Verfahren und andere Methoden in Erfahrung zu bringen, wie das menschliche Gehirn arbeitet – das Gehirn, bisher eine Blackbox, soll nun geöffnet werden. Davon verspricht man sich Rückschlüsse darauf, wie und warum Menschen entscheiden. Neuroökonomik untersucht also die psychologischen und physiologischen Grundlagen menschlicher Entscheidungen, die biologischen Prozesse, die bei der Bildung individueller Einschätzungen, Vorlieben und Verhaltensweisen stattfinden (vgl. Fehr 2006, eine umfassende Sammlung von Beiträgen findet sich bei Glimcher et al. (2009).

Dabei soll Neuroökonomik mehr erarbeiten als eine Landkarte des Gehirns, die anzeigt, für welche Aufgaben welche Gehirnregionen beschäftigt werden – das alleine würde nicht ausreichen, um ökonomische Erkenntnisse zu gewinnen. Indem man aufdeckt, welche Gehirnregionen bei welchen Aufgabentypen wie aktiviert werden und wie diese zusammenspielen, lässt sich erkennen, wie Menschen verschiedene Aufgaben lösen – dabei zeigt sich auch, wie kognitive und affektive (emotionale, gefühlsgesteuerte) Verhaltenskomponenten miteinander verwoben sind. Kann man auf diesem Weg menschliche Motivationen besser und umfangreicher beschreiben, so könnte das auch ökonomische Modelle bereichern. Beispielsweise lässt sich zeigen, dass geringe Angebote an den zweiten Spieler im Ultimatum-Spiel (vgl. Abschn. 5.1.1) Gehirnregionen aktivieren, die für die Empfindung von Schmerz oder Abscheu verantwortlich sind – das deutet darauf hin, dass eine Ablehnung des Angebotes nicht nur strategisch motiviert ist, sondern auch eine emotionale Komponente hat. Die Neuroökonomie soll also erklären, wie Entscheidungsprozesse im Inneren des Menschen ablaufen, sie soll erklären, wie einzelne Teile des Gehirns arbeiten und wie das Zusammenspiel zwischen ihnen ist und damit wertvolle Einsichten in menschliches Verhalten und menschliche Motivation liefern.

Entscheidungen im ökonomischen Standardmodell sind Ergebnisse wohlüberlegten Handelns, Abwägens und Nachdenkens. Die Neurowissenschaften hingegen zeigen, dass viele menschliche Entscheidungen automatisiert sind, dass Menschen viele Dinge entscheiden, ohne vorher Nutzen abzuwägen, Gleichungen aufzustellen und Opportunitätskosten zu berechnen. Eine weitere Variable, welche die traditionelle Ökonomie vernachlässigt, sind die Emotionen, die ebenfalls Entscheidungen prägen – auch hier wollen Neurowissenschaften einen Erkenntniszuwachs vermitteln. Diese Prozesse des unbewussten Denkens und Entscheidens sowie die emotionalen Komponenten menschlichen Handelns werden nach Auffassung der Verfechter der Neuroökonomie in der traditionellen ökonomischen Theorie nicht hinreichend berücksichtigt.

Da Menschen viele Handlungen unbewusst und automatisiert treffen, so die Idee, und diese automatisierten Prozesse eher evolutorischen Notwendigkeiten als den Gesetzen der Logik gehorchen, wird menschliches Handeln zwangsweise nicht immer den normativen Vorstellungen der Ökonomen von Nutzenmaximierung folgen. Zudem wird menschliches Verhalten – und das zeigen neuroökonomische Studien – stärker von Emotionen gesteuert, als die Ökonomen dies annehmen. Das darf man allerdings nicht dahingehend interpretieren, dass evolutionär geprägtes Verhalten unlogisch ist; es kann aber unter Umständen in einer modernen Welt seine evolutionäre Rationalität verlieren – in der Sprache der effizienten Heuristiken (vgl. 2.3.2) könnte man davon sprechen, dass manche evolutionär geprägten Handlungen einfach nicht mehr an ihre Umwelt angepasst sind.

In der Literatur werden verschiedene Arten von Prozessen unterschieden, zum einen *kontrollierte und automatische Prozesse* (vgl. Camerer, Loewenstein, Prelec 2005 oder O'Donoghue und Loewenstein 2004). Kontrollierte Prozesse sind schrittweise angestellte Überlegungen, bei denen man mit Hilfe von Logik oder Mathematik Schritt für Schritt die Lösung eines Problems erarbeitet. Man kann seine eigenen Überlegungen jederzeit nachvollziehen und Außenstehenden dokumentieren. Automatische Prozesse hingegen sind das genaue Gegenteil: Es handelt sich dabei um automatische, parallel ausgeführte Prozesse, die unserem Bewusstsein nicht zugänglich sind. Diese Prozesse sind schnell und bereiten dem Menschen wenig Mühe. Hier können Menschen oft nicht nachvollziehen, wie die Ergebnisse dieser Prozesse entstehen – wir können beispielsweise oft nicht sagen, warum wir ein Gesicht als attraktiv empfinden oder nicht. Automatische Prozesse werden unterbrochen, wenn wir vor neuartige Aufgaben gestellt werden, die wir nicht automatisch lösen können – dann übernehmen kontrollierte Prozesse das Steuer. Die zweite Unterscheidung ist die zwischen *af-*

Tab. 5.1 Neuronale Prozesse. (Quelle: Camerer, Loewenstein, Prelec 2005)

	Kognitive Prozesse	Affektive Prozesse
Kontrollierte Prozesse	I	II
Automatische Prozesse	III	IV

fektiven und kognitiven Prozessen. Unter kognitiven Prozessen versteht man bewusste Abläufe, während affektive Prozesse solche sind, bei denen Emotionen, Gefühle, Affekte eine Rolle spielen. Hier geht es um Angst, Furcht, Eifersucht, aber auch um Gefühle wie Hunger oder Durst.

Kombiniert man diese Entscheidungen, so erhält man vier verschiedene Formen neuronaler Prozesse (vgl. Tab. 5.1).

Im ersten Quadranten befindet man sich, wenn man beispielsweise überlegt, wie man sein Haus finanzieren soll oder Rechenaufgaben löst. Quadrant II ist in Reinform der wohl seltenste Fall, hier könnte man sich Schauspieler vorstellen, die sich in eine Rolle versetzen und bewusst, kontrolliert Affekte hervorrufen wollen. Ein Beispiel für Prozesse in Quadrant III ist die eingeübte Rückhand beim Tennis oder der Ober, der serviert, ohne darüber nachzudenken, wie er das Besteck legt. Ein Beispiel für Quadrant IV ist das plötzliche Aufspringen, wenn man erschreckt wird. Nach diesem Schema lassen sich die verschiedenen Prozesse im menschlichen Gehirn einteilen und analysieren, wobei sich diese Prozesse überlappen, teilweise bedingen, ergänzen oder hintereinander ablaufen. Die traditionelle Ökonomie berücksichtigt nach Meinung der Neuroökonomen nur Prozesse im ersten Quadranten, vernachlässigt die anderen Prozesse und verpasst dabei eventuell wichtige Einsichten in menschliches Verhalten.

Methoden Die Neurowissenschaften kennen mehrere Methoden, mit deren Hilfe man Vorgänge im Gehirn des Menschen beobachten kann. Unter anderem gibt es hier (vgl. Kable 2011; zum üblichen Vorgehen bei neuroökonomischen Studien und den verwendeten Methoden vgl. Murawski 2011):

- *Bildgebende Verfahren*. Bei diesen Verfahren untersucht man die Gehirnaktivität von Menschen, die verschiedene Aufgaben durchführen sollen. Während Versuchspersonen Aufgaben lösen, beobachtet man, welche Gehirnregionen dabei aktiviert werden. Hier gibt es mehrere Methoden:

Das Elektro-Encephalogramm (EEG) misst die elektrische Aktivität des Gehirns, indem man Elektroden an der Kopfhaut der Probanden anbringt. Dieses Verfahren ist recht zeitgenau, billig und erlaubt Experimente, bei denen die Versuchspersonen sich bewegen (was beispielsweise bei der Kernspintomographie nicht geht), allerdings ist die räumliche Auflösung nicht so exakt wie bei den anderen Verfahren. Ähnlich funktioniert die Magnetoenzephalographie (MEG) hier werden die magnetischen Aktivitäten des Gehirns mittels äußerer Sensoren in einem Helm gemessen. Bei der Positronen-Emissions-Topographie (PET) wird eine leicht radioaktive Substanz in die Blutbahn injiziert, die ins Gehirn gelangt. Dort zeigt sie an, welche Gehirnregionen besonders stark durchblutet sind und gibt somit Rückschluss darauf, welche Gehirnregionen besonders stark beansprucht werden. Die derzeit zumeist bevorzugte Methode ist die funktionelle Kernspintomographie (fMRT). Sie misst ebenfalls den Blutfluss im Gehirn, benötigt aber keine radioaktiven Substanzen, stattdessen wird auf die magnetischen Eigenschaften des Blutes abgestellt – je mehr eine Gehirnregion beansprucht wird, um so mehr sauerstoffreiches Blut fließt dorthin, dessen magnetische Eigenschaften man mit Hilfe der fMRT messen kann. Ein weiteres bildgebendes Verfahren ist die Nah-Infrarot-Spektroskopie, hier werden ähnlich wie beim fMRI Veränderungen in der Sauerstoffzusammensetzung des Blutes durch die Schädeldecke hindurch gemessen. Der Vorteil dieser Methode besteht darin, dass man hiermit auch Personen untersuchen kann, die nicht in einer Magnetröhre still liegen können, beispielsweise Kinder oder klaustrophobische Personen.

- *Messung einzelner Neuronen.* Ein Nachteil der bildgebenden Verfahren besteht darin, dass man nur Bereiche des Gehirns untersuchen kann. Mittels winziger Elektroden, die man in das Gehirn einführt, kann man die Aktivität einzelner Neuronen messen. Diese Methode ist aufgrund ihres invasiven Charakters allerdings bisher nur auf Tierversuche beschränkt, da die Elektroden die Neuronen beschädigen.
- *Hirnschäden.* In der traditionellen Hirnforschung vergleicht man das Verhalten von Personen mit Hirnschäden mit dem Verhalten von gesunden Personen. Aus der Art der Schädigung des Gehirns eines Probanden und seinem Verhalten kann man darauf schließen, welche Gehirnregion für welche Funktionen zuständig ist. Wenn also ein Patient mit einer Schä-

digung der Gehirnregion X eine bestimmte Aufgabe nicht lösen kann, so schließt man daraus, dass diese Region wichtig für diesen Aufgabentyp ist. Allerdings ist diese Methode – abgesehen davon, dass man sie nicht systematisch einsetzen kann –, auch fehleranfällig, beispielsweise, wenn das Gehirn die Schäden kompensiert und andere Hirnregionen die Aufgaben der geschädigten Region übernehmen, oder aber bei starken Beschädigungen, so dass man nicht mehr zuordnen kann, welche geschädigte Region wofür zuständig ist. Letztlich ist auch nicht immer klar, ob die Verhaltensmuster durch den Hirnschaden aufgetreten sind oder aber nicht schon vorher existierten und damit Teil der Persönlichkeit der geschädigten Person sind.

- *Transcraniale magnetische Stimulation (TMS).* Bei dieser Methode werden mit Magnetfeldern bestimmte Gehirnregionen systematisch kurzfristig gestört und anschließend das Verhalten der Probanden beobachtet. Aus dem Verhalten der Versuchspersonen lassen sich Rückschlüsse darauf gewinnen, welche Region für welche Aufgabenbereiche zuständig ist. Nach einem ähnlichen Prinzip verläuft die transkranielle Gleichstromstimulation (tDCS).
- *Psychophysische Messmethoden.* Hier misst man Körperfunktionen wie Blutdruck, Hautwiderstand, Schweißabsonderung oder Verengung der Pupillen, um Rückschlüsse über den Zustand der Patienten zu gewinnen.
- *Neuropsychologische Methoden.* Hier wird mit Hilfe von Papier und Bleistift (oder computergestützt) überprüft, wie gut Menschen bestimmte Aufgaben lösen können, was Rückschlüsse auf Konzentrationsfähigkeit, Intelligenz, Gedächtnis oder Problemlösungsfähigkeit zulässt.

Kasten 29: Die Tragödie des Phineas Gage

Phineas Gage ist 25 Jahre alt und auf dem Weg, Karriere zu machen, als ihm im Sommer des Jahres 1848 das Schicksal ereilt. Gage arbeitet als Vorarbeiter für eine Eisenbahngesellschaft und verlegt mit seiner Mannschaft Eisenbahnschwellen, als es passiert: In Folge einer Unachtsamkeit explodiert das Dynamit, mit dessen Hilfe man Felsbrocken aus dem Weg sprengen will, ein Metallbolzen durchschlägt die rechte Wange von Gage, schießt durch sein Vorderhirn und tritt an der Schädeldecke wieder aus. Die Explosion ist so gewaltig, dass der Metallbolzen mehrere hundert Fuß durch die Luft geschleudert wird. Gage muss tot sein. Doch er ist es nicht. Als die Arbeiter ihm zu Hilfe eilen, steht er auf, ist ansprechbar, kann dem behandelnden Arzt ruhig und sachlich schildern, was passiert ist – ein medizinisches Wunder. Gage lebt, und er wird nach dem Unfall abgesehen vom Verlust seines linken Auges keine bleibenden Schäden davontragen. Später wird sich herausstellen, dass Gage doch tot ist – jedenfalls der Phineas Gage, den seine Chefs als zuvorkommend, höflich, besonnen und vorausschauend beschreiben. Der neue Gage ist ein kindischer, rüder Radaubruder, ungeduldig, unfähig, vorausschauend zu planen und zu denken, aufbrausend und unflätig in Benehmen und Wortwahl. Die schweren Schäden, die sein Gehirn davonträgt, beeinträchtigen weder seine Körperfunktionen noch seine kognitiven Fähigkeiten, wohl aber seine Persönlichkeit, seinen Charakter. Die persönliche Tragödie des Phineas Gage wird zu einem makabren Glücksfall für die Wissenschaft, zum Startschuss für die Erforschung des menschlichen Gehirns: Zum ersten Mal wird klar, dass bestimmte Regionen des Gehirns zuständig sind für erlernte soziale und ethische Konventionen und dass diese verloren gehen, wenn diese Regionen geschädigt werden. Auch heute noch lernt man aus Studien mit Menschen mit krankheitsbedingten Hirnschäden etwas über die Organisation und Arbeitsweise des Gehirns.

Die fünf Komponenten, die eine Entscheidung in neuroökonomischen Modellen konstituieren, lassen sich wie folgt beschreiben (vgl. Fehr, Rangel 2011):

1. Im Moment der Entscheidung berechnet das Gehirn einen Entscheidungswert für jede Option, die zur Wahl steht; messbar ist das in Form erhöhter neuronaler Aktivität in verschiedenen Bereichen des Gehirns.
2. Um zu lernen, berechnet das Gehirn im Moment des Konsums ein Signal, das die Stärke des in diesem Moment erfahrenen Nutzens wiedergibt. Die Entscheidungswerte geben dabei eine Prognose ab über das zu erwartende Signal im Moment des Konsums.
3. Entscheidungen werden getroffen, indem die Entscheidungswerte miteinander verglichen werden.
4. In die Entscheidungswerte werden alle Informationen über die Attraktivität der verschiedenen Optionen integriert.

5. Die Berechnung und der Vergleich der Entscheidungswerte hängen auch ab von der Aufmerksamkeit, die das Gehirn verschiedenen Optionen zumisst. Sie beeinflusst die Berechnung und Gewichtung der Attribute und den Vergleich der Entscheidungswerte. Eine Beeinflussung der Aufmerksamkeit kann also zu Verzerrungen in der Entscheidung führen.

5.4.2 Implikationen für die ökonomische Theorie

Was kann die Ökonomie von den Neurowissenschaften lernen? Neuroökonomen führen fünf mögliche Bereiche an, in denen die Neurowissenschaften die Ökonomie beeinflussen können (vgl. Camerer, Loewenstein, Prelec 2005): 1) Ökonomische Konstrukte, 2) menschliche Informationsverarbeitung, 3) direkter Nutzen von Geld, 4) Bedürfnisse und Wünsche sowie 5) Verzerrungen in der Urteilskraft.

Ökonomische Konstrukte Neuroökonomen hinterfragen ökonomische Konstrukte wie Zeitpräferenzen, Risikopräferenz oder Altruismus. Ökonomen, so die Kritik der Neurowissenschaftler, unterstellen, dass die Einstellung der Menschen zum Risiko, zum Sparen oder zur Freigiebigkeit über alle Situationen hinweg gleich ist – wer beim Sport risikofreudig ist, ist es auch an der Börse. Das muss nicht so sein: Beispielsweise mögen manche Entscheidungen bezüglich der Zeitpräferenzen – ob man sich die Zähne putzt, die Parkuhr immer füttert oder pünktlich ist – ähnliche neuronale Prozesse im Gehirn auslösen und damit zu konsistentem Verhalten führen (man entscheidet sich also in allen Fällen gleich), doch wenn andere Entscheidungen – Spielen, Rauchen, Trinken – andere neuronale Prozesse auslösen, kommt es zu inkonsistentem Verhalten; man füttert gewohnheitsmäßig die Parkuhr, um keinen Strafzettel zu riskieren, verspielt aber ein Monatsgehalt am Roulette-Tisch. Wenn also der Anblick einer Parkuhr andere neuronale Prozesse auslöst als ein Roulette-Tisch, dann kommt es zu inkonsistentem Verhalten – man hat für verschiedene Handlungskategorien eine unterschiedliche Risikoaversion.

Informationsverarbeitung Ökonomen, so der nächste Kritikpunkt der Neurowissenschaftler, nehmen an, dass Menschen eine gegebene intellektuelle Kapazität haben, mit deren Hilfe sie in allen Bereichen und Lagen des Lebens alle Probleme gleich gut lösen. Intelligenz ist nach dieser Ansicht keine Frage des Objekts, sondern des Subjekts. Neuroökonomen hingegen verweisen darauf, dass sich bestimmte Regionen im Gehirn auf bestimmte Aufgaben spezialisieren und dann diesen Typ Aufgaben schnell, problemlos und mit wenig Aufwand lösen können. Sieht sich ein Mensch jedoch vor ein Problem gestellt, für das er noch keine spezialisierten Lösungsregeln hat, so muss er sich diese mühsam erarbeiten. Das hat zur Folge, dass Menschen bei bestimmten Problemen oder Aufgaben glänzen können, bei anderen Problemen hingegen als wenig talentiert respektive intelligent erscheinen. Das wäre dann beispielsweise das Klischee vom genialen Wissenschaftler, dem sämtliche Sozialkompetenzen fehlen.

Intelligenz wäre nach dieser Lesart themen- oder aufgabenspezifisch – man kann nicht in allen Dingen gleichermaßen begabt oder intelligent sein. Ein Beispiel für diese spezifische Intelligenz ist die Wason-Kartenaufgabe (vgl. Kasten 6): präsentiert man Versuchspersonen eine logische Aufgabe als abstrakte Aufgabe („Wenn eine Karte einen Vokal auf der Vorderseite hat, dann befindet sich auf der Rückseite eine gerade Nummer – überprüfen Sie diese Regel, indem Sie möglichst wenig Karten umdrehen), so drehen viele Probanden die falschen Karten um (das „A" und die „4", statt einer „7", um die Regel zu falsifizieren), verkleidet man dieses Entscheidungsproblem hingegen als konkrete Situation („Wenn ein Kind in Grover City wohnt, dann muss es auch auf die Grover High School gehen – überprüfen Sie diesen Sachverhalt"), dann treffen sie die richtige Wahl (sie fragen auch nach einem Kind, das nicht zur Grover High School geht; vgl. Cosmides 1989; Babcock, Loewenstein 1997). Intelligenz ist nach dieser Lesart domänenspezifisch und nicht universal, wie ökonomische Modelle es annehmen.

Direkter Nutzen von Geld Geld hat in den Augen von Ökonomen nur einen Wert als Tauschmittel, nicht aber einen eigenen Wert. Nach Befunden der Neurologen allerdings löst Geld in unserem Kopf die gleichen Gehirnaktivitäten aus wie Essen, Kokain oder Sportwagen – hat Geld also für uns einen eigenen Wert? Wenn dem wirklich so ist, dann hängt der marginale Nutzen des Geldes nicht davon ab, was man damit kaufen kann, Menschen messen Geld einen Wert bei, ohne darüber nachzudenken, was man damit kaufen kann. Allerdings kann man diesen neurologischen Befund auch dahingehend interpretieren, dass Menschen im Geld den Wert der Güter sehen, den sie damit kaufen können, und dass die Aussicht auf diese Güter Gehirnaktivitäten auslöst, die denen entsprechen, die beim Betrachten der Güter selbst auftreten. Wenn aber Geld einen Wert an sich darstellt, könnte Geld ausgeben schmerzen – das würde erklären, warum Menschen Pauschalgebühren (*flat rates*) Einzelabrechnungen vorziehen. Auch ließe sich die Verwendung von Ersatzgeld (Chips im Casino, Clubgeld im Urlaub) mit dieser Idee rechtfertigen – gibt man dieses Geld aus, so fühlt es sich nicht an wie der Verlust von echtem Geld.

Kasten 30: Der Anblick des Geldes

Verändert der Anblick von Geld das Verhalten von Menschen? Grundsätzlich lässt sich das testen, indem man zuerst die Gedanken der Versuchspersonen auf die Vorstellung von Geld lenkt, beispielsweise, indem man sie Sätze vervollständigen lässt, die mit Geld oder nicht mit Geld zu tun haben („Ich reichte einen Scheck ein" oder „Ich schrieb einen Brief") oder man ihnen Bilder von Geld oder neutralen Gegenständen zeigt. Auf diesem Weg erhält man zwei Gruppen von Versuchspersonen: Solche, deren Gedankenwelt auf Geld fixiert wurde („Ich reiche einen Scheck ein") und solche, deren Gedanken auf neutrale Objekte gerichtet sind („Ich schrieb einen Brief"). Und dann kann man ihr Verhalten testen. Experimente (Vohs et al. (2006) und (2008);) zeigen, dass der Anblick von Geld Menschen in einen eher marktbasierten mentalen Modus schaltet, in dem sie stärker auf Anreize und Leistungsgerechtigkeit achten, mehr soziale Distanz suchen, sich weniger helfen lassen, weniger hilfsbereit sind und stärker in Kategorien wie „Handel", „Geschäft" oder „Gewinn" denken. Kouchaki et al. (2013) zeigten zudem, dass der Gedanke an Geld eher zu unmoralischem, unethischen Verhalten führt, ein Eindruck, der in anderen Studien bestätigt wird: Alleine der Anblick eines Geldstapels führt dazu, dass Menschen bei Experimenten im Labor stärker dazu neigen, zu mogeln. Die symbolische Kraft des Geldes reicht noch weiter: So zeigen Studien, dass Schmerz oder soziale Ausgrenzung das Bedürfnis der Menschen nach Geld steigert – offenbar zu Recht, denn Geld war in diesen Studien tatsächlich in der Lage, diese Schmerzen zu reduzieren (Zhou und Vohs 2009; Lelieveld 2013). Und der Gedanke an Geld kann sogar die Angst vor dem Tod lindern, wie Zaleskiewicz et al. (2013) gezeigt haben.

Bedürfnisse und Wünsche Ökonomen gehen davon aus, dass man die Wohlfahrt von Menschen dadurch erhöht, indem man ihnen gibt, was sie wünschen. Neuroökonomen hingegen trennen die Entscheidung für oder gegen etwas in zwei getrennte Prozesse, das Verlangen (*liking*) und die Motivation (*wanting*). Was aber, wenn diese Prozesse sich widersprechen? Drogensüchtige beispielsweise berichten davon, dass sie kein Vergnügen daran haben, Drogen zu nehmen (kein *liking*), aber das dringende Verlangen danach haben („*wanting*"). Ähnlich verhält es sich mit Neugierde: Man will unbedingt etwas erfahren, obwohl man weiß, dass die betreffende Information einen unglücklicher zurücklassen wird. Nimmt man diesen Gedanken ernst, so muss man als Ökonom eine Möglichkeit finden zu erforschen, was Menschen mögen (*liking*), statt zu fragen, was sie wollen (*wanting*). Allerdings ist das ein gefährliches Argument, da es einer Bevormundung von dritter Seite Tür und Tor öffnet, sobald man annimmt, dass Menschen nicht das mögen, was sie wollen.

Verzerrungen in der Urteilskraft Wenn viele Prozesse im Menschen automatisch und unbewusst ablaufen, dann bestehen auch wenige Möglichkeiten, diese unbewussten Prozesse als solche wahrzunehmen und kognitiv zu korrigieren. Das kann zu einer unbewussten Diskriminierung, beispielsweise auf dem Arbeitsmarkt führen: Assoziationen und Stereotypen aktivieren bestimmte neuronale Netzwerke, die implizite, unbewusste Haltungen auslösen – Menschen haben implizite, unbewusste Einstellungen und Vorurteile zu Größe, Gewicht, Aussehen, Rasse, Religion oder nationaler Herkunft, die sie nicht bewusst wahrnehmen. Nach dieser Lesart wollen Arbeitgeber bei der Personalauswahl nicht bewusst diskriminieren, sondern tun es unbewusst; und sie sind nicht in der Lage, diese unbewusste Diskriminierung als solche zu erkennen und zu beseitigen. Stimmt diese Idee, so hätte sie weitreichende Folgen beispielsweise für Regeln bei Bewerbungsverfahren – dann sollte der Personalchef den Bewerber weder sehen noch sein Geschlecht, seine ethnische Herkunft oder seine Hautfarbe wissen. In der Tat gibt es Forderungen, dass bei schriftlichen Bewerbungen auf das Bild zu verzichten ist und der Name des Bewerbers bei Vorlage der Unterlagen geschwärzt werden soll; bisweilen findet beispielsweise in Orchestern das Vorspielen hinter einer Trennwand statt, so dass diejenigen, die den Bewerber beurteilen sollen, ihn nur spielen hören, aber nicht sehen.

5.4.3 Anwendungsbeispiele

Fairness und Emotionen In einer fMRI-Studie untersuchten Sanfey et al. (2003) die Gehirnaktivitäten von Versuchspersonen, die das Ultimatum-Spiel spielten (vgl. Abschn. 5.1.1). Den Teilnehmern wurde mitgeteilt, dass sie eine Runde im Ultimatum-Spiel spielen, und dass ihre Entscheidung allen anderen Versuchspersonen nicht mitgeteilt wird – so dass strategische Überlegungen für wiederholte Spiele keine Rolle spielen. Anschließend wurden sie in den MRI-Scanner gelegt; sie spielten 10 Runden gegen einen menschlichen Partner, 10 Runden gegen den Computer und 10 Kontrollrunden, in denen sie einfach Geld erhielten, wenn sie einen Knopf drückten. Die Offerten der menschlichen Partner waren allerdings gezielt ausgewählt, die Hälfte fair (also eine hälftige Aufteilung des Geldes), die andere Hälfte unfair. Bei unfairen Angeboten wurden die anterior Insula, der dorsolaterale präfrontale Cortex und anteriore cingulate Cortex deutlich stärker aktiviert; diese Aktivierung war stärker, wenn die unfairen Angebote von Menschen und nicht vom Computer kamen. Das deutet darauf hin, dass die Aktivierung dieser Hirnregionen nicht nur von der Höhe des Geldes, sondern auch vom Kontext (unfaires Verhalten von Menschen aktiviert diese Regionen mehr) bestimmt wird. Vor allem die anteriore Insula wird in der Regel bei negativen emotionalen Erlebnissen wie Schmerz, Stress, Hunger oder Durst aktiviert; zudem spielt sie eine Rolle bei Gefühlen wie Zorn und Ekel. Je stärker dabei die Insula aktiviert war, umso höher war die Wahrscheinlichkeit, dass die Versuchspersonen ein unfaires Angebot ablehnen.

Im Gegensatz dazu spielt der dorsolaterale präfrontale Cortex, der bei bewussten kognitiven Prozessen involviert ist, bei fairen Angeboten eine größere Rolle: Faire Angebote, die angenommen wurden, zeigten verglichen mit der Insula eine stärkere Aktivierung dieser Region; bei unfairen Angeboten, die abgelehnt wurden, war die Aktivierung der Insula stärker. Vereinfacht gesagt deuten diese Ergebnisse darauf hin, dass bei unfairen Angeboten eher emotionale Zentren die Entscheidung diktieren. Insgesamt zeigt die Studie den Konflikt zwischen dem emotionalen Ziel, unfaires Verhalten zu bestrafen (Aktivierung der Insula) und dem kognitiven Ziel, Geld zu verdienen (Aktivierung des Cortex).

Zeitinkonsistentes Verhalten und Sparen McClure et al. (2004) untersuchten das Diskontierungsverhalten von Versuchspersonen im fMRI-

Scanner. Zu diesem Zweck ließen sie die Probanden wählen zwischen zwei Optionen – einer sofortigen kleinen Belohnung und einer großen Belohnung, die erst später gewährt wird. Der Wert der Belohnung lag zwischen 5 und 40 $, die Wartezeit auf die Belohnung, wenn sie nicht sofort gewährt wurde, lag zwischen einem Tag und sechs Wochen. Mit Hilfe der Ergebnisse aus den Versuchen identifizieren McClure et al. zwei unterschiedliche Regionen, die sie als Beta- und Delta-Regionen bezeichnen. Die Beta-Regionen (ventrales Striatum, medialer orbifrontaler Cortex, medialer prefrontaler Cortex) zeigen eine erhöhte Aktivierung, wenn die Versuchspersonen vor der Wahl standen, eine unmittelbare Belohnung anzunehmen. Die Delta-Regionen hingegen (prefrontaler und parietaler Cortex) wurden um so mehr aktiviert, je schwieriger die Entscheidungen wurden; je schwieriger also die beiden Optionen zu vergleichen waren. Daraus folgern McClure et al., dass diese Regionen, die eher für kognitive Prozesse zuständig sind, eine Rolle spielen, wenn man sich gegen den sofortigen Erhalt einer Belohnung und für die spätere, größere Belohnung entscheidet.

In der Tat zeigte sich bei den Untersuchungen, dass bei Entscheidungen für die sofortige Belohnung die Beta-Regionen stärker aktiviert werden als die Delta-Regionen; entscheiden sich die Versuchspersonen hingegen für die spätere Belohnung, so sind die Delta-Regionen stärker aktiviert. Aus diesen Befunden lässt sich schließen, dass es offenbar zwei Systeme im Gehirn gibt, die bei solchen Entscheidungen involviert sind: Zum einen gibt es ein eher unbewusstes, automatisches System (das Beta-System), das dafür verantwortlich ist, wenn wir uns für die sofortige Belohnung entscheiden – das würde der Idee des hyperbolischen Diskontierens entsprechen. Das andere System, das Delta-System, würde nach dieser Lesart eher dem herkömmlichen exponentiellen Diskontieren entsprechen – man rechnet nach, bevor man sich für eine der beiden Alternativen entscheidet. Diese Aufteilung geht bemerkenswert konform mit der Unterscheidung zwischen System I und System II nach Kahneman (vgl. Abschn. 1.2).

Bernstein (2008) weist allerdings darauf hin, dass diese Ergebnisse nicht als einfache Bestätigung eines Modells zeitinkonsistenten Verhaltens gewertet werden dürfen: Ob zeitinkonsistentes Verhalten entsteht oder nicht, hängt nicht davon ab, ob die Entscheidungen in unterschiedlichen Systemen getroffen werden – genau so, wie man in getrennten Subroutinen zeitkonsistent entscheiden kann, ist auch zeitinkonsistentes Verhalten in einem gemeinsamen Entscheidungssystem möglich.

Neuromarketing Der Coke-Test Eines der bekanntesten Beispiele aus der Disziplin des Neuromarketing ist die Studie von McCLure et al. (2004b), in der mit Hilfe von Pepsi und Coca-Cola die Reaktion von Versuchspersonen auf Marken im fMRI-Scanner untersucht werden. Dazu müssen sich die Versuchspersonen in einem ersten Schritt zwischen zwei Getränken entscheiden, ohne zu wissen, dass es sich bei dem einen Getränk um Coca-Cola, beim anderen Getränk um Pepsi handelt. Beim Geschmackstest lassen sich keine Vorlieben der Personen für eines der beiden Getränke feststellen – dieser Blindtest zeigt offenbar, dass Menschen keinen Unterschied zwischen Coca-Cola und Pepsi schmecken. In einem zweiten Test (halbanonymer Test) lässt man die Versuchspersonen wieder zwischen zwei Getränken wählen – zwischen einer Coca-Cola und einem unbekannten Getränk. Diesmal ist der Effekt eindeutig: Die meisten Versuchspersonen ziehen die Coca-Cola dem unbekannten Getränk vor – obwohl es sich bei dem unbekannten Getränk ebenfalls um eine Coca-Cola handelt. Offenbar treffen die Versuchspersonen ihre Entscheidung nur aufgrund der Marke. In einem zweiten halbanonymen Test sollen die Probanden wählen zwischen einer Pepsi und einem unbekannten Getränk, bei dem es sich allerdings ebenfalls um Pepsi handelt. Hier lässt sich kein Unterschied feststellen – die Versuchspersonen zeigen keine klare Vorliebe für eines der beiden Getränke. Interessanterweise zeigt sich also nur bei Coca-Cola eine Art Markeneffekt – man bevorzugt das Getränk nur aufgrund seiner Marke, obwohl das zweite (der Versuchsperson aber unbekannte) Getränk das gleiche ist.

McClure et al. haben diese Tests im FMRI-Scanner wiederholt – zuerst müssen sich die Versuchspersonen wieder zwischen zwei Getränken unbekannter Marke entscheiden, während man die Reaktion im Gehirn beobachtet. Anschließend wurden die beiden Halb-Blindtests durchgeführt – den Versuchspersonen wurde zunächst ein Coke-Logo gezeigt, anschließend bekamen sie eine Coca-Cola zu trinken; dann wurde ihnen ein neutrales Logo gezeigt und sie bekamen ein ihnen unbekanntes Getränk verabreicht, bei dem es sich auch um Coca-Cola handelte. Die gleiche Prozedur wurde dann mit Pepsi wiederholt. Der einzige Unterschied in den Gehirn-Scans der Probanden zeigte sich beim Halb-Blindtest mit Coca-Cola: Wenn vor der Verabreichung einer Coca-Cola das Cola-Logo gezeigt wurde, war eine deutlich stärkere Aktivität im dorsolateralen präfrontalen Cortex, im Hippocampus und im Mittelhirn zu beobachten – dieser Effekt stellte sich aber nur ein, wenn das Coke-Logo gezeigt wurde; tranken die Versuchspersonen eine Coca-Cola, ohne zu wissen, dass es sich dabei um eine Coca-Cola handelte, wurden diese Gehirnregionen nicht aktiviert, ebenso verhielt es sich mit Pepsi. Der dorsolaterale präfrontale Cortex wird in der Regel in Zusammenhang gebracht mit kognitiver Kontrolle, für den Hippocampus vermuten McCLure et. al, dass er hier die Aufgabe übernimmt, kulturell verankerte Informationen abzurufen.

McClure et al. vermuten, dass dieses Experiment zeigt, dass zwei verschiedene Systeme im Gehirn zuständig sind für die Ausbildung von Präferenzen: die ventromediale Region des präfrontalen Cortex ist zuständig für die Ausbildung von Präferenzen, wenn es darum geht, ausschließlich sensorische Informationen zu verarbeiten (also beim Blindtest). Die dorsolaterale Region des präfrontalen Cortex sowie der Hippocampus hingegen ist nach dieser Lesart dafür zuständig, kulturelle Informationen – die Marke, das Image, das Logo – zu verarbeiten, sie beeinflusst die Präferenzen über kulturell erworbenes Wissen. Dabei zeigt sich in den Experimenten, dass beide Systeme offenbar unabhängig voneinander agieren – die Aktivierung der ventromedialen Region des präfrontalen Cortex, die für die sensorischen Informationen zuständig ist, war unabhängig davon, ob die Versuchspersonen wussten, dass sie Coke trinken oder nicht. Bestätigen sich diese Ergebnisse, so könnte das ein Hinweis darauf sein, dass sich Präferenzen nicht nur nach sensorischen Kriterien bilden, sondern auch kulturell verankert sind, also auch von einem soziokulturellen Kontext abhängen (Prinz, Pawelzik 2008).

Wie Marketing die Wahrnehmung der Konsumenten beeinflussen kann, zeigen Plassmann et al. (2008): Sie lassen Versuchspersonen zwischen verschiedenen Weinsorten mit unterschiedlichen Preisen auswählen. Dabei wurde den Versuchspersonen zweimal der gleiche Wein verabreicht, allerdings mit unterschiedlicher Preisangabe. Der gleiche Wein wurde von den Versuchspersonen als besser beschrieben, wenn er mit einer höheren Preisangabe versehen wurde. Dieses Ergebnis zeigte sich auch bei den Untersuchungen mit dem fMRI: Wurde der gleiche Wein mit einem höheren Preis versehen, so wurde der mediale orbitofrontale Cortex aktiviert, eine Region, die gemeinhin mit der Bewertung von Geschmack, Gerüchen oder Musik assoziiert wird. Die Erwartung eines besseren Weines, dokumentiert durch den höheren Preis, führt zu einer anderen Gehirnaktivität und könnte damit auch den tatsächlich erfahrenen Nutzen des Konsumenten beeinflussen.

Möglicherweise, so glauben Plassmann et al., bedeutet das, dass der Nutzen, den ein Mensch erfährt, nicht nur von den primären Eigenschaften eines Gutes wie dem Geschmack abhängt, sondern auch von den Erwartungen über die Qualität dieses Gutes. Der Preis verändert die Kodierung des Nutzens eines Gutes im Gehirn – allerdings beeinflusst er offenbar nicht die primären Systeme zur Verarbeitung von Geschmack oder Geruch. Vereinfacht gesagt täuscht der Preis nur das Gehirn, nicht die Sinne. Wenn dem so ist, könnte das Marketing den Nutzen, den ein Konsument von einem Gut erfährt, dadurch beeinflussen, dass es die Attribute dieses Produktes ändert, nicht aber dessen innere Eigenschaften. Ökonomisch betrachtet müsste man fragen, ob man in solchen Fällen von einer echten Steigerung der ökonomischen Wohlfahrt sprechen kann. Vermutlich ist das eine eher philosophische Frage – wenn eine Illusion Menschen zufriedener macht, ist sie dann wohlfahrtssteigernd? Klar ist: Die Neuroökonomie produziert hier verwertbare Ergebnisse, wie das Marketing Konsumenten beeinflussen kann, allerdings auch Erkenntnisse, wie die Verbraucherpolitik gegensteuern könnte (Prinz, Pawelzik 2008).

Neurofinance Auch mit dem Verhalten von Anlegern beschäftigt sich die Neuroökonomie. Bechara et al. (2000, 2004, 2005) haben mit Versuchspersonen, deren emotionale Zentren durch Krankheit oder Unfall gestört sind (der ventromediale präfronatle Cortex oder die Amygdala waren beschädigt), Versuche durchgeführt. Bei einer Versuchsreihe mussten die Probanden wählen zwischen vier verschiedenen Kartenstapeln; zwei Stapel enthielten hohe, sofortige Gewinne aber auch hohe spätere Verluste, die anderen zwei Kartenstapel enthielten kleine sofortige Gewinne und kleine spätere Verluste, so dass diese beiden Stapel auf lange Frist (bei mehrmaligen Ziehen von Karten) per Saldo Gewinne versprachen, die beiden anderen Stapel hingegen Verluste. Die Versuchspersonen wussten anfangs nicht, welche Stapel für sie vorteilhaft sind, indem sie aber mehrmals aus den vier Stapeln auswählen durften, konnten sie herausfinden, welche Stapel auf lange Frist vorteilhaft respektive unvorteilhaft waren.

Versuchspersonen ohne Beeinträchtigung der Gehirnfunktionen erkannten nach etwa 20 bis 40 Versuchen, welche Kartenstapel vorteilhaft waren und erzielten Gewinne. Die Probanden mit Beeinträchtigung der Gehirnfunktionen hingegen waren nicht in der Lage, die Stapel mit den langfristigen Gewinnchancen zu wählen, sie beendeten dieses Spiel mit Verlusten. Eine Messung der Hautwiderstände zeigte Unterschiede bei den Versuchspersonen: Gesunde Versuchspersonen zeigten deutliche Reaktionen, wenn sie Verluste erlitten; hatten sie genügend Erfahrung mit dem Spiel gesammelt, so zeigten sie bereits eine Reaktion, bevor sie eine Karte von einem der verlustreichen Kartenstapel zogen – ihr Körper antizipierte also die Verluste. Diese Reaktion fehlte vollständig bei Personen mit Schädigungen des Gehirns – sie waren offenbar nicht in der Lage, das Gefühl eines Verlustes zu antizipieren. Personen mit Schädigungen des ventromedialen präfrontalen Cortex zeigten zwar noch eine körperliche Reaktion, wenn sie tatsächlich Verluste erlitten, waren aber offenbar nicht in der Lage, diese zu antizipieren. Personen mit Schädigungen an der Amygdala hingegen zeigten auch dann keine Reaktionen im Hautwiderstand, wenn sie tatsächlich Verluste erlitten. Aus diesen Ergebnissen ziehen Bechara et al. die Schlussfolgerung, dass diese emotionalen Zentren des Gehirns auch bei rationalen Entscheidungen Hilfestellung leisten – Versuchspersonen mit emotionalen Schädigungen wären demnach die schlechteren Investoren.

Ein weiteres Experiment (Shiv et al. 2005b) legt allerdings nahe, dass Emotionen auch hinderlich beim Investieren sein können: Versuchspersonen konnten mehrmals hintereinander eine Wette über den Ausgang eines Münzwurfs abschließen, beim dem sie entweder 2,50 $ gewinnen oder einen Dollar verlieren konnten – eine statistisch vorteilhafte Wette mit positivem Erwartungswert. Hier zeigte sich, dass Versuchspersonen mit einer Schädigung emotionaler Zentren (Amygdala, orbifrontaler Cortex, rechter insularer Cortex und somatosensorischer Cortex) im Schnitt mehr Geld verdienten als gesunde Patienten, deren Risikoaversion offenbar dazu geführt hat, dass sie trotz statistisch vorteilhafter Wette zu wenig Wetten eingingen.

Entscheidungen unter Unsicherheit Bei Entscheidungen unter Unsicherheit sind offenbar zwei verschiedene Systeme im Gehirn involviert (vgl. Prinz, Pawelzik 2008): ein ventromediales System, das emotionsbezogen und für reguläre Entscheidungen und Ungewissheit (die Wahrscheinlichkeiten für die einzelnen Szenarien sind nicht bekannt) zuständig ist sowie ein dorsomediales System, das vermutlich auf die Verarbeitung von Risiken in Entscheidungssituationen spezialisiert ist. Offenbar rechnet das Gehirn bei drohenden Verlusten unter Risiko (die Wahrscheinlichkeiten sind bekannt) über das dorsomediale System intensiver als bei als bei Gewinnen unter Risiko und bei Verlusten unter Ungewissheit. Die Ergebnisse der bisherigen Forschung deuten darauf hin, dass bei Entscheidungen unter Unsicherheit zwei verschiedene Entscheidungssysteme aktiviert werden, wobei die Auszahlungsstruktur und die Art der Unsicherheit (Ungewissheit oder Risiko) sich gegenseitig beeinflussen. Damit ließen sich auch Paradoxa wie das Allais- oder Ellsberg-Paradoxon neurobiologisch erklären.

5.4.4 Kritik

Ein Kritikpunkt an den Neuroökonomen besteht darin, dass es für die ökonomische Analyse völlig unerheblich ist, was im Gehirn eines Menschen vor sich geht – was letztlich zählt, ist das beobachtbare Verhalten eines Menschen, seine bekundeten Präferenzen. Wie sie zu solchen Entschlüssen kommen – ob über Hippocampus, Cortex oder welches System auch immer –, spielt nach dieser Lesart keine Rolle. Darüber hinaus gibt es auch Zweifel an den Studien selbst: Letztlich misst man mittels der fMRI-Analyse nur die Durchblutung bestimmter Gehirnregionen – die Präzision dieser Methode ist beschränkt: So misst man zwar in dreidimensionalen Messeinheiten (Voxel), doch jedes Voxel hat mehr als eine Million Nervenzellen; zudem enthält die Messung immer noch zeitliche Verzögerungen. Weiterhin ist die gemessene Veränderung des Signals nur schwer vom Hintergrundrauschen zu trennen. Da zudem menschliche Gehirne sehr verschieden sind, lassen sich aus den Ergebnissen erst recht keine Aufschlüsse über die Vorgänge in einem einzelnen Gehirn ziehen – weswegen, wie Kritiker sagen, Anwendungen wie ein Lügendetektor in weiter Ferne liegen (zur Diskussion um solche Anwendungen, das Brain Fingerprinting, vgl. Rosenfeld 2005 und die dort angegebene Literatur). Die Ergebnisse der Scans seien damit nicht ausreichend, um zu erklären, was wirklich im menschlichen Gehirn passiert.

Massiv beispielsweise ist die Kritik von Button et al. (2013), die 48 im Jahr 2011 publizierte neurowissenschaftliche Artikel untersuchen und zu dem Urteil kommen, dass die Studien die Effekte, die sie nachweisen wollen, nur mit einer Wahrscheinlichkeit von 20 % nachweisen können – wegen zu geringer Stichprobengrößen oder zu geringer Effekte. Viele dieser Studien würden vermutlich die Größe der gemessenen Effekte überschätzen; viele Resultate seien nur schwer zu reproduzieren.

Die Hoffnung der Neuroökonomen, dass man mit Hilfe der Neuroökonomik die Blackbox Gehirn zu öffnen und dadurch neue Erkenntnisse zu gewinnen, wird von traditionellen Ökonomen skeptisch gesehen (vgl. Bernheim 2008): Beispielsweise hätte man die Produktionstheorie nicht dadurch verbessern können, indem man die physikalisch-technischen Prozesse einer Produktion versteht – das Bild der Blackbox sei irreführend, man müsse eher von einer russischen Puppe sprechen. Überspitzt gefragt: Benötigt man Kenntnisse in der String-Theorie (des Gehirns), um ein guter Physiker (Ökonom) zu sein? Angenommen, Neuroökonomen entdecken eine Gehirnregion, die dafür verantwortlich ist, ob Menschen sparen – würde das Ökonomen weiterbringen?

Vielleicht aber könnten die Erkenntnisse der Neurowissenschaften Ökonomen dennoch in einigen Bereichen nützen (vgl. Bernheim 2008):

- Sie könnten die Erklärungskraft verhaltenswissenschaftlicher Schätzungen der Ökonomen verbessern: Gibt es bestimmte neurowissenschaftliche Eigenschaften, die für bestimmte Neigungen oder Vorlieben verantwortlich sind, so könnte man Indikatoren für diese neurologischen Eigenschaften dazu nutzen, um die Qualität einer Schätzung zu verbessern.
- Wenn ein neuronaler Zustand prognostischen Wert für weiteres Verhalten hat, dann könnte man aus der Messung solcher neuronaler Zustände Verhaltensprognosen ableiten. Wenn beispielsweise der neuronale Zustand eines Börsenhändlers zu Beginn des Tages Aufschlüsse darüber gibt, ob er an diesem Tag eher aggressiv oder vorsichtig handeln wird, so ließen sich aus der Messung des neuronalen Zustands des Händlers Rückschlüsse auf die spätere Börsenentwicklung ziehen.
- Man könnte die Qualität von Schätzungen verbessern, wenn man man mit Hilfe der Neuroökonomik weitere Bestimmungsfaktoren menschli-

chen Verhaltens findet. Je mehr dieser Bestimmungsgründe man findet, um so leichter lassen sich Testergebnisse von einer Testgruppe auf eine andere Testgruppe übertragen, da man weitere Determinanten menschlichen Verhaltens nun als Ursache unterschiedlichen Verhaltens statistisch berücksichtigen kann.

- Findet man mit Hilfe der Neuroökonomik weitere Determinanten menschlichen Verhaltens, so lassen sich andere Bestimmungsgründe des Verhaltens – vor allem politische Maßnahmen – besser erforschen. Entdeckt man beispielsweise eine neuroökonomische Determinante für die Bereitschaft, Steuern zu zahlen, so kann man in statistischen Untersuchungen zur Steuerhinterziehung diese Determinante berücksichtigen. Dadurch werden die Einflüsse anderer Variablen, beispielsweise der Gesetzgebung, auf de Steuerhinterziehung sichtbarer.

Kann Neuroökonomie wirklich Modelle der Ökonomen bestätigen oder verwerfen? Neurowissenschaften können nach Auffassung der Ökonomen ökonomische Modelle nicht kritisieren, da diese keine Annahmen darüber machen, was im Gehirn des Menschen passiert; zudem unterschätzen sie die Flexibilität und Leistungsfähigkeit ökonomischer Modelle. Die Idee, ökonomische Modelle als Modelle des Gehirns zu interpretieren und zu verwerfen, ist in ihren Augen damit falsch. Ökonomie, Psychologie und Neurologie adressieren in ihren Augen unterschiedliche Fragestellungen, weswegen die Frage danach, wer die „bessere" Lösung hat, falsch gestellt ist.

Damit ist beispielsweise die Ablehnung solcher Konzepte wie Zeitpräferenzen oder Risikoaversion falsch, weil es sich dabei um nützliche Abstraktionen handelt, die ihren Sinn im Rahmen der Modelle erfüllen, in denen man sie nutzt – warum soll man solche Konstrukte als falsch ablehnen? Gul und Pesendorfer (2005) machen das überspitzt deutlich: Aus dem beobachtbaren Verhalten der Drogensüchtigen kann man als Ökonom schließen, dass sie ihren Nutzen maximieren – kann man also daraus folgern, dass es kein limbisches System gibt? Sicherlich nicht, aber ebenso kann man ihrer Ansicht nach nicht aus den Beobachtungen der Neurologen schließen, dass es keine Zeitpräferenzen oder Risikoaversion gibt.

Gul und Pesendorfer erläutern anhand eines Beispiels die unterschiedlichen Forschungsansätze von Ökonomen und Neurologen: Wer beispielsweise gerne Streichholzmodelle baut, fragt Streichhölzer und Kleber stets zusammen nach – diese sogenannte komplementäre Nachfrage hat er durch das Erlernen eines Hobbys entwickelt. Für viele Menschen ist die Nachfrage nach Kaffee und Zigaretten ebenfalls komplementär – zum Kaffe brauchen sie eine Zigarette. In den Augen der Ökonomen handelt es sich in beiden Fällen um das gleiche Phänomen mit den gleichen Auswirkungen auf Preis und Nachfrage. Für Psychologen allerdings ist die komplementäre Nachfrage nach Kaffe und Zigaretten eine Konditionierung und ein völlig anderes Phänomen als die Nachfrage nach Streichhölzern und Kleber. Beide Interpretationen sind sinnvoll und hilfreich – ist deswegen eine der beiden falsch?

Konzepte wie Nutzenfunktionen, Zeitpräferenzen oder bekundete Präferenzen haben sich in der Vergangenheit als äußerst nützliche Modelle für die ökonomische Theorie erwiesen – die Tatsache, dass diese Konzepte sich bei der Analyse von Prozessen im Gehirn als wenig nützlich erweisen, bedeutet jedoch nicht, dass sie unbrauchbar oder gar falsch sind.

Auch die Idee der Neuroökonomen, dass Menschen nicht immer das mögen, was sie wollen, stößt bei Ökonomen auf Kritik: Ökonomen sehen sich nicht als Therapeuten, sie wollen nicht die wahren Motive der Menschen herausfinden oder verändern – sie können nur damit arbeiten, was sie beobachten, und das sind die tatsächlichen Handlungen der Menschen. Kann man eine Theorie darauf aufbauen, was Menschen nicht tun, nur weil man vermutet, dass in ihrem Gehirn etwas schief gelaufen ist? Ökonomen fragen bei ihrer Analyse des Entscheidungsverhaltens nicht danach, ob dieses Verhalten auf freiem Willen basiert oder auf physiologischen Prozessen – deswegen können Erkenntnisse über die physiologischen Grundlagen von Entscheidungen auch keine Erkenntnisse für die Ökonomen beinhalten.

Wohlfahrtsanalyse ist nach ökonomischer Lesart eine positive Disziplin, welche die Präferenzen der Menschen als gegeben hinnimmt und untersucht, wie ökonomische Institutionen unter bestimmten Bedingungen funktionieren. Die Wohlfahrtsanalyse der Neuro-Ökonomen hingegen ist nach Lesart der Kritiker der Versuch, durch den Blick ins Gehirn die wahren Vorlieben der Menschen zu erkennen und sie zu bekehren. Diese Auffassung findet sich auch im Konzept des liberalen Paternalismus wieder (siehe dazu Abschn. 6.3).

Kann man mit Hilfe der Methoden der Gehirnforscher Neurologie und Ökonomie vereinigen? Diesem Anspruch stehen viele Ökonomen skeptisch gegenüber: Die Trennung zwischen Neurowissenschaften und Ökonomie ist ihrer Ansicht nach Ausdruck einer Spezialisierung – jeder Forschungszweig spezialisiert sich auf unterschiedliche Fragestellungen und Daten, deswegen dürfe man sich auch von den Fortschritten in den Neurowissenschaften keine zu großen Fortschritte für die Ökonomie versprechen. Nach optimistischer Lesart beschreibt die ökonomische Theorie, was passiert, wenn bestimmte Präferenzen gegeben sind, während die Neuroökonomik erklärt, wie diese Präferenzen entstehen – diese Information kann aber dabei helfen, ökonomische Theorien zu verbessern. Neuroökonomik und Ökonomische Theorie stellen zwar unterschiedliche Fragen, was aber nicht bedeuten muss, dass die daraus resultierenden Antworten nicht für die jeweilige Gegenseite befruchtend sein können (Aydinonat 2010).

Kasten 31: Was empfinden tote Lachse, oder: der Lachs des Zweifels

Ein typisches Experiment der Neuroökonomen: Man legt eine Versuchsperson in den Scanner und zeigt ihr Bilder von Menschen in sozialen Situationen; dann fragt man sie nach den Emotionen, welche diese Bildern auslösen und zeichnet mittels der Kernspintomographie den Blutfluss im Gehirn der Versuchsperson auf. Und in der Tat zeigen sich in der Auswertung deutliche Gehirnaktivitäten der Versuchsperson in bestimmten Bereichen ihres Gehirns. Bis hierher ein ganz normales Experiment, bis auf eine Ausnahme: Die Versuchsperson ist ein toter Lachs. Bennet et al. (o. D.) haben in ihrem Experiment entweder, wie sie schreiben, eine sensationelle ichtyologische Entdeckung gemacht, oder etwas ist faul an der Methode. Vermutlich ist es letzteres, es geht um ein statistisches Problem bei der Kernspintomographie: Der Scanner misst den Sauerstoffgehalt des Blutflusses in millimeterkleinen Würfeln, sogenannten Voxels. Das Signal, das der Scanner ermittelt, ist ein Durchschnitt des Sauerstoffgehalts aller Neuronen dieses Voxels – in etwa 10 Mio. Stück. Die Messung wird in Zehntelsekundenabständen wiederholt, auf Basis dieser Daten können die Forscher dann eine Zeitreihe konstruieren, welche die durchschnittliche Aktivität des Gehirns in einem Voxel anzeigt. Dabei kann es – wie bei jeder Messung – zu falschen Ergebnissen kommen, man misst zufällig eine erhöhte Gehirnaktivität, obwohl sich dort gar nichts tut, ähnlich wie bei einem blinden Bogenschützen, der zufällig die Scheibe trifft (Fehler erster Art). Bei rund 130.000 Voxeln, die gemessen werden, ist die Wahrscheinlichkeit, dass man fälschlicherweise Gehirnaktivität misst, wo keine ist, sehr hoch – wenn der Bogenschütze 130.000 Versuche hat, sind seine Chancen recht hoch. Um diesen Punkt geht es Bennet et al.: Wenn die Forscher ihre Daten nicht sorgfältig auf solche irrtümlich gemessenen Datenpunkte untersuchen und diese korrigieren, sind die Studien wertlos. Je strenger man allerdings versucht, falsche Datenpunkte auszuschließen, um so eher schließt man auch irrtümlich Datenpunkte aus, obwohl sie korrekt sind – was dann die Ergebnisse und den Gehalt der Studie reduziert (Fehler zweiter Art). Es scheint so, schreiben Bennet et al., dass viele Forscher dieses Risiko nicht eingehen wollten, um ihre Resultate nicht zu gefährden – dann kann falscher wissenschaftlicher Ehrgeiz dazu führen, dass tote Lachse eine rege Gehirnaktivität zeigen. Immerhin: Seit dem Erscheinen des Artikels haben sich Methoden zur Vermeidung dieser Fehler als Standard in den Neurowissenschaften etabliert (o. V. 2012). Auch Vul et al. (2009) analysieren 55 Artikel aus den Neurowissenschaften, in denen die Zusammenhänge zwischen Gehirnaktivitäten und Persönlichkeitsmerkmalen untersucht werden. Ihr Befund: Die Korrelationen zwischen Gehirnaktivitäten und den Persönlichkeitsmerkmalen seien, gegeben die Unsicherheiten der Verfahren und der Analyse von Persönlichkeitsmerkmalen, unplausibel hoch, was auf falsche statistische Methoden zurückzuführen sei, welche die Ergebnisse künstlich aufblähen.

Zuletzt ist in der öffentlichen Debatte auch Kritik am Anspruch der Gehirnforscher laut geworden, die Welt erklären zu können. Sie geben vor, dass sie aufgrund ihrer Forschung den Geist des Menschen verstehen und leiten daraus die Befugnis ab, sich zu allen möglichen sozialen Fragen – Mediennutzung, Lebenshilfe und andere Ideen darüber, was gut für Menschen ist – zu äußern: „…wenn das Neuroimaging den Universalschlüssel zum Verständnis des Bewusstseins liefert, dann gelten die, die diese Apparate bedienen können, auch als Universalexperten für den Zustand der gegenwärtigen Welt" (Bernard 2012). Man muss diese Kritik nicht teilen, aber sie zeigt, dass auch dieser Zweig der Wissenschaft eine politische Komponente hat, der sie sich nicht entziehen kann.

Literatur

Alesina, A.; Di Tella, Rafael; MacCulloch, Robert J. (2004), Inequality and happiness: are Europeans and Americans different?, Journal of Public Economics, 88 (2004), pp. 2009–2042.

Aydinonat, N. Emrah (2010), Neuroeconomics: more than inspiration, less than revolution, Journal of Economic Methodology, Vol. 17, No. 2, June 2010, 159–169.

Bechara, Damasio, Damasio, Loewenstein and Shiv (2004), Investment behaviour and the dark side of emotion, mimeo

Beck, Hanno (2012), Wirtschaftspolitik und Glücksforschung, Wisu. Das Wirtschaftsstudium, 41. Jg., Heft 10 (Oktober), S. 1334–1340.

Beck, Hanno; Prinz, Aloys (2010), Moralisierung in der Steuerpolitik: Was taugen die jüngsten Steuervorschläge?, Wirtschaftsdienst, 90. Jahrgang, Heft 12, 2010, S. 818–825.

Bennett, Craig M.; Baird, Abigail A.; Miller, Michael B.; Wolford, George L. (o. D.), Neural Correlates of Interspecies Perspective Taking in the Post-Mortem Atlantic Salmon: An Argument For Proper Multiple Comparisons Correction, Journal of Serendipitous and Unexpected Results, Vol. 1 no.1, Pages 1–5; URL http://faculty.vassar.edu/abbaird/about/publications/pdfs/bennett_salmon.pdf

Bernard, Andreas (2012), Hohle Nuss, Süddeutsche Zeitung Magazin, Nr. 35, 31. August 2012, S. 9–13.

Bernheim, B. Douglas (2008), Neuroeconomics: a sober (but hopeful) appraisal; NBER Working Paper No. 13954; April 2008

Blanchflower, David G. (2008), Happiness Economics, NBER Reporter Number 2, pp. 7–10.

Blanchflower, David G.; Oswald, Andrew J. (2007a), Is well-being u-shaped over the life cycle?, NBER Working Paper 12935; February 2007.

Blanchflower, David G.; Oswald, Andrew J. (2007b), Hypertension and happiness across nations, NBER Working Paper 12934, February 2007

Blount, Sally (1995): When social outcomes aren't fair: The effect of causal attributions on preferences, Organizational Behavior and Human Decision Processes, Vol. 63(2), pp. 131–144.

Bolton, Gary E; Ockenfels, Axel (2000), ERC: A Theory of Equity, Reciprocity, and Competition, American Economic Review Vol. 90, No. 1 (Mar., 2000), pp. 166–193.

Brickman, Philip, Dan Coates, and Ronnie Janoff-Bulman (1978), Lottery Winners and Accident Victims: Is Happiness Relative?, Journal of Personality and Social Psychology, 36(8), pp. 917–927.

Buonanno, Paolo; Montolio, Daniel; Vanin, Paolo (2009), Does Social Capital Reduce Crime?, Journal of Law and Economics, Vol. 52, (1), pp. 145–170.

Button, Katherine S.; Ioannidis, John P. A.; Mokrysz, Claire; Nosek, Brian A.; Flint, Jonathan; Robinson, Emma S. J.; Munafò, Marcus R. (2013), Power failure: why small sample size undermines the reliability of neuroscience, Nature Reviews Neuroscience 14, 365–376 (May 2013).

Camerer, Collin; Thaler, Richard (1995), Anomalies: Ultimatums, Dictators and Manners, Journal of Economic Perspectives, Vol. 9, Issue 2, pp. 209–219.

Camerer, Colin; Loewenstein, George; Prelec, Drazen (2005), Neuroeconomics: How Neuroscience Can Inform Economics, in: Journal of Economic Literature, Vol. XLIII (March 2005), pp. 9–64.

Carter, John R.; Irons, Michael (1991), Are Economists different, and if so, why?, Journal of Economic Perspectives, Vol 5 (1991), pp. 171–177.

Charness, Gary; Rabin, Matthew (2002), Understanding Social Preferences with Simple Tests, Quarterly Journal of Economics Vol. 117 (No. 3), pp. 817–869.

Cherry, Todd L.; Frykblom, Peter; Shogren, Jason F. (2002), Hardnose the dictator, American Economic Review; Sep 2002; Vol. 92, 4, pp. 1218–1221.

Clark, Andrew E., Frijters, Paul, Shields, Michael A. (2008), Relative Income, Happiness, and Utility: An Explanation for the Easterlin Paradox and Other Puzzles, Journal of Economic Literature 2008, 46:1, pp. 95–144.

Conner, Roger and Patricia Jordan (2009), Never being able to say you're sorry: barriers to apology by leaders in group conflicts, Law and Contemporary Problems, Spring 2009, Vol. 72 (2), pp. 233–260.

Coricelli Giorgio; Joffily, Mateus; Montmarquette, Claude; Villeval, Marie Claire (2010), Cheating, emotions, and rationality: an experiment on tax evasion, Experimental Econonmics Vol. 13 (2010), pp. 226–247.

Dawes, Robyn M.; Thaler, Richard (1988), Anomalies: Cooperation, Journal of Economic Perspectives, Vol. 2, Issue 3, pp. 187–197.

DB Research (2006), Measures of well-being.There is more than GDP. Current issues, Frankfurt, September 8, 2006.

Deaton, Angus (2010), Income, Aging, Health and Well-Being around the World: Evidence from the Gallup World Poll, in: David A. Wise (ed.): Research Findings in the Economics of Aging; The University of Chicago Press; pp. 235–263.

di Tella, Rafael; MacCulloch, Robert J.; Oswald, Andrew J. (2001a), The Macroeconomics of Happiness, Warwick Economic Research Papers No. 615.

di Tella, Rafael; MacCulloch, Robert J.; Oswald, Andrew J. (2001b), Preferences over Inflation and Unemployment: Evidence from Surveys of Happiness, American Economic Review, Vol. 91, No. 1. (March 2001), pp. 335–341.

Diener, Ed; Eunkook, Mark Suh; Lucas, Richard E.; Smith, Heidi L. (1999), Subjective Well-Being: Three Decades of Progress, Psychological Bulletin, Bd. 125(2), pp. 276–302

Dolan, Paul; Peasgood, Tessa; White, Mathew (2008), Do we really know what makes us happy? A review of the economic literature on the factors associated with sujective well-being, Journal of Economic Psychology 29; pp. 94–122.

Dunn, Elizabeth W.; Gilbert, Daniel T.; Wilson, Timothy D. (2001), If money doesn't make you happy, then you probably aren't spending it right, Journal of Consumer Psychology, Vol. 21 (2011), pp. 115–125

Easterlin, Richard (2001), Income and Happiness: Towards a Unified Theory, in: Economic Journal 111, no. 473, pp. 465–484

Edmans, Alex; Garcio, Diego; Norli, Oyvind (2007), Sports Sentiment and Stock Returns, Journal of Finance, Vol. 55, pp. 389–406.

Elster, John (1998): Emotions and Economic Theory; Journal of Economic Literature, Vol. XXXVI, March 1998; pp. 47–74.

Engelmann, Dirk; Strobel, Martin (2000), An experimental comparison of the fairness models by Bolton and Ockenfels and by Fehr and Schmidt, Discussion Papers, Interdisciplinary Research Project 373: Quantification and Simulation of Economic Processes, No. 2000,28, urn:nbn:de:kobv:11-10047345, http://hdl.handle.net/10419/62222

Erhardt, Joop; Saris, Willem E.; Veenhoren, Ruut (2000), Stability of Life-Satisfaction over time, Journal of Happiness Studies 1 (2000), pp. 177–205.

Fehr, Ernst; Klaus M. Schmidt (1999), A Theory of Fairness, competition and cooperation, Quarterly Journal of Economics, August 1999, pp. 817–868.

Fehr, Ernst (2001), Theories of Fairness and Reciprocity: Evidence and Economic Applications, Discussion paper 2001-02, January 2001, Department of Economics, University of Munich.

Fehr, Ernst (2006), Neuroökonomik. Die Erforschung der biologischen Grundlagen des menschlichen Sozialverhaltens, Volkswirtschaftliche Beiträge der Universität St. Gallen, Nr. 3, August 2006; URL http://www.fgn.unisg.ch/de/Walter+Adolf+Joehr+Vorlesung/~/media/Internet/Content/Dateien/InstituteUndCenters/FGN/WAJoehr/Joehr_2006_Fehr.ashx

Fehr, Erst; Gächter, Simon (1998), Reciprocity and economics: The economic implications of homo Reciprocans, European Economic Review, Vol. 42 (1998), pp. 845–859.

Fehr, Ernst; Goette, Lorenz (2004), Do Workers work more when Wages are High? Evidence from a randomized field experiment, mimeo, University of Zurich.

Fehr, Ernst; Rangel, Antonio (2011), Neuroeconomic Foundations of Economic Choice – Recent Advances, Journal of Economic Perspectives, Vol. 25, Number 4 (Fall 2011), pp. 3–30.

Fehr, Ernst; Schmidt, Klaus M. (2005), The Economics of Fairness, Reciprocity and Altruism – Experimental Evidence and New Theories, Discussion paper 2005-20; June 2005; Department of Economics, University of Munich; Volkswirtschaftliche Fakultät Ludwig-Maximilians-Universität München.

Fershtman, Chaim; Gneezy, Uri; List, John A. (2012), Equity Aversion: Social Norms and the Desire to be Ahead, American Economic Journal: Microeconomics 2012, 4(4), pp. 131–144

Frank, Robert; Gilovich, Thomas; Regan, Dennis (1993), Does Studying Economics inhibit Cooperation?, Journal of Economic Perspectives, Vol 7 (1993), pp. 159–171.

Frey, Bruno S.; Stutzer, Alois (2002a), What can economists learn from happiness research?, Journal of Economic Literature, Vol. XL, pp. 402–435.

Frey, Bruno S.; Stutzer, Alois (2002b), The Economics of Happiness, World Economics, Vol. 3, No. 1, January–March 2002, pp. 1–17.

Frey, Bruno; Stutzer, Alois (2002c): Happiness and economics. How the economy and institutions affect human well-being. Princeton University Press.

Glimcher, Paul; Camerer, Colin F.; Fehr, Ernst; Poldrack, Russel A. (eds.) (2009), Neuroeconomics. Decision Maling and the Brain, Elsevier, Amsterdam u. a.

Gneezy, Uri; List, John A. (2006), Putting behavioral economics at work: Testing for gift exchange in labor markets using field experiments, mimeo.

Goette, Lorenz, Huffman, David; Fehr, Ernst (2004), Loss Aversion and Labor Supply, Journal of the European Economic Association 2(2), 215–228.

Gopalan, Sandeep (2007), Shame sanctions and excessive CEO pay, Delaware Journal of Corporate law, Vol. 32, pp. 757–797.

Gruber, Jonathan; Mullainathan, Sendhil (2002): Do cigarette taxes make smokers happier?, NBER Working Paper No. 8872, Cambridge.

Gul, Faruk; Pesendorfer, Wolfgang (2005), The case for mindless economics, Princeton, mimeo, 2005.

Hamermesh, Daniel S.; Biddle, Jeff E. (1994), Beauty and the labor market, American Economic Review, Vol. 84 (1994), pp. 1174–1194.

Henrich, Joseph, et al. (2005), Economic man" in cross-cultural perspective: Behavioral experiments in 15 small-scale societies, Behavioral and Brain Sciences Vol. 28 (2005), pp. 795–855.

Hirata, Johannes (2010), Glücksforschung: Stand der Dinge und Bedeutung für die Ökonomik, Ordo, Jahrbuch für die Ordnung von Wirtschaft und Gesellschaft, Bd. 61, S. 127–149.

Hirshleifer, David; Shumway, Tyler (2003), Good Day Sunshine: Stock Returns and the Weather, Journal of Finance, 58, 1009–1032.

Hoffman Elizabeth, McCabe Kevin, Shachat Keith, Smith Vernon (1994), Preferences, Property Rights, and Anonymity in Bargaining Games, Games and Economic Behavior, Vol. 7, no. 3, pp. 346–380.

Johns, Helen; Ormerod, Paul (2007), Happiness, Economics and Public Policy, The Institute of Economic Affairs, London.

Kable, Joseph W. (2011), The Cognitive Neuroscience Toolkit for the Neuroeconomist: A Functional Overview, Journal of Neuroscience, Psychology, and Economics, Vol. 4, No. 2, pp. 63–84.

Kagel, John H, Kim; Moser, Donald (1996), Fairness in Ultimatum Games with Asymmetric Information and Asymmetric Payoffs, Games and Economic Behavior Vol. 13, pp. 100–110.

Kahneman, Daniel; Krueger, Alan B. (2006), Developments in the Measurement of Subjective Well-Being, Journal of Economic Perspectives, Vol. 20, No. 1 (Winter 2006), pp. 3–24.

Kopcke, Richard W., Little, Jane Sneddon; Tootell; Geoffrey M. B (2004), How Humans behave. Implications for Economics and Economic Policy. Conference overview, New England Economic Review, First Quarter 2004, proceedings of the 48th economic conference of the Federal Reserve Bank of Boston.

Kouchaki; Maryam, Smith-Crowe, Kristin; Brief, Arthur P.; Sousa, Carlos (2013), Seeing green: Mere exposure to money triggers a business decision frame and unethical outcomes, Organizational Behavior and Human Decision Processes, Volume 121, Issue 1, May 2013, pp. 53–61.

Leimgruber, Kristin L.; Shaw, Alex; Santos, Laurie R.; Olson, Kristina R. (2012), Young Children Are More Generous when Others Are Aware of Their Actions, *PLoS ONE*, 2012; 7 (10): e48292 DOI: 10.1371/journal.pone.0048292

Lelieveld, Gert-Jan; Moor, Bregtje Gunther; Crone, Eveline A.; Karremans, Johan C.; van Beest, Ilja (2013), A Penny for Your Pain? The Financial Compensation of Social Pain after Exclusion, Social Psychological and Personality Science, Februar 2013, URL http://spp.sagepub.com/content/early/2012/05/10/1948550612446661.

Lindbeck, Assar; Nyberg, Sten (2006), Raising Children to Work Hard: Altruism, Work Norms, and Social Insurance, Quarterly Journal of Economics, November 2006, v. 121, iss. 4, pp. 1473–1503.

List, John A. (2006), The Behavioralist Meets the Market: Measuring Social Preferences and Reputation Effects in Actual Transactions, Journal of Political Economy, 2006, vol. 114, no. 1, pp. 1–37.

List, John A. (2007), On the Interpretation of Giving in Dictator Games, Journal of Political Economy, 2007, vol. 115, no. 3, pp. 482–493.

Luttmer, Erzo (2005), Neighbours as negatives, relative earnings and well-being, QuarterlyJournal of Economics, 120 (3), August 2005, pp. 963–1002.

Lyubomirsky, Sonja; Sheldon, Kennon M., Schkade (2005), Pursuing happiness: The architecture of sustainable change, Review of General Psychology 9(2), pp. 111–131.

Marwell, Gerald; Aimes, Ruth (1981), Economists Free Ride, Does Anyone Else?, Journal of Public Economics, June 1981, pp. 295–310.

McClure, Samuel; Laibson, David I.; Loewenstein, George; Cohen, Jonathan (2004a): Separate neural systems value immediate and delayed monetary rewards, Science, Vol. 306, October 15, 2004; pp. 503–507

McClure, Samuel; Li, Jian; Tomlin, Damon; Cypert, Kim S.; Montague, Latane M.; Montague, P. Read (2004b), Neural Correlates of behavioral preference for culturally familiar drinks, Neuron, Vol.44, October 14, 2004, pp. 379–387.

Mukhopadhyay, Anirban; Johar, Gita Venkataramani (2007), Tempted or Not? The Effect of Recent Purchase History on Responses to Affective Advertising, Journal of Consumer Research, Vol. 33 (March 2007), pp. 445–453.

Murawski, Carsten (2011), Neuroeconomics: Investigating the Neurobiology of Choice, Australian Economic Review, vol. 44, no. 2, pp. 215–224.

o. V. (2007): Where money seems to talk, in: Economist, July 14th, pp. 59–60.

o. V. (2012), Kritik an Neuroscans: "Hirnforscher sollten nicht überreizen", Spiegel Online, URL http://www.spiegel.de/wissenschaft/mensch/kritik-an-fmrt-hirn-scans-interview-mit-felix-hasler-a-867591.html

O'Donoghue, Ted, Loewenstein, George (2004), Animal Spirits: Affective and Deliberative Processes in Economic Behavior, mimeo, Cornell University.

Oswald, Andrew J. (1997), Happiness and Economic performance, Economic Journal 107 (445), pp. 1815–1831.

Pham, Michel T. (2007), Emotion and rationality: A critical review and interpretation of empirical evidence, Review of General Psychology, Vol. 11 (No. 2), pp. 155–178.

Plassmann, Hilke; O'Doherty, John; Shiv, Baba; Rangel, Antonio (2008), Marketing actions can modulate neural representations of experienced pleasantness, Proceedings of the nationakl academy of Sciences of the United States of America, January 2008, vol. 105, No. 3; pp. 1050–1054

Prinz, Aloys; Pawelzik, Markus R. (2008), Neuroökonomik, in: Siegfried Gauggel, Manfred Herrmann (Hrsg.): Handbuch der Neuro- und Biopsychologie, Göttingen et al., Hogrefe 2008, S. 68–79.

Rivers Susan E.; Brackett, Marc A.; Katulak, Nicole A.; Salovey, Peter (2007), Regulating anger and sadness: An exploration of discrete emotions in emotion regulation, Journal of Happiness Studies Vol. 8 (2007), pp. 393–427.

Rosenblat, Tanya S. (2008), The beauty premium: Physical attractiveness and gender in dictator games, Negotiation Journal, October 2008, pp. 465–480.

Rosenfeld, Peter (2005), Brain Fingerprinting: A Critical Analysis, The Scientific Review of Mental Health Practice, Vol. 4, No. 1 (Spring/Summer 2005), pp. 20–37.

Sanfey, Alan G.; Rilling, James K.; Aronson, Jessica A.; Nystrom, Leigh E.; Cohen, Jonathan D. (2003), The Neural Basis of Economic Decision-Making in the Ultimatum Game, in: Science, Vol. 300; 13 June 2003; pp. 1755–1758.

Shiller, Robert: Why do people dislike inflation, mimeo, 1996.

Shiv Baba, Loewenstein George, Bechara Antoine (2005a), The Dark Side of Emotions? When Individuals with decreased Emotional Reactions make Advantageous Decisions, Cognitive Brain Research 23, pp. 85–92.

Shiv, Baba; Loewenstein, George; Damasio, Hannah; Damasio, A.R. (2005b), Investment behaior and the negative side of emotions, in: Psychological Science, Vol. 16 (2005), pp. 435–439.

Shua, Hui-Chu; Hung, Mao-Wei (2009), The Effect of wind on stock market returns: evidence from European markets, Applied Financial Economics, Vol. 19 (2009), pp. 893–904.

Smith, Vernon (2002), Constructivist and Ecological Rationality in Economics; Nobel Prize Lecture, December 8, 2002; URL http://www.nobelprize.org/nobel_prizes/economics/ "How Humans Behave: Implications for Economics and Economic Policy"

Smith, Vernon (2008), Rationality in Economics, Cambridge University Press, New York.

Solnik, Sara J.; Schweitzer, Maurice E. (1999), The influence of physical attractiveness and gender on ultimatum games, Organizational Behavior and Human Decision Processes, Vol. 79 (1999), pp. 199–215.

Stiglitz, Joseph E.; Sen, Amartya; Fitoussi, Jean-Paul (o. J.), Report by the Commission on the Measurement of Economic Performance and Social Progress; URL: http://www.stiglitz-sen-fitoussi.fr/documents/rapport_anglais.pdf

Strongman, Kenneth T. (1996), The Psychology of Emotion, (4rd ed.). Chichester: John Wiley & Sons.

Stutzer, Alois; Frey, Bruno (2005), Does marriage make people happy, or do happy people get married? IEW-Working Papers 143, Institute for Empirical Research in Economics.

Ura, Karma; Alkire, Sabina; Zangmo, Tshoki (2012), Case Study: Bhutan. Gross National Happiness and the GNH Index, in: John Helliwell, Richard Layard and Jeffrey Sachs (eds.): World Happiness Report, Columbia University.

Velayutham, Sivakumar (2003), No Shame or Guilt: The Crisis of Governance and Accountability in Asian Economies, Humanomics, Vol. 19 (issue 1–2), pp. 12–28.

Vohs, Kathleen D.; Mead, Nicole L.; Goode, Miranda R. (2006), The Psychological Consequences of Money, Science 314, 1154 (2006); pp. 1154–1156.

Vohs, Kathleen D.; Mead, Nicole L.; Goode, Miranda R. (2008), Merely Activating the Concept of Money Changes Personal and Interpersonal Behavior, Current Directions in Psychological Science June 2008 vol. 17 no. 3 208–212.

Vul, Edward; Harris, Christine; Winkielman, Piotr; Pashler, Harold (2009), Puzzlingly High Correlations in fMRI Studies of Emotion, Personality, and Social Cognition, Perspectives On Psychological Science Volume 4, Number 3, pp. 274–290.

Wangdi, Kencho (2011), Do Bhutan's Anti-Smoking Laws Go Too Far?, Time Magazine, URL: http://www.time.com/time/world/article/0,8599,2057774,00.html

Weimann, Joachim;Knabe, Andreas;Schöb, Ronnie (2012): Geld macht doch glücklich. Wo die ökonomische Glücksforschung irrt. Schaeffer-Pöschel Verlag 2012.

Wilkinson, Will (2007), In Pursuit of Happiness Research: Is It Reliable? What Does It Imply for Policy?, Cato Institute, Policy Analysis, No. 590, April 11, 2007.

Winterich, Karen P.; Haws, Kelly L. (2011), Helpful Hopefulness: The Effect of Future Positive Emotions on Consumption, Journal of Consumer Research, Vol. 38 (October 2011), pp. 505–524.

Yaari, M. E.; Bar-Hillel, M. (1984), On dividing justly, Social Choice and Welfare, May 1984, Volume 1, Issue 1, pp 1–24.

Yang, Chun-Lei; Weimann, Joachim; Mitropoulos, Atanasios (2006), An Alternative Approach to Explaining Bargaining Behavior in Simple Sequential Games, Pacific Economic Review, 2007, Vol 11, 201–222.

Zaleskiewicz, Tomasz; Gasiorowska, Agata; Kesebir, Pelin; Luszczynska, Aleksandra; Pyszczynski, Tom (2013), Money and the fear of death: The symbolic power of money as an existential anxiety buffer, Journal of Economic Psychology, Vol. 36, pp. 55–67.

Zhou, Xinyue; Vohs, Kathleen D., Baumeister (2009), The Symbolic Power of Money. Reminders of Money Alter Social Distress and Physical Pain, Psychological Science, Volume 20—Number 6, pp. 700–706.

Ausgewählte Anwendungsfelder 6

6.1 Behavioral Finance

Die Behavioral Finance (vgl. dazu auch bspw. Beck 2012, Barberis, Thaler, 2003, Shleifer 2000) ist einer der erfolgreichsten Ableger der Behavioral Economics – zum einen aufgrund der Tatsache, dass in diesem Feld viele Daten zur Verfügung stehen, um Hypothesen zu testen, zum anderen vermutlich auch wegen des hohen Praxisbezugs; viele Vermögensverwalter und institutionelle Investoren versuchen aus den Erkenntnissen der Behavioral Finance ihre Portfolioleistung zu verbessern. Richtig angewendet, so die Idee, können die Erkenntnisse der Behavioral Finance bares Geld wert sein.

Effiziente Märkte Die Ideen der Behavioral Finance stehen im Kontrast zur traditionellen Finanztheorie, die von effizienten Märkten ausgeht: Jede Information, die für die Kursbildung an den Märkten relevant ist, wird sofort von den Investoren in entsprechende Investment-Strategien umgesetzt, was dazu führt, dass die Kurse anschließend diese neuen Informationen widerspiegeln. Im Ergebnis bedeutet das, dass alle relevanten Informationen stets in den Kursen der Kapitalmärkte berücksichtigt sind (sogenannte *market efficiency hypothesis*, vgl. bspw. Spremann, Gantenbein 2005). Kursveränderungen können also nur durch neue, zufällig entstandene (weil nicht erwartete) Informationen entstehen, was zugleich bedeutet, dass Kursbewegungen an den Kapitalmärkten nur zufällig entstehen, sie können nicht systematischer Natur sein. Wären die Bewegungen der Wertpapierkurse

H. Beck, *Behavioral Economics*,
DOI 10.1007/978-3-658-03367-5_6, © Springer Fachmedien Wiesbaden 2014

systematischer Natur, dann könnten sofort Investoren aus dem Wissen um diese Systematik Geld schlagen, was dazu führen würde, dass durch das Handeln dieser informierten Investoren solche systematische Kursbewegungen wieder verschwinden würden.

Diese Idee der effizienten Märkte wird von der Behavioral Finance herausgefordert. Ausgangspunkt dieser Forschung waren die Arbeiten Shillers, der zeigte, dass die Kursschwankungen an den Aktienmärkten gemessen an der Vorstellung rationaler Akteure zu hoch sind (Shiller 1981 und Shiller 1998), sie lassen sich mit den herkömmlichen Modellen zur Bewertung von Wertpapieren nicht erklären. Diese Beobachtung hat Folgen: Wenn Kapitalmärkte stärker schwanken, als es die Theorie vorhersagt, bedeutet das, dass die Kurse gemessen am fundamentalen Wert der Aktien zeitweise zu hoch oder zu niedrig sind – was wiederum bedeutet, dass diese Über- oder Unterbewertungen mittel- bis langfristig wieder korrigiert werden müssen. Gibt es aber Phänomene wie Über- oder Unterbewertung, so ermöglicht das Prognosen über die zukünftige Richtung der Kurse – überbewertete Aktien werden billiger, unterbewertete Aktien teurer. Das bedeutet, dass sich Aktienkurse langfristig bis zu einem gewissen Grad prognostizieren lassen. Doch genau diese Idee der Prognostizierbarkeit der Wertpapierkurse spricht gegen die Idee der effizienten Märkte: Wenn Aktienkurse prognostizierbar sind – warum nutzen Händler dann nicht diese Prognostizierbarkeit für Arbitrage-Strategien, mit denen sich dann risikolos Geld verdienen lässt? Man kauft (verkauft) unterbewertete (überbewertete) Aktien und verdient so risikolos Geld, womit die Über-(Unter-)bewertung verschwindet. Auf kurze Frist zumindest stimmt die Idee der effizienten Märkte, so zeigen die Arbeiten Famas (1970, 1991), dass Aktienkurse kurzfristig nicht prognostizierbar sind. Doch Phänomene wie die im Folgenden beschriebenen Anomalien zeigen, dass Kurse auf lange Sicht durchaus prognostizierbar sein können. Zur Erklärung solche Phänomene, die mit der Idee effizienter Kapitalmärkte vereinbar sind, werden viele verschiedene Ansätze bemüht, von denen einige im Folgenden diskutiert werden sollen. Dazu soll zunächst das Beispiel der Anomalien erörtert werden.

Anomalien Unter Anomalien versteht man in der Literatur Beobachtungen an der Börse, die sich nicht mit der Idee effizienter Kapitalmärkte vereinbaren lassen. In der traditionellen Kapitalmarkttheorie bewerten Investoren

Risiko und Rendite einer Aktie, nutzen alle vorhandenen Informationen und sorgen mittels Arbitrage (Ausnutzung von Preisunterschieden) dafür, dass sich die Marktpreise kaum von ihrem wahren, fundamentalen Wert entfernen können. Abweichungen der Marktpreise von ihrem fundamentalen Wert können nach dieser Lesart zwar durch unvorhergesehene Ereignisse, asymmetrisch verteilte Informationen, hohe Transaktionskosten oder einzelne übernervöse Anleger entstehen, sind aber nicht bestimmend für das Geschehen an den Kapitalmärkten und vor allem nicht systematisch. Unter dem Strich, so die herrschende Finanzmarktlehre, sind Kapitalmärkte rational und effizient, Abweichungen von diesem Zustand sind zufällig, unsystematisch und nur vorübergehend.

Die Behavioral Finance hingegen postuliert, dass Anleger systematisch Fehler begehen. Menschen machen aufgrund ihrer beschränkten Informationsverarbeitungskapazitäten Fehler, die sich auch in den Marktergebnissen zeigen. Wichtig dabei ist die Betonung, dass diese Fehler systematischer Natur sind – nach der herrschenden Finanzmarkttheorie kann es durchaus passieren, dass Menschen Fehler machen, aber diese Fehler sind nicht systematischer Natur und gehen in der Menge der richtigen Entscheidungen der anderen Marktteilnehmer unter. Die Behavioral Finance hingegen glaubt, dass manche Verhaltensweisen systematischer Natur sind; das würde bedeuten, dass mehr oder weniger alle Anleger die gleichen Fehler begehen und damit auch die Finanzmärkte ihren Nimbus als Rationalitätsmaschinen verlieren. Finden sich in den Märkten Abweichungen von der Idee effizienter, rationaler Märkte, und sind diese Abweichungen – also Anomalien – nicht nur vorübergehender Natur, so würde dies für die Ideen der Behavioral Finance sprechen.

Ein Beispiel für Anomalien können sogenannte *Kalendereffekte* sein, die besagen, dass zu bestimmten Zeiten (Januar, Monatswechsel, Montags) systematisch andere Renditen zu erzielen sind als zu anderen Zeiten. Stimmt die Idee der effizienten Kapitalmärkte, so dürfen solche Effekte nicht lange existieren – sobald die Marktteilnehmer erkennen, dass es an bestimmten Tagen mehr Geld zu verdienen gibt, werden sie ihre Anlageentscheidungen dementsprechend ausrichten und damit die Kalenderanomalie zum Verschwinden bringen.

Eine Möglichkeit, solche Kalenderanomalien zu erklären, besteht darin, dass die Anleger mentale Konten bilden – sie unterteilen ihren Anlageprozess in zeitliche Einheiten, beispielsweise Jahre, und zum Ende des Jahres stellen sie ihr Portfolio glatt oder machen ihre Dispositionen zum Auftakt des Jahres oder der Woche. Ein weiteres, prominentes Beispiel für eine Kapitalmarktanomalie ist der Fall Royal Dutch/Shell (vgl. Kasten 32).

Arbitrage Anhand des Phänomens der Kalendereffekte lässt sich gut illustrieren, welche Gegenargumente man gegen die Idee irrationaler Finanzmärkte aufbringen kann. Das Grundargument wird Friedman (1953) zugeschrieben: Wenn es Aufgrund irrationalen Verhaltens zu systematisch falschen Preisen kommt, ruft dies sofort rationale Spieler auf den Plan, die diese Fehlpreise zum eigenen Vorteil ausnutzen – und damit die falschen Preise wieder korrigieren. Ein einfaches Beispiel illustriert diese Idee (vgl. Barberis, Thaler 2001): Angenommen, der fundamentale Wert einer Aktie A (also der langfristig „richtige" Wert), beträgt 20 $, doch aufgrund pessimistischer Erwartungen ist der Preis auf 15 $ gesunken. Rationale Investoren werden diese Gelegenheit erkennen und die Aktie kaufen, was deren Preis steigen lässt. Wenn sie zugleich eine Aktie B per Termin verkaufen[1], die in ihren Auszahlungsströmen der ersten Aktie ähnlich ist, haben sie eine risikolose Arbitrage getätigt: Steigt der Wert von Aktie A, so machen Sie einen Gewinn, sollte der Wert der Aktie A aus Gründen, die nichts mit dem Unternehmen A zu tun haben (also alle Aktien betreffen wie beispielsweise eine Rezession oder eine Aktienmarktkrise) fallen, so verlieren sie zwar mit Aktie A Geld, verdienen aber am Verkauf der Aktie B per Termin (deren Wert in diesem Szenario ebenfalls fallen wird). Der Kauf der Aktie B sichert den Arbitrageur gegen die Risiken ab, die dem Gesamtmarkt drohen und die ansonsten die Arbitrage riskant machen würde.

Damit haben die rationalen Investoren eine vollständig risikofreie Strategie, mit der sie Geld verdienen können, die aber zugleich den falschen Preis der Aktie A beseitigt. Abweichungen vom fundamental gerechtfertigten Preis erzeugen nach dieser Lesart immer risikolose Arbitrage-Möglichkei-

[1] Man vereinbart heute den Verkauf dieser Aktie zu einem späteren Termin, wobei der Preis des Verkaufes ebenfalls heute vereinbart wird (beispielsweise 10 €). Sinkt der Preis der Aktie beispielsweise auf 5 €, verdient der Verkäufer daran: Er hat die Aktie heute zu 10 € per Termin verkauft und bekommt am Tag des Verkaufes 10 € für eine Aktie, benötigt aber nur 5 €, um diese zu erwerben.

ten und damit risikofreie Gewinne, was rationale Anleger anziehen wird; die Abweichungen vom fundamental gerechtfertigten Preis werden durch diese Arbitrage verschwinden. Damit können Anomalien wie Kalendereffekte langfristig nicht an den Finanzmärkten existieren.

Grenzen der Arbitrage Die Befürworter der Behavioral Finance bestreiten nicht, dass Anomalien Finanzmarktakteure auf den Plan rufen, sie hegen eher Zweifel daran, dass es immer eine risikolose Strategie gibt, die eine solche Arbitrage zulässt. Im Einzelnen werden folgende Argumente diskutiert (vgl. bspw. Barbieris, Thaler 2001; vertiefend Shleifer, Vishny 1997):

- Im obigen Beispiel ist die Arbitrage nur risikolos, weil man sich neben dem Kauf von Aktie A durch den Terminverkauf von Aktie B absichert – fällt der gesamte Aktienmarkt, so verliert man zwar mit Aktie A, gewinnt aber mit Aktie B, was den Verlust ausgleicht. Allerdings ist fraglich, ob man in der Realität immer ein der Aktie B entsprechendes Investment findet, das seinen Käufer hinreichend gegen solche allgemeinen Risiken absichert. Wer beispielsweise eine VW-Aktie kauft, weil er sie für fundamental unterbewertet hält, muss sich absichern, indem er eine Aktie per Termin verkauft, die den Kurs der VW-Aktie perfekt imitiert, bis auf die Unterbewertung – ein solches perfektes Substitut dürfte nur schwer zu finden sein, eine BMW-Aktie wäre das streng genommen ebenso wenig wie eine Aktie von Daimler. Doch ohne diesen Schutz vor den fundamentalen Risiken des Aktienmarktes wäre eine Arbitrage-Strategie nicht risikolos.
- Selbst wenn man eine Aktie findet, mit der man das fundamentale Risiko eliminieren kann, bleibt immer noch das Risiko, dass die fundamental falsche Bewertung der Aktie zu lange dauert – unter Umständen reichen der Zeithorizont des Arbitrageurs und seine Mittel nicht aus, um eine längere Phase der Falschbewertung auszusitzen. In der Sprache der Finanzmärkte heißt das dann, dass der Markt länger irrational sein kann als Investoren liquide sein können. Wer sich beispielsweise Geld leiht für seine Arbitrage, muss dieses Geld ja einem zuvor vereinbarten Zeitraum wieder zurückzahlen. Ist die Aktie A zum Zeitpunkt der Rückzahlung immer noch unterbewertet, so muss der Arbitrageur sie dennoch wieder verkaufen und macht Verluste. Beispielhaft dafür die Ereignisse

um die Jahrtausendwende, als Internet-Werte dramatische Kursgewinne verbuchten: Viele professionelle Investoren waren sich sicher, dass diese Preise zu hoch sind und spekulierten dagegen, allerdings dauerte die Phase der hohen Kurse länger, als es die Geduld der Kunden dieser professionellen Investoren zuließ – sie zogen ihre Gelder ab. Langfristig behielten die Skeptiker recht und die Kurse der Internet-Aktien stürzten ab, doch zu diesem Zeitpunkt waren viele Investoren, die genau darauf spekuliert hatten, bereits aus dem Markt ausgeschieden.

- Oftmals sind solche Arbitrage-Strategien mit hohen Kosten verbunden, und manchen Marktteilnehmern ist es gesetzlich verboten, bestimmte Finanzinstrumente zu nutzen, die man für eine solche Arbitrage benötigt. Das macht Arbitrage teurer und damit unattraktiver oder für manche Marktteilnehmer schlichtweg unmöglich, solange sie nicht Lücken im Gesetzeswerk finden.
- Nicht zuletzt weisen Arbitrage-Strategien eine fundamentale Unsicherheit auf: Die Investoren können sich nicht sicher sein, dass ein Wertpapier wirklich falsch bewertet ist – dazu müsste man den fundamental „richtigen" Wert kennen. Tatsächlich ist es wohl unmöglich, den „richtigen", „fairen" Wert eines Wertpapiers zu bestimmen – wenn man diesen aber nicht kennt, weiß man auch nicht, ob ein Wertpapier wirklich falsch gepreist ist (in Praxis und Theorie versucht man den Wert eines Wertpapiers mit Hilfe der Discounted-cashflow-Methode zu bestimmen, dabei zinst man alle zukünftigen Erträge aus dem Wertpapier auf die Gegenwart ab). Dieses Argument kann man allerdings auch gegen die zahlreichen Studien verwenden, die Fehlbewertungen an den Aktienmärkten konstatieren: Wenn man den richtigen Wert eines Wertpapiers nicht kennt, kann man auch nicht feststellen, ob es falsch bewertet ist. Damit mutiert die Debatte um Fehlbewertungen an den Aktienmärkten zu einer Diskussion darüber, welches der richtige Wert eines Wertpapiers ist – eine Debatte, die naturgemäß zu keinem eindeutigen Ergebnis kommen kann.

Kasten 32: Der Fall Royal Dutch/Shell Transport

Eines der prominentesten Beispiele für vermeintlich oder tatsächlich irrationale Kursbewegungen den den Finanzmärkten, die nicht durch Arbitrage beseitigt werden, ist der Fall Royal Dutch/Shell Transport (vgl. bspw. Barberis und Thaler 2003). Die beiden Firmen vereinbarten 1907, sich im Verhältnis 60 zu 40 zusammenzuschließen, dabei aber eigenständige Einheiten zu bleiben. Als Folge daraus gibt es die Aktien von Royal Dutch, die überwiegend in den Vereinigten Staaten und in Holland gehandelt werden und die Aktien von Shell, die überwiegend an der englischen Börse gehandelt werden. Da es sich um zwei Aktien eines Unternehmens handelt, welche die Erträge des Unternehmens zwischen sich im Verhältnis 60 (Royal Dutch) zu 40 (Shell) teilen, müsste das Verhältnis zwischen den beiden Aktienpreisen exakt diese Aufteilung der Erträge widerspiegeln – die Aktie von Royal Dutch sollte also stets das 1,5-fache des Wertes der Shell-Aktie betragen. Froot and Dabora (1999) zeigen, dass dies allerdings nicht zutrifft, die Abweichungen der beiden Aktienkurse im Zeitraum zwischen 1980 und 1995 waren beträchtlich. Warum aber sind diese Preisunterschiede nicht von Arbitrageuren ausgenutzt worden? Eigentlich muss es sich dabei um eine risikolose Spekulation handeln. Royal Dutch war bisweilen – verglichen mit der 1,5-Bewertung – um 35 % unterbewertet und bis zu 15 % überbewertet. Levya und Yagil (2005) allerdings zeigen, dass nach der Publikation von Artikeln über dieses Phänomen diese Preisanomalien langsam verschwunden sind – offenbar haben Anleger auf diese Berichte reagiert. Das würde nahelegen, dass Investoren nicht immer über alle Preisanomalien informiert sind, diese aber nutzen, wenn sie diese erkennen und sich so verhalten, wie es die Idee der effizienten Märkte nahelegt. Allerdings hat diese Anpassung im Falle Royal Dutch/Shell Transportation rund neun Jahre gedauert.

Stimmt diese Idee der Grenzen der Arbitrage, so wären die Phänomene, welche im Widerspruch zur Idee der effizienten Kapitalmärkte stehen, also kein Ausdruck der Irrationalität oder psychologischer Effekte, sondern das Resultat unvollkommener Märkte – mit besseren Möglichkeiten zur Arbitrage würden die Anomalien verschwinden und die Märkte damit näher an das Ideal der effizienten Märkte heranrücken. Aus diesem Blickwinkel wäre die Idee der Grenzen der Arbitrage ein Argument für mehr Liquidität und mehr Kapitalmarktinstrumente. Nach dieser Lesart würde eine Politik, welche die Möglichkeiten der Marktteilnehmer beschneidet – beispielsweise das oft geforderte Verbot von Leerverkäufen – eher zu mehr scheinbar irrationalem Verhalten und zu mehr Unruhen an den Kapitalmärkten führen. Ironischerweise wird dieses Verbot von Leerverkäufen oftmals mit dem Verweis auf die (vermeintliche?) Irrationalität der Kapitalmärkte zur Eindämmung von Kursschwankungen gefordert. Dieses Argument übersieht also, dass es auch eine stabilisierende Spekulation gibt. Je mehr Marktteilnehmer gegen eine Überbewertung spekulieren, umso geringer wird das Ausmaß einer Überbewertung, mögliche Spekulationsblasen werden dadurch eher zum Platzen gebracht – im besten Fall entstehen sie erst gar nicht.

Eine weitere Kritik stammt von Fama (1998), er zeigt, dass sich die Anzahl der Über- und Unterreaktionen auf Finanzmärkten in etwa die Waage halten. Das würde bedeuten, dass es sich nicht um systematische, sondern zufällige Ereignisse handelt – was durchaus mit effizienten Finanzmärkten vereinbar ist. Nach dieser Lesart kommen Anomalien an den Kapitalmärkten zufällig zustande und sind kein Beleg für langfristiges, nachhaltig irrationales Verhalten an den Finanzmärkten. Zudem sei die empirische Basis der in vielen Studien aufgezeigten Anomalien nicht gesichert, bei einer sorgfältigen Überprüfung oder einer Veränderung der Messmethoden würden einige diese Anomalien verschwinden, andere Anomalien hingegen seien ökonomisch und statistisch gering und damit unbedeutend.

McLean und Pontiff (2012) haben insgesamt 82 der oben erläuterten Anomalien studiert und auf ihre Persistenz hin überprüft. Dabei haben sie die Zusatzrendite untersucht, die sich theoretisch durch Ausnutzung einer Anomalie (also eine entsprechende Arbitrage) verdienen lässt. Sind Kapitalmärkte effizient, so sollte diese Zusatzrendite verschwinden, sobald genügend Händler die Anomalie erkennen und nutzen – also spätestens nach der Publikation der Anomalie. McLean und Pontiff haben untersucht, ob Anomalien, die in Fachjournals publiziert werden, auch nach der Veröffentlichung fortbestehen – mit gemischtem Resultat: Die Zusatzgewinne sanken im Schnitt um rund ein Drittel. Konnte man also durch das Ausnutzen einer Anomalie beispielsweise fünf Prozent Rendite mehr als der Rest des Marktes machen, so waren es nach dem Erscheinen eines Artikels darüber nur noch rund 3,25 %. Marquering, Nisser und Valla (2006) finden allerdings sogar Hinweise, dass Anomalien komplett verschwinden.

Dass ein Teil der Zusatzrendite bestehen bleibt, ließe sich durch zu hohe Handelskosten oder Absicherungskosten erklären. McLean und Pontiff finden Hinweise, dass dieses Argument berechtigt ist: Nach der Publikation über die betreffende Anomalie steigen die Handelsvolumina in dem betroffenen Handelsbereich, was zeigt, dass die betreffende Anomalie nicht allen Marktteilnehmern bekannt war, jetzt aber mehr Aufmerksamkeit erfährt. Zudem war der Rückgang der Zusatzrendite besonders deutlich, wenn die Handelskosten, die beim Ausnutzen der Anomalie anfielen, gering waren – was auf Arbitrage-Strategien schließen lässt. Damit wäre der Rückgang der Überrenditen nach der Publikation ein Beleg für die Effizienz von Kapitalmärkten.

Möglicherweise gibt es einen weiteren Grund für die Existenz von Anomalien – zumindest in der Fachliteratur: McLean und Pontiff finden Hinweise, dass ein Teil der Anomalien sich mit Hilfe des sogenannten Publication Bias erklären lässt – sie entstehen auch dadurch, dass Berichte über eine Anomalie den veröffentlichenden Forschern akademischen Ruhm verschaffen.

Chartanalyse Die Disziplin der Chartanalyse beruht auf der Idee, dass man Geschehnisse am Aktienmarkt durch Analyse historischer Kursverläufe interpretieren kann. Dabei wird nach wiederkehrenden Verlaufsmustern von Kursen oder Trends gesucht, um auf Basis dieser Muster Prognosen zur künftigen Kursentwicklung zu machen. Aus der Sicht der Behavioral Economics kann man mutmaßen, dass sich hier das Phänomen der Repräsentativität (vgl. Abschn. 2.2.1) einschleicht: Nimmt man an, dass Wertpapierkurse eher zufällig zustande kommen (in der Literatur wird ein sogenannter random walk mit drift vorgeschlagen; die Kurse kommen zufällig zustande, haben aber eine mehr oder weniger eindeutige Richtung), so können sich in den Verlaufsmustern der Wertpapierkurse (der sogenannten Charts) keine Muster und keine Hinweise auf ihre zukünftige Richtung finden. Wenn aber Anleger Muster in Wertpapierkursen sehen, so ist das nach ihrer Vorstellung für Zufallsprozesse nicht repräsentativ, man erwartet vom Zufall nur chaotische Bilder. Nach dieser Logik haben diese Kursmuster eine Bedeutung, die es gilt, mit den Instrumenten der Chartanalyse zu entdecken. Zugespitzt bedeutet das, dass man zufällig entstandene Kursmuster mit einer inneren Bedeutung adelt, um auf Basis dieser Bedeutung Prognosen zu machen (zur ausführlichen Kritik an der Chartanalyse vgl. Beck 2012).

Ranglisten und erfolgreiche Analysten Ebenfalls auf die Repräsentativitätsheuristik kann man die Vorstellung zurückführen, dass ein jahrelanger Erfolg von Analysten oder Vermögensverwaltern als Indiz für deren überlegene Fähigkeiten gewertet wird, ebenso, wie Investmentprodukte, die mehrere Jahre hintereinander erfolgreich waren, dies auch weiterhin sein werden, weil die jahrelange Erfolgssträhne ihre Überlegenheit beweist. Hinter dieser Vorstellung, dass mehrere Erfolge hintereinander Beleg überragender Fähigkeiten sind, kann man die Vorstellung der heißen Hand (vgl. Abschn. 2.2.1) vermuten; ein mehrmals wiederholter Erfolg entspricht nicht der Vorstellung zufälliger Ergebnisse, auch wenn dabei möglicherweise die Größe der Stichprobe zu gering ist. Wer glaubt, dass solche Serien nicht zufällig sein können, investiert auf der Basis vergangener und möglicherweise unbedeutender Erfolge.

Home Bias Die Verfügbarkeitsheuristik kann Ursache für die Beobachtung sein, dass Investoren oftmals verstärkt in Wertpapiere des eigenen Landes investieren (sogenannter *home bias*, vgl. French, Poterba 1991). Aus investmenttheoretischer Perspektive sollten Investoren ihr Portfolio international diversifizieren, um ihr Risiko zu minimieren. Streng genommen kann man sogar argumentieren, dass man heimische Wertpapiere untergewichten sollte, da man ja als Inländer dem Risiko, dass die einheimische Wirtschaft in eine Krise gerät, stärker ausgesetzt ist als Ausländer. Wer also in inländische Wertpapiere investiert, riskiert bei einer heimischen Wirtschaftskrise den eigenen Arbeitsplatz und das eigene Vermögen zugleich. Ähnliche Überlegungen gelten für Anleger, die ihre Ersparnisse in die Aktien des Unternehmens anlegen, bei dem sie beschäftigt sind – geht das Unternehmen insolvent, so verlieren sie ihren Arbeitsplatz und ihre Ersparnisse zugleich.

Eine Erklärung für den Home Bias wäre die Verfügbarkeitsheuristik: Man verfügt als Investor über mehr Informationen über das Heimatland und damit über die dortigen Unternehmen, und diese Verfügbarkeit gibt einem mehr Sicherheit beim Investieren – man weiß, in was man da investiert. Für diese Erklärung spricht der Umstand, dass offenbar weniger erfahrene und informierte Anleger mehr dem Home Bias unterliegen als Profis (vgl. Sercu, Vanpée 2007) – hier liegt die Erklärung nahe, dass mangelnde Information durch Vertrautheit ersetzt wird. Allerdings ist es in Hinblick auf mangelnde Informationen eine rationale Strategie, sich auf vertraute, bekannte Dinge zu konzentrieren. In diesem Licht wäre der Home Bias kein irrationales Verhalten, sondern eine effiziente Heuristik (vgl. dazu auch das Experiment aus Kasten 10).

Alternative Erklärungen für den Home Bias wären zum einen gesetzliche Regelungen, die es erschweren, in ausländische Werte zu investieren oder Informationsvorteile inländischer Investoren gegenüber ausländischen Investoren (für einen Überblick über das Ausmaß des Home Bias vgl. Sercu, Vanpée 2007 und Hau, Rey, 2008).

Überoptimismus und Umschlagshäufigkeit Die Idee des Überoptimismus (vgl. Abschn. 2.2.4) legt nahe, dass Menschen ihre Fähigkeiten, an der Börse Gewinne zu machen, überschätzen. So zeigt eine Studie von Barber und Odean (2001) mit 35.000 Daten von Kunden eines Discount-Brokers (für den Zeitraum von 1991 bis 1997), dass Anleger ihre Rendite verbessern könnten, wenn sie weniger häufig ihre Investments verkaufen oder neue Investments kaufen (auch wegen der damit verbundenen höheren Transaktionskosten). Dabei zeigt sich, dass Männer überoptimistischer sind als Frauen, sie weisen ein höheres Handelsvolumen auf: Während Frauen im Schnitt 53 % ihres Portfolios pro Jahr umschlagen, sind es bei Männern 77 %. Dieses häufigere Kaufen und Verkaufen von Wertpapieren reduziert die Nettoerträge der Investments der Männer im Schnitt um 2,65 Prozentpunkte; Frauen reduzieren ihre Rendite nur um 1,72 Prozentpunkte. Noch ausgeprägter ist dieser Unterschied zwischen alleinstehenden Männern und Frauen: Alleinstehende Männer handeln 67 % mehr als Frauen und reduzieren dabei ihre Portfoliorendite im Vergleich zu Single-Frauen um 1,44 Prozentpunkte. Allerdings sind es nicht nur die Transaktionskosten, welche die Rendite der Portfolios schmälert: So zeigt die Studie, dass die Aktien, welche Frauen und Männer verkaufen, eine bessere Wertentwicklung aufweisen als die Aktien, welche sie kaufen, wobei die Unterschiede zwischen Männern und Frauen hier nicht signifikant sind.

Verfügbarkeitsheuristik und Investmenttrends Mit Hilfe der Verfügbarkeitsheuristik (vgl. 2.2.2) kann man eine Erklärung für Investmenttrends herleiten: Menschen, so die Idee, investieren in die Produkte, die gerade in Mode sind, in den Medien erscheinen, weil dies die Investments sind, die mental verfügbar sind. Denkt man dieses Argument zuende, so lässt sich damit auch Herdenverhalten erklären: Wer noch nie eine Finanzkrise erlebt hat, hält sie für wenig wahrscheinlich und investiert riskanter, was zu steigenden Kursen führen kann. Wer hingegen bereits eine Krise erlebt hat, überschätzt die Wahrscheinlichkeit zukünftiger Krisen oder aber auch weiterer Kursrückgänge, was eine bestehende Krise verstärken kann. Die mediale Aufbereitung solcher Ereignisse verstärkt den Verfügbarkeitsmechanismus zusätzlich, was zu weiteren Kursübertreibungen führen kann.

Ebenfalls mit der Verfügbarkeitsheuristik ließe sich erklären, dass bei Produktrückrufen von Autofirmen nicht nur die Aktie desjenigen Unternehmens leidet, das den Rückruf startet, sondern auch die Aktien der Konkurrenten (Jarrel, Peltzman 1985): Den Aktionären wird schlagartig das Risiko eines Produktfehlers bewusst gemacht, weswegen sie ihre Risikoeinschätzung der betreffenden Aktie korrigieren, auch wenn das Unternehmen keinen Rückruf getätigt hat.

Einstandspreise und Kursziele Der Einstandspreis, also der Preis, zu dem ein Anleger ein Wertpapier ersteht, kann deutliche Folgen für das weitere Anlageverhalten haben. Funktioniert der Einstandspreis als Anker, so wird der Anleger im weiteren Verlauf aufgrund seiner Verlustaversion, welche die Prospect Theory vorhersagt (vgl. 3.2.2), mindestens diesen Einstandspreis wieder erzielen wollen. Der Einstandspreis dient als Anker und Referenzpunkt; sinkt der Kurs unter diesen Anker, so werden die Verluste relativ von diesem Einstandspreis bewertet. Ähnliche Effekte können Kursziele hervorrufen: Ein Kursziel, das ein Analyst ausgibt, kann von den Anlegern als Anker wahrgenommen werden, in der Folge suchen Sie aktiv nach Argumenten, die dieses Kursziel rechtfertigen könnten (*confirmation bias*, vgl. 2.2.3), was dieses Kursziel realistischer erscheinen lässt; Argumente, die gegen das Kursziel sprechen, werden systematisch vernachlässigt.

Dispositionseffekt Einer der bekanntesten Effekte in der Behavioral Finance ist der sogenannte Dispositionseffekt (Shefrin, Statman 1985), der aus den Erkenntnissen der Prospect Theory abgeleitet ist. Er beschreibt die Beobachtung, dass Anleger dazu neigen, Gewinneraktien zu rasch zu verkaufen und im Gegenzug Verliereraktien zu lange zu halten. Erklärt werden kann dieses Verhalten mit den Erkenntnissen der Prospect Theory, vor allem mit der Verlustaversion: Aufgrund der Verlustaversion sind Anleger bereit, höhere Risiken einzugehen, wenn damit die Aussicht besteht, diese Verluste zu vermeiden. Die Aussicht, einen Verlust real zu machen, und ihn damit der Steuerbehörde, sich selbst und Freunden und Verwandten einzugestehen, macht Anleger mutig und risikobereiter. Wenn man die nicht realisierten Verluste als Papierverluste und damit nicht als reale Verluste betrachtet, so ist dies auch eine Form der mentalen Kontenbildung: Diese Verluste werden als unrealisierte Verluste auf einem anderen mentalen Konto verbucht, können damit auch als potenzielle spätere Gewinne verbucht werden und belasten nicht das mentale Konto „Anlageerfolg".

Der Dispositionseffekt kann dazu beitragen, Kapitalmärkte zu stabilisieren (Odean 1998): Wenn Anleger ihre Gewinne und Verluste vom Einstandskurs der Aktie aus berechnen, so werden sie mit Verkäufen zögern, wenn der Kurs unter diesen Einstandspreis fällt. Das bedeutet, dass in Zeiten sinkender Kurse der Dispositionseffekt zur Stabilisierung der Kurse beitragen kann. Steigen hingegen die Kurse über das Einstandsniveau, werden Anleger wegen des Dispositionseffektes eher zu Verkäufen neigen, damit werden mögliche Kursgewinne nach oben dadurch begrenzt. Eine Handelsstrategie, die sich diesen Effekt zunutze machen will, müsste anhand der gehandelten Wertpapiervolumina zunächst bestimmen, an welchen Kursmarken besonders viele Anleger eingestiegen sind – an diesen Marken dürfte der Dispositionseffekt also besonders stark sein. Wenn der Kurs eines Wertpapiers wieder eine dieser Marken erreicht, so kann man vermuten, dass das Kurspotenzial an dieser Kursmarke durch den Dispositionseffekt begrenzt wird. Der Erfolg dieser Strategie hängt aber unter anderem davon ab, inwieweit der Einstandspreis tatsächlich als Referenzpunkt zur Bewertung von Gewinnen und Verlusten genutzt wird. Dauert der Investmentprozess lange genug, so kann es auch sein, dass die Anleger ihren Einstandspreis als Referenzpunkt ablegen und einen neuen Kurs als Anker wählen.

Kasten 33: Verkaufen Anleger nur Gewinneraktien?

Die bekannteste Studie zum Dispositionseffekt stammt von Odean (1998), der die Konten von 10 000 Kunden amerikanischer Discountbroker untersucht hat. Dazu hat er den Anteil verkaufter Gewinneraktien an allen Gewinneraktien – also die Anzahl der verkauften Gewinneraktien dividiert durch die Anzahl aller Gewinneraktien – mit dem entsprechend berechneten Anteil der verkauften Verliereraktien verglichen. Das Ergebnis: Während fast 15 % aller Verkäufe Gewinneraktien waren, wurden nur knapp 10 % Verliereraktien verkauft. Statistisch gesehen ist dieser Unterschied so groß, dass er nicht zufällig zustande gekommen sein kann, wenn man unterstellt, dass Anleger keinen Unterschied machen zwischen dem Verkauf von Gewinner- und Verliereraktien. Nun kann dieses Verhalten begründet sein – ein Argument wäre, dass sich die Verkäufe gegenseitig beeinflussen, dass Anleger beispielsweise aufgrund gemeinsamer Informationen handeln oder einem Herdentrieb folgen. Um diese Einflüsse auszuschließen, hat Odean die Transaktionen für jedes Konto getrennt untersucht, und er hat nur solche Verkäufe berücksichtigt, denen eine Woche zuvor und danach keine anderen Verkäufe folgten – die Verkäufe von Verliereraktien aufgrund eines Herdentriebs oder eines Börsentrends werden damit ausgeschlossen. Das Ergebnis der Studie hat sich nach Berücksichtigung dieser Effekte nicht verändert. Eine andere Begründung für den Verkauf von Gewinnern ist eine portfoliotechnische: Anleger verkaufen mehr Gewinneraktien, weil deren Anteil im Portfolio eben aufgrund der Kursgewinne zu groß geworden ist – deswegen muss man sie zumindest teilweise verkaufen, um sein Portfolio wieder ins Gleichgewicht zu bringen. Auch diese Idee hat Odean berücksichtigt, indem er nur die Verkäufe berücksichtigt hat, bei denen die gesamte Position verkauft wurde. Das Ergebnis der Studie blieb unverändert. Bleibt noch das Argument, dass man Verliereraktien hält, weil man erwartet, dass sie die Gewinneraktien in Zukunft schlagen werden – „Rückkehr zum Durchschnitt" nennt sich diese Idee, nach der gefallene Aktien irgendwann wieder steigen müssen und gestiegene Aktien auch wieder auf den Boden der Börsentatsachen zurückgeholt werden. Odean hat sich das für die Transaktionen der von ihm untersuchten Portfolios angesehen und lehnt diese These ab: Zumindest über einen Zeitraum von ein und zwei Jahren schneiden die verkauften Gewinneraktien eindeutig besser ab als die gehaltenen Verliereraktien. Über den Daumen kostet der Dispositionseffekt laut Odean unter Berücksichtigung steuerlicher Vorteile beim Verkauf von Verlierern Anleger eine Rendite von 4,4 %.

Überreaktion und Unterreaktion Unter einer Überreaktion eines Kapitalmarktes versteht man das Phänomen, dass Märkte auf Nachrichten stärker reagieren, als es die Fundamentaldaten eines Marktes rechtfertigen – temporär reagiert der Markt gemessen an der Relevanz und Bedeutung von Datenänderungen zu stark. Eine solche Überreaktion ließe sich durch verschiedene Kombinationen psychologischer Faktoren erklären: Zum einen können steigende Kurse zu einer Zunahme des Überoptimismus (vgl. 2.2.4) führen. Weiterhin werden die Erwartungen an die Kapitalmärkte an den vergangenen Kursen ausgerichtet (Verankerung, vgl. 3.3.1) statt an Fundamentaldaten; Informationen, die dieser Erwartung widersprechen, werden ignoriert oder umgedeutet (*confirmation bias*, vgl. 2.2.3).

Aus der Idee, dass Investoren überreagieren, lässt sich eine einfache Hypothese ableiten: Wenn Investoren auf positive Ereignisse überreagieren und damit die Kurse der betreffenden Wertpapiere nach oben treiben, dann werden diese Kurse dauerhaft zu hoch sein. Umgekehrtes gilt für Wertpapiere, die negativen Nachrichten ausgesetzt sind: Eine Überreaktion führt zu einem Kurssturz, der gemessen am fairen Wert des Wertpapiers, zu stark ausfällt. Stimmen diese Überlegungen, dann kann man vermuten, dass die Gewinner der vergangenen Jahre tendenziell eher verlieren werden (die Überreaktion wird zurückgebildet) und die Verlierer der vergangenen Jahre eher besser fahren werden. Genau das beobachten deBondt und Thaler (1985) für den amerikanischen Aktienmarkt: Die 35 Aktien, sich die in den vergangenen fünf Jahren am schlechtesten entwickelt hatten, schnitten über die folgenden fünf Jahre besser ab als der Gesamtmarkt; während die 35 besten Aktien der vergangenen fünf Jahre in den darauffolgenden fünf Jahren deutlich schlechter abschnitten als der Gesamtmarkt. Kurz gesagt: Die Verlierer (Gewinner) der vergangenen Jahre werden die Gewinner (Verlierer) der nächsten Jahre sein, weil dann allmählich die Überreaktion aus den Kursen genommen wird.

Unter Unterreaktion versteht man eine verzögerte oder zu geringe Reaktion des Kapitalmarktes auf neue Informationen, beispielsweise auf neue Unternehmensdaten. Oft reagieren Kurse erst mit einer Verzögerung auf solche neue Daten. Ein Erklärungsansatz wäre die Verankerungsheuristik (vgl. 3.3.1), die dazu führt, dass die Erwartungsbildung nicht an neue Daten angepasst wird. Kritiker führen an, dass die Existenz so unterschiedlicher Phänomene wie Über- und Unterreaktion sich nur schwer mit einer konsistenten verhaltenswissenschaftlichen Theorie der Finanzmärkte vereinbaren lassen, und dass diese Phänomene deswegen eher zufällige Ergebnisse sind. Wie auch immer man dazu steht – zumindest zeigt dieser Befund, dass die

Erkenntnisse der Behavioral Economics noch nicht ausreichen, um eine konsistente, in sich schlüssige Theorie zu entwickeln.

Das Equity-Premium-Puzzle Als Equity-Premium-Puzzle bezeichnet man das Phänomen, dass Aktien im Vergleich zu Anleihen einen Renditeaufschlag haben, der größer ist als es das größere Risiko der Aktien gegenüber Anleihen rechtfertigen würde. Rein theoretisch müsste das dazu führen, dass Anleger mehr in Aktien investieren; Anleihen erscheinen aus dieser Perspektive zu unattraktiv. In der Literatur gibt es zahlreiche Erklärungsansätze, die versuchen, dieses sogenannte Rätsel zu erklären (vgl. dazu bspw. Siegel, Thaler 1997 oder Barberis, Thaler 2001).

Ein Beitrag aus Sicht der Behavioral Finance könnte die sogenannte myopische Verlustaversion sein, die mit der Idee des Mental Accounting zusammenhängt. So zeigen Bernatzi und Thaler (1995), dass Menschen eine höhere Aversion gegen Aktieninvestments haben, wenn man ihnen 30 Ein-Jahres-Renditen von Aktieninvestments zeigt. Zeigt man ihnen hingegen 30-Jahr-Renditen, so steigt die Neigung, Aktien zu erwerben, deutlich an. Wenn Menschen also – aufgrund ihrer mentalen Kontenführung – ihre Investments in Jahreshorizonten beurteilen, so führt dies nach dieser Lesart dazu, dass sie weniger geneigt sind, in Aktien zu investieren – das könnte helfen zu erklären, warum Investoren trotz der deutlichen Überlegenheit von Aktien dennoch in Anleihen investieren.

Kasten 34: Geld verdienen mit Behavioral Finance?

Kann man mit Behavioral Finance Geld verdienen? Wright, Banerjee und Boney (2008) untersuchen insgesamt 16 Investment-Fonds, die behaupten, von den Ideen der Behavioral Finance inspiriert zu sein (oder von den Medien als solche identifiziert wurden). Die Resultate: Auf risikoadjustierter Basis gelingt es diesen Fonds nicht, ihren Kunden einen Mehrwert gegenüber anderen, vergleichbaren Fonds zu erwirtschaften. Auch eine Übersicht von von Santoni und Kelshiker (2010) kommen bei einer Untersuchung von 31 solcher Fonds zu einem ähnlichen Ergebnis; zudem zeigen sie, dass diese Fonds keine besonderen Fähigkeiten darin haben, Trendwenden an den Kapitalmärkten zu erkennen. Man könne aber sehen, dass diese Fonds relativ gesehen in Boom-Phasen besser abschließen als in Zeiten sinkender Kurse. Zudem scheinen Fonds, die sich auf kleine Werte spezialisieren, besser abzuschneiden als Fonds, die auf große Werte setzen. Das zumindest erscheint plausibel, bei großen Werten dürfte die Liquidität höher sein, ebenso wie die Aufmerksamkeit der Märkte – Finanzmärkte dürften bei großen Werten effizienter sein als bei kleinen Werten, die tendenziell weniger Beachtung finden. Kann man also kein Geld mit Behavioral Finance verdienen? Vielleicht doch: Wright, Banerjee und Boney zeigen, dass diese Fonds recht erfolgreich darin sind, Anlegergelder einzusammeln – die Gesellschaft, die den Fonds auflegt, verdient auf alle Fälle an den Ideen der Behavioral Finance.

6.2 Sozialpolitik

Auch in der Sozialpolitik lassen sich Ideen für die Anwendung psychologischer Prinzipien finden, von denen einige hier kurz vorgestellt werden sollen.

Zugang zu Banken und Sparen Ein Problem von Haushalten mit geringen Einkommen besteht darin, dass diese kein Bankkonto besitzen (vgl. im Folgenden Bertrand, Mullainathan, Shafir 2004)[2]. Die Kosten, kein Bankkonto zu besitzen, sind hoch: Sparen erfolgt nur zinslos in Form von Bargeld, Rechnungen müssen in bar beglichen werden; und Bargeld gibt sich leichter und schneller aus als gespartes Geld auf dem Bankkonto. Aber warum haben ärmere Haushalte kein Bankkonto? Als Gründe werden hier genannt: zu hohe Kosten, Misstrauen gegen Banken, möglicherweise auch Unverständnis für das Bankgeschäft. Ein ganz trivialer Punkt ist möglicherweise, dass die nächste Bank zu weit entfernt ist. Mit traditioneller Politik ließe sich das alles nur ändern, indem man Bankkonten subventioniert, Banken drängt, ein dichteres Filialnetz zu weben, und die finanzielle Bildung der Bevölkerung verbessert – mit zweifelhafter Aussicht auf Erfolg und hohen Kosten.

[2] Bertrand et al. fokussieren sich auf das amerikanische Banken- und Wohlfahrtssystem, so dass diese Ideen für Deutschland nicht immer repräsentativ sind.

Eine behavioristisch inspirierte Sozialpolitik versucht diese Situation mit kleinen, unspektakulären Maßnahmen zu verbessern. Als Beispiel dafür ziehen Bertrand et al. Versuche mit Impfungen heran: Wenn man Studenten über die Wichtigkeit von Impfungen aufklärte, so stieg die Zahl derjenigen, die sich anschließend impfen lassen, nur geringfügig an. Sobald man aber zu den Informationen über die Impfung einen Plan beilegte, wo auf dem Campus man sich zu welchen Zeiten impfen lassen kann und sie aufforderte, einen Termin zu machen, stieg die Zahl Impfwilligen deutlich. Übertragen auf das Bankenproblem bedeutet das, dass man armen Familien den Zugang zu Banken und zu Vermögensbildungsprogrammen erleichtern muss, beispielsweise, indem Bankrepräsentanten vor Ort sind, wenn finanzielle Entscheidungen anstehen. Vorstellen könnte man sich das beispielsweise bei Lohnsteuerhilfevereinen oder bei Informationsveranstaltungen über Hilfsprogramme oder staatlich geförderte Sparprogramme, wo sofort die Möglichkeit besteht, ein solches Sparprogramm abzuschließen, da ein Bankenvertreter vor Ort ist – eine Idee, die so sicherlich auf Kritik von Verbraucherschützern stößt. Die Stoßrichtung einer solchen Politik ist klar: Bankgeschäfte müssen einfacher und transparenter werden, und der Zugang zu Banken muss erleichtert werden.

Ein weiterer – einfacher – Schritt könnte darin bestehen, spezifische Konten aufzusetzen, die den Zweck des Sparens betonen: Man bietet ein „Erziehungskonto", ein „Autoansparkonto", ein „Altersvorsorgekonto" an, das zudem Strafen für einen vorzeitigen Abzug der Spargelder vorsieht. Mit dieser Maßnahme würde man verhindern, dass Sparer ihr Geld in anderen, wenig rentablen Sparformen anlegen (wie die bereits erwähnten Christmas Clubs); zugleich betont die Benennung der Konten den Zweck des Sparens. Damit könnte man die Idee des Mental Accounting ausnutzen, dass Menschen für unterschiedliche Ausgabenzwecke (Konten) unterschiedliche Ausgabenneigungen haben – wenn das Konto kein Konto ist, sondern ein „Altersvorsorgekonto", so könnte das die Neigung der Sparer, dieses Geld vorzeitig auszugeben, reduzieren.

Ein anderer Punkt zur Verbesserung der Vermögenssituation ärmerer Haushaltsschichten wäre ein verstärkter Einsatz von Default-Lösungen: Staatlich geförderte Sparprogramme – beispielsweise Vermögensbeteiligung mit Arbeitgeberzuschüssen – werden als Standardlösung bei Abschluss eines Arbeitsvertrages vorgesehen; wer dies nicht will, muss sich aktiv gegen das Sparprogramm entscheiden. Stimmen die Ideen des Status-quo-Bias und des Framing, dann sollte dies die Teilnahme an solchen Sparprogrammen erhöhen.

Gesundheitsprogramme Programme zur Förderung der Gesundheit können sich ebenfalls an einfachen Prinzipien der Prospect Theory und dem Framing orientieren, beispielsweise bei Vorsorgeuntersuchungen: Stellt man Menschen vor die Wahl, sich Vorsorgeuntersuchungen zu stellen, so neigen sie eher dazu, diese wahrzunehmen, wenn man ihnen erklärt, dass eine Unterlassung dazu führt, dass die Chancen für eine frühzeitige Entdeckung von Krankheiten sinkt, als wenn man ihnen erklärt, dass die Chancen einer frühzeitigen Entdeckung steigen (Meyerowitz, Chaiken 1987). Hier lautet die Hypothese, dass einer Handlungsaufforderung eher nachgekommen wird, wenn die Konsequenzen des Nicht-Tuns als Verlust beschrieben werden, da Menschen verlustavers sind.

Verteilungspolitik Mit Blick auf die Ergebnisse der Glücksforschung (vgl. 5.3) lässt sich aus dem Easterlin-Paradox eine Forderung nach mehr Verteilungsgerechtigkeit ableiten: Wenn ein steigendes Einkommen aufgrund eines Status-Effektes mehr individuelles Glück bringt, so ist der gesamtwirtschaftliche Anstieg an Glück durch ein steigendes Einkommen per Saldo Null, da Status ein Nullsummenspiel ist: Was der eine durch steigendes Einkommen an Status gewinnt, verliert der andere. Wird das steigende Einkommen und der damit verbundene Status durch eine erhöhte Arbeitszeit erkauft, so kann dies dazu führen, dass jeder mehr arbeitet, ohne seinen Status zu verbessern, so dass gesamtgesellschaftlich gesehen zuviel gearbeitet wird. Zusammen mit dem Befund, dass ein steigendes Einkommen auf gesamtwirtschaftlicher Ebene nur zu einem geringen Mehr an Glück führt, lässt dies die Forderung vertretbar erscheinen, in reichen Gesellschaften Arbeitszeitbegrenzungen einzuführen und mehr umzuverteilen; zumal Studien belegen, dass Menschen eine Aversion gegen Ungleichheit haben; das Glücksempfinden sinkt, wenn die Ungleichheit hoch ist (Alesina, Di Tella, MacCulloch 2004).

Allerdings darf man nicht den negativen Einfluss mangelnder Anreize auf das Verhalten von Menschen vernachlässigen: Ob es nun das Einkommen oder aber das Prestige ist, das ein Mensch aus seiner Tätigkeit als Nutzen zieht, spielt für das Resultat seiner Bemühungen keine Rolle, was zählt ist eine höhere Produktivität, mehr Innovationen und mehr Wachstum infolge der Bemühungen der Menschen, mehr Einkommen oder Prestige zu erzielen. Diese Bemühungen führen zu mehr Wachstum und Wohlstand. Das Argument, dass mit steigendem Einkommen das gesamte Glücksniveau einer Volkswirtschaft nur wenig ansteigt, verkennt die Wirkungen von Wachstum, die zu mehr Zufriedenheit und zukünftiger Zufriedenheit führen (Gesundheit, längere Lebenserwartung, bessere Krisenresistenz einer Wirtschaft).

Armut Die Idee eines Status-Effektes (vgl. 6.2) hat auch Folgen für die Definition von Armut. Statt absoluter Armut – das Einkommen fällt unter das Subsistenz-Niveau – muss man dann von relativer Armut sprechen, die sich daran festmacht, was andere verdienen. In der EU beispielsweise gelten Menschen als arm, deren Einkommen weniger als 60 % des Medianeinkommens beträgt. Statistisch betrachtet ist das allerdings nicht Armut, sondern Einkommensungleichheit. Steigen alle Einkommen um den gleichen Betrag, so werden die Personen mit geringem Einkommen zwar absolut wohlhabender, bleiben aber relativ gesehen immer noch arm. Aus Sicht der Glücksforschung kommt als weiterer Kritikpunkt hinzu, dass man keinen Anhaltspunkt dafür hat, welches das richtige Referenzeinkommen ist – das Medianeinkommen ist letztlich nur eine statistische Hilfsgröße. Manche Studien verwenden statt dem Median das arithmetische Mittel, was zu anderen Ergebnissen führt – welches ist nun die korrekte Maßzahl für Armut? Zudem hängt diese Maßzahl für Armut nur vom Einkommen ab, aus Sicht der Glücksforschung jedoch müsste man auch nicht-materielle Aspekte berücksichtigen, wenn man Armut bestimmen will.

Kürzungen von Sozialtransfers Eine weitaus einschneidendere sozialpolitische Maßnahme, die sich mit Hilfe der Behavioral Economics begründen ließe, wären Kürzungen oder Beschränkungen von Sozialtransfers (vgl. Beaulier, Caplan 2002). Sozialtransfers, so das Argument, führen zu zeitinkonsistentem Verhalten bei den Empfängern: Diese verzichten zugunsten der Transfers und ihrer kurzfristigen positiven Effekte darauf, eigene Anstrengungen zu unternehmen, was sie langfristig besser stellen würde. Zudem könne man – so das Argument – bei Einkommensschwächeren stärkere Neigungen zu „pathologischem" und zeitinkonsistenten Verhalten erkennen: Sowohl Rauchen als auch Alkoholmissbrauch sind nach dieser Argumentation eher Phänomene, die sich in den niedrigeren Einkommensklassen finden; ähnliches gilt auch für Teenagerschwangerschaften, außereheliche Geburten und auch Kriminalität.

Wenn dies korrekt ist, so ist zu vermuten, dass einkommensschwächere Bevölkerungsschichten die langfristig negativen Folgen einer Abhängigkeit von staatlichen Transfers – eine Entwertung des Human- und Sozialkapitals und sinkende Chancen auf eine Rückkehr in den Arbeitsmarkt – unterschätzen. In diesem Fall müsse der Staat über eine zeitliche Beschränkung staatlicher Hilfe, Kürzungen, Verhaltensauflagen oder gar Streichung nachdenken (vgl. Beaulier, Caplan 2002, S. 24). Über die theoretische Güte dieses Argumentes mag man streiten, nicht aber über seine politische: Die Idee, Politik mit der diskriminierenden Annahme zu rechtfertigen, dass einkommensschwächere Bevölkerungsgruppen irrationaler oder willensschwächer sind und deswegen stärkerer staatlicher Führung bedürfen, ist naiv; Streichungen der Sozialtransfers mit dem Argument, dass es ja zum Nutzen der davon Betroffenen sei, dürften auch angesichts des von den Behavioral Economics selbst konstatierten Bedürfnisses nach Fairness weder den Betroffenen noch dem Medianwähler zu vermitteln sein. Positiv gewendet zeigt dieses Argument die Notwendigkeit, staatliche Transfers anreizkompatibel zu gestalten, so dass die Eigeninitiative und Eigenverantwortung der Transferempfänger nicht verloren gehen.

Sparen und Altersvorsorge Ein Beispiel für die Anwendung der Behvavioral Economics ist das Save-more-tomorrow-Modell (SMT): Bei diesem Programm verpflichten sich die Teilnehmer, einen Teil ihrer zukünftigen Gehaltssteigerungen zu sparen. Das Ergebnis dieses Programms: Rund 78 % nahmen an dem Programm teil, 80 % der Teilnehmer blieben auch nach der dritten Gehaltserhöhung dem Programm treu, die durchschnittlichen Sparraten stiegen über 28 Monate von 3,5 auf 11,6 % (Thaler, Bernatzi 2003). Eine andere, naheliegende Maßnahme zur Steigerung der Sparraten besteht darin, bei der Entscheidung für oder gegen eine betriebliche Altersvorsorge die Teilnahme als Standard zu formulieren – auf diesem Weg steigen die Sparraten (Madrian, Chea (2001), vgl. dazu auch Abschn. 6.3).

Ein anderes Beispiel ist die Werbung für höhere Beitragszahlungen in freiwillige Vorsorgeschemata, beispielhaft untersucht anhand freiwilliger Beiträge für Gesundheitsvorsorgekonten mit Arbeitgeberzuschuss: Die

Beitragsraten waren höher, wenn die Entscheidung als Verlust formuliert wurde („Hören Sie auf, Geld zu verlieren") als wenn sie als Gewinn dargestellt wurde („Beginnen Sie jetzt, Geld zu sparen") (vgl. Schwartz, Bertrand, Mullainathan, Shafir, 2006).

Gesundheitspolitik Auch in der Gesundheitspolitik lassen sich die Ideen der Behavioral Economics anwenden (vgl. zu den folgenden Ausführungen Beck 2011), beispielsweise kann der Status-quo-Bias dazu führen, dass neue, verbilligte Heilverfahren oder Generika es schwieriger haben, sich durchzusetzen. Wer sich einmal auf eine Behandlungsmethode festgelegt hat, hat möglicherweise aufgrund des Status-quo-Bias Schwierigkeiten, sich für eine neue, alternative Methode zu entscheiden, mit der er noch keine Erfahrungen gesammelt hat. Wer eine Behandlungsmethode favorisiert, könnte aufgrund des Confirmation Bias dazu neigen, alle weiteren Erfahrungen und Informationen über diese Methode im günstigen Lichte seiner bereits gefassten Meinung zu verarbeiten und zu interpretieren – das erschwert den Umstieg auf neue Heilmethoden oder Medikamente.

Empirisch gibt es zumindest Hinweise, dass das Verschreibungsverhalten von Ärzten nicht vollständig über die individuellen Patientendaten erklärt werden kann; das bedeutet, dass der Arzt eine wichtige Rolle bei der Wahl des zu verschreibenden Medikaments spielt, die nicht mit den medizinischen Daten erklärt werden kann (Hellerstein 1998). Für die Vereinigten Staaten zeigt sich, dass Ärzte bei der Verschreibung von Medikamenten – an der sie nichts verdienen – nicht stets die Medikamente verschreiben, die angemessen wären, sondern bei der Verschreibung der Medikamente eher auf das zurückgreifen, was sie immer verschreiben oder was sie während der Ausbildung oder durch Promotion der Pharma-Firmen kennengelernt haben (Frank 2004). Stimmt dieser Befund, könnte das dazu führen, dass sich die Pharma-Firmen darauf konzentrieren, neue Produkte zu suchen und zu vermarkten, statt sich um billigere Versionen bereits in Anwendung befindlicher Medikamente zu bemühen (Reschke 2010).

Die Regret-Aversion könnte diese Tendenz zum Beharren auf einmal angewendeten Behandlungsverfahren verstärken, genau so, wie sie dazu führen könnte, dass Ärzte im Zweifelsfall lieber die vorgesehene Standardbehandlung anwenden: Ist die Behandlung nicht erfolgreich, so dürfte das Bedauern des Arztes darüber geringer sein, wenn er sich für eine eher unkonventionelle Behandlung entscheidet. Genauso wird das Bedauern über ein Ausbleiben des Verhandlungserfolges geringer sein, wenn der Arzt die üblicherweise vorgesehene Behandlungsmethode anwendet.

Ob man diesem Effekt mit Hilfe von Standardvorgaben für Behandlungsmethoden begegnen kann, ist fraglich, diese Maßnahme würde einen Wettbewerb der Behandlungsmehoden verhindern und die Entscheidungsfreiheit der Ärzte massiv einschränken. Wenn überhaupt, so käme eine solche Maßnahme nur bei einfachen, sehr standardisierbaren Krankheitsbildern in Frage. Kreativer wäre da die Idee, Ärzteteams zu mischen und ältere, erfahrene Ärzte zusammenarbeiten zu lassen mit jungen Ärzten, die eine andere, neuere Sichtweise mit in den Behandlungsprozess einbringen (hier könnten sich allerdings Schwierigkeiten bei der glechberechtigten Zusammenarbeit ergeben).

Der Status-quo-Effekt und der Confirmation Bias können auch dazu führen, dass Patienten seltener den Arzt oder die Kasse wechseln: Man interpretiert jegliche Information über seinen Arzt oder seine Kasse im Lichte der einmal gefassten Entscheidung – gute Nachrichten über die eigene Kasse oder den eigenen Arzt werden überbewertet, negative Informationen ignoriert oder wegrationalisiert, und am Ende steht ein Patient, der weder den Arzt noch die Kasse wechselt.

Auch auf dem Gebiet der Gesundheitsprävention spielen psychologische Faktoren eine erhebliche Rolle. So sorgt der Überoptimismus dafür, dass Menschen zu wenig Vorsorge betreiben, weil sie vermuten, dass sie weniger anfällig sind für Krankheiten als der Durchschnitt (vgl. 2.2.4). Aus diesem überoptimistischen Verhalten resultiert dann mangelnde Gesundheitsvorsorge.

Stimmen diese Ideen, so lassen sich aber auch mit ihrer Hilfe Gegenmaßnahmen ergreifen (vgl. dazu auch die Überlegungen zum Liberalen Paternalismus in Abschn. 6.3). Beispielsweise solle man bei Appellen an gesundheitsbewusstes Verhalten die Verlustaversion nutzen und weniger auf die Vorteile eines solchen Verhaltens, sondern auf seine negativen Folgen abstellen. Ein anderes Beispiel ist die Werbung für höhere Beitragszahlungen in freiwillige Vorsorgeschemata: Die Beitragsraten waren wie schon erwähnt höher, wenn die Entscheidung als Verlust formuliert wurde. Ein Beispiel, wie sich die Verlustaversion auch nutzen lässt, ist die Idee, übergewichtige Menschen zu einer Diät zu bewegen: Bezahlt man sie für jedes

Pfund, das sie verlieren, ist der Erfolg nicht so groß als wenn man ihnen zuerst Geld abverlangt, das sie wiederbekommen, wenn sie bestimmte Gewichtsziele erreicht haben – die Aussicht, Geld zu verlieren, motiviert stärker zu gesundheitsbewusstem Verhalten als die Aussicht, Geld zu gewinnen (vgl. Loewenstein, Haisley 2007).

Kasten 35: Essen ohne Verstand

Die Essgewohnheiten des Menschen sind offenbar nicht immer durch den Verstand geprägt, sondern durch äußere Umstände (vgl. Wansink, Just, Payne, 2009). Die Größe eines Tellers beeinflusst unser Essverhalten ebenso wie die Essgewohnheiten eines Tischnachbarn oder große Packungsgrößen. Gibt man Kino-Gehern eine große Popcorn-Packung, so essen sie deutlich mehr als Vergleichspersonen, denen man eine kleine Popcorn-Packung gibt. Selbst Aufklärung über diesen Effekt scheint wenig zu helfen. Auch Aufkleber wie „fettarm" führen dazu, dass man mehr von dem betreffenden Produkt isst. So gesehen kann der Umstieg auf fettarme Produkte eher nach hinten losgehen – Versuchspersonen, die fettarme Produkte konsumierten, nahmen rund 34 % Kalorien mehr zu sich. Wansink, Just, Payne schlagen einfache Heuristiken vor, um Gewicht zu verlieren: Kleinere Teller nutzen, nicht vor dem Fernsehen essen (vor allem amerikanische Befragte gaben an, dass sie erst dann mit dem Essen aufhören, wenn die Show fertig ist, die sie schauen), vor dem Essen ein Stück Obst essen, erst Gemüse und Salat essen, Snacks auf drei Bisse beschränken oder Obst und Gemüse auf dem mittleren Regal des Kühlschranks lagern.

6.3 Liberaler Paternalismus

Die mit Blick auf die Ordnungspolitik wichtigste Diskussion in der Disziplin der Behavioral Economics wird um den sogenannten „Liberalen Paternalismus" geführt (Thaler, Sunstein 2003), dessen Kernidee darin besteht, die Erkenntnisse der Behavioral Economics zur staatlichen Verhaltenslenkung der Bürger einzusetzen – eine Art Paternalismus ohne Zwang (für einen Überblick vgl. auch Glaeser 2006, Beck (2010) und die dort angegebene Literatur).

Thaler und Sunstein machen den Ansatz des Liberalen Paternalismus an einem einfachen Beispiel fest: Wie sollte der Manager einer Cafeteria die Speisen auf den Regalen anordnen, wenn er entdeckt, dass die Reihenfolge, in der er die Speisen präsentiert, Einfluss auf das Konsumverhalten seiner Gäste hat? Wenn er das Obst vor dem süßen Nachtisch platziert, so essen seine Gäste mehr Obst – er hätte durch einfache Umordnung der Speisen ohne jeglichen Zwang das Verhalten seiner Gäste zu deren eigenem Wohl beeinflusst. Die Grundidee besteht also darin, dass Menschen bisweilen falsche Entscheidungen treffen, die sie so nicht machen würden, wenn sie vollständige Informationen, unbegrenzte kognitive Fähigkeiten, unbegrenzte Rationalität und unbegrenzte Willenskraft hätten. Und durch staatliche Eingriffe, die keinen Zwang beinhalten, kann man das Verhalten der Menschen in die richtige Richtung lenken. Die vielen Entscheidungsanomalien, welche die Behavioral Economics aufdecken, machen demnach ein Mehr an paternalistischer Regulierung möglich – und sprechen auch dafür (Camerer et al. 2003, S. 101).

Wie das Beispiel des Cafeteria-Managers zeigt, muss der Staat bestimmte Entscheidungen ja ohnehin fällen (der Manager muss die Speisen in irgendeiner Reihenfolge anordnen) – warum also diese Entscheidung nicht so fällen, dass sie eine vom Staat gewünschte Entscheidung (mehr Obst essen) begünstigt, ohne die Bürger zu zwingen? Thaler und Sunstein sehen zwei Stufen des Liberalen Paternalismus, die sich in ihrer Eingriffsintensität unterscheiden (Thaler, Sunstein 2003, S. 176 f.): Die Gestaltung von Default-Optionen und eine Hilfe des Staates zur Selbstbeschränkung.

Default-Optionen Von geringer Eingriffsintensität ist die Gestaltung sogenannter Default-Optionen, um den Status-quo-Bias zu nutzen. Als Paradebeispiel dafür dient die Gestaltung betrieblicher Pensionspläne: Statt die Arbeitnehmer aufzufordern, an einem solchen Programm teilzunehmen (Opting-in-Klausel), deklariert man die Teilnahme am Programm als Regel; wer nicht teilnehmen will, muss dies explizit erklären (Opting-out-Klausel). Rein ökonomisch gesehen handelt es sich um äquivalente Gestaltungsmöglichkeiten, mit dem Blick der Behavioral Economics hingegen findet hier ein Framing statt, mit dessen Hilfe man den Status-quo-Bias nutzen kann: Mit Hilfe der Opting-Out-Klausel steigt die Zahl der Teilnehmer an einem Pensions-Schema.

Hilfe zur Selbstbeschränkung Während die Gestaltung von Default-Regelungen unvermeidlich ist – in irgendeiner Anordnung muss der Manager der Cafeteria ja schließlich die Speisen anordnen – kann man mit den Ideen der Behavioral Economics einen Schritt weitergehen: Was, wenn der Cafeteria-Manager die Süßspeisen etwas weiter weg von den anderen Speisen platziert, um es den Gästen zu erschweren, diese zu essen? Auf den ersten Blick scheint es dabei nur Verlierer zu geben, schließlich steigen die Transaktionskosten derjenigen, die trotzdem süß essen wollen, aber niemand profitiert davon. Dennoch sehen die Verfechter des Liberalen Paternalismus in dieser Regelung Vorteile, nämlich für diejenigen, die sich gerne die Süßigkeiten versagen würden, es aber nicht können, wenn diese vor ihnen stehen, also zeitinkonsistentes Verhalten zeigen. Diese Personen, so die Idee der Liberalen Paternalisten, sind dankbar, wenn der Staat ihnen eine Möglichkeit gibt, sich selbst in ihrem Handeln zu beschränken, um ihren eigenen Schwächen zu entkommen. Ein Beispiel für diese Argumentation ist das bereits vorgestellte Modell Save More Tomorrow (SMT), wo die Teilnehmer einen Teil ihrer zukünftigen Gehaltssteigerungen sparen – mit dem Ergebnis, dass die Sparraten deutlich stiegen (vgl. Abschn. 6.2).

Asymmetrischer Paternalismus Aus der letzten, invasiveren Variante des liberalen Paternalismus heraus leitet sich der sogenannte Asymmetrische Paternalismus ab: So bezeichnen Camerer et al. (2003) eine Form der Regulierung, die rational handelnden Menschen wenig Kosten auferlegt, aber große Vorteile für diejenigen bringt, die Fehler machen, also nicht uneingeschränkt rational handeln (Camerer et al. S. 2). Die ursprüngliche Form des Paternalismus zielte auf Personen ab, denen man rationales Handeln nicht zutraut. Die Idee des asymmetrischen Paternalismus hingegen zielt nicht auf Personen, sondern auf Situationen ab: Selbst rationale Menschen, so die Idee, können in bestimmten Situationen dazu verleitet werden, Dinge zu tun, die ihnen langfristig schaden. Dieser Befund schaffe Raum für paternalistische Politik.

Um die Idee des Asymmetrischen Paternalismus zu erläutern, hilft eine einfache Gleichung: Nehmen wir an, dass ein bestimmter Bruchteil p der Bevölkerung nicht immer rational handelt; der Rest der Bevölkerung, (1−p), handelt hingegen immer rational. Wenn die paternalistische Politik den nicht immer rationalen Bürgern einen Nutzen von B bringt, den rationalen Bürgern hingegen Kosten in Höhe von C auferlegt, dann ist paternalistische Politik immer dann effizient, wenn der gesamte Nettonutzen für die irrationalen Bürger größer ist als die zusätzlichen Kosten für die rationalen Bürger. Allerdings gilt es dabei noch die Implementierungskosten I für diese Politik zu berücksichtigen sowie die Folgen dieser Politik für die Gewinne π der Unternehmen. In einer Gleichung sieht das dann wie folgt aus:

$$pB-(1-p)C-I+\Delta\pi>0 \tag{6.1}$$

Der Nutzenzuwachs der irrationalen Bürger pB muss also größer sein als die Summe aus den Kosten dieser Politik für alle Bürger, der Implementierungskosten und der Veränderung der Gewinne $\Delta\pi$.

Damit sind die drei wichtigen Elemente des asymmetrischen Paternalismus klar: Zum einen muss man unterstellen, dass zumindest ein Teil der Bürger nicht immer rational handelt – stimmt dies, so besteht zumindest die theoretische Chance, dass Paternalismus positive Erträge bringt. Das zweite wichtige Element sind die Implementierungskosten – damit die Erträge des asymmetrischen Paternalismus so groß wie möglich sind, muss man die Kosten so niedrig wie möglich halten. Das dritte Element sind die Unternehmensgewinne: Zwar lässt sich vermuten, dass einige Unternehmen von der Irrationalität ihrer Kunden profitieren (die Zigarettenindustrie beispielsweise von der Irrationalität ihrer rauchenden Kunden, die zu schwach sind, ihr Laster zu beenden), doch in der gesamtwirtschaftlichen Summe sollte die Veränderung der Unternehmensgewinne zu einem gesamtwirtschaftlichen Gewinn führen – deswegen ist das $\Delta\pi$ in Gleichung 6.1 mit einem Plus versehen.

Weiterhin führen die Verfechter des Asymmetrischen Paternalismus die Idee an, dass der Konsum der irrationalen Konsumenten diesen selbst schadet – konsumieren sie weniger, so sinkt auch der Schaden, den sie sich selbst zufügen. Der dadurch bedingte Rückgang der Unternehmensgewinne wird also durch einen stärkeren Wohlfahrtszuwachs bei den Konsumenten überkompensiert.[3] Darüber hinaus ist es auch möglich, dass die Präferenzen der Konsumenten dahingehend verzerrt sind, dass sie zu wenig konsumieren

[3] Ökonomisch gesprochen entstehen beim Konsum negative externe Effekte, welche die Konsumenten sich selbst zufügen – internalisiert man diese, so steigt die gesamtwirtschaftliche Wohlfahrt.

(beispielsweise Obst), dann würde die paternalistische Politik die Unternehmensgewinne sogar steigern.

Ein Beispiel erläutert diese Idee: Eine einfache Regelung zur Verbesserung der Gesundheitssituation könnte darin bestehen, dass man Menschen zwingt, vor größeren Operationen eine zweite Diagnose bei einem anderen Arzt einzuholen. Die Menschen, die das ansonsten nicht tun würden, erfahren dadurch einen Wohlfahrtszuwachs, weil ihre Diagnose auf solidere Beine gestellt wird (möglicherweise die Operation vermieden wird); diejenigen, die das ohnehin getan hätten (weil sie rationaler sind), erleiden nur geringe bis gar keine Zusatzkosten. Wenn aber eine Zweitdiagnose nicht notwendig ist, sinkt der Nutzen für die irrationalen Patienten, während die Kosten für die rationalen Patienten gleich bleiben (sie hätten ohnehin eine zweite Diagnose eingeholt).

Den Vorteil dieser Politik sehen ihre Verfechter darin, dass sie die Kritik an staatlichen Regelungen – vor allem, dass sich ja auch der Staat irren kann, wenn er Regeln festlegt – mit der Forderung nach mehr Eingriffen des Staates versöhnen können: Haben die Kritiker des Paternalismus recht, und der Staat irrt sich bei der Gestaltung der Gesetze, so sind die Folgekosten im Falle des Asymmetrischen Paternalismus eher gering; haben diejenigen, die für mehr staatliche Eingriffe plädieren, Recht und Menschen sind zeitweise irrational, so ist der Nutzen asymmetrischer Eingriffe hoch. Das klingt fast danach, als könnte man den Kuchen essen und zugleich behalten: Nach dieser Lesart können staatliche Eingriffe schlimmstenfalls nur ganz geringe gesellschaftliche Kosten verursachen, bestenfalls aber der Gesellschaft einen hohen Nutzen einbringen.

Politik Die Verfechter des asymmetrischen Paternalismus stellen auf vier Typen politischer Maßnahmen ab: Die Gestaltung von Default-Optionen, die Versorgung mit Informationen, sogenannte Cooling-off-Perioden und die Beschränkung von Wahlmöglichkeiten.

Gestaltung von Default-Optionen Diese Idee ist bereits im Rahmen der Überlegungen zum liberalen Paternalismus vorgestellt worden: Der Status-quo-Bias, also die Tendenz, Dinge so zu lassen wie sie sind, ist in der Literatur gut dokumentiert (vgl. dazu Abschn. 3.3.4). Ein Grund dafür könnte der Befund der Prospect Theory sein, dass Menschen Verluste mehr scheuen als sie Gewinne lieben – nimmt man die Veränderung eines bestehenden

Zustands als Verlust wahr, so sinkt die Wahrscheinlichkeit, dass man sich zu einer Veränderung entschließt. Auf dieser Überlegung aufbauend, kann man nun paternalistische Politik betreiben: Man überlegt zunächst, was das Ergebnis sein wird, wenn die Konsumenten nichts tun. Dann überlegt man, welche Option die bessere für die Konsumenten ist und erklärt diese zur Default-Option. Wenn der Konsument nun nichts tut, wird diese Option automatisch ausgewählt. Gibt es also zwei Optionen A und B, und ist B für die Konsumenten doppelt so wertvoll wie A, so sollten die Konsumenten immer B wählen, unabhängig davon, welche Option als Standard vorgegeben ist. Angesichts des Status-quo-Bias kann es aber sein, dass Menschen bei A hängen bleiben, wenn A die Standard-Vorgabe ist – also besteht der Asymmetrische Paternalismus darin, dass man B zur Standardoption macht.

Beispiele für solche Default-Regelungen sind die Standard-Vorgaben bei Versicherungen – ein bekanntes Beispiel aus der Literatur ist das Beispiel New Jersey und Pennsylvania (Johnson, Hershey, Meszaros, Kunreuther, 1993). Beide Staaten führten eine Wahlmöglichkeit für die Autoversicherung ein – allerdings mit unterschiedlichen Vorzeichen: In New Jersey war die Standardpolice ein billiger Vertrag mit der Option, mehr zu zahlen und dafür mehr Rechtsschutz zu erhalten. In Pennsylvania hingegen war die Standardpolice teurer mit erhöhtem Rechtsschutz; wer wollte, konnte den Rechtsschutz verringern und musste dafür weniger zahlen. Beide Staaten boten also identische Policen – eine teure mit Rechtsschutz und eine billige mit wenig Rechtsschutz – an, allerdings war die Standardpolice in New Jersey die billige und in Pennsylvania die teure. Wenn Sie jetzt an den Status-quo-Fehler denken, können Sie sich vorstellen, was passierte, als man die Versicherungsnehmer befragte: Präsentierte man ihnen die beiden Versicherungen in der New Jersey-Variante, zeigten sie eine Vorliebe für die billige Police. Wer hingegen die Pennsylvania-Variante präsentiert bekam, gab der teuren Police den Vorzug. Ein weiteres Beispiel ist die Idee, dass Arbeitnehmer die Teilnahme an der betrieblichen Altersversorgung als Standardoption präsentiert bekommen – statt sich aktiv für eine Teilnahme zu entscheiden, müssen sie sich aktiv dagegen entscheiden. Studien zeigen, dass die Teilnahme an betrieblichen Pensionssystemen signifikant steigt, wenn die Teilnahme als Standardoption präsentiert wird.

Versorgung mit Informationen Aus den Experimenten zum Framing (vgl. Abschn. 3.3.2) wissen wir, dass die Art der Informationsdarstellung einen wichtigen Unterschied ausmachen kann – und diesen Unterschied macht sich der Asymmetrische Paternalismus zunutze. Die rein semantische Umgestaltung einer Situation, die aus ökonomischer Perspektive unerheblich ist, kann aus Sicht der Behavioral Economics große Wirkungen zeigen.

Ein einfaches Beispiel ist das Lotto-Spielen: Aus der Prospect Theory wissen wir, dass Menschen dazu tendieren, kleine Wahrscheinlichkeiten zu überschätzen respektive zu stark zu gewichten (vgl. Abschn. 3.2.3) – das könnte zur Folge haben, dass sie gemessen an ihren tatsächlichen Bedürfnissen zu viele Lottoscheine kaufen. Hier würde der Asymmetrische Paternalismus raten, die wahren Gewinnwahrscheinlichkeiten explizit für den Spieler sichtbar zu machen, eventuell unterstützt durch Grafiken („gewinnen ist so wahrscheinlich wie einen roten Tennisball aus einem riesigen Schwimmbecken voller gelber Tennisbälle zu ziehen") oder durch anschauliche Vergleiche („die Wahrscheinlichkeit zu gewinnen ist so groß wie die Wahrscheinlichkeit, dass Sie nächste Woche vom Blitz getroffen werden"). Wenn die Lottokunden rational sind und die Wahrscheinlichkeiten korrekt einschätzen, entstehen ihnen aus dieser Politik mehr oder weniger keine Kosten; irren sie sich hingegen bei der Einschätzung der Wahrscheinlichkeiten, dann hilft ihnen diese Politik, ihre wahre Nachfrage nach Lottoscheinen zu finden. Das schmälert zwar möglicherweise die Gewinne der Lottogesellschaft, steigert aber die Wohlfahrt des Lotto-Spielers.

Praktische Umsetzungen dieser Politik gibt es überall dort, wo Unternehmen von Gesetzes wegen zum Schutz der Konsumenten gezwungen werden, Informationen zu veröffentlichen. Der Teufel steckt aber wie so häufig auch hier im Detail: Die Idee, Konsumenten mit mehr Informationen zu versorgen, ist richtig und wird auch von konservativen Ökonomen gefordert – dazu braucht es keine psychologischen Turnübungen. Problematisch allerdings wird es, wenn die Konsumenten mit zu viel Informationen überfrachtet werden, die sie nicht mehr nachvollziehen wollen oder auch können – wer einmal ein Finanzprodukt gekauft hat und versucht hat, den dazugehörigen Katalog zu lesen, kennt das. Zudem können solche Warnhinweise auch dazu führen, dass sich das Wohlbefinden der Konsumenten reduziert, ohne dass sie aber vom Konsum des Gutes ablassen wollen – dann hätte die zusätzliche Information lediglich zu einem Wohlfahrtsverlust in Form höherer psychologischer Kosten geführt (Loewenstein, O'Donoghue 2006).

Cooling-off-Perioden Wie die Überlegungen in Abschn. 4.3.1 gezeigt haben, neigen Menschen dazu, kurzfristig etwas anderes zu tun als das, was sie gerne langfristig tun würden. Man raucht weiter statt Nichtraucher zu werden, man bricht die Diät ab, man kauft in einem Anfall von Schwäche den Sportwagen, obwohl man einen Kombi benötigt. Hier können Verzögerungsperioden (Cooling-off-Perioden) helfen, dieses Problem in den Griff zu bekommen. Die Idee: Rationale Menschen werden ein Produkt immer dann kaufen, wenn der gegenwärtige Nutzen größer als Null ist. Nun kann es aber aus situationsspezifischen Gründen – Emotionen, Wahrnehmungsfehler, Minderschätzung des zukünftigen Nutzens – dazu kommen, dass jemand zum Zeitpunkt des Kaufes den Nutzen des Gutes überschätzt und es kauft; das würde seine Gesamtwohlfahrt langfristig senken, wenn er nämlich später erkennt, dass er sich geirrt hat, was den tatsächlichen Nutzen des Produktes angeht.

Eine Verzögerungsperiode kann dieses Problem reduzieren, indem man entweder nach einer vorher festgelegten Periode den Kauf tätigt oder aber innerhalb einer festgelegten Periode vom Geschäft wieder zurücktreten kann. Wer also in der Hitze des Augenblicks den Sportwagen kauft, muss ein paar Tage warten, bevor er das Geschäft abwickeln kann, oder aber er kann innerhalb einiger Wochen von diesem Geschäft zurücktreten. Eine solche Regelung dürfte auch bei den Unternehmen Anreize dafür schaffen, ihre Kunden zu rationaleren Kunden zu machen, um teure Rücktritte und Rückgaben zu vermeiden.

Der Nutzen einer solchen Maßnahme ist die Möglichkeit für die temporär irrational handelnden Konsumenten, die irrtümlicherweise das Produkt gekauft haben und nun den Irrtum rückgängig machen können, die Kosten dieser Politik sind die Wartezeiten für die Konsumenten, die rational entscheiden und auf das Produkt warten müssen, obwohl sie keinen irrtümlichen Kauf getätigt haben. Zudem entstehen Kosten, wenn rationale Konsumenten wegen der Verzögerungsperiode Abstand von einem Kauf nehmen. Von dieser Perspektive aus betrachtet sind Rücktrittsmöglichkeiten die bessere Politikalternative, aber sie lassen sich nicht immer durchsetzen – beispielsweise beim Kauf von Gütern, die während des Besitzes rasch an Wert verlieren, oder bei verderblicher Ware.

In der Realität finden sich zahlreiche Beispiele für solche Regelungen, beispielsweise

- die Rücktrittsrechte bei Haustürgeschäften
- Wartezeiten zwischen der Bestellung des Aufgebotes und der Heirat und Wartezeiten, bevor eine Scheidung rechtskräftig wird.

Beschränkungen von Konsumentenrechten Die vierte und von der Eingriffsintensität her stärkste Form des Asymmetrischen Paternalismus ist die Idee, bestimmte Rechte der Konsumenten einzuschränken – in deren eigenen Interesse. Möglicherweise ist es für Menschen eine Bereicherung ihrer Optionen, wenn sie die Möglichkeit haben, sich etwas zu versagen. Ein einfaches Experiment erläutert diese Idee, nämlich ein Experiment mit Studenten und den Abgabeterminen für ihre Hausarbeiten (Ariely, Wertenbroich 2002).

Die erste Gruppe von Studenten muss ihre drei Hausarbeiten zu drei von den Kursleitern zuvor festgelegten Terminen einreichen, die gleichmäßig über das Semester verteilt sind. Die zweite Gruppe darf ihre Abgabetermine selbst bestimmen. Beide Gruppen müssen bei Überschreitung der Abgabetermine eine Strafe pro Tag Verspätung zahlen. Dabei zeigt sich, dass die Studenten, die ihre Abgabetermine frei wählen durften und sie nicht gleichmäßig über das Semester verteilten, deutlich schlechter abschnitten. Ein vorgeschriebener Abgabetermin hilft den Studenten offensichtlich dabei, ihre eigenen Schwächen zu überwinden und pünktlich einzureichen. Nach dieser Lesart helfen Abgabetermine oder andere bindende Vorschriften, bestimmte Tätigkeiten zu erledigen, menschliche Schwächen zu beseitigen – denken Sie nur einmal an die Abgabetermine zur Steuererklärung.

Die Kunst bei dieser Art der Beschränkungen besteht nach dem Konzept des Liberalen Paternalismus darin, mit den Vorschriften denen zu helfen, die zu zeitinkonsistentem Verhalten und zur Willensschwäche neigen – indem man sie in ihren Möglichkeiten beschränkt, hilft man ihnen, ihre Schwächen zu beseitigen. Kosten entstehen allerdings denjenigen, die solche Probleme nicht haben und für die solche Vorschriften bestenfalls unnötig, schlimmstenfalls aber lästig sind.

Sündensteuern *(sin taxes)* Aus dem ursprünglichen Paternalismus-Ansatz hat sich eine umfangreiche Literatur entwickelt, die Steuern auf schädliche Verhaltensweisen wie Alkohol- und Tabakkonsum fordert, sogenannte Sündensteuern. Die Grundidee, aufbauend auf den Untersuchungen zum zeitinkonsistenten Verhalten (vgl. Abschn. 4.3.1), besteht darin, dass Menschen oftmals den gegenwärtigen Genuss den späteren Folgen eines Verzichts vorziehen. Dabei wendet man einen gedanklichen Kunstgriff an: Man unterstellt, dass der Mensch aus zwei Persönlichkeiten besteht, einem jetzigen Ich und einem späteren Ich. Sobald aber das jetzige Ich auf Kosten des zukünftigen Ichs handelt, entsteht ein externer Effekt: Person A (das heutige Ich) begeht eine Handlung (beispielsweise Rauchen), deren Nutzen nur bei Person A anfällt, aber bei Person B (dem zukünftigen Ich) Kosten verursacht, für die Person A nicht zur Rechenschaft gezogen wird.[4] Da dieser externe Effekt bei der gleichen Person anfällt (Person A ist also das junge Ich, Person B das spätere, ältere Ich), spricht man hier nicht von Externalitäten, sondern von sogenannten Internalitäten. Und diese Internalitäten sollten dann auch – ähnlich wie bei Externalitäten in der Umweltpolitik – mittels Steuern beseitigt werden. Stimmt diese Idee, so sind diese Steuern wohlfahrtsoptimierend, weil sie Verzerrungen im Konsum beseitigen.

Der Paternalismus herkömmlicher Provenienz lässt sich umschreiben mit dem Satz „Der Staat weiß, was gut für seine Bürger ist und zwingt ihn, entsprechend zu handeln". Der neue Paternalismus, speziell die Sündensteuern lassen sich umreißen mit dem Satz „Die Bürger wissen, was gut für sie ist, und der Staat bringt sie dazu, entsprechend zu handeln" (Whitman 2006). Auch diese Steuern sollen ganz im Sinne des liberalen Paternalismus die Handlungsmöglichkeiten der Menschen nicht beseitigen, sondern lediglich beschränken. Die Bürger haben also nach wie vor die Möglichkeit zu rauchen, aber es wird ihnen erschwert – und solange sie zeitinkonsistentes Verhalten aufweisen, also beispielsweise rauchen, obwohl sie es gerne aufgeben würden, erleichtert ihnen eine Sündensteuer auf das Rauchen, sich an ihre guten Vorsätze zu halten. Allerdings schadet eine solche Steuer all denjenigen, die kein zeitinkonsistentes Verhalten aufweisen und rauchen wollen – trotz möglicher späterer negativer Folgen. Dem halten die Ver-

---

[4] Solche externen Effekte finden sich beispielsweise beim Umweltschutz: Der Verursacher kippt Müll in den Fluss, hat also den Nutzen geringerer Beseitigungskosten, die Schäden an der Umwelt werden aber der Allgemeinheit aufgebürdet. Also müssen Auflagen, Steuern oder sonstige Regelungen her, die dafür sorgen, dass die Kosten dieser Umweltverschmutzung dem Verursacher angelastet werden.

fechter der Sündensteuern entgegen, dass der Nachteil, der den rationalen, nicht zeitinkonsistenten Konsumenten durch die Steuer entsteht, deutlich geringer ist als der Nutzen, der den willensschwachen Rauchern entsteht.

Doch ganz so unproblematisch ist die Idee der Sündensteuern dennoch nicht: Betrachtet man die Effekte, die das heutige Selbst dem zukünftigen Selbst zufügt, genauso wie herkömmliche externe Effekte, so muss man akzeptieren, dass Externalitäten immer zweiseitig sind – möglicherweise ist es nicht nur das heutige Ich, das dem zukünftigen Ich schadet, sondern auch das zukünftige Ich, das durch seine Wünsche dem heutigen Ich Schaden zufügt, indem es uns heute daran hindert, zu genießen, damit wir morgen gesund bleiben. Schon das schlechte Gewissen, das wir heute haben, wenn wir rauchen, weil wir wissen, dass wir es morgen bereuen werden, stellt bereits eine negative Externalität dar – das heutige Ich leidet unter der Präferenzdiktatur des morgigen Ich. Kurzum: Wer sagt denn eigentlich, dass das heutige Ich immer der Sündenbock ist und dass es auf das zukünftige Ich Rücksicht nehmen muss? Genauso, wie man mit Blick auf die Interessen des morgigen Ich Zigaretten besteuern kann, könnte man auch Zigaretten subventionieren, wenn man vermutet, dass das zukünftige Ich mit seinem Wunsch nach Gesundheit dazu führt, dass das heutige Ich zu wenig raucht.

Damit schrumpft die Idee der Internalitäten zu einem Konflikt zwischen Heute und Morgen – und diesen Konflikt können Menschen auch ohne Hilfe des Staates lösen: Wer weiß, dass er seinen guten Vorsätzen leicht untreu wird, wettet mit seinem Freunden, dass er es diesmal schaffen wird und verteuert damit sein potenzielles zeitinkonsistentes Verhalten. Dieser Mechanismus entspricht in seiner Wirkung den Sündensteuern – ohne dass es dazu einen Staat braucht. Einfachere Mechanismen zur Lösung dieses intrapersonellen Konfliktes sind selbst auferlegte Beschränkungen, beispielsweise ein mentales Konto für Spieleinsätze, das übermäßiges Spielen verhindert. Mentale Kontenführung (vgl. Abschn. 3.3.5) erweist sich hier als ein Instrument zur Selbstdisziplinierung. Als letzte Möglichkeit bleiben Verhandlungen zwischen dem heutigen und dem zukünftigen Ich: Wenn das heutige Ich auf die Zigarette verzichtet, so sagt man sich, gönnt man sich zur Belohung etwas – eine CD, ein gutes Essen oder etwas Ähnliches. Das zukünftige Ich bezahlt also das heutige Ich für sein Wohlverhalten.

In einer solchen Situation, in der die Internalität zwischen dem heutigen und dem zukünftigen Ich durch die Person selbst gelöst wird, könnte eine Sündensteuer schädlich sein – schließlich haben sich Heute und Morgen schon geeinigt, jede Steuer, die jetzt kommt, verzerrt dieses Ergebnis. Nehmen Sie beispielsweise an, das heutige Ich will einen ungesunden Burger essen – Gegenwartswert dieses Konsums 5 €. Der Schaden, der durch das Essen dem zukünftigen Ich entsteht, beläuft sich auf 4 € – also sollte man den Burger essen; das zukünftige Ich ist nicht bereit, mehr als 4 € zu zahlen, damit man auf den Burger verzichtet. Führt man nun eine Steuer auf den Burger ein, so sinkt der Gegenwartswert des Konsums; sinkt er unter 4 €, so kann das zukünftige Ich nun den Konsum des Burgers verhindern, indem es 4 € als Kompensation für das Nicht-Essen anbietet – man konsumiert nun zu wenig Burger.

Ziel des Asymmetrischen Paternalismus ist es letztlich, die Handlungsmöglichkeiten der Menschen zu erweitern, statt sie zu beschränken. Aus diesem Motiv heraus kann man versuchen, den willensschwachen Menschen unter die Arme zu greifen, indem man keine Steuer erhebt, sondern ihnen die Möglichkeit gibt, sich selbst in ihren Handlungsmöglichkeiten zu beschränken. Statt der Steuern könnte man beispielsweise Raucherlizenzen verkaufen (O'Donoghue, Rabin 2000): Man zahlt einen hohen Betrag, beispielsweise 8000 €, und erwirbt damit das Recht, 4000 Päckchen Zigaretten zu kaufen – ohne diese Lizenz darf man keine Zigaretten kaufen. Wer rational ist und willentlich rauchen will, der kauft ohne Probleme diese Lizenz, wer hingegen eigentlich nicht rauchen will, aber ohne eine solche Regelung schrittweise zum Raucher werden würde, kauft diese Lizenz nicht und bewahrt sich selbst davor, aufgrund seiner zeitinkonsistenten Präferenzen sozusagen gegen seinen Willen schleichend zum Raucher zu werden. Ein Praxisproblem dieser Regelung allerdings wäre die Frage, ob jeder Raucher die ausreichende Liquidität besitzt, einen 8000-Euro-Vorschuss an Tabaksteuern zu zahlen. Zudem müsste man dafür sorgen, dass diese Lizenzen nicht handelbar sind – andernfalls kann man die Lizenz kaufen in der Absicht, nur eine Weile zu rauchen und die Lizenz dann anschließend weiter zu verkaufen. Damit würde eine solche Lizenzregelung ins Leere laufen.

Kritik Die Kritik an der Idee des Liberalen oder Asymmetrischen Paternalismus entzündet sich an vielen Punkten. Dabei ist es hilfreich, zwischen den Gründen zu unterscheiden, aus denen heraus sich der liberale Paternalismus motiviert. Dabei sind es drei Ursachenkomplexe, die diese Politik rechtfertigen: Selbstkontrollprobleme, Internalitäten und Irrtümer bei der Informationsbeschaffung.

Selbstkontrollprobleme Mit Blick auf die Selbstkontrollprobleme wird als erstes Argument angeführt, dass in vielen Fällen der staatliche Eingriff zur Beschränkung der Konsumentenfreiheit nicht nötig ist – wenn Menschen wissen, dass sie zu solchen Schwächen neigen, dann können sie sich solche Restriktionen selbst schaffen. Spielsüchtige können sich auf Listen setzen lassen, auf denen alle Personen stehen, die lebenslang Hausverbot in allen Kasinos haben, trockene Alkoholiker können in Hotels Zimmer ohne Minibar verlangen, nachlässige Studenten können ihren Professor um einen verbindlichen Abgabetermin bitten. Dort allerdings, wo sich die Konsumenten ihrer Schwächen nicht bewusst sind, funktioniert diese Idee natürlich nicht – aber die Frage ist, ob der Staat nun besser als der Konsument selbst weiß, was gut für ihn ist. Hier droht die Gefahr einer Präferenzdiktatur: Weil Rauchen langfristig schlecht ist für die Menschen, erhebt man eine Sündensteuer – auch wenn sich der Raucher rational und ganz bewusst für das Rauchen entscheidet und die negativen Folgen billigend in Kauf nimmt.

Internalitäten Auch das Konzept der Internalitäten wird kritisiert, unterstellt es doch, dass Menschen sich immer weniger um ihr zukünftiges Selbst kümmern als um ihr heutiges Selbst. Stimmt das, so lassen sich viele Entscheidungen wie beispielsweise die Investition in eine Ausbildung nur schwer erklären oder nur über extrem hohe Zinssätze. Zudem muss man bei Internalitäten eine Gewichtung des heutigen und des zukünftigen Nutzens vornehmen: Warum sollte man nur auf die zukünftigen gesundheitlichen Folgen des Rauchens abstellen, aber den gegenwärtigen Nutzen des Rauchens unter den Tisch fallen lassen? Die Idee der Sündensteuern scheint einen starken Fokus auf dem Nutzen des zukünftigen Selbst zu haben und darüber das Wohlbefinden des gegenwärtigen Selbst eher gering zu achten.

Irrtümer Oft verbessern sich Irrtümer in der Erwartungsbildung, wenn die monetären Anreize stimmen; zudem hat man in der Realität mehr Möglichkeiten als im Labor, Berater, Bücher oder das Internet zur Hilfe heranzuziehen und seine Entscheidung zu verbessern. Auch Erfahrungen verbessern die Entscheidungsfähigkeit eines Menschen. Das alles spricht dafür, dass viele Fehler respektive Verhaltensanomalien in der Realität nicht so häufig auftreten wie in der Laborsituation der Experimente. Möglicherweise ist also der Korrekturbedarf durch staatliche Politik geringer, als es Laborexperimente nahelegen.

Setzt man der privaten Entscheidungsfindung die staatliche Entscheidungsfindung entgegen, so verschlechtert das mit Blick auf die Korrektur der Irrtümer die Bilanz des staatlichen Paternalismus: Es gibt nur wenige Gründe anzunehmen, dass Politiker mit der gleichen Akribie und dem gleichen Aufwand versuchen, individuelle Fehler zu entdecken und zu beseitigen wie das die Bürger selbst tun – ganz einfach deswegen, weil der einzelne Bürger größere Anreize hat, Fehler zu vermeiden, da diese Fehler ihn unmittelbar Geld kosten können. Für den Staat hingegen sind die Anreize, im Interesse seiner Bürger solche Fehler zu vermeiden, deutlich geringer – es geht ja um das Wohbefinden anderer Menschen, nicht um das eigene Wohlbefinden. Das würde die staatliche Entscheidungsfindung ineffizienter machen als die private Entscheidungsfindung – zwar bleiben möglicherweise auch bei privaten Entscheidungen Fehler, aber diese werden nach dieser Lesart geringer sein als im Falle staatlicher Interventionen.

Mit Blick auf staatliche Interventionen fällt das Urteil über staatlichen Paternalismus noch schlechter aus, wenn man unterstellt, dass ein Teil der Handlungsirrtümer bei den Konsumenten dadurch entsteht, dass diese von den Unternehmen beeinflusst werden. Wenn dem so ist, dann haben Unternehmen zwei Möglichkeiten, Konsumenten zu beeinflussen: Indem sie versuchen, die Konsumenten direkt zu beeinflussen, beispielsweise durch Werbung, oder aber, indem sie die Politiker beeinflussen, beispielsweise durch Lobby-Tätigkeit. Damit ist die staatliche Tätigkeit anfällig für Manipulationsversuche von dritter Seite – der paternalistische Staat droht damit zum Opfer von Lobby-Tätigkeiten zu werden, was dann den Konsumenten schadet.

Als letzten Punkt gegen staatlichen Paternalismus lässt sich anführen, dass Menschen vermutlich sorgfältiger und rationaler entscheiden, wenn es um ihre eigenen Angelegenheiten geht als wenn sie eine Regierung wählen. Die Anreize, sich beim Wahlverhalten genau so sorgfältig zu informieren und die Entscheidungssituation zu analysieren, sind aufgrund des geringen Einflusses der einzelnen Wahlstimme recht gering – damit ist die Belohnung für rationales Wahlverhalten geringer als für rationales Verhalten in eigenen Angelegenheiten. Wenn diese Überlegung so richtig ist, dann sind schon die Regierungen nicht Ausdruck einer rationalen Entscheidung – kann eine solche Regierung überzeugend die Verhaltensirrtümer der Wähler korrigieren? Diese Kritik rührt an einem elementaren Punkt aller demokratischen Systeme und ist nicht ohne Probleme für das Demokratieverständnis – stellt sie doch die Effizienz demokratischer Regierungsformen generell in Frage.

Weitere Argumente gegen liberalen Paternalismus In der Literatur finden sich weitere Argumente gegen den liberalen Paternalismus, die allgemein gelten. Im Einzelnen werden hier genannt:

- *Psychologische Kosten*. Liberaler Paternalismus, der versucht, das Verhalten der Bürger und Konsumenten durch mehr Informationen zu beeinflussen, kann zwar ungewünschtes Verhalten reduzieren, führt aber zu einer psychologischen Steuer für alle diejenigen Bürger, die dieses Verhalten nicht ablegen wollen. Die Raucher rauchen also weiter, haben aber wegen der staatlichen Maßnahmen (beispielsweise mehr Aufklärungskampagnen) ein schlechtes Gewissen, was ihre Wohlfahrt reduziert. Im Vergleich zu einer normalen Tabaksteuer hat diese psychologische Steuer den Nachteil, dass zwar Kosten bei den Besteuerten anfallen, aber keine Steuererträge beim Staat. Eine echte Steuer hätte die gleiche Wirkung, aber darüber hinaus einen zusätzlichen Steuerertrag für den Staat.
- *Kontrolle*. „Harter" Paternalismus in Form von Steuern lässt sich leichter verfolgen und kontrollieren als „weicher" Paternalismus, dessen Ausmaß letztlich aufgrund der Beschaffenheit seiner Maßnahmen nicht feststellbar ist. Damit zusammen hängt ein Vorteil für Politiker, die für weichen Paternalismus plädieren: Während man bei hartem Paternalismus mit dem Widerstand der Betroffenen rechnen muss (die Tabaksteuer ruft die Raucher auf den Plan), dürfte der Widerstand gegen weichen Paternalismus geringer sein, und die Unterstützung für Politiker, die aufklärende Bilder oder Statistiken auf den Zigarettenpackungen fordern, dürfte höher sein. Stimmt diese Überlegung, so dürfte der politische Missbrauch bei weichem Paternalismus größer sein als bei hartem Paternalismus.
- *Diskriminierung*. Die Überzeugungsarbeit der liberalen Paternalisten kann dazu führen, dass Vorurteile gegen bestimmte Personengruppen aufgebaut werden – Raucher werden als schwach, selbstzerstörend wahrgenommen, Sozialhilfebezieher als Schmarotzer. Das kann einer demokratischen Gesellschaft auf Dauer nicht gut tun.
- *„Slippery Slope"*. Weicher Paternalismus, so das Argument, führt später zu hartem Paternalismus, er ist sozusagen eine Rutsche (*slippery slope*),

auf der es abwärts geht in Richtung mehr harter Paternalismus; er bereitet den Boden für weitergehende Maßnahmen. So begann der Weg in die Prohibition in den vereinigten Staaten mit Versuchen, das Trinkverhalten der Bürger durch Appelle und Kampagnen zu verändern. Kleine, unmerkbare Maßnahmen, so die Lesart, nehmen zu und mutieren in der Gesamtheit immer mehr zu einem Bevormundungsstaat. Nach dieser Lesart ist der Widerstand gegen liberalen Paternalismus nötig, um den Anfängen zu wehren.

- *Missbrauch.* Ein weiteres Argument gegen liberalen Paternalismus ist die Gefahr der Manipulation: Wie muss man es beurteilen, wenn der Staat Informationen oder Wahlmöglichkeiten ganz bewusst so formuliert, um die Präferenzen der Bürger zu lenken – die Schwelle zur Manipulation ist da rasch überschritten. Überspitzt könnte man dann sagen, dass der Staat seine Bürger mittels psychologischer Tricks zu manipulieren versucht – das klingt schon fast nach einem Motiv aus dem Roman „1984", in dem ein totalitäres Regime seine Bürger einer Gehirnwäsche unterzieht. Dem Argument, dass der Staat ja irgendeine Entscheidung bei der Darstellung von Optionen oder bei der Festlegung von Default-Optionen treffen muss, lässt sich entgegenhalten, dass bei Wettbewerb sich diejenigen Regelungen durchsetzen werden, die den bekundeten Präferenzen der Konsumenten am nächsten kommen werden. Der Cafeteria-Manager, der seine Speisen gegen die Präferenzen seiner Kunden anordnet, wird gegenüber der Konkurrenz das Nachsehen haben.
- *Erzwungene Entscheidungen.* Das Argument, dass man letztlich irgendeine Default-Regelung angeben muss, überzeugt Kritiker nicht: Sie schlagen vor, dass man in solchen Situationen die Betroffenen zwingt, eine Entscheidung zu treffen – sie müssen also beispielsweise eine betriebliche Altersvorsorge wählen oder abwählen; Nichtstun ist dann nicht möglich. Dem halten die Verfechter des Liberalen Paternalismus entgegen, dass dies nur eine Scheinlösung sei: Diese Lösung sei ebenfalls paternalistisch, da sie nicht den Willen einiger Betroffener akzeptiere, deren Wunsch es ist, sich nicht zu entscheiden. Fraglich ist allerdings, ob das dann bedeutet, dass der Staat für sie entscheiden darf oder soll.

Unter dem Strich bleiben viele Kritikpunkte an der theoretisch eleganten Idee des Liberalen Paternalismus. Zudem lassen sich viele der vorgeschlagenen Maßnahmen mit Hilfe der traditionellen Ökonomie erklären und rechtfertigen – die Idee der Informationsasymmetrien, ungleiche Machtverteilung zwischen Konsumenten und Produzenten beispielsweise rechfertigen bereits mehr Informationen, Cooling-off-Perioden oder umfangreichere Rücktrittsrechte. Um solche Maßnahmen zu rechtfertigen, braucht man keine neuen theoretischen Klimmzüge.

Literatur

Ariely, Dan; Wertenbroch, Klaus (2002), Procrastination, Deadlines, and Performance: Self-Control by Precommitment, Psychological Science, 13(3), pp. 219–224.

Barber, Brad M.; Odean, Terrance (2001), Boys will be boys: gender, overconfidence, and common stock investment, The Quarterly Journal of Economics, February 2001, pp. 261–292.

Barberis, Nicholas; Thaler, Richard (2003), A survey of behavioral finance, in: (Eds) G. Constantinidis; M. Harris; R. Stulz: Handbook of the Economics of Finance, North-Holland, Amsterdam

Beaulier, Scott; Caplan, Bryan (2002), Behavioral Economics and Perverse Effects of the Welfare State, George Mason University, Global Prosperity Initiative, Working Paper 2, Fairfax.

Beck, Hanno (2010), Ist paretianischer Liberalismus doch möglich? Verhaltenswissenschaftliche Ökonomik und liberaler Paternalismus, List Forum für Wirtschafts- und Finanzpolitik, Band 36 (2010), S. 43–58.

Beck, Hanno (2011), Zur Psychologie des Gesundheitswesens: Können die Erkenntnisse der Behavioral Economics die Effizienz des Gesundheitssystems verbessern?, in: Georg Rüter, Patrick Da-Cruz, Philipp Schwegel (Hrsg.): Gesundheitsökonomie und Wirtschaftspolitik. Festschrift zum 70. Geburtstag von Peter Oberender, Lucius & Lucius, Stuttgart 2011, S. 277–288.

Beck, Hanno (2012): Geld denkt nicht, Hanser Verlag, München 2012.

Bertrand, Marianne; Mullainathan, Sendhil; Shafir, Elgar (2004), A Behavioral-Economics View of Poverty, American Economic Association, Papers and Proceedings, Vol. 94, No. 2, pp. 419–423.

Camerer, Collin; Issacharoff, Samuel; Loewenstein, George; O'Donoghue, Ted; Rabin, Matthew (2003), Regulation for conservatives: Behavioral economics and the case for "asymmetric paternalism", University of Pennsylvania Law Review Vol. 151, pp. 101–144.

De Bondt, Werner F. M.; Thaler, Richard (1985), Does the Stock Market Overreact?, The Journal of Finance, Vol. 40, No. 3, Papers and Proceedings of the Forty-Third Annual Meeting American Finance Association, Dallas, Texas, December 28–30, 1984. (Jul., 1985), pp. 793–805.

Fama, Eugene F. (1970), Efficient capital markets: a review of theory and empirical work, *Journal of Finance, Vol.* ; 25, pp. 383–417.

Fama, Eugene F. (1991), Efficient capital markets II, *Journal of Finance, Vol.* ; 46, pp. 1575–1618.

Fama, Eugene F. (1998), Market effciency, long-term returns, and behavioral finance, Journal of Financial Economics 49 (1998), pp. 283–306.

French, Kenneth; Poterba, James (1991), Investor Diversification and International Equity Markets, American Economic Review, Vol. 8 (2), pp. 222–226.

Friedman, Milton (1953), The Case for Flexible Exchange Rates, Essays in Positive Economics, Chicago: University of Chicago Press.

Froot, Kenneth; Dabora, Emil (1999), How are stock prices affected by the location of trade?, Journal of Financial Economics, 53, pp. 189–216.

Glaeser, Edward L. (2006), Paternalism and Psychology, University of Chicago Law Review Vol. 73, pp. 133–156.

Hau, Harald; Rey, Helene (2008), Home Bias at the Fund Level, NBER Working Paper No. 14172, July 2008.

Hellerstein, Judith K. (1998), The Importance of the Physician in the Generic Versus Trade-Name Prescription Decision, Rand Journal of Economics 29(1), pp. 108–136.

Jarrel, Greg, Peltzman, Sam (1985), The impact of product recalls on the wealth of sellers, Journal of Political Economy, Vol. 98, No. 31 (1985), pp. 521–536.

Johnson, Eric J.; Hershey, John; Meszaros; Jacqueline, Kunreuther, Howard (1993), Framing, Probability Distortions, and Insurance Decisions, Journal of Risk and Uncertainty, Vol. 7, pp. 35–51.

Levya, Tamir; Yagil, Joseph (2005), The informational content of article publication: the case of twin stocks, Applied Financial Economics, 2005, 15, pp. 1199–1202.

Loewenstein, George; Haisley, Emily (2007), The Economist as Therapist: Methodological Ramifications of ‚Light' Paternalism, mimeo 2007.

Loewenstein, George; O'Donoghue, Ted (2006), We Can Do This the Easy Way or the Hard Way: Negative Emotions, Self-Regulation, and the Law, University of Chicago Law Review, pp. 183–206.

Madrian, Brigitte C.; Shea, Dennis F. (2001), The power of suggestion: inertia in 401(k) participation and savings behavior, Quarterly Journal of Economics 116(4), pp. 1149–1187.

Marquering, Wessel; Nisser, Johan; Valla, Toni (2006), Disappearing anomalies: a dynamic analysis of the persistence of anomalies, Applied Financial Economics, 2006, Vol. 16, pp. 291–302.

McLean, R. David; Pontiff, Jeffrey (2012), Does Academic Research Destroy Stock Return Predictability?, AFFI/EUROFIDAI, Paris December 2012 Finance Meetings Paper; University of Alberta and MIT Sloan School of Management and Boston College; URL: http://ssrn.com/abstract=2156623

Meyerowitz, Beth E.; Chaiken, Shelly (1987), The effect on message framing on breast-self-examination attitudes, intentions and behavior, Journal of Personality and Social Psychology 52, pp. 500–510.

Odean, Terrance (1998), Are Investors Reluctant to Realize Their Losses?, Journal of Finance, 1998, vol. 53 (5), pp. 1775–1798.

O'Donoghue, Ted; Rabin, Matthew (2000), Choice and procastination, Economics Department, University of California, Berkeley, 2000, Paper E00–281.

O'Donoghue, Ted; Rabin, Matthew (2003), Studying optimal paternalism, illustrated by a modell of sin taxes, American Economic Review Papers and Proceedings, Vol. 92 (2), May 2003, pp. 186–191.

Reschke, Carl Henning (2010), Risk-identification and strategic foresight based on history, management and complex systems perspectives – the example of the bio-pharmaceutical industry. Paper presented at the Summer Conference 2010 on „Opening Up Innovation: Strategy, Organization and Technology" at Imperial College London Business School, June 16–18, 2010.

Santoni, Alessandro; Kelshiker, Arun R. (2010), Behavioral Finance: An Ananlysis of the Performance of Behavioral Finance Funds, Journal of Index Investing, Fall 2010, Vol. 1, No. 2, pp. 56–72.

Schwartz, Janet, Bertrand, Marianne, Mullainathan, Sendhil, Shafir, Eldar (2006), Boosting program take-up: An experiment with flexible spending accounts. Paper presented at "Behavioral Decision Research in Management Conference", Santa Monica, June 15–17.

Sercu, Piet; Vanpée, Rosanne (2007), Home bias in international equity portfolios: a review, University Leuven, Department of Accountancy, Finance and Insurance (AFI), Working Paper, 2007.

Shefrin, Hersh, and Statman, Meir (1985), The Disposition to Sell Winners Too Early and Ride Losers Too Long: Theory and Evidence, Journal of Finance. Vol. 40 (3, July). Pp. 777–790.

Shiller, Robert J. (1981), Do stock prices move too much to be justified by subsequent changes in dividends?, *American Economic Review, Vol.* ; 71, pp. 421–436.

Shiller, Robert J. (1998), Human behavior and the efficiency of the financial system. NBER Working Paper 6375; January 1998.

Shleifer, Andrei (2000), Inefficient Markets: An Introduction to behavioral Finance. Clarendon.

Shleifer, Andrei; Vishny, Robert (1997), The Limits of Arbitrage, Journal of Finance. Vol. 52 (1). Pp. 35–55.

Siegel, Jeremy J.; Thaler, Richard H. (1997), Anomalies: The Equity Premium Puzzle, Journal of Economic Perspectives, Vol. 11, No. 1. (Winter, 1997), pp. 191–200.

Spremann, Klaus, Gantenbein, Pascal (2005): Kapitalmärkte, Lucius & Lucius, Stuttgart.

Thaler, Richard; Benartzi, Shlomo (2004), Save more tomorrow: Using behavioral Economics to increase employee saving, Journal of political Economy, Vol. 112 (No. 1), pp. 164–187.

Thaler, Richard; Sunstein, Cass R. (2003), Libertarian Paternalism, American Economic Review Papers and Proceedings Vol. 92 No. 2 (May 2003), pp. 175–179.

Wansink, Brian; Just, David R.; Payne, Collin R. (2009), Mindless Eating and Healthy Heuristics for the Irrational, American Economic Review: Papers & Proceedings 2009, 99:2, pp. 165–169.

Whitman, Glen (2006), Against the new Paternalism. Internalities and the Economics of Self-Control, Cato Institute, Policy Analysis No.563 (February 2006).

Wright, Colby; Banerjee, Prithviraj; Boney, Vaneesha R. (2008), Behavioral Finance: Are the Disciples Profiting from the Doctrine?, The Journal of Investing Winter 2008, Vol. 17, No. 4, pp. 82–90.

7 Ausblick: Die Renaissance der Rationalität

Nach mehr als 40 Jahren Forschung über die psychologischen Grundlagen menschlichen Handelns zeigen sich zwei Dinge: Erstens war diese Forschung sehr ergiebig, sie hat das Verhalten der Menschen bei ihrer Entscheidungsfindung transparenter gemacht und große Erkenntnisfortschritte gebracht. Zweitens aber zeigt sich mit zunehmend besserem Stand der Forschung, dass die Idee vom Menschen als kognitiver Versager so zu einfach und zu plakativ ist. Das populäre Bild der Forschungsergebnisse der Behavioral Economics, das mittlerweile breiten Eingang in die Medien gefunden hat, ist zu holzschnittartig und wird den vielfältigen Ergebnissen der Forschung nicht gerecht. Dieses Kapitel soll eine kurze Zusammenfassung und Synthese dieser Ideen geben.

Zwei Arten von Denkprozessen und Rationalität In vielen Arbeiten, die in diesem Buch zitiert sind, zeigt sich, dass Menschen zwei Arten von Denkprozessen nutzen, die unterschiedlichen Aufgaben dienen und unterschiedlich arbeiten. Smith (2008) unterscheidet dabei zwischen konstruktivistischer und ökologischer Rationalität. Als *konstruktivistische Rationalität* bezeichnet Smith vom Menschen bewusst gesteuerte Denkprozesse, bei denen man mit Hilfe von Logik und Modellen Probleme löst und dabei Handlungsempfehlungen und menschliche sozio-ökonomische Institutionen schafft, die anderen Optionen überlegen zu sein scheinen. Diese Form der Rationalität ließe sich vergleichen mit System II nach Kahneman (vgl.

H. Beck, *Behavioral Economics*,
DOI 10.1007/978-3-658-03367-5_7, © Springer Fachmedien Wiesbaden 2014

Abschn. 1.2). Es ist diese Form der Rationalität, die in der klassischen Ökonomie in den meisten Modellen verwendet wird und dem entspricht, was in der öffentlichen Debatte als Homo Oeconomicus und wissenschaftliches Zerrbild kritisiert wird. Dieser Ansatz, den Smith auf Descartes, Hobbes, Bacon und Hayek zurückführt, ist es, der von den Ideen der Behavioral Economics angegriffen wird – viele der Befunde der Behavioral Economics, so der Vorwurf, sprechen gegen die Sicht, dass Menschen mittels bewusster, logisch konsistenter und mathematisch formulierbarer Modelle entscheiden. Dieser Kritik wird mit mehreren Argumenten begegnet:

- Der Kritik ausgesetzt sind die Methoden der experimentellen Ökonomie, die – wie in diesem Buch mehrfach gezeigt – in vielen Fällen angreifbar sind und nicht immer Ergebnisse liefern, die so eindeutig sind, als dass man die Hypothese einer logischen, konstruktivistischen Rationalität gänzlich ablehnen könnte.
- Ein weiterer Vorwurf zielt ab auf die Ziele der Forscher, die das Modell des Homo Oeconomicus kritisieren und zu widerlegen suchen – man könnte von einem Aufmerksamkeits-Bias sprechen: Ergebnisse, welche die herrschenden Ideen bestätigen, erhalten kaum Aufmerksamkeit. Forschungen, welche ein bestehendes Weltbild erschüttern, bekommen eine überproportional hohe Beachtung – vielleicht zu viel. Christensen-Szalanski und Beach (1984, S. 75) glauben, dass die Zweifel an der Rationalität des Menschen weniger von den Ergebnissen der Empirie stammen als vielmehr von der Tatsache, dass Belege für diese Idee zu viel Aufmerksamkeit auf sich ziehen. Sie zeigen, dass bei den Publikationen zur menschlichen Entscheidungsfindung jene Artikel, die auf schlechte kognitive Fähigkeiten der Menschen hinweisen, systematisch häufiger zitiert werden als Artikel, die zeigen, dass Menschen klug entscheiden: „...Studien, die optimales Entscheiden zeigen, werden in der Literatur tendenziell ignoriert“ (ebenda, S. 77). Man müsse, so schlagen sie (nicht ganz ernsthaft) vor, den Effekt, dass Menschen auch gute Entscheidungen treffen, am besten „Hut-ab-Bias“ (*hats-of-bias*) nennen, um den Ergebnissen solcher Studien mehr Aufmerksamkeit zu verschaffen.
- Fasst man diesen Vorwurf strenger, so könnte man auch von einem Publication Bias sprechen: Wer Ergebnisse liefert, die der herkömmlichen Meinung widersprechen, bekommt nicht nur Aufmerksamkeit, sondern

auch hochrangige Publikationen, was karriereförderlich ist. Forschungsethisch wäre das ein schweres Problem: Das Ziel der Forschung soll Erkenntnis sein, nicht Reputation oder eine akademische Position.

- Die generelle Kritik in der Öffentlichkeit am Menschenbild des Homo Oeconomicus ist fehlgeleitet, weil sie wissenschaftliche Methoden ignoriert. Der Homo Oeconomicus ist eine vereinfachende Abstraktion menschlichen Verhaltens, mit deren Hilfe man Modelle und Theorien ableiten kann. Ähnlich, wie Physiker Experimente im Vakuum durchführen, um neue Erkenntnisse zu bekommen, schaffen Ökonomen eine gedankliche Umgebung, indem sie verallgemeinerte Annahmen über das menschliche Verhalten machen, um zu neuen Erkenntnissen zu kommen. Im Gegensatz zu den Ideen der Behavioral Economics aber ist der Homo Oeconomicus ein logisch geschlossenes, widerspruchsfreies Grundmodell, das die Ableitung weiterer Erkenntnisse erlaubt – was in den vergangenen Jahrhunderten auch mit großem Erfolg geschehen ist. Insofern beruht die Kritik an der Rationalitätsannahme der Ökonomen auf mangelndem Verständis dafür, wie Wissenschaft funktioniert und welche Rolle Modelle in der Wissenschaft spielen. Ökonomen nehmen nicht wirklich an, dass Menschen perfekte Rechenmaschinen sind – und sie fordern auch nicht, dass Menschen sich so benehmen sollen. Wer den Homo Oeconomicus als realitätsfremd kritisiert, muss auch fordern, dass Physiker oder Biologen keine Experimente mehr im Labor machen, wo sie komplexe Umweltbedingungen ausblenden und damit die Realität ihres Experiments vereinfachen.
- Im Gegensatz zur Rationalitätsannahme der Ökonomen sind die breitgefächerten Ideen der Behavioral Economics noch weit davon entfernt, ein geschlossenes Theoriegebäude zu präsentieren. Überspitzt gesagt lassen sich mit etwas Interpretationselastizität mit Hilfe der Behavioral Economics fast alle Ergebnisse prognostizieren und rechtfertigen – was aber nützt eine Theorie, die keine eindeutigen Ergebnisse prognostiziert? Sie entzieht sich einer logischen und empirischen Überprüfung. Der Aufbau eines logisch konsistenten Weltbildes ist damit nicht möglich; die wissenschaftliche Modellbildung läuft Gefahr, der Beliebigkeit preisgegeben zu werden. Solche Modelle mit beliebigen Ergebnissen liefern keine verwertbaren Aussagen für eine konsistente, praxistaugliche Politik.

Was haben die Verfechter der Behavioral Economics dieser Kritik entgegen zu setzen? Die wichtigsten Punkte sind (vgl. auch Kahneman, Tversky 1982):

- Die empirische Evidenz für viele der von den Psychologen beschriebenen Verhaltensweisen sei zu groß, als dass man sie mit einem Verweis auf falsche Experimente komplett abtun könnte. Allerdings ist es nicht die Menge der Studien, sondern deren Qualität, die entscheidend ist – man muss also jede Studie einzeln werten.
- Die Forschung der Behavioral Economics zeige, wie wir Entscheidungen treffen, das habe die Forschung weiter gebracht. Dieser Punkt dürfte unstrittig sein: Indem wir mehr darüber gelernt haben, wie Menschen entscheiden, hat sich das Bild davon, wie Menschen denken und entscheiden, deutlich verbessert; und das Verständnis dafür, wie man entscheidet, ist ein erster Schritt dazu, sein Verhalten zu verbessern. So gesehen wäre die Forschung der Behavioral Economics, die (nach Aussagen einiger Protagonisten) eigentlich zeigen will, dass Menschen nicht immer rational sind, paradoxerweise ein weiterer Beweis für die Findigkeit und Klugheit des Menschen. Sie deckt zum einen immer wieder neue, kluge intellektuelle Strategien menschlicher Problemlösung auf, die oftmals eher intuitiv als konstruktivistisch sind, und sie ist selbst in ihrer Fähigkeit, dieses Verhalten zu erforschen, ein Beleg dafür, wie clever Menschen sein können.
- Diese Forschung zeige auch, wo die konstruktivistische Intelligenz des Menschen nicht intuitiv sei; der Mensch sich also schwer tue mit logisch-rationalen Konzepten wie beispielsweise Wahrscheinlichkeiten.

Doch die Intuition des Menschen ist möglicherweise besser, als es die Logik vermutet – Smith (2008) spricht von der *ökologischen Rationalität*, was mit dem System I von Kahneman vergleichbar ist. Viele Entscheidungen und von Menschen geschaffene Institutionen beruhen nicht auf einer konstruktivistischen Denkweise, sondern kommen auf anderem Weg zustande – kein Mensch kann und wird jede Entscheidung unter Anwendung logisch aufgebauter Modelle treffen, was nicht heißt, dass er irrational handelt. Ökologische Rationalität ist ein nicht geplantes, in einem biologisch oder kulturell evolutionären Prozess entstandenes System aus gewachsenen Handlungsroutinen und Prinzipien, Normen, Institutionen und Moralvorstellungen, die sich über lange Zeit hinweg als überlegen bewährt und etabliert haben. Menschen befolgen Regeln, ohne dass diese von einem konstruktivistischen Geist zuvor geplant, ausgedacht oder getestet worden wären, und oft sind die Menschen gar nicht in der Lage, diese Regeln zu beschreiben – aber sie können mit Hilfe der konstruktivistischen Rationalität sozusagen entdeckt und nachvollzogen werden.

Viele (ökonomische) Institutionen oder Handlungsweisen, die Menschen geschaffen haben oder nutzen, sind nicht durch logisch-konstruktivistisches Denken zustande gekommen, sondern in einem spontanen, evolutionären Prozess. Sie sind nicht auf dem Reißbrett, sondern in jahrhundertelangen Feldversuchen entstanden, und sie haben sich etabliert, weil sie sich als überlegen erwiesen haben.

Die Ergebnisse dieses spontanen, evolutionären Prozesses sind oftmals so, dass Ökonomen nicht in der Lage sind, diese Institutionen vorherzusagen oder auf dem Reißbrett zu verbessern – sie sind also das, was Smith als ökologisch rational bezeichnet (dies deckt sich mit den Ideen der effizienten Heuristiken, siehe Abschn. 2.3.2). So, wie sich Ökosysteme oder andere natürliche Systeme selbst regulieren, können auch soziale Prozesse zu optimalen Ergebnissen führen, ohne dass man diese explizit auf dem Reißbrett plant. Eingeübte Handlungsweisen, Gewohnheiten, Normen, Traditionen, ja auch Moralvorstellungen entstehen ohne einen bewusst konstruierenden Prozess, in einem biologischen oder kulturellen evolutionären Prozess. Spontan, ohne lenkenden Geist entstehen neue Ideen, Institutionen oder Normen zur Lösung von Problemen, die sich gegen konkurrierende Lösungsansätze durchsetzen, weil sie die besten Ergebnisse erbringen und ihrer Umwelt optimal angepasst sind. Sie entstehen nicht durch menschliches Design, sondern in zwischenmenschlicher Interaktion (Smith 2008, S. 38 f.) und sind in dem Sinne rational, als sie den Nutzen derjenigen steigern, die sie unbeabsichtigt kreiert haben (Smith 2002, S. 511).

Darauf aufbauend stellt Smith fest, dass viele der Ideen der Ökonomen, vor allem Märkte, auch in einem Umfeld funktionieren, das deutlich weniger Voraussetzungen benötigt als die in der Theorie ausgearbeiteten Modelle. Vollkommene Information, Markttransparenz, viele Akteure – all diese Annahmen muss die Theorie machen, damit Märkte funktionieren, und doch funktionieren Märkte auch ohne diese Annahmen, genau so, wie sie auch ohne die Eigennutzannahme funktionieren. Die Ergebnisse der experimentellen Wirtschaftsforschung mit Blick auf die Leistungsfähigkeit von Märkten hat Smith wie folgt zusammengefasst:

> In vielen experimentellen Märkten handeln schlecht informierte, fehleranfällige menschliche Akteure mit wenig Verständnis für Regeln und produzieren soziale Algorithmen, die deutlich die wohlfahrtsmaximierenden Ergebnisse liefern, von denen man dachte, dass sie vollständige Information und vollständig rationale Akteure benötigen. (Smith o. D.; S. 6)

Überspitzt gesagt könnte man formulieren, dass erstens Menschen sehr viel klüger sind, als sie es ahnen – sie handeln intuitiv nach lange erprobten und im Laufe der Jahrhunderte entwickelten Regeln, die sie explizit gar nicht wahrnehmen –, und dass ökonomische Ideen über Märkte, Koordination und menschliche Interaktion robuster sind, als es die fein ziselierten Modelle der Ökonomen mit ihren vielen Annahmen vermuten lassen. Diese konstruierten Modelle versuchen sozusagen oftmals nur das intellektuell nachzuvollziehen, was Menschen aus ökologischer Rationalität richtig machen, weil es sich evolutionär bewährt hat.

Insofern könnte man die Kritik, dass die Modelle der Ökonomen wirklichkeitsfern seien, auf ein falsches Verständnis zurückführen, wie diese Modelle zustande kommen. Ein einfaches Beispiel verdeutlicht diese Idee: Vögel haben im Laufe der Evolution die Fähigkeit entwickelt, zu fliegen – eine höchst komplexe, anspruchsvolle Fähigkeit, die eigentlich gute Physikkenntnisse, Kenntnisse der Aerodynamik und noch etliches mehr voraussetzt. Will man nun mittels Modellberechnungen herausfinden, warum und wie Vögel fliegen können, wird man sich rasch wundern, warum man noch nie einen Vogel mit Taschenrechner gesehen hat. Obwohl es ein höchst komplexer Vorgang ist, den man modelltheoretisch kaum einfangen kann, fliegen Vögel doch. Der Grund liegt auf der Hand: Vögel haben nie gerechnet, sich nie an einen Schreibtisch gesetzt, ein Modell des Fliegens entwickelt und dieses anschließend in die Tat umgesetzt. Die Fähigkeit zu fliegen ist stattdessen in einem langen evolutorischen Prozess entstanden, die Modelle, die diese Fähigkeit beschreiben, versuchen nur nachzuvollziehen, was beim Fliegen passiert. Erst haben die Vögel das Fliegen gelernt, dann haben Menschen versucht, am Reißbrett nachzuvollziehen, warum Vögel fliegen können. Das Ergebnis dieser Forschungen am Reißbrett wäre dann ein Modell des Vogelflugs, von dem Kritiker sagen würden, dass es unrealistisch sei, weil Vögel keinen Taschenrechner haben – dennoch fliegen sie.

Ähnlich kann man sich Marktmodelle vorstellen: Im Laufe der Menschheitsgeschichte haben sich bestimmte Formen der menschlichen Interaktion entwickelt, die anderen Formen überlegen waren, weswegen sie sich durchgesetzt haben. Erst Jahrhunderte später haben Ökonomen begonnen, das zu beschreiben, was auf den Märkten passiert. Ähnlich wie bei den Vögeln war erst das Ergebnis (Fliegen, respektive Märkte) da, dann entwickelte man Modelle, um zu beschreiben, warum und wie das funktioniert. Die Entwicklungsgeschichte wäre also anders herum zu verstehen: Erst gab es Märkte, dann die Modelle der Ökonomen, die versuchen zu beschreiben, was auf solchen Märkten passiert. Die Modelle der Ökonomen dienen dann vor allem dazu zu untersuchen, wann und unter welchen Bedingungen Märkte funktionieren.

Mit dieser Idee im Hintergrund identifiziert Smith drei verschiedene Arten von Märkten und Marktprozessen (vgl. o. V. (2002), ab Minute 4:10).

- Prozesse, in denen Menschen für sich und als Gruppe bessere Ergebnisse erzielen, als es die ökonomische Theorie erwarten würde. Smith bezeichnet dieses Phänomen als „*superrationality*", und sieht es vor allem bei Zwei-Personen-Spielen, bei denen es um Kooperation und persönlichen Austausch geht.
- Märkte, auf denen die Vorhersagen der ökonomischenTheorie recht gut funktionieren; hier geht es um die Produktion und den Konsum von Gütern. Smith bezeichnet diese Märkte als bemerkenswert *effizient*, sie konvergieren in der Regel zum Gleichgewicht bei rationalen Erwartungen, wobei diese Fähigkeit der Konvergenz mit der Qualität der Institutionen variiert, die diese Märkte regulieren.
- *Fragile* Märkte, die nicht rasch und einfach zum Gleichgewicht der rationalen Erwartungen konvergieren. Hier sind es vor allem Kapitalmärkte mit der ihnen innewohnenden Unsicherheit. Erst wenn man das Umfeld konstant hält, tendieren auch diese Märkte zu Gleichgewichten. Instabil können sie vermutlich dann werden, wenn die Meinungen und Einschätzungen der Akteure an den Märkten nicht hinreichend unabhängig voneinander sind – dann kann es zu Herdeneffekten, Blasenbildung und Paniken kommen. Bedenkt man, dass Kapitalmärkte sich vor allem mit Zukunftserwartungen beschäftigen, liegt dieser Gedanke nahe.

Fasst man diese Befunde zusammen, so lässt sich mit aller gebotenen Vorsicht konstatieren, dass die Ideen der Behavioral Economics nicht das Modell funktionsfähiger und wohlfahrtsmaximierender Märkte diskreditieren. Sind Märkte tatsächlich das Ergebnis eines langen, sozialevolutorischen Prozesses, spricht das dafür, dass sie die effizienteste Alternative für die Gestaltung von Handel und Austausch sind, welche Menschen zur Verfügung stehen. Sie haben sich in einem langen, evolutorischen Wettbewerb als die beste der Organisationsformen durchgesetzt. Und die komplexen Modelle der Ökonomen versuchen nachzuvollziehen, wie und warum diese Märkte funktionieren – die Erkenntnisse solcher Modelle können dann genutzt werden, um die Ergebnisse auf Märkten zu verbessern oder Institutionen zu schaffen, die zu einer Verbesserung der Marktergebnisse führen.

Das muss ja nicht bedeuten, dass der Staat hier nicht eingreifen soll oder muss, wenn er die Ergebnisse des Marktes nicht akzeptabel findet, aber diese Eingriffe lassen sich oftmals nicht mit den Forschungsergebnissen der Behavioral Economics rechtfertigen. Man darf vermuten, dass der Verweis auf die Irrationalität des Menschen gerne als Vorwand genutzt wird, um unter dem Deckmantel der Wissenschaft eine eigene politische Agenda durchzusetzen. Politik sollte die Ehrlichkeit aufbringen, ihre Handlungen mit den eigenen Wertvorstellungen zu rechtfertigen statt mit dem Verweis auf vermeintliche Ergebnisse der Wissenschaft. Womit wir bei der politischen Komponente dieses Forschungsprogramms wären.

Missverstandene Behavioral Economics Mittlerweile haben die Behavioral Economics den Weg in die Medienberichterstattung und in politische Debatten gefunden – doch nicht immer wird ihre Aufnahme in der Öffentlichkeit den Ergebnissen und Überlegungen dieser Disziplin gerecht. In der Öffentlichkeit hat sich der Eindruck verfestigt, dass Behavioral Economics sich auf das Ergebnis verengt, dass Menschen sich irrational verhalten; diese – falsche – Diskurslinie wird dann dazu genutzt, die ökonomische Disziplin mit ihren Rationaliätsannahmen zu kritisieren, wenn nicht sogar zu verwerfen.

Zumeist wird die Berichterstattung den tatsächlichen Ergebnissen und Überlegungen dieser Disziplin nicht gerecht – der Mensch degeneriert in den Augen vieler Beobachter zum kognitiven Versager. Beispielhaft ein Zitat aus einer Anlegerzeitschrift zum Thema Behavioral Finance: „Diese Forschungsrichtung verbindet die Finanzwissenschaft mit Psychologie. Sie geht davon aus, dass Menschen an Finanzmärkten nicht rational handeln, sondern von Emotionen getrieben sind" (Groth 2009). Die implizite Annahme dieses Zitates, dass Emotionen irrational sind, dürfte so nicht haltbar sein. Hier werden Handlungen, die nicht auf konstruktivistischer Rationalität beruhen, per se als irrational abgelehnt. Mit Blick auf die ökologische Rationalität können Emotionen durchaus rational sein (vgl. auch Abschn. 5.2).

Bisweilen entsteht der Eindruck, dass die Presse alle Handlungen der ökologischen Rationalität (des Systems I) als irrational abtut und Handlungen, die auf dieser Rationalität basieren, als nicht vereinbar mit der konstruktivistischen Rationalität sieht. Diese Sichtweise der Behavioral Economics ist zu kurz gesprungen, dies schreiben selbst Tversky und Kahneman (1983): Sie sprechen von einem Forschungsprogramm, das nicht annimmt, dass Menschen unter Wahrnehmungsstörungen leiden oder kognitive Versager sind. Noch klarer sagt es Daniel Kahneman im Interview zum Nobelpreis: „Ich denke nicht, dass ich gezeigt habe, dass Menschen irrational sind" (o. V. 2002; ab Minute 7:24). Smith (2002, S. 524) spricht davon, dass die Ergebnisse der Behavioral Economics verglichen wurden mit „Karikaturen" ökonomischer Modelle.

Ähnliches gilt für die Debatte um Altruismus und soziale Präferenzen: In der öffentlichen Debatte um diese Phänomene wird der Blick oftmals verengt auf die Tatsache, dass Menschen nicht immer egoistisch handeln, sondern vordergründig uneigennützig. Unbenommen der Tatsache, dass dieses Verhalten in Experimenten bestätigt wird (wenngleich nicht uneingeschränkt, siehe Abschn. 5.1), wird die Frage nach den Ursachen und Motiven dieses Handelns eher stiefmütterlich behandelt. Aus der Sicht der ökologischen Rationalität kann man dieses Handeln in vielen Fällen als rational interpretieren, als eine evolutionäre Strategie, die überdauert hat, weil sie Transaktionen erleichtert, Arbeitsteilung ermöglicht und damit den Wohlstand erhöht.

Man gewinnt in der Debatte um diese Beobachtungen den Eindruck, dass es einigen Beteiligten weniger um Wissenschaft, sondern um Moral geht – das emotionslose, egoistische Menschenbild des Homo Oeconomicus wird als unmoralisch erachtet und deswegen abgelehnt. Oftmals wird in dieser Debatte auch der Fehler gemacht, der ökonomischen Forschung zu unterstellen, sie fordere einen eigennützigen Mensch; hier wird fälschlicherweise aus einer positiven Zustandsbeschreibung ein normatives Postulat gemacht. Ökonomen arbeiten mit der Annahme des eigennützigen Menschen, weil diese Annahme erstens in vielen Fällen robust ist und sie zweitens eine Analyse komplexer Probleme erleichtert. Kein Ökonom fordert von Menschen, sich rational und eigennützig zu benehmen. Wer den Homo Oeconomicus als unmoralisch erachtet, muss auch das Vakuum verurteilen, in dem Physiker bisweilen ihre Experimente machen. Ein gedanklicher Kunstgriff mit dem Zweck, Erkenntnisse zu gewinnen, ist nicht moralisch oder unmoralisch, sondern lediglich zweckmäßig oder unzweckmäßig – je nach Modell und Erkenntnisziel.

Diese Debatte um Moral in den Wirtschaftswissenschaften verkennt, dass Moral nicht am Anfang, sondern nur am Ende eines wissenschaftlichen Prozesses stehen kann. Wird Wissenschaft bereits im Stadium der Theorieformulierung mit moralischen Ansprüchen befrachtet, mutiert sie zur Religion. Es sind nicht die Annahmen und Ergebnisse einer Wissenschaft, die kontrovers sind (solange sie intersubjektiv überprüfbar sind und den Regeln der Logik entsprechen), sondern die Schlussfolgerungen und Konsequenzen, die man aus den Ergebnissen der Forschung zieht. Es bleibt der Öffentlichkeit und der Politik unbenommen, aus den Ergebnissen der Forschung jegliche Konsequenzen zu ziehen, die mit den jeweiligen individuellen Wertvorstellungen verbunden sind – bis hin zu der Entscheidung, die Ergebnisse der Forschung zu ignorieren. Wer beispielsweise aus moralischen Gründen keine Märkte möchte, kann diese ablehnen, die ökonomische Forschung zeigt ihm nur die Konsequenzen dieser Entscheidung auf, belässt ihm aber die Freiheit, so zu entscheiden, wie er es für richtig oder moralisch hält. Wissenschaftliche Erkenntnisse sind ein Angebot, kein Zwang.

Was aber dem Verständnis von Wissenschaft widerspricht ist die Idee, individuelle Moralvorstellungen in die Wissenschaft hineinzutragen, um auf diesem Weg die gewünschten Forschungsergebnisse zu erzielen, welche dann (überraschenderweise) die eigenen Moralvorstellungen angeblich wissenschaftlich unterstützen. Ähnlich muss man bisweilen Aussagen, dass Menschen irrational seien, als Versuch interpretieren, eigene Wertvorstellungen – vor allem die Ablehnung marktwirtschaftlicher Institutionen – mit einem wissenschaftlichen Siegel zu versehen. Diese Überlegung könnte auch erklären, warum die Ergebnisse der Behavioral Economics teils so emotional debattiert und in der Öffentlichkeit missverständlich dargestellt werden, was uns zum letzten Punkt bringt: der politischen Instrumentalisierung dieser Disziplin.

Missbrauchte Behavioral Economics Dem Verständnis, dass die Behavioral Economics versuchen zu zeigen, dass Menschen irrational sind, muss eine klare Absage erteilt werden. Das Programm der Behavioral Economics hat Smith (2002) gut auf den Punkt gebracht:

> Wenn Menschen in bestimmten Situationen Entscheidungen treffen, die im Widerspruch zu unserer formalen Vorstellung von Rationalität stehen, fragen manche, warum sie so handeln, statt anzunehmen, dass sie irrational sind, sie untersuchen die Hypothesen und Umstände der Experimente – Prozeduren, Auszahlungen, Kontext, Instruktionen – und fragen, ob neue Konzepte oder experimentelle Designs uns helfen, dieses Verhalten besser zu verstehen. Wie ist die Wahrnehmung der Menschen und welche Probleme versuchen sie zu lösen? (Smith 2002, S. 510, Übersetzung d. Verf.)

Dieses Zitat macht die Forschungsrichtung der Behavioral Economics anschaulich: Das Entscheidungsverhalten von Menschen untersuchen, und dort, wo sich Auffälligkeiten ergeben, nachhaken, möglicherweise neue Experimente, Modelle oder Hypothesen entwickeln, die mehr Licht darauf werfen, wie und warum Menschen entscheiden.

Die Ausführungen um den Liberalen Paternalismus (vgl. Abschnitt 6.3) hingegen zeigen die politische Dimension dieser Debatte:

> Wenn freie Märkte nicht immer zu den besten Resultaten führen, dann findet man sich unter denjenigen, die glauben, dass die Regierung eine größere Rolle bei der Regulierung von Märkten spielen muss, selbst, wenn dies das freie Unternehmertum behindert… Wenn wir uns nicht rational, sondern irrational verhalten, dann sollte die Politik diesen wichtigen Faktor berücksichtigen. (Ariely 2008, S. 48)

Die Unterstellung irrationalen Verhaltens fungiert hier als Türöffner für einen stärkeren Staat, der sich das Recht nimmt, in die Freiheiten der Bürger einzugreifen, stets mit dem Argument versehen, dass der Bürger ja irrational handele. Wie bei fast allen Wissenschaften droht auch hier die Politik die Ergebnisse der Behavioral Economics im eigenen Interesse als Geisel zu nehmen und zu missbrauchen – unabhängig davon, dass die Irrationalitätsannahme wie gezeigt so vereinfachend nicht zu halten ist. Wenn Menschen sich irrational verhalten, so die These, und marktwirtschaftliche Institutionen auf der Rationalitätsannahme basieren, so kann man eben diese Institutionen ablehnen und auf eine zentralistische, staatsdominierte Lösung setzen.

Unbenommen der Tatsache, dass die Behavioral Economics den Menschen nicht als kognitiven Versager darstellen und die Ausführungen von Smith (2008) zeigen, dass Märkte evolutorische Rationalität besitzen, bleibt bei der Debatte um irrationale Menschen und Märkte eine logische Inkonsistenz, die man den Befürwortern eines starken Staates attestieren muss: Man muss die (heroische?) Annahme machen, dass eine Regierung, die das irrationale Verhalten ihrer Bürger heilen will, selbst nicht diesen irrationalen Verhaltensweisen zum Opfer fällt – was fraglich ist, wenn diese Irrationalität wirklich systematisch oder „vorhersehbar" ist, wie Ariely schreibt. Ariely schneidet dieses zentrale Problem in diesem Zitat nur kurz in einer Klammer an: „Wir hoffen, dass es eine vernünftige, umsichtige Regierung ist" (ebend., S. 48). Worauf sich diese Hoffnung begründet, bleibt unklar. Überspitzt könnte man formulieren, dass falsch interpretierte Ergebnisse der Wissenschaft als Steigbügelhalter für eine Einschränkung bürgerlicher Freiheiten herhalten sollen.

Unter dem Strich muss man fürchten, dass die Wahrnehmung des Menschen als irrational von der Politik und Interessenverbänden missbraucht wird, um Machtansprüche oder Partikularinteressen durchzusetzen. Ein Befund, der sich recht gut mit der Ökonomischen Theorie der Politik erklären lässt und insofern ein rationales, eigennütziges Verhalten. Vielleicht haben gerade diejenigen, die den Menschen Vernunftbegabung und Rationalität absprechen wollen, besonders rationale Absichten. Auch nach mehr als 40 Jahren Forschung der Behavioral Economics haben wir noch keine Veranlassung, die Idee des vernunftbegabten Menschen über Bord zu werfen – wir müssen sie vermutlich nur ein wenig adjustieren. Bis dahin wird es aber noch ein langer Forschungsweg sein.

Literatur

Ariely, Dan (2008), Predictably Irrational, Harper Collins, New York.

Christensen-Szalanski, Jay. J.; Beach, Lee R. (1984), The citation bias: Fad and fashion in the judgment and decision literature, American Psychologist, Vol. 39, Issue 1 (January 1984), pp. 75–78.

Groth, Julia (2009), Behavioral-Finance-Fonds: Nicht der Herde folgen, Börse Online, URL: http://www.boerse-online.de/fonds/nachrichten/fonds/:Behavioral-Finance-Fonds–Nicht-der-Herde-folgen/514286.html

Kahneman, D.; Tversky, A. (1982), The psychology of preferences, Scientific American (1982) pp. 160–173.

o. V. (2002), Interview with Daniel Kahneman and Vernon L. Smith, 2 Apr 2013, URL http://www.nobelprize.org/mediaplayer/index.php?id=532

Smith, Vernon (2002), Constructivist and Ecological Rationality in Economics; Nobel Prize Lecture, December 8, 2002; URL http://www.nobelprize.org/nobel_prizes/economics/laureates/2002/smith-lecture.pdf

Smith, Vernon (2008), Rationality in Economics, Cambridge University Press, New York.

Smith, Vernon L. (o. D.), Economics in the Laboratory, mimeo, URL http://leem.lameta.univ-montp1.fr/docs/economicsInTheLaboratory.pdf

Tversky, Amos, Kahneman, Daniel (1983), Extensional versus intuitive reasoning: The conjunction fallacy in probability judgment, Psychological Review (1983) pp. 293–315

Sachverzeichnis

H. Beck, *Behavioral Economics*,
DOI 10.1007/978-3-658-03367-5, © Springer Fachmedien Wiesbaden 2014